大象无形　稽古揆今

有豕白蹢

中国古代家猪的考古研究

————— ◈ —————

吕 鹏 著

中原出版传媒集团
中原传媒股份公司

大象出版社
·郑州·

图书在版编目（CIP）数据

有豕白蹢：中国古代家猪的考古研究／吕鹏著. —
郑州：大象出版社，2024. 1（2024. 4 重印）
　ISBN 978-7-5711-1895-2

Ⅰ. ①有… Ⅱ. ①吕… Ⅲ. ①猪-驯养-历史-研究
-中国-古代 Ⅳ. ①S828-092

中国国家版本馆 CIP 数据核字（2023）第 201019 号

有豕白蹢

中国古代家猪的考古研究

吕　鹏　著

出 版 人	汪林中
责任编辑	王军敏
责任校对	安德华　牛志远
装帧设计	王晶晶

出版发行　**大象出版社**（郑州市郑东新区祥盛街 27 号　邮政编码 450016）
　　　　　发行科　0371-63863551　总编室　0371-65597936
网　　址　www.daxiang.cn
印　　刷　北京汇林印务有限公司
经　　销　各地新华书店经销
开　　本　890 mm×1240 mm　1/32
印　　张　14.625
字　　数　377 千字
版　　次　2024 年 1 月第 1 版　2024 年 4 月第 2 次印刷
定　　价　128.00 元
若发现印、装质量问题，影响阅读，请与承印厂联系调换。
印厂地址　北京市大兴区黄村镇南六环磁各庄立交桥南 200 米（中轴路东侧）
邮政编码　102600　　　　　　电话　010-61264834

　　本书的研究工作得到国家社科基金项目"郑州地区仰韶文化中晚期畜牧业的动物考古学研究"（项目批准号：21BKG041）、国家社科基金重大项目"陶寺遗址考古发掘研究报告（2012—2021）"子课题"资源与生业研究"（项目批准号：22&ZD242）的支持。

序

袁 靖

中国社会科学院考古研究所、复旦大学科技考古研究院

吕鹏博士给我送来他著写的《有豕白蹢：中国古代家猪的考古研究》这本书的文稿，希望我给这本书写一个序，我欣然应承。

吕鹏是 2004 年郑州大学历史学院考古学系本科毕业，由郑州大学推荐来读我的动物考古的硕士研究生（这是中国社会科学院研究生院考古系招收的第一位推免研究生）。他硕士期间重点对中国家养黄牛的起源开展研究。2007 年考上博士研究生，他继续动物考古专业的学习，最后在对广西邕江流域河岸型贝丘遗址群出土的大量动物遗存进行鉴定和研究的基础上，完成以《广西邕江流域贝丘遗址的动物考古学研究》为题的博士论文，顺利通过答辩，获得考古学及博物馆学的博士学位。

吕鹏的博士论文的研究内容可以归纳为四个方面：一是科学地界定了"贝丘遗址"的概念，对国内外贝丘遗址发现和研究历史进行了回顾和梳理；二是对贝丘遗址的研究方法进行了全面的阐述；三是对邕江流域贝丘遗址群中动物种属构成、原始居民对动物资源的开发和利用（包括对家畜饲养方式和人工鱼类养殖方式出现与否的探讨）、获取动物资源的方式（包括狩猎压和捕捞压的探讨）等内容进行了全面的探讨；四是对广西地区乃至全国

贝丘遗址中包含的人地关系进行了系统的研究。他的博士论文的主要内容全部收入由中国社会科学院考古研究所傅宪国研究员主编的顶蛳山与豹子头遗址考古发掘专刊，成为其中的一册。通过整理考古遗址出土的动物遗存，把整理和研究成果单独成册，这在我的博士生中是第一位，这充分体现了动物考古研究成果的重要价值和丰富内涵。我们期待着这本考古发掘专刊早日出版。

吕鹏博士的求学之路是千千万万年轻学子在新时代"知识改变命运"的缩影。这里特别值得一提的是，他的博士学位论文于2012年获得了由教育部和国务院学位委员会颁发的"全国优秀博士学位论文"。几年后我遇到教育部高教司的司长，他告诉我全国优秀博士学位论文是在综合全国的理、工、文、医、农各个学科评选出的优秀论文的基础上，最终评出100篇优秀博士论文，但是那年实际上仅评出93篇优秀博士学位论文，所以那一届的含金量更高。吕鹏博士还于2018年获得第二届中国考古学大会优秀青年学者奖（金爵奖）。2021年获得中宣部宣传思想文化青年英才、中国社会科学院青年拔尖人才等光荣称号。

吕鹏博士自2010年至今，一直在中国社会科学院考古研究所考古科技实验研究中心从事考古遗址出土动物遗存的整理和研究工作。除了对多处考古遗址出土的动物遗存进行整理和研究工作，他在很好地完成广西邕江流域6处河岸型贝丘遗址出土动物遗存研究的基础上，继续完成了对辽宁广鹿岛贝丘遗址群出土动物遗存的研究（获得国家社科基金的资助，结项考核等级优秀）。我在20世纪90年代从日本留学回国后，承担的第一个国家社科基金课题就是胶东半岛地区贝丘遗址出土动物遗存的研究，我对贝丘遗址有一种特殊的感情，因此，悉心指导他就贝丘遗址开展

有豕白蹢

动物考古研究。现在，吕鹏博士在继续推动贝丘遗址出土动物遗存的研究中做出了出色的成绩，进一步深化贝丘遗址的研究，让我感到非常欣慰。

从动物考古的角度对猪开展研究，已经有将近90年的历史了。这段研究历程，可以分为三个阶段。

第一阶段，开始对考古遗址出土的猪骨开展研究。早在1936年出版的中国第一本动物考古研究报告《安阳殷墟之哺乳动物群》中，德日进和杨钟健两位学者就将河南安阳殷墟遗址出土的猪命名为殷墟肿面猪。在鉴定家猪时，除骨骼形态外，还将年龄幼小的猪标本数量甚多作为当时存在家猪的佐证，首次将猪的年龄构成作为判断其为家猪的标准。1959年发表的李有恒和韩德芬两位学者撰写的《陕西西安半坡新石器时代遗址中之兽类骨骼》，延续了殷墟遗址哺乳动物研究的思路和方法。指出出土猪的骨骼形态虽然与野猪大致相同，但从年龄结构看，半坡遗址的猪绝大多数是幼仔或年青的，成年的很少。在幼仔和青少年时死亡不是野猪的自然现象，是古人在特定时间对猪进行宰杀的结果，而要在特定的时间宰杀猪，那些猪应该是被古人控制的，因此这是家猪的证据。后来，这个证据一直是我们判断考古遗址是否存在家猪的重要证据之一，具有很强的操作性。

第二阶段，开始从理论上进行探讨。这个阶段在延续前一阶段对考古遗址出土的猪骨进行鉴定和研究的基础上，开始进行理论上的思考。可以以我和 Rowan K. Flad 博士于 2002 年 9 月在 *Antiquity* 上发表的英文文章 "Pig domestication in ancient China"（《论中国古代的家猪饲养》）为标志。我们依据牙齿尺寸、年龄结构、考古现象等多重证据，认为当时所知中国最早的家猪出自距今 8000 年左右的河北武安磁山遗址。在中国新石器时代里，家猪作为最早出现的家养动物之一，至少必须具备以下 4 个条件或前提：1. 由来已久的通过狩猎活动获取肉食资源的方式已经开始不能满足肉食的供应，必须开辟新的途径获取肉食资源。2. 当时在居住地周围存在一定数量的野猪，特别是有出生不久的幼小野猪，因此人们可以捕获它们进行驯化。3. 对特定农作物的播种、管理、收获等一系列栽培工艺的成功，巩固了人们有意识地种植植物性食物的信心，同时也促使他们开始有意识地对动物进行驯化。4. 收获的粮食已经达到相当的数量，除满足人们食用以外，还有一定的剩余，可以派其他用处，包括用于饲养家猪。我们还提出中国古代饲养家猪的发展过程经历了由"依赖型"到"初级开发型"，再到"开发型"的发展模式，但是这个发展过程经历的时间在中国北方地区的多个遗址中并不是完全一致的。这里需要指出的是，尽管我们关于中国古代家猪最早起源于何时何地的认识随着考古的新发现和研究的深入有了新的观点，但是我们在文章中提到的鉴定家猪的方法、家猪起源的背景和对饲养家猪发展过程的基本模式的认识依然是正确的。

第三阶段，进行全面论述。这个阶段以 2012 年由科学出版社出版的罗运兵博士的专著《中国古代猪类驯化、饲养与仪式性使用》为标志。罗运兵博士在书中对中国考古遗址出土的猪骨遗存资料进行了迄今为止最为完整的收集和最为系统的梳理；进一步充实和完善了对古代家猪的系列判断标准；将中国家猪的起源时间向前推进至距今 9000 年左右；论证了前仰韶时期遗址中猪群体形特征的南北差异，将中国家猪起源道路概括为"本土多中心起源"，提出并论证了"原生型"与"再生型"两种起源模式；

论述了家猪起源动因的"肉食说"和"祭祀说";将家猪饲养早期发展过程归纳出四种发展模式,并从文化发展、自然资源、气候变化三个方面进行了解释;揭示了先秦时期在饲养家猪方面可能存在品种交流;全面阐述了猪骨特殊埋葬所象征的"肉食说";阐明了猪骨特殊埋藏习俗多地区起源、多中心发展的过程,揭示了先秦时期流行用猪肢骨随葬的新现象等。这些观点奠定了这本书厚重的学术价值。

除了在专著和论文中进行全面论述,我们还于 2013 年在北京大学赛克勒考古与艺术博物馆举办以"与猪同行"为名的展览,围绕家猪起源、家猪饲养技术的发展、在食用猪肉的过程中创造出美味佳肴、用猪随葬和祭祀等四个主题,应用考古遗址中出土的与猪相关的青铜器和陶器、猪骨,发掘现场的照片及各种相关的图表进行展示,向公众普及从猪的驯化到家猪饲养和选育技术的发展,从简单地食用猪肉到将猪肉烹饪成各种美味佳肴,从用猪随葬到把猪作为重要的精神文化符号等方面的知识。这个展览被北京大学考古文博学院的老师视为在赛克勒博物馆举办的精彩展览之一,参观者络绎不绝,除专业人士之外,更多的是学生和一般民众,他们在留言本上留下了很多感想,发人深思。

吕鹏博士的《有豕白蹢:中国古代家猪的考古研究》也属于第三阶段。这本书是在"与猪同行"那个展览的基础上形成的,但是这本书并不是把展览的内容简单地汇总到一起,而是在展览内容的基础上,重新布局,与时俱进,收集新材料,结合新研究,站到一个新的更高的层次上完成了这本创新之作。

这本书从起源、技术、用途和习俗等四个维度全景展示猪在中国古代社会的价值和意义,思路和方法上尝试打通考古学和历史学的学科壁垒，揭示家猪深刻地影响甚至改变了中国乃至世界的历史。我认为这本书的看点有四：

第一，这是一个关于中国家猪起源和早期发展的故事。本书在系统介绍如何应用动物考古的理论和方法开展家猪研究的基础上，阐释了中国先民独立驯化和饲养家猪的历史。距今 1 万年前，中国先民最先驯化的家养动物是狗，农业开始萌芽；到了距今 9000 年前，以河南舞阳贾湖遗址为代表的华北地区的史前先民成功地驯化了野猪，或因肉食之需，或为宴飨之用，或成祭祀之牲——中国家猪驯化的起源之路各有特色；原始农业助推了家猪饲养业的发展，中国古代社会以农为本的思想由来已久；家猪迅速在中国境内扩张了版图，并随着人群的流动和迁徙向东亚、东北亚和东南亚地区扩散，中国家猪在世界家猪史上占据重要的地位。

第二，这是一个关于中国家猪饲养技术史的故事。家猪饲养技术是中国古代重要科技发明创造之一，具有深远的世界性影响，放养与圈养、阉割和选育、饲料及选用等技术手段造就了中国当今的家猪品种。中国家猪饲养技术在仰韶文化时期产生了第一次变革，圈养和阉割技术出现，各地以农作物副产品喂养猪的行为趋于成熟，技术进步推动了家猪品种的南北分化。借助于考古、文献和科技考古研究成果，本书展示了历朝历代养猪技术的进步，并指出这是中国家猪饲养业发展的幕后推手。

第三，这是一个关于家猪资源利用史的故事。猪在中国古代社会中具有重要的实用价值，猪肉是肉食来源，猪粪可以肥田，猪皮和猪鬃有着广泛的实用价值，此外，猪还可以在医药领域大显身手。家猪是一座移动的肉食库，中国古代的"肉食者"与"素食者"不仅是一种饮食理念，更是横亘在人们面前的阶层和地位的鸿沟，猪肉在时间洪流之中几经兴衰，终于在当今成为中国人的国民肉食。"六畜猪为首"，早在新中国建立之初，毛主席就高瞻远瞩地指出猪在肉食来源、以肥养田、油料生产、制革工业、毛纺工业、化学工业和出口物资等方面能够发挥的重要作用。当我们穿越时空，看到那些被我们忽视的历史细节（如：中国猪鬃在世界反法西斯战争中做出的贡献）和时代讯息（如：2022年全球首例猪心脏移植人类手术）时，我们用任何语言去称赞猪为人类所做出的贡献都不为过。

第四，这是一个关于猪如何融入中国文化血脉的故事。猪具有更为深远的仪式性用途和文化内涵，它是祭牲和祭器，是礼制的标志，是龙的原型和十二生肖之一，是家庭富足的象征，是艺术创造的源泉。美术考古与动物考古属于不同的研究方向，吕鹏尝试通过动物考古的视野去解读猪形文物，借此解读人类饲养和利用家猪的史实以及人类的精神和艺术诉求。

总之，在吕鹏看来，动物考古不仅仅是研究方法上的将今论古，更有研究意义上的以古鉴今。为学之道，当为当今时代发声，面对诸如保护"猪芯片"、如何化解养殖业的环境污染等时代命题，人类可以从历史中汲取经验和智慧，中国先民形成的变废为宝的饲料开发、废物循环的养殖模式、关爱式的饲养管理等体现了高超的畜牧养殖智慧，本书对家猪的饲养技术史进行了较为系统的梳理，体现了作者对中国畜牧遗产进行活态传承的理念。

读完这本关于家猪的专著，获益匪浅。里面提到的起源、技术、用途和习俗等四个方面的内容、价值和意义，值得认真思考。由家猪这个家养动物我还想到了其他的家养动物，比如六畜中的其他五畜：牛、羊、马、鸡、狗等。围绕这些主要的家养动物，我们同样可以用研究家猪的思路和方法开展同类的研究。具体研究的对象不同，那些动物实际发挥的作用不同，在漫长的历史进程中跟古人的关系不同，通过认真的研究，一定可以围绕这些家养动物分别讲述丰富多彩的故事。另外，除六畜之外，还有骆驼、驴等，除哺乳纲和鸟纲之外，还有鱼纲。真正要把这些都做好的话，需要花费的时间和精力是巨大的。任重而道远，我们要不忘初心，牢记使命，刻苦钻研，奋力前行。

目录

第四章　俗：中国家猪的仪式使用和文化内涵

动物考古旨在揭示人类与动物相伴相行的历史。早在人类诞生之时，动物在地球上生存已久。与人类同行的动物种类众多，若论哪一种动物对中国历史乃至现今影响最为深远，猪无疑是最强有力的候选者之一。家猪源于野猪，中国古代先民独立地驯化了野猪，家猪从野猪种群分离出来后，人类针对家猪资源便进行了饲养技术的创造和发展，作为资源的猪从饮食、肥料、原料、医药、礼俗等多个方面为人类所用。可以说，家猪的驯化和饲养是一项了不起的发明创造，它深刻地影响甚至改变了中国乃至世界的历史进程。

为学之道，当为当今时代发声，面对诸如保护"猪芯片"、长效增强土地肥力、化解养殖业环境污染等时代问题，人类或可从历史中汲取经验和智慧，中国先民创新性发明的变废为宝的饲料开发、农牧循环的养殖模式、关爱式的饲养管理等体现了高超的养殖智慧，我们需要对中国畜牧遗产进行活态传承[1]。

如何揭示与猪同行的这段历史？我们需要打通考古学和历史学的学科壁垒，将自然科学与社会科学的方法融会贯通，本书将立足于动物考古的理论和方法，并借鉴考古及相关学科最新研究成果，从起源、技术、用途和习俗等四个维度全景展示猪在中国古代乃至当今社会的价值和意义。

一、猪的动物属性

就动物分类学而言，猪属于哺乳纲、偶蹄目、猪科、猪属。

猪科动物最古老的化石属于中国始新世的始新猪，其年代可以早到距今 5000 万年前；到了距今 2500 万年前的中新世，猪科动物在亚欧大陆和非洲有了相当广泛的分布，美洲地区的西貒科动物（最早出现于始新世晚期）很可能源于旧大陆（图 0-1）[2]。

猪属动物最迟在距今 300 万年前的中新世晚期已出现[3]，现生猪属动物有 16 种。比较常见的猪属动物包括：巴拉望须猪（*Sus ahoenobarbus*），主要分布在菲律宾；婆罗洲须猪（*Sus barbatus*），主要分布在苏门答腊、马来半岛和婆罗洲；越南疣猪（*Sus bucculentus*），以越南和老挝为主要分布区；米沙鄢野猪（*Sus cebifrons*），出现在菲律宾米沙鄢群岛；苏拉威西疣猪（*Sus celebensis*），最先分布在苏拉威西岛，后由人类引入到帝汶岛等周边岛屿；花疣猪（*Sus heureni*），以南亚为分布区域；民都洛疣猪（*Sus oliveri*），出现在菲律宾民都洛岛；菲律宾疣猪（*Sus philippensis*），分布在菲律宾境内大部分地区；爪哇疣猪（*Sus verrucosus*），分布在爪哇岛和巴韦安岛；野猪（*Sus scrofa*），又称欧亚野猪，广泛分布在欧亚大陆和北非，后引入到美洲和大洋洲等地[4]。

（一）中国现生野猪的生态习性和分布

已有研究证实，家猪（*Sus domesticus*）的野生祖先是野猪（*Sus scrofa*）[5]。野猪之所以能够被驯化，是因为它具有其他猪类动物难以比拟的优势，例如，疣猪只有 4 个乳头，这就限制了每胎产

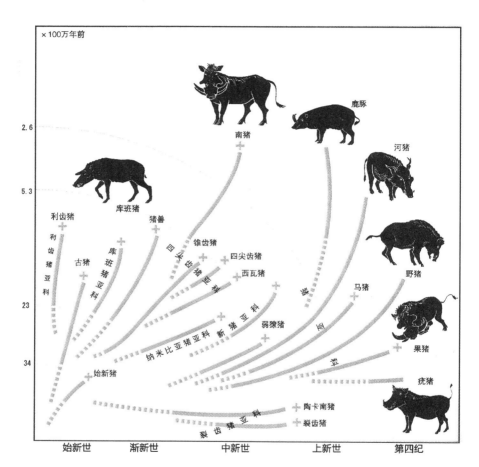

图 0-1　猪科动物的系统图

图片来源：[日]冨田幸光著，[日]伊藤丙雄、[日]冈本泰子插图，张颖奇译：《灭绝的哺乳动物图鉴》，北京：科学出版社，2013年，第194页。

仔的数量，侏儒猪体型太小，岛屿疣猪栖居在偏远的岛屿上，只有野猪具有强大而完备的被驯化优势：雌性野猪一般具有 12 个乳头，产仔率高且生长速度快，因此，野猪是一种具有多种用途、非特化、普遍存在且适于饲养的野生猪种 [6]。

根据生物的地理分布和化石遗存证据，中国境内早有野猪分布。华北地区更新世早中期的猪属动物目前仅见体型较大的李氏野猪（*Sus lydekkeri*）；华南地区更新世早中期的猪属动物种类较多，包括小猪（*Sus xiaozhu*）、笔架山猪（*Sus bijiashanensis*）、柳城猪（*Sus liuchengensis*）、裴式猪（*Sus peii*）和南方猪（*Sus australis*），更新世晚期以来只有野猪（*Sus scrofa*）一种，广泛分布于中国北方和南方地区 [7]。

野猪是全世界所有陆生哺乳动物中分布最广的物种之一。就世界范围看，野猪广泛分布于欧亚大陆、非洲西北部和靠近陆地的岛屿，并由人类引入到除南极洲以外的各个大陆。野猪在中国分布很广，除干旱荒漠和高原地区（如内蒙古高原及西北荒漠、青藏高原）之外几乎遍布全国，广泛分布于东北、华北、华中、华东、华南和西南地区，一般栖居在海拔 3500 米以下的区域 [8]。中国现生野猪存在 7 个亚种，分别是喜马拉雅亚种（*Sus scrofa cristatus*）、新疆亚种（*Sus scrofa nigripes*）、东北亚种（*Sus scrofa ussuricus*）、台湾亚种（*Sus scrofa taivanus*）、江北亚种（*Sus scrofa moupinensis*）、华南亚种（*Sus scrofa chirodontus*）和印支亚种（*Sus scrofa taininensis*）[9]。

野猪体型特征的辨识度较高。野猪属于蹄行动物 [10]，吻部突出，颅骨颜面斜直。眼眶小，视力欠佳。耳朵小且直立，听觉灵敏。尾巴短小。肩高大于臀高。全身长着硬针毛，较为稀疏，冬季会稍密一些，针毛基部呈黑褐色，毛尖呈棕黄色或灰白色。背部鬃毛显著。体背毛色变化较大，从深灰色、棕色到灰黑色，腹部毛色黄白色。颅骨的鼻骨狭长，约占颅骨全长的 1/2。眶后突明显。颧弓粗大，听泡较小。牙齿齿式为 3.1.4.3/3.1.4.3=44。体重 120—220 千克（中国东北南部和俄罗斯远东地区野猪的体重甚至可达 400 千克），体长 105.4—150.5 厘米，肩高 90 厘米左右，颅全长 31.2—41.0 厘米，颧宽 12.7—15.5 厘米，上齿列 12.7—14.5 厘米，下齿列 13.2—15.7 厘米。猪鼻呈桶状隆起，末端有一块像橡皮一样的扁平状圆盘，上有两个鼻孔，猪鼻非常灵活，可以拱食食物，猪的嗅觉发达，猪鼻上的神经末梢比其身上其他部位都多，这样就可以直接把信息传送给大脑皮层，猪鼻就好像是猪的双手、铲车和探测器[11]。

野猪的体型、毛色和犬齿等是区分雌雄和成幼的标志。雄猪体型大，犬齿发达且不断成长，成年雄猪因犬齿过于发达而露出嘴外（露出长度约为 3 厘米）、呈獠牙状，其腹面有一珐琅质带，长度可达 20 厘米。雌猪体型略小，犬齿短小、不露出嘴外，毛色稍浅。亚成年野猪体重偏小，看不到獠牙。幼猪毛色为浅棕色，身体背部有数道淡黄色和褐色相间的纵行条纹，出生 3 个月后才换毛成保守的成年野猪的毛色，老年野猪背上会长白毛，但存在地区差异[12]。

野猪的家域（Home Range，通常指动物特定的活动范围）[13] 非常大。野猪东北亚种的家域可以达到 50—300 平方千米，并呈现出季节性特点：冬季家域最小，为 50 平方千米；春季面积最大，可以达到 300 多平方千米[14]。天气温和的春秋两季，一般栖居在山间的茅草丛间；气候炎热的夏季，则常在山沟间没有阳光的阴凉之地或有水之处活动；天气寒冷的冬季，多栖居在背风向阳的地方。野猪喜欢栖息在山地森林、稀树杂草丛或溪沟水边灌丛。猪以好睡出名，每天有一半的时间都沉浸在睡梦中。野猪为了躲避天敌，通常不会在白天出来走动，它们喜欢在晨昏时活动，这时温度不高也不低，环境中弥漫着野猪所喜欢的潮湿空气。

猪是高度社会性的动物。野猪群居种群以母猪及其后代组成，一般4—8头，多达十多头或几十头，雄猪多独居，只有发情期才加入猪群。野猪在丛林里"猪"声鼎沸，它们会用至少10种不同的叫声代表饥饿、紧张、恐惧、警告、挑逗与屈服等[15]。猪有专门用以排泄的地方（类似于人类的厕所），这个地方远离进食或睡眠的场所，这是猪出于卫生的考虑还是用以标志其势力范围，是否还有其他的功能，动物学家尚未能给出可靠的结论。猪群具有明显的阶级体系，这样就可以节制互斗，进而有效减少因互斗而伤亡的情况，因此，野猪的平均寿命可以达到10—14岁，甚至部分雄野猪的寿命可以达到20岁以上[16]。

野猪不主动伤人，但受伤的雄猪十分凶猛。野猪（以及家猪）之间打斗时采用横向打斗的方式：打斗双方侧身相倚，用鼻子顶住对方臀部并试图扳倒对方，有时会升级为严重的冲突，双方咬牙切齿、嘴巴张合、唾沫横飞、低吼威慑，露出牙齿互相碰撞、削刺，侧面击打对方的颈部或肩部，或者咬腿啃耳，给对方以严重的撕裂伤口，甚至化脓[17]。我国民间有"一猪二熊三老虎"的说法，形容野猪的战斗力可以与熊和老虎相媲美。《淮南子·本经训》曰"封豨、修蛇，皆为民害"[18]，其中封豨就是大野猪，它与其他的野兽、蟒蛇等一起危害人民。更有"豕突"或"猪突"之类的专有名词直指野猪之猛，《汉书·食货志下》

记载："匈奴侵寇甚，莽大募天下囚徒人奴，名曰猪突豨勇。"[19]《左传·庄公八年》记载："冬十二月，齐侯游于姑棼，遂田于贝丘，见大豕。从者曰：公子彭生也！公怒，曰：彭生敢见！射之，豕人立而啼。公惧，坠于车，伤足丧屦。"[20]齐襄公慑于豕威（或许所惧者为人：彭生），竟然狼狈到坠落车下摔掉鞋、跌伤脚的地步。

野猪是杂食性动物。动物的杂食性在环境适应性上具有优势，杂食意味着动物在食物上具有更多的选择和更强的适应（随遇而安，适者生存），杂食给动物带来了好奇心，杂食的刺激有利于动物智力的发展（经一事，长一智），这远比特异化食性单一的动物（如食蚁兽和熊猫）更能适应生存，因此，不挑嘴在演化上具有显著的优势[21]。野猪没有固定的进食时间，几乎什么东西都吃，以植物和农作物的地下根茎、野果、种籽以及昆虫和动物的尸体为食。在东北地区，野猪除以红松和柞树的种籽为食之外，还吃幼嫩的树枝、草根、草籽、蘑菇及树叶。在南方地区，野猪吃各种杂草、树芽、树枝、树根、果实（如榕属树的果实）以及蚂蚁及其他昆虫、动物的尸体等。待农作物成熟时，野猪常到田地里盗食玉米、马铃薯、稻谷、白薯等农作物。野猪对农田的危害古来有之，中国古代有一种称之为"大腊"的祭祀礼俗，每年于农事结束后的腊月举行，以祈求农业丰产，祭祀对象当中包括猫神和虎神，古人扮作猫和虎的形象以驱赶危害农田和农作物的害兽：田鼠和野猪。《礼记·郊特牲》载，"迎猫，为其食田鼠也；迎虎，为其食田豕也，迎而祭之也"[22]。

野猪的行为非常丰富。野猪善于奔跑和游泳，夏季喜欢水浴或滚泥塘。它有拱土觅食的习性，利用鼻端挖拱掘地，所经之处，除足迹之外，地面常见有拱翻的痕迹。其行为大体包括坐、站、走、跑、食、饮、摩擦、发情、拱土等 9 种 [23]。

野猪的繁育能力强。野猪通常在 1—1.5 岁性成熟，雌猪发情在 2 岁以后，雄猪在 4—5 岁。秋末发情之时，雄猪口吐白沫，到处寻找雌猪，雄猪通过发出威胁的叫声、拌嘴、咬牙、竖起鬃毛等行为来争取交配权，雄猪间甚至会发生激烈的追逐和打斗，一方用嘴咬住对方的头颈部和四肢。野猪一般在秋末冬初发情，次年春季产仔，孕期约 4 个月，年产 1—2 胎，每胎 4—5 仔，最多可达 15 仔 / 胎。交配后，雄猪就离开雌猪单独活动，仔猪生下后 5—6 天即可随母猪外出活动。

野猪既有其有益的作用，又有其破坏性作用。野猪是森林生态系统不可或缺的一部分，它是顶级食肉动物的重要食物，它可以分解动物尸体，加速物质循环，它的拱地取食、擦树和打滚等行为可以疏松土地，有益于有机质的腐败、植物生长、种子传播和森林更新，它是植物种子重要的传播者，能够促进植物物种的多样性。野猪是引发人兽冲突的主要动物之一，在农林交界地带，野猪频繁地在农田、草场、种植园甚至人类居址周边取食，从而危害庄稼，破坏森林和草地，直接或通过传播疾病等方式危害人类和家畜。

在当今社会，一些野猪潜入城市之中进行"自我驯化"。人类以城市化的方式急剧地改变了环境，对生物多样性造成了严重威胁。为了能够在为人类所改造了的环境中生存，野生动物有的退缩到更小的自然栖息地，有的则被迫在城市中与人类共存。作为世界上分布最广、适应性极强的哺乳动物之一，野猪在城市的泛滥已成为世界性难题。野猪所具有的高度发达的适应性或行为可塑性，使它能够根据城市环境灵活地改变生活和饮食方式，做出"适应性反应"，成为"城市开拓者"[24]，其种群数量在城市中得以快速增长[25]。在生活方式上，森林野猪活动范围广泛，全天都在活动且具有明显的季节性变化，城市野猪对其时空行为做出了调整，它们的活动范围更小且几乎只在夜间活动，因城市中觅食难度的增加，城市野猪的总活动量是森林野猪的两倍[26]。在饮食方式上，城市野猪更加频繁地食用人为来源的食物，包括人类垃圾、农作物、宠物或是人类投喂的食物等，以西班牙巴塞罗那市城市野猪与森林野猪的比对数据为例，城市野猪因为取食了更多的高营养食物，从而导致其生理特征的改变：它们的体型更大，体重更高，血液中的甘油三酯偏高、肌酐血清浓度偏低[27]。

（二）中国现生家猪的生态习性

家猪为中等体型大小的家畜，在我国各地普遍饲养。家猪的躯体肥胖，腹部膨大，头大、颈粗、眼小、吻部前突。耳朵形状的变异较大，有的小而直立，有的大而下垂，有的甚至覆盖整个颜面。后躯发达，后背和腰部长而宽平，背线平直，有的为凹背。四肢较短，生有 4 趾，位于中央的 2 趾大，侧趾小。尾巴短小，末端有毛丛。体表有稀疏的硬粗毛，项背部有较为稀疏的鬃毛，毛色有纯黑、纯白或黑白混杂色。家猪由野猪驯化而成，与野猪生态特征相似，杂食性，易于饲养，繁殖力强，雌猪在 1 岁前就性成熟，通常在生产后 4—6 个月就开始发情（这比雌野猪达到性成熟的时间要早很多），且一年四季都可以发情，妊娠期平均114 天，每年可繁殖 2 胎，每胎约 10 仔[28]。

猪是世界上最聪明的动物之一。家猪的智力相当于人类 3—4 岁的小孩,具有认知能力,像狗一样聪明,甚至能像黑猩猩和海豚一样解决较为复杂的问题。2009 年,美国国家地理频道(*National Geographic*)推出 4 集纪录片《天才动物》(*Brilliant Beasts*),介绍了 4 种聪明的动物,猪位列其中,其他 3 种动物为鸽子、狗和老鼠。猪的嗅觉非常灵敏,甚至在不少国家的机场和海关被用以搜查违禁物。猪具有长时间记忆能力,能够迅速找到其两三天前收藏的食物。2015 年,德国和荷兰的研究人员对家猪做了一系列的实验,结果发现家猪不仅能够理解一些简单的符号语言,掌握涉及动作和物体的复杂符号和标志,同时还具有情感特征 [29]。2022 年,瑞士苏黎世联邦理工学院农业科学研究小组的研究人员发现:家猪(还包括家马和野马)能够准确分辨出同伴和人类的正负面情绪,当接收到负面情绪的声音时,家猪将不再"沉浸式"进食,当接收到积极、平和的声音时,家猪将会更加平静、放松,但是,野猪却是例外,它并没有这种"察言观色"的能力,它听到声音时(声音无论来自同类还是异类,音调无论是高还是低),都会反应剧烈 [30]。家猪与野猪产生这种差异的原因可能在于家猪长期处于人为控制的环境中,能够接受人类的信息并作出"符合人类"的反应。因其聪明,猪的用途甚广,欧洲存在用以寻找松露(这是一种寄生在阔叶林根部的块菌,为价格昂贵的美食)的"松露猪",英国存在用以寻找山鹬的"猎猪",此外,还有"导盲猪""牧羊猪""看门猪""溜猪""竞技猪""军猪"(为军队运输物资、侦测地雷)和"宠物猪"(如越南圆锅肚猪在欧美成为宠物猪)等 [31]。

二、猪的动物考古研究方法

（一）动物考古的定义和研究意义

袁靖认为：动物考古（Zooarchaeology）就是通过采集、鉴定、量化和研究考古遗址当中出土的动物遗存，结合考古背景，去认识古代存在的动物种类、当时的自然环境、古代人类与动物的各种关系以及古代人类行为特征，从特定角度来研究古代社会的经济和文化生活、探讨人类文明演进的一门科学[32]。这个概念界定了动物考古的研究对象（动物遗存）、研究方法（采集、鉴定、量化和研究）、研究内容（认识古代存在的动物种类、当时的自然环境、古代人类与动物的各种关系以及古代人类行为特征）。

中国动物考古在20世纪30年代兴起[33]，回顾动物考古在中国90余年的发展历程，动物考古研究在多个方面取得了不俗的成绩，它以考古实证材料重写了古代畜牧史，以独特的视角探讨祭牲、次级产品、骨器及制骨手工业等多个方面的学术问题，它已成为中国考古和历史研究必不可少且极为重要的组成部分[34]。随着动物考古学科体系在中国的建立和发展、中国新石器时代至青铜时代各考古学文化或区域获取和利用动物资源方式的建立[35]，笔者认为动物考古研究有着更为重要的社会意义和现实意义：动物考古能够以古鉴今，为人类与环境和谐共生的时代命题、为当今社会的发展提供历史镜鉴和有益启示。

（二）动物考古的研究对象

动物考古的主要研究对象就是动物遗存。动物遗存包括两类：

第一类是动物在考古遗址当中遗留下来的实物，我们称之为遗物，包括动物骨骼、牙齿、角、毛、羽、鳞、耳石、蛋壳、贝壳、干尸、粪便、动物制品（包括骨、牙、角、壳、皮、脂肪、毛、羽、筋、奶、蜜、丝、蛋壳等各种动物材质制成的食物、服饰、住所、寝具、器具、燃料、药物等，除实用器具/物外，还包括仪式用具等）、人类获取和利用动物资源的工具（包括弓、镞、鱼叉、鱼钩、马镫、缰绳、马嚼、炊具、食具、屠宰用具、阉割工具、编织工具等）。含有动物形象或相关内容的人工遗物能够反映人类对于动物的认知、对动物资源的开发和利用方式、制作工艺、审美情趣和精神诉求等，这也应纳入动物考古的研究对象。

第二类是动物在考古遗址当中遗留下来的痕迹，我们称之为遗迹，包括蹄爪印、车辙、圈栏、食槽、屠宰场、厨房、储存场所、手工作坊、埋葬或随葬动物的特殊考古现象等。对于渔猎、喂养、屠宰、加工、盛放、包装或使用动物及其制品（如血、脂肪、奶、蛋、蜜、丝、粪便、尿液、动物胶、化妆品等）的遗物和遗迹，上面附含着有机残留物（或称之为痕量遗存），我们可以通过对有机残留物进行定性和定量分析以获取人类开发和利用动物资源的数据和信息。

对于考古记录中的动物遗存，我们必须明辨它们是如何进入我们研究视野的。对于动物考古而言，古代人类获取和利用动物资源的行为（包括渔猎、驯化、屠宰、肢解、储存、烹煮、废弃、烧骨、制作骨器等）以及埋藏学因素（包括动物啃咬、践踏、风化、水蚀、土壤酸碱度等）等过去所发生的初期过程，这些是无法控制的因素，但是，考古发掘的位置，动物遗存采样、鉴定、测试和分析方法以及动物考古研究报告的发表，这些正在发生的后续变化是可控的，考古工作者应当极力避免在此阶段的信息流失[36]。

对于动物考古学者而言，一件件动物遗存就是研究对象，对于古人而言，动物就是一种重要的资源。那么，古人利用动物资源的内容可以分为 4 个方面：第一，主产品资源。一般而言，动物最主要的用途是作为肉食来源。第二，副产品资源。包括对动物的脂肪、皮、骨、齿等的利用。无论是主产品还是副产品资源，动物终其一生只能提供一次，比如：宰杀的动物只能提供一次肉食、骨器或皮革原料。第三，次级产品资源。包括对动物角[37]、毛、羽、奶、蛋、丝、蜜、粪便、尿液、畜力、警示、防卫、传递信息等的利用，动物终其一生可以提供多次。第四，仪式或文化资源。这种资源方式不像前三种一样能够提供给人类物质的或者实在的用途，但它反映了当时人的一种精神观念或文化追求，在考古遗址当中，往往会以特殊随葬或埋葬的考古现象，或者以卜骨和特殊骨器等人工制品的方式出现。

（三）动物考古的工作流程

依据 2010 年发布并实施的中华人民共和国文物保护行业标准《田野考古出土动物标本采集及实验室操作规范》（备案号：29567—2010，行业标准号：WW/T 0033—2010）[38] 和相关学者[39]及笔者的工作经验，动物考古的工作流程大体可以分为田野考古采集和实验室鉴定两个阶段[40]。

1. 田野考古采集阶段

田野考古采集阶段以有效获取动物遗存本体及相关考古背景信息为主要目标。需要说明的是,《田野考古工作规程》[41]同样适用于对动物遗存的采集。

动物遗存的采集方法主要包括全面采集、抽样采集、整体提取和筛选采集等4种。全面采集是在考古调查和发掘过程中对全部可视的动物遗存进行采集;抽样采集是在考古发掘过程中视研究目的对部分单位或区域进行随机或系统采样(可参考植物遗存的采样方法,采用针对性采样法、剖面采样法和网格采样法等[42]),最典型的例子就是发掘贝丘遗址时采用的柱状采样法(视贝丘遗存堆积状况,系统保留数个体积较为规整的关键柱或关键点,对其中的动物遗存逐层全部提取,必要时与整体提取和筛选相结合);整体提取是在考古发掘过程中,对于完整或重要或脆弱的动物遗存采用整体套箱或打包的方法进行采集,在不能整体提取的情况下,可对完整的动物骨骼按部位分别装袋并统一装箱;筛选采集是对遗存堆积采用网筛的方法采集动物遗存,可分为干筛(将遗存堆积直接过筛)、湿筛(过筛时用水冲或在水中振荡淘洗)和浮选(根据物质密度不同及水的比重原理,使动物遗存从其他物质中脱离出来)等3种具体方法。

为全面提取动物遗存的相关信息,田野考古发掘阶段要详细记录动物遗存的出土单位、位置、保存状况等考古背景信息,并进行现场绘图和拍照,有条件的可以做三维扫描。

为保证动物遗存及相关考古背景信息的客观性和完整度,在田野考古阶段采集动物遗存时需要特别关注以下方面:第一,动物考古现场鉴定非常必要，能够获得在实验室鉴定阶段所不能获取的第一手信息；第二，要避免在发掘过程中对动物遗存造成损坏，应合理选用工具（如用软毛刷清理骨骼表面，避免尖锐工具在骨骼表面造成划痕）、试剂（如用3%的乳白胶通过喷洒的方式来加固酥脆易碎的骨骼）和技术手段（如应用薄荷醇、环十二烷、聚氨酯泡沫等可挥发性临时固型材料，采用多种固型技术以及辅助支撑材料对脆弱性动物遗存进行提取和保护[43]）；第三，考古发掘现场采集用于自然科学测试分析的样本时，应以最大限度避免保存环境急剧变化和后期收集过程所造成的样本损伤或污染等为要旨；第四，在不影响自然科学测试分析的情况下，为便于更好地观察骨骼形态和痕迹以及进行相关测量和称重等方面的工作，用清水和细毛刷对动物遗存进行清洗和清理以及在阴凉通风的地方晾干动物遗存的工作是很有必要的。

2. 实验室鉴定阶段

实验室鉴定阶段以有效地获取动物遗存上的数据和信息为主要目标。动物遗存上富含着各类数据和信息，大体包括以下5个方面：第一，考古背景信息。包括动物遗存出土的遗址、遗迹单位、伴出遗物、文化分期、采样位置和方法等。第二，动物基本信息。包括动物的种属、骨骼和部位、方位（左或右）、测量数据、保存状况、病变、年龄、性别、数量、质量、栖居环境等。第三，古人活动信息。古代人类获取和利用动物资源的行为在动物遗存上留下的痕迹，包括渔猎痕迹、驯化痕迹、劳役痕迹、屠宰痕迹、食用痕迹、加工痕迹、烧烤痕迹等。第四，埋藏学信息。包括自然痕迹、风化痕迹、动物啃咬痕迹等。第五，自然科学信息。这些信息需要借助于科学仪器进行测试、量化和分析，比如，碳－14 测年、古 DNA 研究、同位素测试、残留物分析等获得的信息。

动物考古学者根据动物遗存的出土单位依次进行鉴定，仔细观察动物遗存本体，对其进行拼对、比对、测量、计数和称重，以求科学、规范和详尽地记录动物遗存信息。除考古学书籍之外，动物学和动物考古相关书籍是保证动物考古研究科学性的重要参考，在此，笔者根据自身研究经验，按类别罗列了一部分较为实用的书籍供学者参考。

第一，动物分类学书籍。动物分类学对于物种研究的意义就如姓名对于人类一样重要，它是人类认知生物多样性的基础性学科，自 1753 年瑞典科学家林奈发表《植物种志》起，生物分类学已经走过了近 300 年的历程，随着分子系统学等新技术的应用和推动，生物分类学产生了革命性的变化[44]。目前，我国生物分类学面临人才严重缺失和流失的严峻局面[45]。现生动物分类和命名权威书籍和文章包括《国际动物命名法规》（*International Code of Zoological Nomenclature*）[46]、《中国动物分类代码第 1 部分：脊椎动物（GB/T 15628.1—2021）》[47]、《中国兽类名录（2021 版）》[48] 等。此外，《中国动物考古学》附录一中全面列举了中国考古遗址出土动物种属的名录[49]。

第二，动物解剖学书籍。现生动物标本和已科学鉴定动物遗存标本[50] 可用以比对和鉴定新出土的动物遗存。国外学者已经出版了大量动物考古图谱，部分图谱已经翻译并引入国内，此类书籍包括《动物骨骼图谱》（*Atlas of Animal Bones*）[51]、《哺乳动物骨骼和牙齿鉴定方法指南》（*Mammal Bones and Teeth: An Introductory Guide to Methods of Identification*）[52]、《哺乳动物大型管状骨检索表》[53]、*The Anatomy of the Domestic Animals*[54]、*Fundamentals of Zooarchaeology in Japan and East Asia*[55]、*Animal Bone Archaeology: from Objectives to Analysis*[56] 等。国内古脊椎动物研究学者出版了《中国脊椎动物化石手册》[57]、《中国古脊椎动物志》（丛书）[58] 等。现生动物解剖学及图鉴书籍众多，其中，哺乳纲动物书籍包括《家畜兽医解剖学教程与彩色图谱》[59]《动物解剖学彩色图谱》[60]《反刍动物解剖学彩色图谱》[61]《中国哺乳动物彩色图鉴》[62]《中国兽类图鉴》[63] 等，鸟纲动物书籍包括 *Birds*[64]、*A Manual for the Identification of Bird Bones from Archaeological Sites*[65]、《鳥の骨探》[66]、《中国鸟类图鉴》[67] 等，爬行纲动物书籍包括《中国龟鳖分类原色图鉴》[68]《中国爬行动物图鉴》[69]《龟鳖分类图鉴》[70] 等，鱼纲动物书籍包括 *Jaws of Bony Fishes*[71]、《鱼类比较解剖》[72]、《中国海洋鱼类图谱》[73] 等，软体动物书籍包括《河蚌》[74]《常见蜗牛野外识别手册》[75]《中国动物图谱：软体动物》[76]《中国海洋贝类图鉴》[77] 等。中国动物考古学者开始图谱类书籍的编著工作，如《考古遗址出土贝类鉴定指南：淡水双壳类》[78]。

第三，动物生态学书籍。以均变说[79] 作为理论指导，以"将今论古"作为具体研究方法，动物考古学者可以借助现生动物志及动物地理等专业书籍以研究动物的栖息和迁徙、食谱和繁育、古环境、人类活动对动物的历史影响等[80]。此类书籍多以地域和动物种类为题，包括《中国动物志》[81]、各地动物志[82]、特定动物种类的志书[83] 等。

第四，埋藏学书籍。埋藏学是苏联古生物学家于 1940 年提出的概念，用以研究生物死亡、破坏、风化、搬运、堆积和掩埋的过程以及造成这种变化的因素[84]。动物遗存在埋藏过程中，流水搬运与磨蚀过程、风化作用、螺旋状断骨与假工具、生物或化学腐蚀等会对动物群造成偏移现象，动物考古学者在解释动物群形成过程时，应对其自然和人为的因素进行分辨，从而正确解读遗址的形成过程以及人类的行为[85]。关于动物埋藏学研究，以美国密苏里大学R. 李·莱曼（R. Lee Lyman）的研究最为深入，他的专著包括 *Vertebrate Taphonomy*[86]、*Zooarchaeology and Conservation Biology*[87]、*Quantitative Paleozoology*[88]、*Conservation Biology and Applied Zooarchaeology*[89] 等。

第五，动物性别和死亡年龄鉴定类书籍。人类对家养动物的掌控使之产生与野生动物不同的死亡年龄结构和性别比例。动物考古广泛应用的鉴定动物遗存死亡年龄和性别的书籍为 *Ageing and Sexing Animal Bones from Archaeological Sites*[90]。中国动物学学者出版的《动物年龄鉴别法》介绍了从牙齿、骨骼、角、鳞片、瞳孔、外形、毛色、体重、体长、行为、繁殖等方面鉴定现生常见哺乳纲、鸟纲和鱼纲动物年龄的方法[91]。对于哺乳纲和鸟纲动物，动物考古主要通过牙齿萌出和磨蚀以及骨骼愈合程度来判断其年龄。关于牙齿的萌出和磨蚀，格兰特（Grant）在 "*The use of tooth wear as a guide to the age of domestic ungulates*"一文中已经给出了关于主要家养哺乳动物（如猪、黄牛、羊）的记录方法[92]，佩恩（Payne）发展了详细记录山羊和绵羊牙齿萌出和磨蚀等级的方法（"*Kill-off Patterns in Sheep and Goats: The Mandibles from Aşvan Kale*"[93]、"*Reference codes for wear states in the mandibular cheek teeth of sheep and goats*"[94]）。《马体解剖图谱》一书中给出了现生家马的下门齿所反映的年龄[95]。有学者建立起其他种属动物牙齿发育与年龄之间的对应关系，如用于梅花鹿的"*Seasonality and Age Structure in an Archaeological Assemblage of Sika Deer (Cervus nippon)*[96]"、用于马鹿的《马鹿臼齿磨损率与年龄关系的研究》[97] 和用于黄麂的"牙齿生长和磨蚀与年龄的关系"[98] 等。

第六，动物骨骼部位测量。对于动物考古学者而言，测量哺乳纲和鸟纲动物的安格拉·冯登德里施（Angela von den Driesch）系统（*A Guide to the Measurement of Animal Bones from Archaeological Sites*[99]）已被广泛接受，中译本《考古遗址出土动物骨骼测量指南》[100] 的出版进一步推动了其在国内的应用[101]。*Shells* 一书给出了瓣鳃纲和腹足纲动物的主要测量指标[102]，我们在实际工作中可以推广应用。其他动物的测量标准并未统一，这就需要我们在今后研究工作中提出一套测量标准。

（四）动物考古视野下的驯化

驯化是动物考古研究的重要内容，本书主旨之一就是探讨中国家猪驯化的起源和发展。所谓"驯化"，就是人类社会出于物质的、社会的或者象征的目的，控制野生动植物再繁殖的过程[103]。狭义而言，驯化是指人类掌控其他生物的初始阶段[104]。英国生物学家、进化论的奠基人查尔斯·罗伯特·达尔文（Charles Robert Darwin）将人类对驯化物种的影响称为人工选择[105]。事实上，人工选择绝不会凭空造物，它首先需要遵从于自然选择，因此，关于人类对驯化物种的影响应当是有人类参与的自然选择，从生物角度而言，驯化是野生动植物为配合人类需求而产生的基因重组现象[106]。人类社会由采集—狩猎阶段转变为以农业和畜牧业为生业基础的阶段，这是人类历史上的一项意义非常重大的变革。有的学者甚至认为，动物驯化是足以媲美火和工具使用的一项重要发明，从某种意义来讲，人类社会的真正兴起与动植物的驯化是密切相关的[107]。

人类和驯化动物之间存在着一种叫互利共生（Mutualism）的关系，这种关系的实质就是双赢，双方都能从中受益：人类予动物以庇护，家养动物种群得以发展壮大；动物予人类以所需，人类文明和社会得以发展。如果成功可以用后代繁盛以及种群增长加以衡量的话，那么，人类与家养动物之间这种互利共生的关系显然是极为成功的范例[108]。

就世界范围看，哺乳动物大约有5500种、鸟类有10000多种，然而，家养动物的种类却少之又少，譬如：主要家畜不足20种，除马、黄牛、绵羊、山羊、猪、狗之外，还有骆驼、水牛、羊驼等，而主要家禽不足10种，包括鸡、鸭、鹅、鸽等[109]。

那么，为什么有些动物能够被驯化，而有的动物却不能被驯化呢？

人类和家养动物之间之所以能够形成这样一种结盟的关系，这是基于它们互相选择、互相吸引，甚至是互相成就的。满足驯化的条件是相当苛刻的，能够被驯化的动物一般都具有这些特征：第一，社会性。家养动物都是高度社会性的动物，它们一旦进入人类社会当中，就会把人类当成最高的领主或者国王，这样才能便于人类管理并控制它们。第二，好养。家养动物不好动还不挑食，给点饲料就迅速增肥，它们可以混杂交配，有较固定的性成熟期，对环境有较强的适应能力。第三，听话。以猪为例，并不是所有的野猪都被驯化成了家猪，只有那些温顺的、听话的野猪个体才能被人类所驯化和饲养[110]。

为什么大量动物没有被驯化？以哺乳动物为例，主要有 6 个方面的原因：第一，动物难以获得食物，如食蚁兽，以蚂蚁为主食，每天需要吃掉 3 万只蚂蚁；第二，动物脾气太坏，如犀牛，它自带"铠甲"且脾气暴躁，连狮子都望而却步；第三，动物生长速度太慢或生育间隔时间太长，如亚洲象，它在 10 多岁才能成年，大约 5—6 年才繁殖一次，怀孕期长达 18—22 个月；第四，动物在圈养下不好繁育，如大熊猫，它自然繁育都非常困难，即使在保护中心或动物园内，雌熊猫一年也只发情一次，并且只有短短的两三天时间；第五，动物缺乏轮流当头领的等级制度，如羚羊，人类就很难以控制者的角色进入它们的群体；第六，动物在遇到包围和捕食者时容易惊慌，除驯鹿之外的其他鹿类动物，在受到打扰或者感受到环境不适时，很可能会撞墙而死[111]。

可以说，人类与动物驯化或饲养关系的确立，是双方相互选择的结果。从大量的野生动物（甚至是家养动物的野生同类）未被驯化的事实就可以看出：人类并非是能够凌驾于其他动物之上的"造物主"，自然选择才是主宰人类与动物生存和发展的铁律。因此，与其说是人类选择了适应人类社会的家养动物，不如说这是家养动物"主动选择"进入人类社会的结果。

（五）动物考古区分家猪和野猪的系列标准

关于中国古代家猪的判断标准，在戴维斯（Davis）提出区分家养和野生动物标准[112]的基础之上，近年来，中国学者袁靖[113]、罗运兵[114]、张国文[115]、管理[116]、王志[117]、李崇奇[118]、崔银秋[119]、陈远琲[120]、蔡新宇[121]等从多个角度提出了切实可行的方案。随着研究的深入，笔者认为需要充分考虑人为环境对动物所产生的影响，这是造成家养和野生动物区别的直接原因，此外，一些新的标准可以纳入到原有的判断标准之内。有鉴于此，笔者在此提出的区分家猪和野猪的判断标准共包括 11 个方面，分别是：骨骼形态的观察和测量、数量统计和分析、死亡年龄结构和性别比例的分析、病变痕迹、文化现象的推测、动物的引入和传播、碳氮稳定同位素测试、锶同位素分析、古 DNA 研究、有机残留物分析和其他相关研究。以下分别予以阐释。

1. 骨骼形态的观察和测量

在自然环境条件下，从较大的时空维度看，同种动物的体型会发生改变。1847 年，德国生物学家卡尔·里斯琴·贝格曼（Carl Christian Bergmann）首次对不同地理条件下动物的体型变化作出经典阐述：在同种动物中，生活在寒冷气候环境中的（恒温脊椎）动物体型比生活在温暖气候环境中的要大[122]，这被称为贝格曼法则（Bergmann's Rule）。整体而言，第四纪动物体型呈现出寒冷时期体积大、温暖时期体积小的特点[123]。近年来，科学家发现北美地区的候鸟在近 40 年的时间内体型在减小，鹿鼠体型整体上也呈缩小的趋势（其中，体型较大者变小，体型较小者变大），研究者趋向于认为气候变暖和城镇化进程是造成这种变化的原因[124]。关于贝格曼法则的产生机理，研究者提出能量守恒、蒸发制冷、系统发生、迁移能力、资源季节性、竞争等不同的假说，但均仅适用于一定的范围[125]。野猪的体型大体遵循贝格曼法则：就空间分布看，高纬度地区野猪平均体型较大；就时间尺度而言，野猪的平均体型也在变小[126]。此外，依据福斯特法则（Foster's Rule，又称岛屿法则，即 Island Rule），在岛屿地理环境中，小型哺乳类、鸟类和爬行类动物会因为天敌减少而体型变大，而大型动物则会因为环境的局限（食物不足）而体型变小，在越偏远而小型的岛屿上，其变化的程度更加显著 [127]。

　　动物由野生变为家养，人类和家养动物之间产生互利共生的关系，人为控制与家养动物的适应性就会对动物的性状（Character，指生物体的形态结构、生理生化特征和行为方式等任何可以鉴别的表型特征的统称 [128]）产生关键影响：一方面，人类基于自身的需求会优选那些对自己有利的动物及个体，挑选的依据是动物或个体的性状；另一方面，动物在人为选择过程中会产生性状变化，这是一种依托于演化的人为控制的结果 [129]。由此，驯化和饲养会导致家养动物在骨骼形态和毛皮上发生改变，并且这种改变可能会在较短的时间内完成 [130]。如何区分自然演化还是人为改变？可行的方案是：当我们对考古遗址中疑似家养动物体型变化进行历时性研究时，可以以该遗址中野生动物（最好是该家养动物的野生同类）的体型变化作为参考，一般情况下，野生动物体型几乎没有改变或变化幅度很小，而家养动物的体型会发生显著的变化，我们就此可以对家养动物进行确认。

　　野猪与家猪的皮毛有明显区别：野猪硬毛浓密，家猪软毛稀疏且尾巴卷曲；野猪毛色以棕黑色为主，幼年野猪身上有条纹，家猪的毛色则更为多样，幼年家猪身上条纹消失。人类出于特殊的目的（如利用皮毛或仪式之用）会对动物的毛色进行人为挑选，甚至通过控制特定毛色动物进行交配的方式来进行选择性繁育。上述皮毛之类的遗存在考古遗址中很难保存下来，对动物考古学者而言，区分家猪和野猪的关键就存在于考古遗址出土猪的骨骼以及由此产生的形态、大小、比例和数量的变化。

为了驯化动物，人类会首选那些性情温顺的动物个体，从而使驯化或家养动物在性状上产生幼态延续（Neotany，指成年家养动物个体保留其野生祖先幼年时性状特征的现象[131]）的特征。温顺动物个体的体质一般较弱，加之人类供给的食物和活动空间有限，大量年轻的雄性动物被屠宰，雌性动物在未成年时即已产仔，其后代体型小且体重轻，因此，驯化或家养动物的骨骼比较纤弱、尺寸变小，与生物力学相关的骨骼形态发生改变[132]，身体比例更像幼年个体。如：成年家猪的吻部缩短、额骨变高，与幼年野猪的骨骼形态相似，而与成年野猪吻部较长、轮廓线平直的特征迥异（图0-2）；脑容量缩小在很大程度上是人类选择温顺个体的后果，经过近万年的驯化和饲养，家猪的脑容量比野猪缩小了不止1/3[133]；性别二态性（Sex Dimorphism，指同种生物不同性别个体在体型大小、外部形状及其他表型方面的差异，这是存在于动物界的普遍现象，雄性哺乳动物的体型通常大于雌性[134]）的减弱也是拜人为选择或人为环境所赐，黄牛、绵羊和山羊等家养动

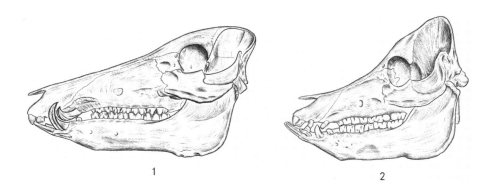

（1.野猪　2.家猪）

图0-2　野猪和家猪颅骨形态的比较（侯彦峰绘制）

物的角缩小甚至消失[135]。对于野猪而言，雄性野猪和雌性野猪出生时体重相同，1岁以后雄性野猪生长速度加快，到2岁时雄性野猪的体重比雌性野猪多出25%—40%，这些超出的体重主要集中在雄性野猪的前肢上（雄性野猪前肢的宽度值比雌性多出10%）[136]。雄性野猪的恒犬齿粗大发育，雌性野猪则相对弱小，但二者前臼齿和臼齿的差异不明显[137]。家猪骨骼整体特征较野猪纤弱，雄性家猪骨骼纤弱程度与雌性家猪趋于一致，例如：雄性家猪的犬齿弱化、骨骼与雌性家猪一样纤弱。猪在很大程度上是用作肉食的，人类在选择驯化和饲养对象时就会优先选择那些身体特别丰腴的个体，头上骨多肉少、身上骨少肉多，因此，我们会观察到在猪由野生变为家养的过程中，它的前端和身体的比例由野猪的7：3变成了现在家猪的3：7（图0-3）[138]。

对于猪而言，野猪最初生活在森林里，需要有一个比较长的吻部从地底刨食食物、为了求偶去争斗，所以，野猪颅骨上吻部突出、犬齿发育就具有更好的生存优势，而在人为环境当中，它的食物是由人类所供给的，其配偶也是由人类配给的，所以，家猪的颅骨上吻部缩短、犬齿退化甚至消失，这是家养动物在人为营造的环境里产生的变化。距今8000—7000年的两处考古遗址出土猪骨直观地呈现了这种变化：内蒙古敖汉兴隆沟遗址出土野猪的下颌骨整体上比较瘦长、牙齿排列呈直线型，浙江杭州跨湖桥遗址出土家猪的下颌骨整体上比较宽短、牙齿排列拥挤呈齿列扭曲现象——在缩短的下颌骨上仍然要承载同等数量、尺寸未变的牙齿的话，势必会使这些牙齿显得非常拥挤，从而产生这种齿列扭曲的现象（图0-4）。

猪全身骨骼的数量存在差异。猪全身骨骼大体为206块左右，

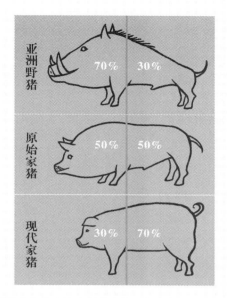

图 0-3　野猪和家猪身体比例的比较（李淼绘制）

改绘自：李复兴、曹运明、贾兰坡：《猪的起源、驯化和改良》，

《化石》1976 年第 1 期，第 3—5 页。

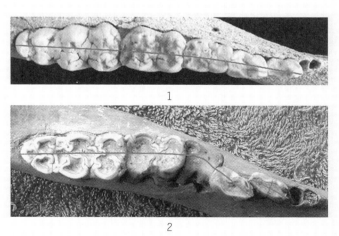

1

2

（1.内蒙古敖汉兴隆沟遗址出土　2.浙江杭州跨湖桥遗址出土）

图 0-4　考古遗址出土猪下颌骨齿列的比较（袁靖供图）

因品种不同和个体差异，猪骨数量有所不同。以猪的脊椎和肋骨数量为例，大体而言，猪的颈椎 7 个、胸椎 14—17 个、腰椎 4—7 个、荐椎 4 个（成年后愈合为 1 个荐骨）、尾椎 20—23 个，肋骨数量与胸椎数量相合，有 14—17 对 [139]。有资料显示，就胸椎、腰椎和荐椎的数量而言，野猪分别为 14、5 和 4，中国家养雄猪分别为 15、4 和 4，英国长腿雄猪分别为 15、6 和 5，法国猪分别为 14、5 和 4，非洲雌猪分别为 13、6 和 4 [140]。

测量尺寸和角度为判断家猪和野猪提供了客观的可量化标准。一般而言，在骨骼形态观察的基础上，中国考古遗址出土猪的第 2 和 3 臼齿数量较多，其测量绝对数据及前宽和后宽的比值可较为可靠地用以鉴定猪的属性，例如：家猪上颌第 3 臼齿的平均长度小于 35 毫米、平均宽度小于 20 毫米，下颌第 3 臼齿的平均长度小于 40 毫米、平均宽度小于 17 毫米，此外，成年猪头骨宽度与长度的比值大于 0.4、下颌联合部倾斜角角度大于 25 度等也是较为可靠的鉴定家猪的标准 [141]。当然，用常规的方法测量主要是基于骨骼或牙齿的长度、宽度、厚度等数据，这些数值往往给人以"假象"：骨骼是规整的立方体，事实上，动物骨骼或牙齿的形状并不规则，几何形态测量的方法可以量化骨骼或牙齿的形态及特征，从而对其流变进行研究，目前该方法已应用于河南舞阳贾湖、河南淅川下王岗等遗址出土猪骨遗存的研究 [142]。

2. 数量统计和分析

动物考古通过对动物遗存进行数量统计和分析，能够得出关于人类获取和利用动物种属、骨骼和部位的数量和频率等方面的直接信息。动物考古应用最为广泛的数量统计和分析方法包括：

可鉴定标本数、最小个体数、最小骨骼元素数（又称最小骨骼部位数）、最小骨骼单元数和肉量值等。可鉴定标本数（NISP，the number of identified specimens per taxon）用以统计能够鉴定到种属或骨骼部位的标本数量[143]。最小个体数（MNI，the minimum number of individual animals）用以统计动物遗存最少代表的动物个体客观数量[144]。最小骨骼元素数（MNE，the minimum number of a particular skeletal element or portion of a taxon）用以统计骨骼上解剖学部位的数量[145]。例如，把一件完整的肢骨（不考虑左右）分为具有解剖学特征的多个部位，如果动物遗存的完整骨骼部位记录为1，残破骨骼部位依据保存比例记录为0.1—0.9，依次累加这些数字就得到最小骨骼元素数。最小骨骼单元数（MAU，the minimum animal unit）建立在最小骨骼元素数之上，其计算是将最小骨骼元素数除以一个动物个体中某类骨骼的出现次数[146]。例如，如果股骨最小骨骼元素数是7，因为一个动物个体有2个股骨，所以，最小骨骼单元数就是7/2=3.5。肉量值与骨骼出现频率密切相关，主要是估算可食用或可利用的肉量值，其方法主要有两种：一是通过动物个体数，二是通过动物骨骼部位和肉量的质量比[147]。

人类驯化和饲养动物的主要目标就是最大限度地促进动物的繁殖[148]，要达到此目标，人类对动物的种属、性别、年龄、性情、健康等状况进行了人为选择，从而使家养动物种群的绝对数量和在动物种群中所占比例均有明显提升，使家养动物的骨骼形态、死亡年龄结构和性别比例产生有别于野生动物的显著变化。遵从于自然选择的野猪，在生态环境没有突发性改变的情况下，其种群数量和在动物群中所占比例处于比较稳定的状态，在环境条件恶劣、食物来源匮乏的情况下，雌性野猪会吃掉所生乳猪（无论是出生后自然死亡还是存活的幼仔），以保持种群繁衍和食物来源之间的平衡[149]。驯化动物新生幼仔的死亡率非常高，但驯化动物的生育率有了大幅提升（可能与驯化动物育龄提前、排卵和受孕更为频繁、生育期延长等因素有关[150]。以猪为例，野猪一年发情 1 次，年产 1—2 胎，每胎 4—5 仔，家猪一年四季都可以发情，每年可繁殖 2 胎，每胎 10 仔[151]），这足以弥补高死亡率造成的损失[152]，从而使其种群数量增多并呈增长的趋势。就中国考古遗址而言，如果猪在主要哺乳动物群（不包括体型太小的动物）中所占比例（可鉴定标本数、最小个体数和肉量比例的任意一项均可）在 30% 以上，那就意味着该遗址古代先民已经开始饲养家猪，这个标准是建立于有一定标本量的群体统计之上的，适用于家猪饲养已经初具规模且以肉食为主要饲养目的的考古遗址[153]。

3. 死亡年龄结构和性别比例的分析

人类为促进家养动物的繁殖，往往会淘汰年轻的雄性个体和超过育龄的雌性个体，尽可能地增加育龄雌性个体及幼年个体的数量[154]。人类掌控驯化动物，出于利用动物资源的考虑，会对其年龄和性别进行人为选择（包括屠宰、阉割、放任或严格控制育龄雌性动物到野外配种等），从而使驯化动物产生有别于野生动物种群的死亡年龄结构和性别比例。

要分析动物的死亡年龄结构，必须首先确立动物个体的绝对年龄。运用于骨骼和牙齿的年龄鉴定方法主要有 3 种：第一个是利用牙齿的萌出和磨蚀，第二个是利用角的生长，第三个是利用骨骼部位愈合状况[155]。动物考古学者多利用牙齿来判断动物的死亡年龄，一方面是因为牙齿在考古遗址当中最容易得到保存，另一方面是因为牙齿提供的年龄信息较为精准，所以这种方法在动物考古当中的应用最广[156]。以猪为例，猪第 1 臼齿萌出的年龄大体是在 0.5 岁，第 2 臼齿萌出的年龄大体是在 1.5 岁，第 3 臼齿萌出的年龄大体是在 2.5 岁[157]，在一处考古遗址当中，我们通过记录猪牙齿的萌出和磨蚀状况，以确定其死亡年龄数值，进而就可以建立起猪种群的死亡年龄结构。

野猪和家猪种群的年龄结构迥异。自然状态下野猪的生老病死完全遵从于自然规律，所以，刚出生以及幼年野猪体质弱，容易死亡，野猪老到一定年龄会自然死亡，这两类动物同时也是食肉动物的主要攻击对象，所以，此类野猪种群的年龄结构就会呈现以幼年和老年个体为主的情况。对于处于被狩猎状态下的野猪而言，因为人类对野猪的狩猎带有随机性，所以狩猎野猪种群的年龄结构就会呈现出分散性分布的特征。关于家猪的死亡年龄结构，人类养猪主要是为了获取肉食，猪有其生长规律（图 0-5），当人类把猪饲养到特定的年龄阶段时，猪的生长达到肉量最多、肉质最佳的阶段[158]，人类除保留用以繁衍后代的种猪之外，就会将猪大量屠宰。依据对中国考古遗址出土猪骨进行的研究，我们

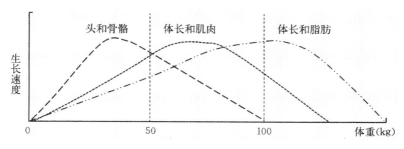

图 0-5　猪的生长曲线
图片来源：中国动物疫病预防控制中心（农业农村部屠宰技术中心）编：《生猪屠宰操作指南》，图 2-6，北京：中国农业出版社，2019 年，第 21 页。

认为：当考古遗址中猪种群的死亡年龄结构以 1.5 岁左右的个体为主时，我们就可以认为这个遗址当中的猪是家猪。

人类会根据对家养动物不同的利用方式有计划地对其性别进行选择和控制，从而使家养动物种群呈现与野生动物不同的死亡年龄结构和性别比例。王华等对河南邓州八里岗遗址墓葬和祭祀坑中（包括仰韶早期和中期，年代分别为距今 6800—5600 年和距今 5600—5000 年）出土的大量猪骨进行研究，发现了猪群性别结构的异常现象：雌猪和疑似雌猪（可能是阉割的雄猪）的数量远远大于雄猪，这是人类对猪群性别进行人为干预的结果 [159]。这种猪群性别比例异常的现象在山东泰安大汶口 [160] 等遗址也有发现。袁靖通过对陕西西安秦始皇陵东侧一处陪葬坑中出土马骨进行研究，发现拉车的马（牵引之用）都是阉割过的雄马，而鞍马（骑乘或负重之用）却可以分为阉割过的和没有阉割过的 2 种雄马 [161]。总而言之，若以负重、牵引、毛发等为主要的利用目的，大量的雄性动物就会被阉割，仅保留少量的成年雄性动物以繁衍后代，若以奶、肉等为主要的利用目的，大量雄性动物将会在肉量最高、肉质最佳之时被屠宰 [162]。

4. 病变痕迹

在由人类所掌控的驯化或饲养环境中，脏乱、拥挤和食物单调是主要的特点，驯化动物会得到人类的照料，也会承受人为环境所带来的压力和创伤，驯化动物缺乏或超负荷运动、饮食贫乏和单调、疾病感染几率增加和传播速度增快、身体和心理所遭受的创伤和压力增大，这些都可能在动物骨骼上产生病变痕迹 [163]。驯化动物常见的病变痕迹包括齿科疾病（包括齿槽脓肿、线性牙釉质发育不全等），关节和骨骼疾病（包括骨骼上的骨质增生、骨骼变形和关节炎、特殊磨耗和损伤、骨质疏松等），创伤愈合（如骨折愈合）等[164]。以下分别阐释。

（1）齿科疾病

牙齿是动物中最坚硬也最容易保存下来的组织，通过动物牙齿研究可以获得关于动物牙齿疾病、饮食结构以及面临的生存压力等方面的信息，从而提供关于动物驯化的证据。

齿槽脓肿是由龋齿和牙龈炎引发的，跟食物中碳水化合物成分较高有关。部分学者认为农业的出现导致人类饮食结构单一化趋势增强，食物中碳水化合物含量的增加从而导致农业人群龋齿患病率增加[165]，人类将农作物及副产品作为饲料喂养动物——特别是同为杂食动物的猪，驯化动物的牙齿上也将出现龋齿发病率较高而导致的齿槽脓肿现象[166]。事实上，我们应当细致分析龋齿的发病率与人群体质、地理环境及饮食结构等因素之间的关系，决不能将这一方法绝对化。以广西邕宁顶蛳山遗址人骨遗存龋齿发病率研究为例，该遗址史前先民大量食用高碳水化合物——根茎类植物以及蔗糖含量较高的食物，从而导致从事渔猎采集方式的某些人类个体的龋齿发病率高于从事农业与混合经济的人群[167]。

线性牙釉质发育不全（LEH，Linear Enamel Hypoplasia）是指哺乳动物在牙冠形成过程中牙釉质在厚度上出现的一种缺陷，以齿冠表面形成横向的一道或多个齿沟或齿线为主要特征[168]，这种病变一般是由于哺乳动物发育期的生理紧张（营养不足是重要因素之一），从而造成对生理干扰非常敏感的成釉细胞的发育中断。多布尼（Dobney）等学者量化和发展了该方法[169]，并将其应用于欧洲地区古代猪的研究（图0-6），发现欧洲早期

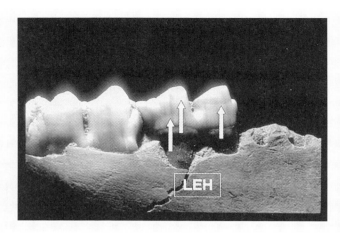

图 0-6　猪臼齿的线性牙釉质发育不全

图片来源: Dobney, K., A. Ervynck, U. Albarella and P. Rowley-Conwy (2007). The transition from wild boar to domestic pig in Eurasia, illustrated by a tooth developmental defect and biometrical data. *Pigs and Humans: 10,000 Years of Interaction*. U. Albarella, K. Dobney, A. Ervynck and P. Rowley-Conwy. New York, Oxford University Press: 57–82.

家猪的 LEH 发生率较高，而野猪的发生率较低，认为造成这种现象的原因在于家猪生活在人为环境之中，从而在饮食和心理上遭受较大压力[170]。罗运兵通过对中国 21 处考古遗址出土家猪和野猪骨骼 LEH 发生率进行研究，发现家猪种群的 LEH 发生率较高（一般在 5% 以上），而野猪种群则较低（一般在 5% 以下）[171]。

（2）关节和骨骼疾病

关节疾病是软骨被高强度使用，从而使其下的骨骼相互摩擦，导致骨骼变形甚至病变的现象。

骨质增生、骨骼变形和关节炎多发生在动物的掌骨、跖骨、趾骨、脊椎、肩胛骨、髋臼和长骨等骨骼部位，无论是野生还是家养动物都可以观察到此类病变现象，但在有与动物驯化相关考古背景支持的情况下，我们可以考虑这是人类长期役使动物的结果，原因在于动物持续性超负荷、重复性负重或运动造成的职业性伤害或疾病[172]。李志鹏通过对河南安阳殷墟遗址出土牛骨进行观察，发现在掌骨、趾骨等部位存在不对称、骨质增生等病变现象，结合黄牛的死亡年龄以及车辙痕迹的分析，认为黄牛在商代晚期已用于拉车[173]。李悦等通过对新疆巴里坤石人子沟和西沟遗址（战国晚期至西汉前期）出土马的脊椎骨质增生、不对称、椎间融合、骨骺上水平裂缝和棘突背侧挤压等异常现象进行研究，认为这是人类骑乘的结果[174]。尤悦等通过对新疆哈巴河喀拉苏墓地（战国晚期）出土马骨遗存进行研究，发现 M15 随葬马匹在脊椎、掌骨、盆骨、股骨、胫骨和趾骨等骨骼部位上有异常病变现象，认为这是人类对马长期役使的结果[175]。

骨骼上的特殊磨耗和损伤或与拘禁或约束动物的行为有关。马衔的使用会对马的下颌第 2 前臼齿前缘（造成前角磨蚀以及釉质和齿质的带状暴露）以及齿隙（骨骼磨蚀和新骨形成）造成损伤[176]。对于长角的动物，人类会通过用束带或横木绑缚动物角和前躯的方式来羁束动物[177]，角、头骨、颈椎和胸椎或会因此产生变形或病变。在美国波多黎各自由邦的别克斯岛上的考古遗址中出土 26 件狗的下颌骨中，有 30% 狗的下颌第 4 臼齿被去除，愈合的下颌骨中仍存留有齿根，这可能是为了给狗戴上嚼子一类的束缚物[178]。英国盎格鲁撒克逊时代，人们为了限制猪的活动，会用缰绳捆缚猪腿，从而伤及猪的胫骨远端，伤后治疗也会留下感染或畸形痕迹[179]。根据人类学资料[180]以及良渚文化传世玉璧上的图像[181]，人类有用绳索系缚在猪腿上以约束或拘禁其活动的行为，这是否会在猪的肢骨上留下病变痕迹，我们需要在今后细加观察和研究。

家养动物（包括家猪）在驯化过程中，在缺乏运动、营养不良的情况下，其骨组织的致密性就会降低，从而产生骨质疏松的现象[182]。有研究应用偏振光原理对骨密度进行区分，发现家养动物骨质比较疏松，骨腔内的次磷酸结晶在偏振光下排列呈直向性，对颜色产生干扰，而野生动物骨质比较致密，则显示不出颜色干扰[183]，这样的研究原理和实践有待于中国考古材料和研究的论证。

（3）创伤愈合

骨折之类的创伤愈合在野生和家养动物骨骼上都有发现，但在家养动物身上更为常见，这是人类对受伤或损伤活动能力的驯化动物进行照料和治疗的反映[184]，这需要在今后中国动物考古实践中予以关注。

5. 文化现象的推测

人类与动物亲密相处的时间已经超过 250 万年，距今 1.5 万年以来，第一种家养动物狗与人类产生了基于驯化的合作和友情，人类与家养动物之间互利共生的关系就此建立[185]。通过对大量的考古遗址进行研究，我们不断发现人类和家养动物之间存在密切关系的考古学证据。人类驯化和饲养动物，生前把这些动物当成自己的伙伴、当成肉食来源、应用于仪式性活动之中、当成制作器具的原料或艺术来源，死后也会把它们用一种比较特殊的埋葬或者随葬的方式带到遗址或墓葬当中，由此，文化现象能够反映人类驯化或饲养动物的行为，这样的文化现象大体可以分为 4 类：

第一，与驯化或饲养直接相关的遗存。此类遗存形制多样，既有与人类饲养或驯化行为有关的遗存，诸如圈栏、食槽、粪便、蹄爪印、束缚动物的工具等，也有人类利用动物资源的遗存，诸如车辙和蹄印、编织毛羽的工具、纺织物等[186]。

第二，随葬或埋葬动物的考古现象。袁靖对中国考古遗址出土随葬或埋葬的考古发现进行系统梳理，认为：中国古代先民随葬或埋葬狗、猪、黄牛、绵羊和马等家养动物的行为自新石器时代至夏商周三代乃至历史时期均以习俗或仪式的方式得以延续，其中以随葬或埋葬猪的数量最多、频率最高，究其原因在于人类与家养动物之间存在着较之于野生动物[187]而言更为亲密的关系，寄托或蕴含着人类对家养动物的特殊感情，随着驯化的产生乃至畜牧业的产生和发展，家养动物已成为容易获得的资源并为人所用[188]。

第三，动物造型以及驯化或饲养造型的遗物。考古遗址出土陶猪圈、猪形遗存等，可以与动物遗存和历史文献进行相互印证，能够揭示家养动物品种的变化以及人类对于家养动物的饲养技术和利用方式。张仲葛通过对考古出土猪骨、猪圈、猪形文物等与甲骨文和历史文献资料相印证，对中国古代家猪品种的形成和发展进行了开创性研究[189]。

第四，历史文献记载和农史研究。中国古籍汗牛充栋，关于农业记载的史料浩如烟海，《中国农业古籍目录》正编和副编收录的农书存目就有 3705 种[190]，这是中国农史和畜牧史研究取之不尽的研究之源。20 世纪 50 年代以来，中国农史研究著作层出不穷、不断更新，游修龄、曾雄生、徐旺生等农史专家多有著作问世。随着中国考古新发现的不断涌现，农史研究也关注农业遗存的新发现，陈文华开拓了农业考古研究的新领域，他对于农业遗存的系统收集扩充了农史研究的内容[191]，徐旺生将历史文献与考古研究相结合，对中国养猪史进行了历时性梳理和研究[192]。农史研究历史文献的收集和解读需要耗费研究者大量的时间和精力，如何系统梳理和深入分析历史文献是当前面临的主要问题。历史文献本身也具有局限性，譬如对史前生业状况少有涉及，对历史时期生业状况的记载也存在未加记载、语焉不详甚至以讹传讹的情况，这是我们在进行农史和畜牧史研究时需要注意的问题 [193]。

6. 动物的引入和传播

动物突然出现在某一区域（特别是其野生祖先确定没生存过的区域），除考虑动物自身的活动能力外，人类对动物的引入和传播无疑是最为重要的原因，这往往能够作为动物驯化的证据。家猪体态笨重，活动能力有限，它在某地的突然出现往往是人类驯化本地野猪或者引入外地家猪的结果。

动物的引入和传播最为极端的例子就出现在岛屿上。岛屿与大陆相去有距，与大陆文化既有相同的因素，又相对独立地形成自身特色，互动与隔绝是其主要特点 [194]。文献记载当中人类将动物引入到岛屿的最早例证见于距今 19000—10000 年前，人类将袋貂（*Phalanger orientalis*）由新不列颠引入到新爱尔兰，其后，在距今 7000 年前将黑袋鼠（*Thylogale brunii*）由新不列颠引入到新爱尔兰，在距今 3000—2000 年前将猪、狗和两种老鼠（*Rattus exulans* 和 *Rattus praetor*）引入到新爱尔兰 [195]。人类引入岛屿的动物当中，既有野生动物，又有家养动物，所以，在应用该方法时一定要借助于其他的证据和方法。具体到猪，既有野猪被引入到岛屿的证据，如：距今 11700—11400 年前，人类将野猪引入到塞浦路斯的 Akrotiri Aetokremnos，这是人类最早占据地中海岛屿的证据，研究者发现野猪的骨骼尺寸变小，究其原因在于岛屿的隔离，而并非由于狩猎压或人类的驯化[196]；又有家猪被引入到岛屿的证据，如：日本的家养动物和农作物多是由中国境内传入，家狗在日本境内出现的时代为绳纹时代，其年代从距今 7300 年到距今 5400 年未有定论，家猪和水稻出现的时代为公元前 500—公元 300 年的弥生时代，家鸡出现的时间为公元 300—100 年的弥生时代中晚期，家养黄牛和家马出现的时间更晚，为公元 500 年的古坟时代[197]。我们通过对辽宁大连广鹿岛贝丘遗址群（包括小珠山遗址等）进行动物考古及相关研究，发现史前人类在距今 6500—6000 年前携带狗一起登陆广鹿岛，狗主要是作为狩猎野生动物的"助手"；人类在距今 5500 年左右将家猪引入岛屿，猪逐渐成为主要的肉食来源，从而弥补了岛内作为肉食资源的野生动物因为人类的过度狩猎而造成的资源不足的局面；人类在距今 5000—4500 年前将加工过的黄牛肢骨输入岛屿。家养动物依次被引入广鹿岛，由此开启和深化了广鹿岛驯化或饲养动物的进程[198]。

家养动物随着人类的移动而不断地开疆扩土，扩展了其分布范围。以马为例，哈萨克斯坦柏台遗址在距今 5500 年前已经开始驯化家马的认识饱受争议，但中亚地区无疑是家马起源地之一[199]。距今 4000—3500 年前，家马似已传入中国黄河上游地区（如甘肃永靖大何庄[200]和秦魏家[201]、甘肃玉门火烧沟[202]）和西辽河流域（如内蒙古喀喇沁大山前[203]和赤峰上机房营子[204]）。距今 3300 年左右的商代晚期，马和马车遗存突发式大规模出现于黄河中下游地区的河南安阳殷墟[205]、山东滕州前掌大[206]、陕西西安老牛坡[207]等考古遗址。甘青地区和内蒙古地区是家马由中亚传入黄河中下游地区的通道[208]。马在中国古代军事战争、交通运输和农业动力中发挥了重要用途。此外，马也是古代统治者的坐骑和玩物，是他们造千秋功业和日常生活中都不可或缺的一部分。《后汉书·马援列传》记载了喜欢骑乘和鉴别马匹的东汉开国功臣马援对马进行的高度评价，称"马者甲兵之本，国之大用"[209]。马在中国历史上曾一度为六畜之首。

7. 碳氮稳定同位素测试

碳氮稳定同位素分析是进行古食谱分析的重要方法之一。猪群食谱的改变因于其食物源的改变，人类对其食物源的掌控往往是主要原因，而这种掌控及程度意味着驯化产生或深入。

20 世纪 70 年代，随着质谱技术的发展，稳定同位素质谱技术开始应用到考古研究以探讨古代人类和动物的食物结构[210]。20 世纪 90 年代末，"You are what you eat"（我即我食）原理[211]的提出为稳定同位素分析提供了坚实的理论依据，其在考古领域得以广泛推广和深入应用。

中国最早对古人类食物结构所进行的研究始于 20 世纪 80 年代初。1984 年，蔡莲珍和仇士华撰文首次介绍国际学术界碳同位素的研究现状，并通过对仰韶、陶寺等考古遗址出土人类和动物骨骼的碳 –13 同位素的分析，得出至少从新石器时代以来中国北方主要以小米为主而南方以稻米为主的结论，为研究我国农业的起源、传播与早期发展过程提供了新的视角[212]。

1998 年，氮稳定同位素分析方法也被引入国内，使得更多学者获知该方法在重建古代人群食物结构方面的学术价值[213]。2002 年，中国科学技术大学胡耀武完成国内首篇有关古代人类食谱分析的博士学位论文《古代人类食谱及其相关研究》[214]，此后，他致力于稳定同位素食谱分析，有力地推动了该领域在中国考古学领域的快速发展。

近年来，碳氮稳定同位素分析在古代动物的驯化和饲养研究上取得了突出成绩，揭示了古代先民对不同动物的喂饲方式和主要家养哺乳动物（如猪、黄牛、绵羊、猫）的起源和驯化过程[215]，讨论生业方式与社会发展的互动关系[216]，尝试应用猪和狗作为重建古代先民生业方式的替代性指标[217]，探讨特定或特殊用途动物（如真猛犸象，作为祭牲的猪、绵羊、马和黄牛等）的食物来源和特殊喂饲方式[218]，研究方法上首次成功提取骨骼遗存中的可溶性胶原蛋白并用于食谱分析，该原创性的研究可用于解决我国南方地区骨骼污染的问题[219]。随着碳氮稳定同位素数据在过去几十年里呈指数级增长，从而为在更大的时空范围探讨古代的饮食和生业提供了宝贵的资料。针对亚洲地区同位素数据多发表在非英文期刊上，从而造成国际上一般学者无法获得的状况，法国国家自然历史博物馆博士后张婷婷整合了迄今为止最为全面的东亚和东北亚地区距今 9000—1000 年 136 处考古遗址的 3304 份已发表的人和动物的碳、氮和硫的稳定同位素数据，这些数据公开发布在 https://isoarch.eu/ 上，便于学者检索使用[220]。

纵观已有的碳氮稳定同位素研究，均以骨骼胶原为分析对象，拓宽研究对象（如毛发、指甲、粪化石、牙结石等）有助于进一步加深其应用领域。在对其影响因素综合评估的基础上[221]，还需要进一步精细化研究方法，例如，同位素数据反映的是动物长期摄食行为的平均水平，而先民在动物饲养和管理策略上是具有季节性的，通过对动物牙釉质进行序列同位素分析[222]能够发现动物食性的季节性差异。同位素分析要密切结合考古背景，譬如样品选取既要考虑不同个体的差异，也要考虑同一个体不同骨骼部位代谢周期的差异，以便于对比不同个体和群体以及个体不同时期内食物结构的变化情况。除碳氮同位素分析以外，硫、氢、氧和锶同位素分析的应用仍需加强，针对骨骼特定化学元素（如钡、锶、钙等）的比值与饮食行为的关系也需深入研究。最后，需要特别强调的是，同位素分析是研究古食谱的方法之一，其研究需要以动物考古、植物考古、人骨考古和环境考古等相关领域的研究为前提和基础，这样得出的关于古代饮食、资源、生业和技术等方面的信息才更为全面和科学。

8. 锶同位素分析

锶同位素分析是研究古代人类和动物迁移、遗物产地不可或缺的科学手段之一。前文已论述动物的引入和传播可以作为动物驯化的证据，而锶同位素分析可以为此提供直接的证据，特别是在缺乏连续文化层的考古研究中，其作用和价值尤为重要。

锶同位素分析的方法最早于 1985 年应用于迁移研究。埃里克森（Ericson）通过分析美国加利福尼亚州 2 处考古遗址出土人骨的锶同位素值以研究当时社会的婚姻状况，认为锶同位素分析技术能为研究史前社会生活史提供多种可能并对其潜能寄予厚望，认为可用于人类生态和领地、食物分享和交换、迁徙和战争、因婚居地、动物生态等多个方面的研究 [223]。

2003 年以来，该方法开始应用于国内考古学研究。尹若春测试了河南舞阳贾湖遗址 21 例人骨和牙釉质、5 例猪牙釉质样本，以猪表征当地锶同位素比值范围，发现 14 个人类个体中有 5 个是外地迁入的，并且人口的迁移率随时间有增加的趋势，这是国内首次利用锶同位素分析方法来研究古代人类的迁移行为 [224]。

2011 年以来，锶同位素分析开始应用于国内动物考古研究。赵春燕测试和分析了山西襄汾陶寺遗址出土的 14 例动物牙釉质锶同位素比值，同样以猪表征当地锶同位素比值范围，发现有 2 只绵羊和 2 头黄牛的比值超出了该范围，推测它们可能不是当地饲养的 [225]。

近 30 年来，锶同位素分析逐步成为研究人类和动物迁移行为的有效方法，能够帮助考古学者认识人和动物是源自本地还是外地，并就其背后的社会和文化交流等进行阐释 [226]。迄今为止，我国公布开展人骨和动物骨骼锶同位素分析的考古遗址已达 47 处 [227]，主要就大型聚落出土哺乳动物牙釉质进行锶同位素分析，研究结果多有发现非当地饲养的动物，为探讨古代社会中动物资源的获取途径、社会组织结构、贸易和交换等提供了实证 [228]。目前，该方法已逐步拓展到重建水生动物资源域的研究 [229]。

锶同位素分析在研究古代迁移、贸易、生业、社会结构等诸多方面具有优势。整体而言，国内开展此项研究的考古遗址数量有限，各遗址分析样本数量不足，与考古学及相关学科的结合不够紧密，对原理认识不足造成对数据的解读偏于绝对化和简单化，这是当前急需解决的问题。建立高分辨率的锶同位素背景值、开展多种同位素的综合测试分析等，有助于考古学者辨识人类和动物的具体来源地域 [230]。英国学者理查德·马德威克（Richard Madgwick）以英国巨石阵中猪的迁移为例，针对同位素分析当中存在的问题——特别是使用单一同位素而进行的大胆而过分简单的解释——进行反思，认为应当加强原理的分析，在实际工作中要整合考古和环境证据，最为重要的是要使用多种同位素以提升研究的精度[231]。牙釉质中的锶和氧同位素可用于研究人类和动物的迁移行为，动物终其一生不断生长的组织中所包含的锶同位素可用以追踪该动物在不同时期的活动轨迹。美国阿拉斯加大学费尔班克斯分校马修·伍尔（Matthew Wooller）等对距今1.7万年的一只雄性猛犸象的门齿建立了一个时间分辨率很高的锶同位素记录，较为详细地获悉了这只猛犸象在其28年的生命周期内的活动轨迹：它在美国阿拉斯加非常广阔的地貌环境范围内活动，在壮年时期活动范围最为广泛，最终饿死在阿拉斯加北部的一处狭小的区域内[232]。建立中国境内及周边地区锶同位素背景图并提供在线数据库服务是需要重点研究的方向之一，在研究技术和方法上，开展高分辨率锶同位素分析（动物个体的齿系中不同牙位、牙齿微观结构与牙釉质形成过程中的锶同位素记录）[233]和多同位素共同分析（如锶、铜、氧、铅、汞、锌、铷、硼等）[234]能够不断扩展和深化当前的研究。

9. 古 DNA 研究

哈佛大学医学院大卫·赖克（David Reich）将古 DNA 研究视为考古学的第二次科学革命[235]。古 DNA 研究以分子生物技术为基础，以古生物 DNA 为研究对象，能够揭示古生物的进化方式、人类的起源和迁移、动植物的驯化等，该研究是生物学与历史学、考古学等人文科学相交叉的前沿学科[236]。

中国也是世界最早的古 DNA 提取（未测序）研究源于1981年，湖南医学院的专家们发表了有关湖南长沙马王堆汉墓出土约2000年前女尸的古 DNA 和古 RNA 的研究结果[237]，其开创性的意义得到世界的公认[238]。1995年，北京大学生命科学学院对河南西峡盆地白垩纪恐龙蛋化石进行古 DNA 的提取和分析，后来这个结果被证明是外源微生物的污染，但该项研究开创了我国古DNA研究的先河[239]。

1998年，吉林大学生命科学学院与考古系合作成立了国内第一个考古DNA实验室[240]。蔡大伟等在国内最早将古DNA研究应用于动物考古，通过对内蒙古喀喇沁大山前和林西井沟子遗址出土的9匹马进行线粒体DNA研究，发现赤峰地区青铜时代的马在母系遗传上具有高度多样性，对现代家马线粒体基因池的形成有着重要的贡献，从而反映了中国家马的起源状况的复杂性[241]。

古DNA的研究主要涉及古生物的线粒体DNA、Y染色体DNA和常染色体DNA等，古DNA的研究对象包括人类、动物、植物、考古的土壤、古细菌、古病毒等，目前的研究多集中于人类和动物的古DNA分析，古微生物的DNA研究是新的发展方向，该研究除可以从分子水平探索古代人类和动物的食谱、疾病及其变化，还可以探讨饮食进化史、人群的文化身份、人类或动物的迁移、动物的驯化和饲养等问题[242]。

20世纪80年代以来，分子克隆技术的出现和应用引发古DNA研究的第一次技术变革，聚合酶链式反应（PCR扩增）技术的诞生引发古DNA研究的第二次技术变革[243]。近10年来，高通量测序技术可以将提取物用于构建可以测序或者杂交捕获的DNA文库，从而能够高效获得非常古老的全基因组数据，并发展出古基因组学这一新领域，引发古DNA研究的第三次技术变革[244]。

DNA是非常脆弱的物质，它们会随着时间和环境而逐渐分解甚至消失，随着DNA恢复、测序和研究技术的进步，越来越古老的DNA被发现和研究。2021年，瑞典遗传学家达伦（Dalén）和他的团队从西伯利亚东北部冰冻遗址出土的3头猛犸象臼齿上成功提取出古 DNA，其中来自克莱斯托夫的样本已经有 165 万年的历史，刷新了当时最古老的古 DNA 纪录，并确认它可能属于一个全新的未知的猛犸象谱系[245]。2022 年，英国剑桥大学兼丹麦哥本哈根大学教授埃斯克·威勒斯列夫（Eske Willerslev）主导的研究团队采用 sedaDNA 技术（就是从生物体生存的环境沉积物中提取古 DNA）在格陵兰岛北端的冻土中发现了更为古老的生物 DNA（其中既有桦树、杨树等植物的 DNA，也有驯鹿、野兔、旅鼠等动物的 DNA，还有更多微生物的基因信息），这些 DNA 已有约 200 万年的历史[246]，这比上述猛犸象牙齿中 DNA 的年代还要古老，这些研究极大增强了应用古 DNA 探索更大时间尺度生物演化历史的信心。事实上，考古发掘出土器物中的残留物、土壤沉积物等是古 DNA 的重要研究对象。在我国，付巧妹研究团队通过高效的古 DNA 捕获技术从甘肃夏河白石崖溶洞遗址的 35 个土壤沉积物样本中钓取出 242 种哺乳动物和人类的线粒体 DNA，该研究成功获取了丹尼索瓦洞以外的首个丹尼索瓦人线粒体基因序列，该成果是在中国考古遗址沉积物中提取古人类 DNA 的第一个成功案例，其中动物古 DNA 包括犀牛、鬣狗等灭绝动物，与遗址发现的动物遗存一致，拓宽了我们对这些灭绝动物栖息范围的认识[247]，其研究方法和成果都具有重要的学术价值和应用前景。受埋藏环境的影响，中国南方地区骨骼样本保存状况较差，如何有效提取古 DNA 信息是技术难点，王传超等应用 1240K 和外显子捕获测序方法，突破技术瓶颈，首次成功地对中国台湾的古代样本进行了 DNA 提取、富集和高通量测序[248]。

就动物考古研究而言，古 DNA 研究主要围绕中国家养动物的起源和扩散开展工作，已经初步建立了中国主要家养动物（如猪、马、黄牛、绵羊、山羊、驴等）的古代线粒体 DNA 数据库[249]，探讨特殊用途（如用作祭牲和卜骨）动物（如马和黄牛等）的遗传信息[250]，并开始应用于狗和鸡的起源研究[251]。

10. 有机残留物分析

要深入探讨古代人类对动物资源的开发和利用，仅仅关注动物遗存本身是不够的，我们还需要开展有机残留物分析（古代先民在加工和利用动植物过程中，一些有机物质会残留在载体上——器物及相关遗物和遗迹——并保存至今，称之为有机残留物）。所谓有机残留物分析，就是从残留物样本（包括动物制品、粮食作物制品、经济作物制品、器物内炭化物和有机宝石等）中提取有机分子（包括 DNA、脂质、蛋白质、糖类，此外，还包括淀粉粒和植硅体等植物微体遗存），经科技手段进行定性和定量分析，从而判断有机残留物的组成及来源，进而研究古代先民对动植物资源的开发和利用以及相关载体的功能[252]。

中国最早有机残留物分析的研究见于 20 世纪 70 年代，该研究通过显微观察和薄层色谱技术对福建泉州湾一艘沉船（距今700 多年）中一种具有特殊香气的、灰白色至淡黄色固体进行研究，并结合历史文献记载，认为它是一种由橄榄科植物皮层渗出的油性香脂经炒制而成的乳香[253]。20 世纪 90 年代以来，中国学者在国内逐步推介有机残留物分析的原理和方法；2010 年以来，该方法在国内得到了较为广泛的应用和开展[254]。

针对跟动物及其产品和制品有关的有机残留物，目前，国内进行测试和分析的主要方法包括蛋白质分析和脂类分析等[255]。

（1）蛋白质分析

蛋白质可从骨骼、牙齿、头发、动植物制品及残留物中提取。

目前，国内应用于动物蛋白质分析的方法主要包括蛋白质组学分析、色谱法或气质联用方法和酶联免疫技术等。

蛋白质组学分析可直接测定蛋白质的氨基酸序列，用于鉴定蛋白质来源和种属。例如，中国科学院大学杨益民测得新疆若羌古墓沟墓地发现有酸奶沉积物（距今 3800 年）、小河墓地出土有开菲尔奶酪（距今 3600 年），表明牛奶在距今 4000 到 3500 年前已经进入新疆先民的食谱，由液态奶向固体奶制品的发展是古代人类为了应对环境恶化、扩大活动范围寻找更多的生存资源时发展出来的一种便携式食品[256]。

色谱法或气质联用法是根据蛋白质的氨基酸含量的差异来鉴定蛋白质的组成。苏伯民等应用高效液相色谱对新疆拜城克孜尔石窟的颜料样品中的胶结物进行分析，通过分析不同氨基酸的含量组成，并与现代牛皮胶、桃胶和蛋清的氨基酸组成进行比较，认为该胶结材料为动物胶[257]。

酶联免疫技术应用抗原体免疫反应来鉴定蛋白质的种属，目前国内已用于牛奶和蚕丝残留物的鉴定。洪川等对新疆鄯善苏贝希遗址 3 号墓出土黑色块状残留物进行酶联免疫吸附测定法检测，结果显示其中含有牛酪蛋白，推测它可能是牛奶制品或牛奶掺杂物[258]。1983 年河南荥阳青台遗址出土距今 5500 年左右的丝绸残痕[259]。近年来，中国丝绸博物馆主要应用酶联免疫技术在河南荥阳青台、汪沟等遗址检测出家蚕丝，从而证实中国家蚕驯化和中国丝绸的起源可追溯到距今 5500 年前[260]。他们基于免疫法原理的丝绸微痕检测技术在四川广汉三星堆遗址祭祀坑（商代晚期）出土青铜器和土样中发现有丝绸残留物，其品种包括绢、绮和编织物，其重要用途之一是祭服，这反映了古蜀地区发达的丝绸业[261]。

在《科学》（Science）杂志展望 2020 年十大科学头条中，蛋白质考古（Protein Archaeology）位列其中，由于蛋白质比 DNA 更加稳定，更加适用于研究无法提取 DNA 的古老化石，甚至适用于 100 万年前人类或动物的身份、遗传和行为的研究[262]。例如，针对出自甘肃夏河溶洞的一件比较完整的右侧下颌骨，在古 DNA 高度降解未能成功提取的情况下，我国学者成功提取古蛋白质并揭示它属于丹尼索瓦人或其近亲种，这是目前除阿尔泰山地区丹尼索瓦洞以外发现的首例丹人化石，也是目前我国青藏地区的最早人类活动证据（距今 16 万年前）[263]。蛋白质分析或蛋白质考古在今后动物考古研究中有着深广的发展前景，特别是对于形态特征缺失或年代久远的碎骨、动物制品及残留物而言，例如，饶慧芸等测试了首例东亚更新世斑鬣狗化石的古蛋白序列，并通过系统发育分析，认为 103 万年前东亚的洞穴鬣狗和非洲北部的现生斑鬣狗可能存在基因交流[264]。

（2）脂类分析

脂类分析的主要手段是气相色谱或气质联用，通过脂类单体的碳同位素比值法、脂肪酸含量比例等方法，以检测残留物的生物种类或来源。任萌等就甘肃酒泉西沟村魏晋墓 M5 出土铜甑釜内下部的白色膏状残留物，进行红外光谱、脂质分析和单体脂肪酸稳定同位素等方法的综合分析，认为其为反刍动物的油脂，从而为釜甑组合是加工肉食的炊蒸器提供了有力的证据[265]。

11. 其他相关研究

人类体质和健康状况能够反映人类的生业方式及转变。人骨考古通过评估人类的健康状况，考察人类骨骼涵盖的生业方式及转化。人类由采集－狩猎社会转为农业社会，一方面人口增长、智力发展、寿命增长、社会发展，另一方面人类骨骼几何形态和生物力学特征因生业方式转变而产生改变 [266]，与之相关疾病的发生率也随之增长，譬如龋齿率增高（事实上，龋齿率与生业方式的关联相当复杂）[267]、骨密度下降 [268]、传染性疾病频发 [269]、关节疾病多发 [270] 等，这些转变是人类生业方式影响的结果 [271]，能够从侧面反映人类对动物和植物资源进行获取和利用的方式及转变。

综上，从动物考古角度而言，上述各项标准都是建立于考古背景之上的，对其应用绝对不能脱离考古发掘的第一手资料。这些标准当中既有针对单个个体的，也有适用于群体分析的，既有以形态学为中心所进行的观察、计件、测量、称重等，又有以自然科学分析测试为中心所进行的关于动物遗传谱系、食性、来源和动物制品分析等方面的研究，这些标准相辅相成，共同构成用以判断家养和野生动物的系列判断标准。

笔者认同袁靖提出的关于系列标准综合运用 [272] 的观点，主要是基于以下事实和考虑：

第一，从性质上将动物做简单的家养和野生二元对立的划分本身就不甚客观，我们需要认清二者之外还存在着驯化过程中的动物、处于管理之中的野生动物、返野（指的是家养动物摆脱人类控制后重新转为野生状态，返野家猪的体型变大、变细长、吻部变长，返野猪生的猪仔毛皮上会有斑纹等 [273]）的动物、半驯化的动物、放养状态的家养动物、家养和野生动物的基因交流等更为复杂的情况。

第二，驯化是动态的过程，要证明驯化事件发生的确切时间和地点具有挑战性，动物驯化可能在几个地方同时发生，可能会在不同地区不同时期发生，更可能在单一驯化中心完成初期驯化之后与野生同类发生过大规模的杂交（单一起源随后杂交），驯化过程如此丰富，对相关证据的解读切忌单一或片面。

第三，各项判断标准不可避免地存在一定的局限。除上文笔者所列举各项标准的局限性之外，还有一些认识需要指出来。就骨骼形态的研究而言，驯化初期阶段家养动物在骨骼形态上与它们的野生祖先没有显著的差别，因此，动物考古所观察到的骨骼形态产生明显变化的时间要晚于实际驯化的时间 [274]；就现代动物遗传学研究而言，通过分子钟理论来进行时间的估算，在没有不同时期古代样本对其校准的情况下，它的时间估算的偏差率就会比较大，通过古 DNA 分子钟校正方法可以为家养动物的驯化时间提供较为精确的估算 [275]；就碳氮稳定同位素分析而言，现有技术条件得出的关于食谱的数据和归类仍显粗略，并且在驯化初期阶段，动物仍以野生动植物资源为食，且与人类的饮食差异明显；就有机残留物分析而言，为人类所利用的动物产品或制品可能来自家养动物，也有可能是源自其野生同类。

总之，立足于考古背景，尽最大可能获取动物遗存上的各种科学数据和信息，将科学数据和信息转化为各项判断标准，综合运用这些判断标准，这样得出的结论才较为科学。

三、小结

就动物演化而言，猪科动物形成于距今 5000 万年前，猪属动物形成于距今 300 万年前。家猪与野猪同根同源，因此，二者生态习性非常相似。由于人类的驯化，家猪与野猪大体在距今 1 万年左右分道扬镳，二者分别在人为和自然环境中演化出不同的特征。如何通过动物考古研究人类驯化和饲养家猪的历史？我们必须在充分考量家猪和野猪生存环境的基础上，全面归纳和总结二者在骨骼形态及相关测试数据上的差异。笔者在总结前人研究成果的基础上，提出包括骨骼形态的观察和测量、数量统计和分析、死亡年龄结构和性别比例的分析、病变痕迹、文化现象的推测、动物的引入和传播、碳氮稳定同位素测试、锶同位素分析、古 DNA 研究、有机残留物分析和其他相关研究等在内的 11 项判断标准，并对每项标准的适用性和局限性进行阐述，认为应当对猪骨遗存进行系列判断标准的评测。

注　释

[1]　陈加晋、李群：《农业遗产视角下中国畜牧业的现代性困境与出路——以畜禽饲喂为中心的考察》，《古今农业》2021 年第 2 期，第 76—84 页。

[2]　Harris, J. M. and L. Liu (2007). Superfamily Suoidea. *The Evolution of Artiodactyls*. D. R. Prothero and S. E. Foss. Baltimore, Johns Hopkins University Press: 130–150.

刘丽萍：《广西百色和永乐盆地的始新世猪类化石——兼论早期猪类的分类和演化（英文）》，《古脊椎动物学报》2001 年第 39 卷第 2 期，第 115—128+158 页。

[日] 冨田幸光著，[日] 伊藤丙雄、[日] 冈本泰子插图，张颖奇译：《灭绝的哺乳动物图鉴》，北京：科学出版社，2013 年，第 191—195 页。

[3]　刘丽萍：《广西百色和永乐盆地的始新世猪类化石——兼论早期猪类的分类和演化（英文）》，《古脊椎动物学报》2001 年第 39 卷第 2 期，第 115—128+158 页。

[日]冨田幸光著，[日]伊藤丙雄、[日]冈本泰子插图，张颖奇译：《灭绝的哺乳动物图鉴》，北京：科学出版社，2013年，第191—195页。

[4] Frantz, L., E. Meijaard, J. Gongora, J. Haile, M. Groenen and G. Larson (2016). "The Evolution of Suidae." *Annual Review of Animal Biosciences* 4: 61–85.

李匡悌、李冠逸、朱有田、臧振华：《史前时代台湾南部地区的野猪与家猪，兼论家猪作为南岛语族迁徙和扩散的验证标记》，《"中央研究院"历史语言研究所集刊》2015年第86本第3分，第607—678页。

[5] Gentry, A., J. Clutton–Brock and C. P. Groves (2004). "The naming of wild animal species and their domestic derivatives." *Journal of Archaeological Science* 31(5): 645–651.

[6] [美]莱尔·华特森著，陈信宏译：《滚滚猪公：猪头猪脑的世界》，台北：麦田出版社，2005年，第163页。

[7] 也有学者认为中国新石器时代野猪可分为华北野猪和华南野猪，华北野猪体型较大，额骨宽平而微凸出，头的后部较宽，吻部较长，分布在华北、安徽、四川等地，华南野猪体型较小，头骨额区较为窄小，吻部宽阔。参见：郭郛、[英]李约瑟、成庆泰：《中国古代动物学史》，北京：科学出版社，1999年，第371—376页。

[8] 潘清华等主编：《中国哺乳动物彩色图鉴》，北京：中国林业出版社，2007年，第208页。

王酉之等主编：《四川兽类原色图鉴》，北京：中国林业出版社，1999年，第164页。

寿振黄主编：《中国经济动物志——兽类》，北京：科学出版社，1962年，第433—437页。

盛和林等编著：《中国野生哺乳动物》，北京：中国林业出版社，1999年，第163页。

刘少英、吴毅、李晟主编：《中国兽类图鉴（第2版）》，福州：海峡书局，2020年，第290页。

[9] 王应祥：《中国哺乳动物种和亚种分类名录与分布大全》，北京：中国林业出版社，2003年，第115—116页。

[10] 按照脚或蹄着地的方式，动物可分为跖行（五趾着地、四肢短胖，如猴、熊、熊猫等）、趾行（三趾着地，如犀牛）和蹄行（用趾尖着地，其中，猪等动物是两趾着地，马等动物是一趾着地）。参见：[美]莱尔·华特森著，

陈信宏译：《滚滚猪公：猪头猪脑的世界》，台北：麦田出版社，2005 年，第 23—24、26、160—162 页。

[11]　[美] 莱尔·华特森著，陈信宏译：《滚滚猪公：猪头猪脑的世界》，台北：麦田出版社，2005 年，第 56—57 页。

[12]　潘清华等主编：《中国哺乳动物彩色图鉴》，北京：中国林业出版社，2007 年，第 208 页。

王酉之等主编：《四川兽类原色图鉴》，北京：中国林业出版社，1999 年，第 164 页。

寿振黄主编：《中国经济动物志——兽类》，北京：科学出版社，1962 年，第 433—437 页。

盛和林等编著：《中国野生哺乳动物》，北京：中国林业出版社，1999 年，第 163 页。

[13]　Burt, W. H. (1943). "Territoriality and home range concepts as applied to mammals." *Journal of Mammalogy* 24: 346–352.

[14]　王文、张静、马建章、刘海波：《小兴安岭南坡野猪家域分析》，《兽类学报》2007 年第 27 卷第 3 期，第 257—262 页。

[15]　[美] 莱尔·华特森著，陈信宏译：《滚滚猪公：猪头猪脑的世界》，台北：麦田出版社，2005 年，第 23—24、26、160—162 页。

[16]　潘清华等主编：《中国哺乳动物彩色图鉴》，北京：中国林业出版社，2007 年，第 208 页。

王酉之等主编：《四川兽类原色图鉴》，北京：中国林业出版社，1999 年，第 164 页。

寿振黄主编：《中国经济动物志——兽类》，北京：科学出版社，1962 年，第 433—437 页。

盛和林等编著：《中国野生哺乳动物》，北京：中国林业出版社，1999 年，第 163 页。

[17]　颅骨坚硬、犬齿粗长、特化程度较高的猪类（如疣猪）采用正面打斗的方式：打斗双方先是示威，接着正面冲向对方，以头部、肉疣和獠牙攻击对方，以落败一方下跪和尖叫示意结束，这是一种表面勇猛其实危险程度较低且有条理的打斗方式，很少会造成严重的伤口。[美] 莱尔·华特森著，陈信宏译：《滚滚猪公：猪头猪脑的世界》，台北：麦田出版社，2005 年，第 143—144 页。

[18] 陈广忠译注：《淮南子》，北京：中华书局，2012 年，第 393—394 页。

[19] 〔汉〕班固编撰：《汉书》，北京：中华书局，2007 年，第 174 页。

[20] 杨伯峻编著：《春秋左传注》，北京：中华书局，2018 年，第 148 页。

[21] [美] 莱尔·华特森著，陈信宏译：《滚滚猪公：猪头猪脑的世界》，台北：麦田出版社，2005 年，第 47—48 页。

[22] 胡平生、张萌译注：《礼记》，北京：中华书局，2017 年，第 492—494 页。

[23] 赵序茅：《动物眼中的人类：一位动物翻译官的自然保护区考察笔记》，北京：中信出版社，2020 年，第 57—62 页。

[24] 与城市开拓者相对的还有城市适应者和城市回避者，城市适应者是指低适应性的动物，城市回避者是指主动避开城市，选择在人口密度较低的自然环境中生存的动物。

[25] Rutten, A., J. Casaer, K. R. Swinnen, M. Herremans and H. Leirs (2019). "Future distribution of wild boar in a highly anthropogenic landscape: models combining hunting bag and citizen science data." *Ecological Modelling* 411: 108804.

Stillfried, M., P. Gras, K. Börner, F. Göritz, J. Painer, K. Röllig, M. Wenzler, H. Hofer, S. Ortmann and S. Kramer-Schadt (2017). "Secrets of success in a landscape of fear: urban wild boar adjust risk perception and tolerate disturbance." *Frontiers in Ecology and Evolution* 5: 157.

Ritzel, K. and T. Gallo (2020). "Behavior change in urban mammals: A systematic review." *Frontiers in Ecology and Evolution* 8: 576665.

[26] Podgórski, T., G. Baś, B. Jędrzejewska, L. Sönnichsen, S. Śnieżko, W. Jędrzejewski and H. Okarma (2013). "Spatiotemporal behavioral plasticity of wild boar (*Sus scrofa*) under contrasting conditions of human pressure: primeval forest and metropolitan area." *Journal of Mammalogy* 94(1): 109–119.

[27] Castillo-Contreras, R., G. Mentaberre, X. F. Aguilar, C. Conejero, A. Colom-Cadena, A. Ráez-Bravo, C. González-Crespo, J. Espunyes, S. Lavín and J. R. López-Olvera (2021). "Wild boar in the city: Phenotypic responses to urbanisation." *Science of The Total Environment* 773: 145593.

[28] 李军德、黄璐琦、曲晓波主编：《中国药用动物志（第 2 版）》，福州：福建科学技术出版社，2013 年，第 1442 页。

[29] 《猪的智商可以同狗与黑猩猩媲美？》，《今日养猪业》2015 年第 7 期，第 103 页。

[美] 欧文·华莱士等编，孟学雷、袁嘉谋、周映霞、宋光丽译：《世界排行榜》，上海：上海人民出版社，1993 年。

[30]   Maigrot, A.-L., E. Hillmann and E. F. Briefer (2022). "Cross-species discrimination of vocal expression of emotional valence by Equidae and Suidae." *BMC Biology* 20(1): 106.

Briefer, E. F., C. C. R. Sypherd, P. Linhart, L. M. C. Leliveld, M. Padilla de la Torre, E. R. Read, C. Guérin, V. Deiss, C. Monestier, J. H. Rasmussen, M. Špinka, S. Düpjan, A. Boissy, A. M. Janczak, E. Hillmann and C. Tallet (2022). "Classification of pig calls produced from birth to slaughter according to their emotional valence and context of production." *Scientific Reports* 12(1): 3409.

[31]   [美] 莱尔·华特森著，陈信宏译：《滚滚猪公：猪头猪脑的世界》，台北：麦田出版社，2005 年，第 215—216 页。

[32]   袁靖：《中国动物考古学》，北京：文物出版社，2015 年，第 4 页。

[33]   袁靖：《试论中国动物考古学的形成与发展》，《江汉考古》1995 年第 2 期，第 84—88+51 页。

[34]   吕鹏、罗运兵、袁靖：《建设具有中国特色、中国风格、中国气派的动物考古学学科体系——新中国动物考古 70 年》，《中国文物报》，2019-12-06，第 6 版。

[35]   袁靖：《论中国新石器时代居民获取肉食资源的方式》，《考古学报》1999 年第 1 期，第 1—22 页。

袁靖：《中国动物考古学》，北京：文物出版社，2015 年。

袁靖主编：《中国新石器时代至青铜时代生业研究》，上海：复旦大学出版社，2019 年。

[36]   Meadow, R. H. (1980). "Animal Bones: Problems for the Archaeologist together with some possible solutions." *Paléorient* 6(1): 65–77.

Davis, S. J. M. (1987). *The Archaeology of Animals*. New Haven, Yale University Press.

[37]   例如：鹿角具有周期性脱落和生长的特性，对其利用也归入此类。

[38]   中华人民共和国国家文物局：《中华人民共和国文物保护行业标准——田野考古出土动物标本采集及实验室操作规范》，北京：文物出版社，2010 年。

[39]   侯彦峰：《浅谈田野考古动物遗存采集》，《华夏考古》2021 年第 1 期，第 122—127 页。

[40]　两者并非严格意义上的操作空间或研究阶段的划分，在田野考古阶段也可以对动物遗存进行鉴定和提取信息工作，同样，在实验室鉴定阶段也可以对动物遗存进行采集和提取。

[41]　国家文物局：《田野考古工作规程》，北京：文物出版社，2009 年。

[42]　中华人民共和国国家文物局：《中华人民共和国文物保护行业标准——田野考古植物遗存浮选采集及实验室操作规范》，北京：文物出版社，2012 年。

[43]　王春燕、罗晓艳、容波、李华：《薄荷醇及其衍生物在考古现场脆弱遗迹加固中的应用》，《北方文物》2013 年第 4 期，第 43—45 页。
容波、韩向娜、黄晓、王春燕：《薄荷醇提取发掘现场脆弱遗迹及其安全性研究》，《江汉考古》2016 年第 1 期，第 84—94 页。
冯丹、齐孝蕾、郝健、王辉、李小伟、罗宏杰、崔永梅：《薄荷醇作为临时固型材料在文物保护中的应用》，《文物保护与考古科学》2020 年第 32 卷第 2 期，第 112—117 页。
陈秀秀、马西飞、于亚荣、周红姣、向龙、黄晓、罗宏杰、汪筱林：《薄荷醇 / 石膏复合体系用于考古发掘现场临时固型提取的可行性研究》，《文物保护与考古科学》2021 年第 33 卷第 6 期，第 124—131 页。
肖庆、王冲、谢振斌、任俊锋、郭建波、郭汉中：《潮湿环境下古象牙的现场提取与保护——以三星堆遗址三号坑出土象牙为例》，《四川文物》2022 年第 1 期，第 106—112 页。

[44]　谢强、卜文俊、于昕、郑乐怡编著：《现代动物分类学导论》，北京：科学出版社，2012 年。

[45]　洪德元、庄文颖、朱敏、马克平、汪小全、黄大卫、张雅林、任国栋、卜文俊、彩万志、任东、杨定、梁爱萍、白逢彦、张润志、雷富民、李枢强、孔宏智、蔡磊、戴玉成、朱朝东、杨奇森、陈军、沙忠利、江建平、车静、吴东辉、李家堂、王强、魏鑫丽、白明、刘星月、乔格侠：《分类学者成"濒危物种"抢救生物分类学刻不容缓》，《中国科学报》，2022–05–23，第 1 版。

[46]　国际生物科学协会通过，卜文俊、郑乐怡译，宋大祥校：《国际动物命名法规（第四版）》，北京：科学出版社，2007 年。
Allaby, M. (2014). *International Code of Zoological Nomenclature (4th Edition)*, Oxford University Press.

[47]　国家市场监督管理总局、国家标准化管理委员会发布：《中国动物分类

代码 第 1 部分：脊椎动物（GB/T 15628.1—2021）》，2022 年。

[48] 魏辅文、杨奇森、吴毅、蒋学龙、刘少英、李保国、杨光、李明、周江、李松、胡义波、葛德燕、李晟、余文华、陈炳耀、张泽钧、周材权、吴诗宝、张立、陈中正、陈顺德、邓怀庆、江廷磊、张礼标、石红艳、卢学理、李权、刘铸、崔雅倩、李玉春：《中国兽类名录（2021 版）》，《兽类学报》2021 年第 41 卷第 5 期，第 487—501 页。

[49] 袁靖：《中国动物考古学》，北京：文物出版社，2015 年。

[50] 袁靖：《建设和完善国家特殊文物资源标本库和数据库》，《中国文物报》，2017-03-10，第 3 版。
吕鹏、袁靖、张学宝、郑闯闯：《数据库建设为动物考古学研究提供新的着力点——写在"中国动物遗存数据库"建成之际》，《中国文物报》，2021-11-19，第 9 版。

[51] [瑞士] 伊丽莎白·施密德著，李天元译：《动物骨骼图谱》，北京：中国地质大学出版社，1992 年。
Schmid, E. (1972). *Atlas of Animal Bones*. Amsterdam, Elsevier publishing company.

[52] [英] 西蒙·赫森著，侯彦峰、马萧林译：《哺乳动物骨骼和牙齿鉴定方法指南》，北京：科学出版社，2012 年。
Hillson, S. (1996). *Mammal Bones and Teeth: An Introductory Guide to Methods of Identification*. London, Institute of Archaeology, University College London.

[53] [苏] B. 格罗莫娃著，刘后贻等译：《哺乳动物大型管状骨检索表》，北京：科学出版社，1960 年。

[54] Sisson, S. (1914). *The Anatomy of the Domestic Animals*. Philadelphia, W.B. Saunders Company.

[55] Matsui, A. (2007). *Fundamentals of Zooarchaeology in Japan and East Asia*. Kansai Process Limited.

[56] Hesse, B. (1985). *Animal Bone Archaeology: from Objectives to Analysis*. Washington D.C., Taraxacum.

[57] 中国科学院古脊椎动物研究所高等脊椎动物研究室编：《中国脊椎动物化石手册：哺乳动物部分》，北京：科学出版社，1960 年。
中国科学院古脊椎动物与古人类研究所低等脊椎动物研究室编：《中国脊椎动物化石手册：鱼类、两栖类、爬行类部分》，北京：科学出版社，1961 年。
中国科学院古脊椎动物与古人类研究所《中国脊椎动物化石手册》编写组：

《中国脊椎动物化石手册》，北京：科学出版社，1979 年。

[58]　如：朱敏等：《中国古脊椎动物志　第一卷　鱼类　第一册（总第一册）无颌类》，北京：科学出版社，2015 年。

赵资奎、王强、张蜀康等：《中国古脊椎动物志　第二卷　两栖类　爬行类　鸟类　第七册（总第十一册）恐龙蛋类》，北京：科学出版社，2015 年。

[59]　[德] 柯尼希等主编，陈耀星、刘为民主译：《家畜兽医解剖学教程与彩色图谱》，北京：中国农业大学出版社，2009 年。

[60]　陈耀星：《动物解剖学彩色图谱》，北京：中国农业出版社，2013 年。

[61]　[英] 雷蒙德·R. 阿斯道恩等编著，陈耀星、曹静等译：《反刍动物解剖学彩色图谱》，北京：中国农业出版社，2012 年。

[62]　潘清华等主编：《中国哺乳动物彩色图鉴》，北京：中国林业出版社，2007 年。

[63]　刘少英、吴毅、李晟主编：《中国兽类图鉴（第 3 版）》，福州：海峡书局，2022 年。

[64]　Serjeantson, D. (2009). *Birds*. Cambridge, Cambridge University Press.

[65]　Cohen, A. and D. Serjeantson (1996). *A Manual for the Identification of Bird Bones from Archaeological Sites*. London, Archetype Publications.

[66]　[日] 松冈广繁：《鳥の骨探》，京都：开成堂印刷株式会社，2009 年。

[67]　赵欣如：《中国鸟类图鉴》，北京：商务印书馆，2018 年。

[68]　周婷、李丕鹏：《中国龟鳖分类原色图鉴》，北京：中国农业出版社，2013 年。

[69]　季达明、温世生执行主编：《中国爬行动物图鉴》，郑州：河南科学技术出版社，2002 年。

[70]　周婷：《龟鳖分类图鉴》，北京：中国农业出版社，2004 年。

[71]　[日] 山崎京美、上野辉彌：*Jaws of Bony Fishes*，アート & サイエンス工房 Talai，2008 年。

[72]　孟庆闻、苏锦祥、李婉端：《鱼类比较解剖》，北京：科学出版社，1987 年。

[73]　曹玉茹：《中国海洋鱼类图谱》，北京：中国大百科全书出版社，2010 年。

[74]　郭亮编著：《河蚌》，福州：海峡书局，2022 年。

[75]　吴岷：《常见蜗牛野外识别手册》，重庆：重庆大学出版社，2015 年。

[76] 张玺、齐钟彦、马绣同、楼子康、刘月英、黄修明、徐凤山：《中国动物图谱：软体动物（第一册）》，北京：科学出版社，1964年。

齐钟彦、马绣同、楼子康、张福绥编著：《中国动物图谱：软体动物（第二册）》，北京：科学出版社，1983年。

齐钟彦主编：《中国动物图谱：软体动物（第三册）》，北京：科学出版社，1986年。

齐钟彦、马绣同、王耀先、刘月英、张文珍、陈德牛、高家祥：《中国动物图谱：软体动物（第四册）》，北京：科学出版社，1985年。

[77] 张素萍：《中国海洋贝类图鉴》，北京：海洋出版社，2008年。

[78] 侯彦峰、马萧林编著：《考古遗址出土贝类鉴定指南：淡水双壳类》，北京：科学出版社，2021年。

[79] 动物考古研究最基本的理论是均变说，均变说是地质学家莱伊尔在19世纪30年代提出来的，他认为地球的变化是古今一致的，地质作用的过程是缓慢的、渐进的，地球过去的变化只能通过现今的侵蚀、沉积、火山作用等物理和化学作用来认识。在地壳中所发现的留下遗迹的古代生物的种种变化，在其种类和程度上都可能同现今正在进行的变化相类似，现在是了解过去的钥匙。参见：[英]莱伊尔著，徐韦曼译：《地质学原理》，北京：北京大学出版社，2008年。

[80] 张荣祖：《中国动物地理》，北京：科学出版社，2011年。

文榕生：《中国古代野生动物地理分布》，济南：山东科学技术出版社，2013年。

李冀：《先秦动物地理问题探索》，陕西师范大学博士学位论文，2013年。

[81] 如：陈世骧主编：《中国动物志：昆虫纲 第二卷 鞘翅目 铁甲科》，北京：科学出版社，1986年。

苏锦祥、李春生：《中国动物志：硬骨鱼纲 鲀形目 海蛾鱼目 喉盘鱼目 鮟鱇目》，北京：科学出版社，2002年。

郑作新、张荫荪、唐蟾珠：《中国动物志：鸟纲 第二卷 雁形目》，北京：科学出版社，1979年。

杨思谅、陈惠莲、戴爱云：《中国动物志：无脊椎动物 第四十九卷 甲壳动物亚门 十足目 梭子蟹科》，北京：科学出版社，2012年。

赵尔宓：《中国动物志：爬行纲 第三卷 有鳞目 蛇亚目》，北京：科学出版社，1998年。

罗泽珣等：《中国动物志：兽纲 第六卷 啮齿目 下册 仓鼠科》，北京：科学出版社，2000 年。

陈服官、罗时有：《中国动物志：鸟纲 第九卷 雀形目 太平鸟科 岩鹨科》，北京：科学出版社，1998 年。

[82] 如：中国科学院西北高原生物研究所编著：《青海经济动物志》，西宁：青海人民出版社，1989 年。

王廷正、许文贤：《陕西啮齿动物志》，西安：陕西师范大学出版社，1993 年。

路纪琪、王振龙：《河南啮齿动物区系与生态》，郑州：郑州大学出版社，2012 年。

赵汝翼、程济民、赵大东：《大连海产软体动物志》，北京：海洋出版社，1982 年。

宋大祥、杨思谅：《河北动物志：甲壳类》，石家庄：河北科学技术出版社，2009 年。

肖增祐等编著：《辽宁动物志：兽类》，沈阳：辽宁科学技术出版社，1988 年。

张继军、杨银书、李强：《青海省啮齿动物种类与地理分布》，《中华卫生杀虫药械》2008 年第 14 卷第 1 期，第 47—49 页。

国家水产总局南海水产研究所等编：《南海诸岛海域鱼类志》，北京：科学出版社，1979 年。

陈兼善原著，于名振增订：《台湾脊椎动物志》，台北：台湾商务印书馆股份有限公司，1986 年。

[83] 如：伍献文等：《中国鲤科鱼类志（上卷）》，上海：上海科学技术出版社，1964 年。

伍献文等：《中国鲤科鱼类志（下卷）》，上海：上海科学技术出版社，1982 年。

郑光美：《中国鸟类分类与分布名录（第三版）》，北京：科学出版社，2017 年。

王应祥：《中国哺乳动物种和亚种分类名录与分布大全》，北京：中国林业出版社，2003 年。

蒋志刚、马勇、吴毅、王应祥、周开亚：《中国哺乳动物多样性及地理分布》，北京：科学出版社，2015 年。

I. S. 猫科动物专家组：《中国猫科动物》，北京：中国林业出版社，2014 年。

张玺、齐钟彦：《贝类学纲要》，北京：科学出版社，1961 年。

王丕烈：《中国鲸类》，北京：化学工业出版社，2012 年。

赵正阶：《中国鸟类志》，长春：吉林科学技术出版社，2001 年。

[84]　尤玉柱：《史前考古埋藏学概论》，北京：文物出版社，1989 年，第 1—4 页。

[85]　张双权、C. J. Norton、张乐：《考古动物群中的偏移现象——埋藏学的视角》，《人类学学报》2007 年第 26 卷第 4 期，第 379—388 页。

[86]　Lyman, R. L. (1994). *Vertebrate Taphonomy*. New York, Cambridge University Press.

[87]　Cannon, K. P. and R. L. Lyman (2004). *Zooarchaeology and Conservation Biology*. Salt Lake City, University of Utah Press.

[88]　Lyman, R. L. (2008). *Quantitative Paleozoology*. Cambridge, Cambridge University Press.

[89]　Wolverton, S. and R. L. Lyman (2012). *Conservation Biology and Applied Zooarchaeology*. Tucson, University of Arizona Press.

[90]　Wilson, B., C. Grigson and S. Payne (1982). *Ageing and Sexing Animal Bones from Archaeological Sites*. Oxford, England, British Archaeological Reports British Series.

[91]　王均昌、孙国斌：《动物年龄鉴别法》，北京：中国农业出版社，1996 年。

[92]　Grant, A. (1982). The use of tooth wear as a guide to the age of domestic ungulates. *Ageing and Sexing Animal Bones from Archaeological Sites*. B. Wilson, C. Grigson and S. Payne. Oxford, England, British Archaeological Reports British Series: 91–108.

[93]　Payne, S. (1973). "Kill–off Patterns in Sheep and Goats: The Mandibles from Aşvan Kale." *Anatolian Studies* 23: 281–303.

[94]　Payne, S. (1987). "Reference codes for wear states in the mandibular cheek teeth of sheep and goats." *Journal of Archaeological Science* 14(6): 609–614.

[95]　中国人民解放军兽医大学编著：《马体解剖图谱》，长春：吉林人民出版社，1979 年。

[96]　Uchiyama, J. (1999). "Seasonality and Age Structure in an Archaeological Assemblage of Sika Deer (*Cervus nippon*)." *International Journal of Osteoarchaeology* 9(4): 209–218.

[97]　张明海、许庆翔、路秉信、靳玉文、于孝臣：《马鹿臼齿磨损率与年龄关系的研究》，《兽类学报》2000 年第 20 卷第 4 期，第 8 页。

[98]　盛和林等：《中国鹿类动物》，上海：华东师范大学出版社，1992 年，第 136—138 页。

[99]　Driesch, A.v.d. (1976). *A Guide to the Measurement of Animal Bones from Archaeological Sites*. Cambridge, Mass., Peabody Museum of Archaeology and Ethnology, Harvard University.

[100]　[德] 安格拉·冯登德里施著，马萧林、侯彦峰译：《考古遗址出土动物骨骼测量指南》，北京：科学出版社，2007 年。

[101]　周牧萱：《动物考古研究的科学化——读〈考古遗址出土动物骨骼测量指南〉》，《华夏考古》2009 年第 4 期，第 132—135 页。

[102]　Claassen, C. (1998). *Shells*. Cambridge, New York, Cambridge University Press.

[103]　Vigne, J.–D. (2011). "The origins of animal domestication and husbandry: A major change in the history of humanity and the biosphere." *Comptes Rendus Biologies* 334(3): 171–181.

[104]　[美] 莱尔·华特森著，陈信宏译：《滚滚猪公：猪头猪脑的世界》，台北：麦田出版社，2005 年，第 154 页。

[105]　[英] 查尔斯·达尔文著，方宗熙、叶笃庄译：《达尔文进化论全集　第五卷　动物和植物在家养下的变异》，北京：科学出版社，1996 年。

[106]　Roberts, A. M. (2017). *Tamed: Ten Species that Changed Our World*. London, Hutchinson.

[107]　Davis, S. J. M. (1987). *The Archaeology of Animals*. New Haven, Yale University Press.

[108]　Rindos, D. (1984). *The Origins of Agriculture: An Evolutionary Perspective*. San Diego, CA, Academic Press.

[109]　Reitz, E. J. and E. S. Wing (2008). *Zooarchaeology*. New York, Cambridge University Press.

[110]　[美] 贾雷德 . 戴蒙德著，谢延光译：《枪炮、病菌与钢铁 : 人类社会的命运》，上海：上海译文出版社，2000 年，第 168—176 页。

同号文：《从动物驯养谈进化问题》，《化石》2004 年第 2 期，第 30—33 页。

Driscoll, C. A., D. W. Macdonald and S. J. O'Brien (2009). "From wild animals to domestic pets, an evolutionary view of domestication." *Proceedings of the National Academy of Sciences* 106 (supplement–1): 9971–9978.

[111] Diamond, J. (2002). "Evolution, consequences and future of plant and animal domestication." *Nature* 418(6898): 700–707.

[112] 戴维斯提出区分家养和野生动物的标准主要包括 6 项，分别是出现外来品种、形态变化、尺寸变化、动物种群内频率变化、文化现象（含病理现象）、性别和年龄比例等。参见：Davis, S. J. M. (1987). *The Archaeology of Animals.* New Haven, Yale University Press.

[113] 袁靖、罗运兵、李志鹏、吕鹏：《论中国古代家猪的鉴定标准》，见河南省文物考古研究所：《动物考古（第 1 辑）》，北京：文物出版社，2010 年，第 116—123 页。
Yuan, J. and R. K. Flad (2002). "Pig domestication in ancient China." *Antiquity* 76(293): 724–732.

[114] 罗运兵：《中国古代猪类驯化、饲养与仪式性使用》，北京：科学出版社，2012 年，第 15—111 页。
[英]凯斯·道伯涅、[英]安波托·奥巴莱拉、[英]皮特·罗莱－康威、袁靖、杨梦菲、罗运兵、[比利时]安东·欧富恩克：《家猪起源研究的新视角》，《考古》2006 年第 11 期，第 74—80 页。

[115] 张国文：《鉴别古代家猪与野猪的方法探究》，《南开学报（哲学社会科学版）》2016 年第 5 期，第 103—108 页。

[116] 管理、胡耀武、王昌燧、汤卓炜、胡松梅、阚绪杭：《食谱分析方法在家猪起源研究中的应用》，《南方文物》2011 年第 4 期，第 116—124 页。

[117] 王志、向海、袁靖、罗运兵、赵兴波：《利用古代 DNA 信息研究黄河流域家猪的起源驯化》，《科学通报》2012 年第 57 卷第 12 期，第 1011—1018 页。

[118] 李崇奇：《基于线粒体序列变异探讨野猪系统地理学及家猪起源》，南京师范大学硕士学位论文，2005 年。

[119] 崔银秋、张雪梅、汤卓炜、周慧：《家猪起源与古代 DNA 研究》，见教育部人文社会科学重点研究基地、吉林大学边疆考古研究中心编：《边疆考古研究（第 9 辑）》，北京：科学出版社，2010 年，第 301—304 页。

[120] 陈远琲：《史前遗址原始家猪鉴别之认识》，见广西博物馆编：《广西博物馆文集（第三辑）》，南宁：广西人民出版社，2006 年，第 140—147 页。

[121]　蔡新宇、毛晓伟、赵毅强：《家养动物驯化起源的研究方法与进展》，《生物多样性》2022 年第 30 卷第 4 期，第 1—18 页。

[122]　Bergmann, C. (1848). "Über Die Verhältnisse Der Wärmeökonomie Der Thiere Zu Ihrer Grösse." *Göttinger Studien* 3: 595–708.

[123]　裴文中：《关于第四纪哺乳动物体型增大和缩小的问题的初步讨论》，《古脊椎动物与古人类》1965 年第 9 卷第 1 期，第 37—46 页。

[124]　Weeks, B. C., D. E. Willard, M. Zimova, A. A. Ellis, M. L. Witynski, M. Hennen and B. M. Winger (2020). "Shared morphological consequences of global warming in North American migratory birds." *Ecology Letters* 23(2): 316–325.

Hantak, M., B. McLean, D. Li and R. P. Guralnick (2021). "Mammalian body size is determined by interactions between climate, urbanization and traits." *Communications Biology* 4(1): 972.

[125]　张强、王德华：《贝格曼（Bergmann）法则的历史演变和发展》，《野生动物生态与资源保护第四届全国学术研讨会论文摘要集》，2007 年。

[126]　Albarella, U., K. Dobney and P. Rowley–Conwy (2009). "Size and shape of the Eurasian wild boar (*Sus scrofa*), with a view to the reconstruction of its Holocene history." *Environmental Archaeology* 14(2): 103–136.

Anezaki, T., K. Yamazaki, H. Hongo and H. Sugawara (2008). "Chronospatial variation of dental size of Holocene Japanese wild pigs (*Sus scrofa leucomystax*)." *The Quaternary Research* 47(1): 29–38.

Mayer, J. J., J. M. Novak and I. L. Brisbin (1998). Evaluation of molar size as a basis for distinguishing wild boar from domestic swine: employing the present to decipher the past. *Ancestors for the Pigs*: *Pigs in Prehistory*. S. M. Nelson. Philadelphia, University of Pennsylvania Museum of Archaeology and Anthropology: 39–53.

Davis, S. J. M. (1981). "The effects of temperature change and domestication on the body size of late Pleistocene to Holocene mammals of Israel." *Paleobiology* 7(1): 101–114.

[127]　Bate, D. M. A. (1907). On elephant remains from Crete, with description of elephas creticus. *Proceedings of the Zoological Society of London*: 238–249.

Foster, J. B. (1964). "Evolution of Mammals on Islands." *Nature* 202(4929): 234.

Vigne, J.–D., A. Zazzo, J.–F. Saliège, F. Poplin, J. Guilaine and A. Simmons (2009). "Pre–Neolithic wild boar management and introduction to Cyprus more than 11,400 years ago." *Proceedings of the National Academy of Sciences* 106(38): 16135–16138.

Lomolino, M. V. (1985). "Body Size of Mammals on Islands: The Island Rule Reexamined." *The American Naturalist* 125(2): 310–316.

Van Der Geer, A., G. Lyras, J. De Vos and M. Dermitzakis (2010). *Evolution of Island Mammals: Adaptation and Extinction of Placental Mammals on Islands*. Oxford, UK, Wiley–Blackwell.

Benítez–López, A., L. Santini, J. Gallego–Zamorano, B. Milá, P. Walkden, M. A. J. Huijbregts and J. A. Tobias (2021). "The island rule explains consistent patterns of body size evolution in terrestrial vertebrates." *Nature Ecology & Evolution* 5(6): 768–786.

[128]　全国科学技术名词审定委员会审定:《遗传学名词（第二版）》, 北京: 科学出版社, 2006 年, 第 8 页。

[129]　遗传学告诉我们: 驯化过程其实就是基因改变的过程, 因为基因改变而导致性状的改变。

[130]　这适用于人类有意识地对驯化对象进行选择的情况, 正如俄罗斯人德米特里·贝尔耶夫驯养银狐实验所展现的一样, 人类选择温顺的银狐个体进行一代代的交配, 从而使驯养银狐的行为发生改变: 温顺个体的比例不断提升（经过 6 代高度选择性繁育之后, 2% 的银狐变得非常温顺, 10 代之后上升为 18%, 30 代以后上升为 50%）, 并呈现出诸如摇尾乞怜、撒娇求欢等行为; 驯养银狐的形态也发生了改变: 垂耳、斑纹、翘尾等。事实上, 人类最初驯化行为的意识性或目的性并没有这么显著。参见: Trut, L. N. (1999). "Early Canid Domestication: The Farm–Fox Experiment: Foxes bred for tamability in a 40–year experiment exhibit remarkable transformations that suggest an interplay between behavioral genetics and development." *American Scientist* 87(2): 160–169. Price, M. and H. Hongo (2020). "The archaeology of pig domestication in Eurasia." *Journal of Archaeological Research* 28(4): 557–615.

[131]　[美] Elizabeth J. Reitz、Elizabeth S. Wing 著, 中国社会科学院考古研究所译:《动物考古学（第二版）》, 北京: 科学出版社, 2013 年, 第 250 页。

[132]　Harbers, H., C. Zanolli, M. Cazenave, J.–C. Theil, K. Ortiz, B. Blanc, Y. Locatelli, R. Schafberg, F. Lecompte and I. Baly (2020). "Investigating the impact of captivity and domestication on limb bone cortical morphology: an experimental approach using a wild boar model." *Scientific Reports* 10(1): 19070.

Neaux, D., B. Blanc, K. Ortiz, Y. Locatelli, F. Laurens, I. Baly, C. Callou, F. Lecompte, R. Cornette and G. Sansalone (2021). "How changes in functional demands associated with captivity affect the skull shape of a wild boar (*Sus scrofa*)." *Evolutionary Biology* 48(1): 27–40.

[133]　Zeder, M. A., D. G. Bradley, E. Emshwiller and B. D. Smith (2006). *Documenting Domestication: New Genetic and Archaeological Paradigms.* Berkeley, Calif., University of California Press.

Zeder, M. A. (2012). *Pathways to Animal Domestication. Iodiversity in Agriculture: Domestication, Evolution, and Sustainability.* P. Gepts. Cambridge, Cambridge University Press.

[134]　Fairbairn, D. J. (1997). "Allometry for sexual size dimorphism: pattern and process in the coevolution of body size in males and females." *Annual Review of Ecology and Systematics*: 659–687.

Lammers, A. R., H. A. Dziech and R. Z. German (2001). "Ontogeny of sexual dimorphism in *Chinchilla lanigera* (Rodentia: Chinchillidae)." *Journal of Mammalogy* 82(1): 179–189.

Shine, R. (1989). "Ecological causes for the evolution of sexual dimorphism: a review of the evidence." *The Quarterly Review of Biology* 64(4): 419–461.

[135]　也有极端的例子出现，一些家牛会拥有硕大的角，如：欧洲的某些长角牛品种、非洲的瓦图西长角牛（又名安科拉长角牛，源自桑格牛）。参见：Castelló, J. R. (2016). *Bovids of the World: Antelopes, Gazelles, Cattle, Goats, Sheep, and Relatives.* Princeton, New Jersey: Princeton University Press. Epstein, H. (1971). *The Origin of the Domestic Animals of Africa.* New York, Africana Publishing Corporation.

[136]　Payne, S. and G. Bull (1988). "Components of Variation in Measurements of Pig Bones and Teeth, and the Use of Measurements to Distinguish Wild from Domestic Pig Remains." *Archaeozoologia* 2(1): 27–66.

Spitz, F., G. Valet and I. Lehr Brisbin Jr (1998). "Variation in body mass of wild boars from southern France." *Journal of Mammalogy* 79(1): 251–259.

[137]　Bull, G. and S. Payne (1982). Tooth eruption and epiphysial fusion in pigs and wild boar. *Ageing and Sexing Animal Bones from Archaeological Sites.* B. Wilson, C. Grigson and S. Payne. Oxford, England, British Archaeological Reports British Series:

55–71.

Evin, A., T. Cucchi, A. Cardini, U. Strand Vidarsdottir, G. Larson and K. Dobney (2013). "The long and winding road: identifying pig domestication through molar size and shape." *Journal of Archaeological Science* 40(1): 735–743.

[138]　李复兴、曹运明、贾兰坡：《猪的起源、驯化和改良》，《化石》1976 年第 1 期，第 3—5 页。

[139]　中国动物疫病预防控制中心（农业农村部屠宰技术中心）编：《生猪屠宰操作指南》，北京：中国农业出版社，2019 年，第 25 页。

陈耀星、王子旭：《猪解剖学与组织学彩色图谱》，北京：北京科学技术出版社，2018 年，第 28—29 页。

[140]　张仲葛：《中国古代人民怎样驯化野猪成为家猪》，见张仲葛、朱先煌主编：《中国畜牧史料集》，北京：科学出版社，1986 年，第 180—185 页。

[141]　罗运兵：《中国古代猪类驯化、饲养与仪式性使用》，北京：科学出版社，2012 年，第 19—33 页。

袁靖、罗运兵、李志鹏、吕鹏：《论中国古代家猪的鉴定标准》，见河南省文物考古研究所：《动物考古（第 1 辑）》，北京：文物出版社，2010 年，第 116—123 页。

陈远珺：《史前遗址原始家猪鉴别之认识》，见广西博物馆编：《广西博物馆文集（第三辑）》，南宁：广西人民出版社，2006 年，第 140—147 页。

马萧林：《河南灵宝西坡遗址动物群及相关问题》，《中原文物》2007 年第 4 期，第 48—61 页。

[142]　Cucchi, T., M. Baylac, A. Evin, O. Bignon–Lau and J. –D. Vigne(2015). Morphométrie géométrique et archèozoologie: Concepts, mèthodes et applications. *Messages d'os. Archèomètrie du squelette animal et humain*. M. Balasse, J. –P. Brugal, Y. Dauphin et al. Paris, Editions des Archives Contemporaines: 197–216.

喻方舟：《几何形态测量在动物考古学中的应用：基本理论与方法》，《南方文物》2020 年第 1 期，第 146—152 页。

Cucchi, T., A. Hulme–Beaman, J. Yuan and K. Dobney (2011). "Early Neolithic pig domestication at Jiahu, Henan Province, China: clues from molar shape analyses using geometric morphometric approaches." *Journal of Archaeological science* 38(1): 11–22.

戴玲玲、高江涛、胡耀武：《几何形态测量和稳定同位素视角下河南下王岗遗址出土猪骨的相关研究》，《江汉考古》2019 年第 6 期，第 125—135 页。

[143]　White, T. E. (1952). "Observations on the butchering technique of some aboriginal peoples: I." *American Antiquity* 17(4): 337–338.

White, T. E. (1953). "Observations on the Butchering Technique of Some Aboriginal Peoples No. 2." *American Antiquity* 19(2): 160–164.

White, T. E. (1954). "Observations on the Butchering Technique of Some Aboriginal Peoples Nos. 3, 4, 5, and 6." *American Antiquity* 19(3): 254–264.

Lyman, R. L. (2008). Eatimatin Taxonomic Abundances: NISP *and MNI. Quantitative Paleozoology*. R. L. Lyman. Cambridge, Cambridge University Press: 21–82.

[144]　Shotwell, J. A. (1955). "An approach to the paleoecology of mammals." *Ecology* 36(2): 327–337.

White, T. E. (1952). "Observations on the Butchering Technique of Some Aboriginal Peoples: I." *American Antiquity* 17(4): 337–338.

White, T. E. (1953). "Observations on the Butchering Technique of Some Aboriginal Peoples No. 2." *American Antiquity* 19(2): 160–164.

White, T. E. (1954). "Observations on the Butchering Technique of Some Aboriginal Peoples Nos. 3, 4, 5, and 6." *American Antiquity* 19(3): 254–264.

Lyman, R. L. (2008). Eatimatin Taxonomic Abundances: NISP and MNI. *Quantitative Paleozoology*. R. L. Lyman. Cambridge, Cambridge University Press: 21–82.

Lyman, R. L. (2018). "A Critical Review of Four Efforts to Resurrect MNI in Zooarchaeology." *Journal of Archaeological Method and Theory*: 1–36.

Cruz–Uribe, K. A. (1987). *Minimum Number of Individuals and Other Quantitative Methodologies of Faunal Analysis*. The University of Chicago.

[145]　Binford, L. R. (1984). *Faunal Remains from Klasies River Mouth*. New York, Academic Press.

[146]　Binford, L. R. (1984). *Faunal Remains from Klasies River Mouth*. New York, Academic Press.

[147]　[美] Elizabeth J. Reitz、Elizabeth S. Wing 著，中国社会科学院考古研究所译：《动物考古学（第二版）》，北京：科学出版社，2013 年，第 191—198 页。

[148]　[美] 詹姆斯·C. 斯科特著，田雷译：《作茧自缚：人类早期国家的深层历史》，北京：中国政法大学出版社，2022 年，第 85—86 页。

[149]　[美] 莱尔·华特森著，陈信宏译：《滚滚猪公：猪头猪脑的世界》，台北：麦田出版社，2005 年，第 125 页。

[150]　俄罗斯人驯化银狐的现代实验表明，野生狐狸每年发情一次，而经驯养的银狐一年会发情两次，经囚禁的老鼠的生育率较之于野生老鼠也有大幅提升。银狐的例子参见：Trut, L. N. (1999). "Early Canid Domestication: The Farm-Fox Experiment: Foxes bred for tamability in a 40-year experiment exhibit remarkable transformations that suggest an interplay between behavioral genetics and development." *American Scientist* 87(2): 160–169. Dugatkin, L. A. (2017). *How to Tame A Fox (and Build A Dog): Visionary Scientists and A Siberian Tale of Jump-started Evolution*. Chicago, The University of Chicago Press. 老鼠的例子参见：Berry, R. J. (1969). The genetical implications of domestication in animals. *The Domestication and Exploitation of Plants and Animals*. G. W. Dimbleby and P. J. Ucko. Chicago, Aldine Pub. Co.: 207–217.

[151]　潘清华等主编：《中国哺乳动物彩色图鉴》，北京：中国林业出版社，2007 年，第 208 页。

王酉之等主编：《四川兽类原色图鉴》，北京：中国林业出版社，1999 年，第 164 页。

寿振黄主编：《中国经济动物志——兽类》，北京：科学出版社，1962 年，第 433—437 页。

盛和林等编著：《中国野生哺乳动物》，北京：中国林业出版社，1999 年，第 163 页。

李军德、黄璐琦、曲晓波主编：《中国药用动物志（第 2 版）》，福州：福建科学技术出版社，2013 年，第 1442 页。

[152]　[美] 詹姆斯·C. 斯科特著，田雷译：《作茧自缚：人类早期国家的深层历史》，北京：中国政法大学出版社，2022 年，第 89—91 页。

[153]　罗运兵：《中国古代猪类驯化、饲养与仪式性使用》，北京：科学出版社，2012 年，第 48—59 页。

[154]　[美] 詹姆斯·C. 斯科特著，田雷译：《作茧自缚：人类早期国家的深层历史》，北京：中国政法大学出版社，2022 年，第 85—86 页。

[155]　王均昌、孙国斌：《动物年龄鉴别法》，北京：中国农业出版社，1996 年。

[156]　Grant, A. (1982). The use of tooth wear as a guide to the age of domestic

ungulates. *Ageing and Sexing Animal Bones from Archaeological Sites*. B. Wilson, C. Grigson and S. Payne. Oxford, England, British Archaeological Reports British Series: 91–108.

[157] 袁靖、杨梦菲：《（甑皮岩遗址）水陆生动物遗存的研究、摄取动物的种类及方式、水陆生动物所反映的生存环境》，见中国社会科学院考古研究所、广西壮族自治区文物工作队、桂林甑皮岩遗址博物馆、桂林市文物工作队编：《桂林甑皮岩》，北京：文物出版社，2003 年，第 270—285、297—346 页。

[158] 现代饲养状况下，生猪体重达到 90 千克时，瘦肉率较高，脂肪沉积适中，肉质也较好，这是较为经济的屠宰体重，否则，屠宰过早则没有发挥出猪的生产效率，屠宰过晚则会导致猪摄入的营养以合成脂肪为主，效益下降，但也存在为提高风味增加肌间和皮下脂肪而延长饲养的情况。参见：中国动物疫病预防控制中心（农业农村部屠宰技术中心）编：《生猪屠宰操作指南》，北京：中国农业出版社，2019 年，第 20—21 页。

[159] 王华、张弛：《河南邓州八里岗遗址出土仰韶时期动物遗存研究》，《考古学报》2021 年第 2 期，第 297—316 页。

[160] 李有恒：《附录一 大汶口墓群的兽骨及其他动物骨骼》，见山东省文物管理处、济南市博物馆编：《大汶口：新石器时代墓葬发掘报告》，北京：文物出版社，1974 年，第 156—158 页。

[161] 袁靖：《（秦始皇帝陵）K0006 陪葬坑出土马骨研究》，见陕西省考古研究所、秦始皇兵马俑博物馆编著：《秦始皇陵园考古报告（2000）》，北京：文物出版社，2006 年，第 86—87、226—233 页。

[162] [美] Elizabeth J. Reitz、Elizabeth S. Wing 著，中国社会科学院考古研究所译：《动物考古学（第二版）》，北京：科学出版社，2013 年，第 251 页。Payne, S. (1973). "Kill-off Patterns in Sheep and Goats: The Mandibles from Aşvan Kale." *Anatolian Studies* 23: 281–303.

[163] [美] 詹姆斯·C. 斯科特著，田雷译：《作茧自缚：人类早期国家的深层历史》，北京：中国政法大学出版社，2022 年，第 89—90 页。

[164] International Council for Archaeozoology. Conference, Q. C. f. A. C. (2005). *Diet and Health in Past Animal Populations: Current Research and Future Directions*. Oxford: Oakville, CT, Oxbow Books.

Bartosiewicz, L. (2013). *Shuffling Nags, Lame Ducks: the Archaeology of Animal*

Disease. Oxford: Oakville, CT, Oxbow Books, David Brown Book Company.

Baker, J. R. and D. R. Brothwell (1980). *Animal Diseases in Archaeology.* London/ New York, Academic Press.

Bartosiewicz, L. and E. Gál (2016). *Care or Neglect? Evidence of Animal Disease in Archaeology.* Oxford & Philadelphia, Oxbow Books.

[165]　Tayles, N., K. Domett and K. Nelsen (2000). "Agriculture and dental caries? The case of rice in prehistoric Southeast Asia." *World archaeology* 32(1): 68–83.

冉智宇：《中国新石器时代龋病与生业经济关系研究》，《考古》2022 年第 10 期，第 100—109 页。

[166]　[日] 西本丰弘著，陈杰译，乌云校：《动物考古学方法》，《农业考古》1999 年第 3 期，第 291—298+317 页。

[167]　张佩琪、李法军、王明辉：《广西顶蛳山遗址人骨的龋齿病理观察》，《人类学学报》2018 年第 37 卷第 3 期，第 393—405 页。

[168]　Colyer, F. (1990). *Colyer's Variations and Diseases of the Teeth of Animals.* New York, Cambridge University Press.

White, T. D. and P. A. Folkens (2005). *Human Bone Manual.* San Diego, Elsevier Science & Technology, Academic Press.

Larsen, C. S. (2015). *Bioarchaeology: Interpreting Behavior from the Human Skeleton.* Cambridge, Cambridge University Press.

[169]　Dobney, K. and A. Ervynck (1998). "A Protocol for Recording Linear Enamel Hypoplasia on Archaeological Pig Teeth." *International Journal of Osteoarchaeology* 8: 263–273.

Dobney, K., A. Ervynck and B. Ferla (2002). "Assessment and Further Development of the Recording and Interpretation of Linear Enamel Hypoplasia in Archaeological Pig Populations." *Environmental Archaeology* 7: 35–46.

[170]　Dobney, K., A. Ervynck and B. Ferla (2002). "Assessment and Further Development of the Recording and Interpretation of Linear Enamel Hypoplasia in Archaeological Pig Populations." *Environmental Archaeology* 7: 35–46.

Dobney, K., A. Ervynck, U. Albarella and P. Rowley–Conwy (2007). The transition from wild boar to domestic pig in Eurasia, illustrated by a tooth developmental defect and biometrical data. *Pigs and Humans: 10,000 Years of Interaction.* U. Albarella, K. Dobney, A. Ervynck and P. Rowley–Conwy. New York,

Oxford University Press: 57–82.

Ervynck, A. and K. Dobney (1999). "Lining up on the M1: a Tooth Defect as a Bio-indicator for Environment and Husbandry in Ancient Pigs." *Environmental Archaeology* 4: 1–8.

Dobney, K., A. Ervynck, U. Albarella and P. Rowley-Conwy (2004). "The chrondogy and frequency of a stress marker (linear enamel hypoplasia) in recent and archaeological populations of *Sus scrofa* in north-west Europe, and the effects of early domestication." *Journal of Zoology* 264(2): 197–208.

[171] 罗运兵：《中国古代猪类驯化、饲养与仪式性使用》，北京：科学出版社，2012 年，第 92—100 页。

[172] Bartosiewicz, L. (2013). *Shuffling Nags, Lame Ducks: the Archaeology of Animal Disease*. Oxford: Oakville, CT, Oxbow Books, David Brown Book Company.

Lin, M., P. Miracle and G. Barker (2016). "Towards the identification of the exploitation of cattle labour from distal metapodials." *Journal of Archaeological Science* 66: 44–56.

Siegel, J. (1976). "Animal palaeopathology: Possibilities and problems." *Journal of Archaeological Science* 3(4): 349–384.

Thomas, R. and N. Johannsen (2011). "Articular depressions in domestic cattle phalanges and their archaeological relevance." *International Journal of Paleopathology* 1(1): 43–54.

[173] 李志鹏：《动物考古学与古代家养动物畜力开发的研究》，《中国文物报》，2015-03-27，第 5 版。

[174] Li, Y., C. Zhang, W. T. T. Taylor, L. Chen, R. K. Flad, N. Boivin, H. Liu, Y. You, J. Wang, M. Ren, T. Xi, Y. Han, R. Wen and J. Ma (2020). "Early evidence for mounted horseback riding in northwest China." *Proceedings of the National Academy of Sciences* 117(47): 29569–29576.

李悦、尤悦、刘一婷、徐诺、王建新、马健、任萌、习通源：《新疆石人子沟与西沟遗址出土马骨脊椎异常现象研究》，《考古》2016 年第 1 期，第 108—120 页。

[175] 尤悦、于建军、陈相龙、李悦：《早期铁器时代游牧人群用马策略初探——以新疆喀拉苏墓地 M15 随葬马匹的动物考古学研究为例》，《西域研究》2017 年第 4 期，第 99—111+143 页。

[176]　Bendrey, R. (2007). "New methods for the identification of evidence for bitting on horse remains from archaeological sites." *Journal of Archaeological Science* 34: 1036–1050.

[177]　单育辰：《甲骨文所见动物研究》，上海：上海古籍出版社，2020 年，第 125 页。

[178]　Wing, E. S. (1991). "Dog Remains from the Sorcé Site on Vieques Island, Puerto Rico." *Beamers, Bobwhites, and Blue-Points. Illinois State Museum Scientific Papers* 23: 379–386.

[179]　Crabtree, P. J. (1990). "Zooarchaeology and Complex Societies: Some Uses of Faunal Analysis for the Study of Trade, Social Status, and Ethnicity." *Archaeological Method and Theory* 2: 155–205.

[180]　[美] 罗伊・A. 拉帕波特著，赵玉燕译：《献给祖先的猪：新几内亚人生态中的仪式（第二版）》，北京：商务印书馆，2016 年，第 62 页。

[181]　邓淑苹：《蓝田山房藏玉百选》，年喜文教基金会，1995 年。

[182]　Renfrew, C. (2016). *Archaeology: Theories, Methods, and Practice*. London, Thames and Hudson.

陈星灿：《动物年龄不再是判断是否家养的主要标志》，《中国文物报》，2000-05-24，第 3 版。

[183]　Legge, A. J. (1977). The origins of agriculture in the Near East. *Hunters, Gatherers and First Farmers beyond Europe: An Archaeological Survey*. J. V. S. Megaw. Leicester, Leicester University Press: 53–60.

[184]　Baker, J. R. and D. R. Brothwell (1980). *Animal Diseases in Archaeology*. London New York, Academic Press.

Bartosiewicz, L. (2013). *Shuffling Nags, Lame Ducks: the Archaeology of Animal Disease*. Oxford: Oakville, CT, Oxbow Books, David Brown Book Company.

Bartosiewicz, L. and E. Gál (2016). *Care or Neglect? Evidence of Animal Disease in Archaeology*. Oxford & Philadelphia, Oxbow Books.

[185]　Fagan, B. (2015). *The Intimate Bond: How Animals Shaped Human History*. New York, Bloomsbury Publishing.

[186]　Arbogast, R.-M., P. Pétrequin, A.-M. Pétrequin, D. Maréchal and A. Viellet (2003). "Instances of animal traction in the Neolithic village of Chalain (Jura, France). End of the 31st century BC." *Archaeofauna* 12: 175–181.

[187] 随葬或埋葬鱼、龟、貉、鹿等野生动物的现象在前仰韶和仰韶文化遗址中有所发现，但其时空分布极为有限。

[188] 袁靖：《中国动物考古学》，北京：文物出版社，2015 年，第 82—83 页。

[189] 张仲葛：《出土文物所见我国家猪品种的形成和发展》，《文物》1979 年第 1 期，第 82—85+52+86—91 页。

[190] 中国农业遗产研究室编：《中国农业古籍目录》，北京：北京图书馆出版社，2003 年。

[191] 陈文华：《农业考古》，北京：文物出版社，2002 年。

陈文华编著：《中国古代农业科技史图谱》，北京：农业出版社，1991 年。

陈文华：《中国古代农业文明史》，南昌：江西科学技术出版社，2005 年。

陈文华：《论农业考古》，南昌：江西教育出版社，1990 年。

陈文华编著：《中国农业考古图录》，南昌：江西科学技术出版社，1994 年。

[192] 徐旺生：《中国养猪史》，北京：中国农业出版社，2009 年。

[193] 吕鹏：《从生物考古学角度推进古代生业研究》，《中国文物报》，2022-01-21，第 5 版。

[194] Van Der Geer, A., et al. (2010). *Evolution of Island Mammals: Adaptation and Extinction of Placental Mammals on Islands*. Oxford, Wiley-Blackwell.

[195] Flannery, T. and J. P. White (1991). "Animal translocation." *National Geographic Research and Exploration* 7(1): 96–113.

[196] Vigne, J.-D., A. Zazzo, J.-F. Saliège, F. Poplin, J. Guilaine and A. Simmons (2009). "Pre-Neolithic wild boar management and introduction to Cyprus more than 11,400 years ago." *Proceedings of the National Academy of Sciences* 106(38): 16135–16138.

[197] Hongo, H. (2017). *Introduction of Domestic Animals to the Japanese Archipelago*. The Oxford Handbook of Zooarchaeology. U. Albarella, M. Rizzerro, H. Russ, K. Vickers and S. Viner-Daniels. Oxford, Oxford University Press: 333–350.

[198] 吕鹏、贾笑冰、金英熙：《人类行为还是环境变迁？——小珠山贝丘遗址动物考古学研究新思考》，《南方文物》2017 年第 1 期，第 136—141+130 页。

赵春燕、吕鹏、袁靖、金英熙、贾笑冰：《大连市广鹿岛小珠山遗址出土动物遗骸的锶同位素比值分析》，《考古》2021 年第 7 期，第 96—105 页。

[199]　Brown, D. and D. Anthony (1998). "Bit Wear, Horseback Riding and the Botai Site in Kazakstan." *Journal of Archaeological Science* 25(4): 331–347.

Taylor, W. and C. Barron–Ortiz (2021). "Rethinking the evidence for early horse domestication at Botai." *Scientific Reports* 11: 7440.

Levine, M. A. (1999). "Botai and the Origins of Horse Domestication." *Journal of Anthropological Archaeology* 18(1): 29–78.

Cai, D., Z. Tang, L. Han, C. F. Speller, D. Y. Yang, X. Ma, J. E. Cao, H. Zhu and H. Zhou (2009). "Ancient DNA provides new insights into the origin of the Chinese domestic horse." *Journal of Archaeological Science* 36(3): 835–842.

[200]　中国科学院考古研究所甘肃工作队：《甘肃永靖大何庄遗址发掘报告》，《考古学报》1974 年第 2 期，第 29—62+144—161 页。

[201]　中国科学院考古研究所甘肃工作队：《甘肃永靖秦魏家齐家文化墓地》，《考古学报》1975 年第 2 期，第 57—96+180—191 页。

[202]　甘肃省博物馆：《甘肃省文物考古工作三十年》，见文物编辑委员会编：《文物考古工作三十年》，北京：文物出版社，1979 年，第 143 页。

[203]　蔡大伟、韩璐、谢承志、李胜男、周慧、朱泓：《内蒙古赤峰地区青铜时代古马线粒体 DNA 分析》，《自然科学进展》2007 年第 17 卷第 3 期，第 385—390 页。

[204]　汤卓炜、苏拉提萨、战世佳：《上机房营子遗址动物遗存初步分析》，见内蒙古自治区文物考古研究所、吉林大学边疆考古研究中心编著：《赤峰上机房营子与西梁》，北京：科学出版社，2012 年，第 249—252 页。

[205]　中国社会科学院考古研究所编著：《安阳殷墟郭家庄商代墓葬：1982 年~1992 年考古发掘报告》，北京：中国大百科全书出版社，1998 年，第 8—9 页。

中国社会科学院考古研究所安阳工作队：《安阳武官村北地商代祭祀坑的发掘》，《考古》1987 年第 12 期，第 1062—1070+1145+1153—1155 页。

[206]　袁靖、杨梦菲：《前掌大遗址出土动物骨骼研究报告》，见中国社会科学院考古研究所编著：《滕州前掌大墓地》，北京：文物出版社，2005 年，第 728—810 页。

[207]　刘士莪：《西安老牛坡商代墓地初论》，《文物》1988 年第 6 期，第 23—27 页。

西北大学历史系考古专业：《西安老牛坡商代墓地的发掘》，《文物》1988

年第 6 期，第 1—22 页。

[208]　Yuan, J. and R. K. Flad (2006). Research on early horse domestication in China. *Equids in Time and Space*. M. Mashkour. London, Oxbow Books: 124–131.

[209]　〔南朝宋〕范晔撰，陈芳译注：《后汉书》，北京：中华书局，2009 年，第 188—189 页。

[210]　屈亚婷：《稳定同位素食谱分析视角下的考古中国》，北京：科学出版社，2019 年，第 1—2 页。

[211]　Kohn, M. J. (1999). "You Are What You Eat." *Science* 283(5400): 335–336.

[212]　蔡莲珍、仇士华：《碳十三测定和古代食谱研究》，《考古》1984 年第 10 期，第 949—955 页。

[213]　[日] 米田穰、吉田邦夫、吉永淳、森田昌敏、赤泽威著，齐乌云、袁靖译：《依据长野县出土人骨的碳、氮同位素比值和微量元素含量恢复古代人类的食物结构》，《文物天地》1998 年第 4 期，第 90—99 页。

[214]　胡耀武：《古代人类食谱及其相关研究》，中国科学技术大学博士学位论文，2002 年。

[215]　如：陈相龙：《碳、氮稳定同位素分析方法揭秘古代家畜的起源与饲养策略》，《中国文物报》，2015–03–27，第 5 版。

陈相龙、袁靖、胡耀武、何驽、王昌燧：《陶寺遗址家畜饲养策略初探：来自碳、氮稳定同位素的证据》，《考古》2012 年第 9 期，第 75—82 页。

管理、胡耀武、王昌燧、汤卓炜、胡松梅、阚绪杭：《食谱分析方法在家猪起源研究中的应用》，《南方文物》2011 年第 4 期，第 116—124 页。

管理、胡耀武、汤卓炜、杨益民、董豫、崔亚平、王昌燧：《通化万发拨子遗址猪骨的 C，N 稳定同位素分析》，《科学通报》2007 年第 52 卷第 14 期，第 1678—1680 页。

侯亮亮、李素婷、胡耀武、侯彦峰、吕鹏、曹凌子、胡保华、宋国定、王昌燧：《先商文化时期家畜饲养方式初探》，《华夏考古》2013 年第 2 期，第 130—139 页。

Hu, Y., S. Hu, W. Wang, X. Wu, F. B. Marshall, X. Chen, L. Hou and C. Wang (2014). "Earliest evidence for commensal processes of cat domestication." *Proceedings of the National Academy of Sciences* 111(1): 116–120.

[216]　如：屈亚婷：《稳定同位素食谱分析视角下的考古中国》，北京：科学出版社，2019 年。

郭怡：《稳定同位素分析方法在探讨稻粟混作区先民（动物）食物结构中的运用》，杭州：浙江大学出版社，2013年。

陈相龙：《青铜时代世界体系视角下早期中国的生业经济》，《中国文物报》，2020-09-04，第6版。

陈相龙、方燕明、胡耀武、侯彦峰、吕鹏、宋国定、袁靖、M. P.Richards：《稳定同位素分析对史前生业经济复杂化的启示：以河南禹州瓦店遗址为例》，《华夏考古》2017年第4期，第70—79+84页。

陈相龙、尤悦、吴倩：《从家畜饲养方式看新郑望京楼遗址夏商时期农业复杂化进程》，《南方文物》2018年第2期，第200—207页。

[217] 侯亮亮：《稳定同位素视角下重建先民生业经济的替代性指标》，《南方文物》2019年第2期，第165—183页。

[218] 如：陈相龙、罗运兵、胡耀武、朱俊英、王昌燧：《青龙泉遗址随葬猪牲的C、N稳定同位素分析》，《江汉考古》2015年第5期，第107—115页。

陈相龙、于建军、尤悦：《碳、氮稳定同位素所见新疆喀拉苏墓地的葬马习俗》，《西域研究》2017年第4期，第89—98+143页。

陈相龙、李志鹏、赵海涛：《河南偃师二里头遗址1号巨型坑祭祀遗迹出土动物的饲养方式》，《第四纪研究》2020年第40卷第2期，第407—417页。

张国文：《拓跋鲜卑殉牲习俗探讨》，《南方文物》2017年第2期，第212—218页。

[219] 王宁、胡耀武、宋国定、王昌燧：《古骨中可溶性、不可溶性胶原蛋白的氨基酸组成和C、N稳定同位素比较分析》，《第四纪研究》2014年第34卷第1期，第204—211页。

[220] Cheung, C. (2021). "Collagen Stable Isotope Data from East and Northeast Asia, c. 7000 BC—1000 AD." *Data in Brief* 37: 107214.

[221] 屈亚婷、易冰、胡珂、杨苗苗：《我国古食谱稳定同位素分析的影响因素及其蕴含的考古学信息》，《第四纪研究》2019年第39卷第6期，第1487—1502页。

[222] Frémondeau, D., T. Cucchi, F. Casabianca, J. Ughetto-Monfrin, M. P. Horard-Herbin and M. Balasse (2012). "Seasonality of birth and diet of pigs from stable isotope analyses of tooth enamel (δ¹⁸O, δ¹³C): a modern reference data set from Corsica, France." *Journal of Archaeological Science* 39(7): 2023-2035.

[223] Ericson, J. E. (1985). "Strontium isotope characterization in the study of

prehistoric human ecology." *Journal of Human Evolution* 14(5): 503–514.

[224] 尹若春、张居中、杨晓勇：《贾湖史前人类迁移行为的初步研究——锶同位素分析技术在考古学中的运用》，《第四纪研究》2008 年第 28 卷第 1 期，第 50—57 页。

尹若春：《锶同位素分析技术在贾湖遗址人类迁移行为研究中的应用》，中国科学技术大学博士学位论文，2008 年。

[225] 赵春燕、袁靖、何努：《山西省襄汾县陶寺遗址出土动物牙釉质的锶同位素比值分析》，《第四纪研究》2011 年第 31 卷第 1 期，第 22—28 页。

[226] Alexander Bentley, R. (2006). "Strontium Isotopes from the Earth to the Archaeological Skeleton: A Review." *Journal of Archaeological Method and Theory* 13(3): 135–187.

[227] Tang, Z. and X. Wang (2023). "A score of bioavailable strontium isotope archaeology in China: Retrospective and prospective." *Frontiers in Earth Science* 10: 1094424.

[228] 如：赵春燕、杨杰、袁靖、李志鹏、许宏、赵海涛、陈国梁：《河南省偃师市二里头遗址出土部分动物牙釉质的锶同位素比值分析》，《中国科学：地球科学》2012 年第 42 卷第 7 期，第 1011—1017 页。

赵春燕、李志鹏、袁靖：《河南省安阳市殷墟遗址出土马与猪牙釉质的锶同位素比值分析》，《南方文物》2015 年第 3 期，第 77—80+112 页。

赵春燕、胡松梅、孙周勇、邵晶、杨苗苗：《陕西石峁遗址后阳湾地点出土动物牙釉质的锶同位素比值分析》，《考古与文物》2016 年第 4 期，第 128—133 页。

赵春燕、吕鹏、朔知：《安徽含山凌家滩与韦岗遗址出土部分动物遗骸的锶同位素比值分析》，《南方文物》2019 年第 2 期，第 184—190 页。

[229] 吴晓桐、张兴香、宋艳波、金正耀、栾丰实、黄方：《丁公遗址水生动物资源的锶同位素研究》，《考古》2018 年第 1 期，第 111—118 页。

[230] Madgwick, R., A. L. Lamb, H. Sloane, A. J. Nederbragt, U. Albarella, M. P. Pearson and J. A. Evans (2019). "Multi–isotope analysis reveals that feasts in the Stonehenge environs and across Wessex drew people and animals from throughout Britain." *Science Advances* 5(3): eaau6078.

[231] Madgwick, R., A. Lamb, H. Sloane, A. Nederbragt, U. Albarella, M. Parker Pearson and J. Evans (2021). "A veritable confusion: use and abuse of isotope analysis

in archaeology." *Archaeological Journal* 178(2): 361–385.

[232] Wooller, M. J., C. Bataille, P. Druckenmiller, G. M. Erickson, P. Groves, N. Haubenstock, T. Howe, J. Irrgeher, D. Mann and K. Moon (2021). "Lifetime mobility of an Arctic woolly mammoth." *Science* 373(6556): 806–808.

[233] 王学烨、唐自华：《牙釉质生长结构及其高分辨率同位素分析》，《第四纪研究》2019 年第 39 卷第 1 期，第 228—239 页。

[234] 中国科学院地质与地球物理研究所唐自华老师提供相关见解。

[235] Reich, D. (2018). *Who We Are and How We Got Here: Ancient DNA and the New Science of the Human Past*. New York, Pantheon Books.

[236] 周慧主编：《中国北方古代人群及相关家养动植物 DNA 研究》前言，北京：科学出版社，2018 年，第 V 页。
陈善元、张亚平：《家养动物起源研究的遗传学方法及其应用》，《科学通报》2006 年第 51 卷第 21 期，第 2469—2475 页。

[237] 王贵海、陆传宗：《汉墓女尸肝脏核酸的分离与鉴定》，《生物化学与生物物理进展》1981 年第 8 卷第 3 期，第 70—73 页。

[238] 蔡大伟：《分子考古学导论》，北京：科学出版社，2008 年，第 12—15 页。

[239] 安成才、李毅、朱玉贤、沈兴、张昀、由凌涛、梁晓文、李小华、吴思、伍鹏、顾红雅、周曾铨、陈章良：《中国河南西峡恐龙蛋化石中 18SrDNA 部分片段的克隆及序列分析》，《北京大学学报 (自然科学版)》1995 年第 31 卷第 2 期，第 140—147 页。

[240] 周慧主编：《中国北方古代人群及相关家养动植物 DNA 研究》序，北京：科学出版社，2018 年，第 i—iii 页。

[241] 蔡大伟、韩璐、谢承志、李胜男、周慧、朱泓：《内蒙古赤峰地区青铜时代古马线粒体 DNA 分析》，《自然科学进展》2007 年第 17 卷第 3 期，第 385—390 页。

[242] [英] 基斯·多布尼：《科技考古能够拯救世界吗？》，见袁靖主编：《中国科技考古纵论》，上海：复旦大学出版社，2019 年，第 125—135 页。

[243] 沈曲、王传超：《古基因组学引领考古学第二次科学革命》，《中国社会科学报》，2022–10–20，第 6 版。

[244] 文少卿、俞雪儿、田亚岐、胡松梅、李悦、孙畅：《古基因组学在古代家马研究中的应用》，《第四纪研究》2020 年第 40 卷第 2 期，第 307—320 页。

[245] Van der Valk, T., P. Pečnerová, D. Díez-del-Molino, A. Bergström, J. Oppenheimer, S. Hartmann, G. Xenikoudakis, J. A. Thomas, M. Dehasque, E. Sağlıcan, F. R. Fidan, I. Barnes, S. Liu, M. Somel, P. D. Heintzman, P. Nikolskiy, B. Shapiro, P. Skoglund, M. Hofreiter, A. M. Lister, A. Götherström and L. Dalén (2021). "Million-year-old DNA sheds light on the genomic history of mammoths." *Nature* 591(7849): 265-269.

[246] Kjær, K. H., M. Winther Pedersen, B. De Sanctis, B. De Cahsan, T. S. Korneliussen, C. S. Michelsen, K. K. Sand, S. Jelavić, A. H. Ruter, A. M. A. Schmidt, K. K. Kjeldsen, A. S. Tesakov, I. Snowball, J. C. Gosse, I. G. Alsos, Y. Wang, C. Dockter, M. Rasmussen, M. E. Jørgensen, B. Skadhauge, A. Prohaska, J. Å. Kristensen, M. Bjerager, M. E. Allentoft, E. Coissac, I. G. Alsos, E. Coissac, A. Rouillard, A. Simakova, A. Fernandez-Guerra, C. Bowler, M. Macias-Fauria, L. Vinner, J. J. Welch, A. J. Hidy, M. Sikora, M. J. Collins, R. Durbin, N. K. Larsen, E. Willerslev and C. PhyloNorway (2022). "A 2-million-year-old ecosystem in Greenland uncovered by environmental DNA." *Nature* 612(7939): 283-291.

[247] Zhang, D., H. Xia, F. Chen, B. Li, V. Slon, T. Cheng, R. Yang, Z. Jacobs, Q. Dai, D. Massilani, X. Shen, J. Wang, X. Feng, P. Cao, M. A. Yang, J. Yao, J. Yang, D. B. Madsen, Y. Han, W. Ping, F. Liu, C. Perreault, X. Chen, M. Meyer, J. Kelso, S. Pääbo and Q. Fu (2020). "Denisovan DNA in Late Pleistocene sediments from Baishiya Karst Cave on the Tibetan Plateau." *Science* 370(6516): 584-587.

[248] Wang, C.-C., H.-Y. Yeh, A. N. Popov, H.-Q. Zhang, H. Matsumura, K. Sirak, O. Cheronet, A. Kovalev, N. Rohland, A. M. Kim, S. Mallick, R. Bernardos, D. Tumen, J. Zhao, Y.-C. Liu, J.-Y. Liu, M. Mah, K. Wang, Z. Zhang, N. Adamski, N. Broomandkhoshbacht, K. Callan, F. Candilio, K. S. D. Carlson, B. J. Culleton, L. Eccles, S. Freilich, D. Keating, A. M. Lawson, K. Mandl, M. Michel, J. Oppenheimer, K. T. Özdoğan, K. Stewardson, S. Wen, S. Yan, F. Zalzala, R. Chuang, C.-J. Huang, H. Looh, C.-C. Shiung, Y. G. Nikitin, A. V. Tabarev, A. A. Tishkin, S. Lin, Z.-Y. Sun, X.-M. Wu, T.-L. Yang, X. Hu, L. Chen, H. Du, J. Bayarsaikhan, E. Mijiddorj, D. Erdenebaatar, T.-O. Iderkhangai, E. Myagmar, H. Kanzawa-Kiriyama, M. Nishino, K.-i. Shinoda, O. A. Shubina, J. Guo, W. Cai, Q. Deng, L. Kang, D. Li, D. Li, R. Lin, Nini, R. Shrestha, L.-X. Wang, L. Wei, G. Xie, H. Yao, M. Zhang, G. He, X. Yang, R. Hu, M. Robbeets, S. Schiffels, D. J. Kennett, L. Jin, H. Li, J. Krause, R. Pinhasi and

D. Reich (2021). "Genomic insights into the formation of human populations in East Asia." *Nature* 591(7850): 413–419.

[249]　蔡大伟、孙洋：《中国家养动物起源的古 DNA 研究进展》，见教育部人文社会科学重点研究基地、吉林大学边疆考古研究中心编：《边疆考古研究（第 12 辑）》，北京：科学出版社，2012 年，第 445—455 页。

周慧主编：《中国北方古代人群及相关家养动植物 DNA 研究》，北京：科学出版社，2018 年。

[250]　赵欣、李志鹏、东晓玲、刘铭、唐锦琼、张雅军、袁靖、杨东亚：《河南安阳殷墟孝民屯遗址出土家养黄牛的 DNA 研究》，《第四纪研究》2020 年第 40 卷第 2 期，第 321—330 页。

陈曦：《陕西凤翔秦公一号大墓车马坑马骨遗骸古 DNA 研究》，吉林大学硕士学位论文，2014 年。

Brunson, K., X. Zhao, N. He, X. Dai, A. Rodrigues and D. Yang (2016). "New insights into the origins of oracle bone divination: Ancient DNA from Late Neolithic Chinese bovines." *Journal of Archaeological Science* 74: 35–44.

[251]　Wang, M.-S., M. Thakur, M.-S. Peng, Y. Jiang, L. A. F. Frantz, M. Li, J.-J. Zhang, S. Wang, J. Peters, N. O. Otecko, C. Suwannapoom, X. Guo, Z.-Q. Zheng, A. Esmailizadeh, N. Y. Hirimuthugoda, H. Ashari, S. Suladari, M. S. A. Zein, S. Kusza, S. Sohrabi, H. Kharrati-Koopaee, Q.-K. Shen, L. Zeng, M.-M. Yang, Y.-J. Wu, X.-Y. Yang, X.-M. Lu, X.-Z. Jia, Q.-H. Nie, S. J. Lamont, E. Lasagna, S. Ceccobelli, H. G. T. N. Gunwardana, T. M. Senasige, S.-H. Feng, J.-F. Si, H. Zhang, J.-Q. Jin, M.-L. Li, Y.-H. Liu, H.-M. Chen, C. Ma, S.-S. Dai, A. K. F. H. Bhuiyan, M. S. Khan, G. L. L. P. Silva, T.-T. Le, O. A. Mwai, M. N. M. Ibrahim, M. Supple, B. Shapiro, O. Hanotte, G. Zhang, G. Larson, J.-L. Han, D.-D. Wu and Y.-P. Zhang (2020). "863 genomes reveal the origin and domestication of chicken." *Cell Research* 30(8): 693–701.

Zhang, M., G. Sun, L. Ren, H. Yuan, G. Dong, L. Zhang, F. Liu, P. Cao, M.-S. Ko, M. Yang, S. Hu, G.-D. Wang and Q. Fu (2020). "Ancient DNA Evidence from China Reveals the Expansion of Pacific Dogs." *Molecular Biology and Evolution* 37(5): 1462–1469.

[252]　杨益民：《古代残留物分析在考古中的应用》，《南方文物》2008 年第 2 期，第 20—25 页。

Wilke, C. (2021). "What did ancient people eat? Scientists find new clues in old pottery." *Knowable Magazine*.

[253]　福建师范大学化学系高分子研究室：《泉州湾宋代沉船中乳香的薄层色谱鉴定》，《福建师大学报（自然科学版）》1976 年第 1 期，第 66—70 页。

[254]　杨益民：《中国有机残留物分析的研究进展及展望》，《人类学学报》2021 年第 40 卷第 3 期，第 535—545 页。

[255]　王昌燧编著：《科技考古进展》，北京：科学出版社，2013 年，第254—276 页。

[256]　Yang, Y., A. Shevchenko, A. Knaust, I. Abuduresule, W. Li, X. Hu, C. Wang and A. Shevchenko (2014). "Proteomics evidence for kefir dairy in Early Bronze Age China." *Journal of Archaeological Science* 45: 178–186.

Yang, Y. (2014). "Ancient cheese found with mummies." *Nature* 507(7490): 10.

[257]　苏伯民、真贝哲夫、胡之德、李最雄：《克孜尔石窟壁画胶结材料的HPLC 分析》，《敦煌研究》2005 年第 4 期，第 57—61+116 页。

[258]　洪川、蒋洪恩、杨益民、吕恩国、王昌燧：《酶联免疫吸附测定法在古代牛奶残留物检测中的应用》，《文物保护与考古科学》2011 年第 23 卷第 1 期，第 25—28 页。

[259]　张松林、高汉玉：《荥阳青台遗址出土丝麻织品观察与研究》，《中原文物》1999 年第 3 期，第 10—16 页。

[260]　陈若茜：《中国丝绸博物馆馆长：五千多年前的最早丝绸是如何发现的》，澎湃新闻 2019–12–10。

[261]　周旸：《三星堆遗址祭祀坑中丝绸的发现及其意义》，《文史知识》2021 年第 12 期，第 37—48 页。

[262]　周舟：《〈科学〉杂志展望 2020 年十大科学头条》，《人民日报》，2020–01–04，第 3 版。

[263]　Chen, F., F. Welker, C.–C. Shen, S. E. Bailey, I. Bergmann, S. Davis, H. Xia, H. Wang, R. Fischer, S. E. Freidline, T.–L. Yu, M. M. Skinner, S. Stelzer, G. Dong, Q. Fu, G. Dong, J. Wang, D. Zhang and J.–J. Hublin (2019). "A late Middle Pleistocene Denisovan mandible from the Tibetan Plateau." *Nature* 569(7756): 409–412.

[264]　Rao, H., Y. Yang, J. Liu, M. V. Westbury, C. Zhang and Q. Shao (2020). "Palaeoproteomic analysis of Pleistocene cave hyenas from east Asia." *Scientific Reports* 10(1): 16674.

[265]　任萌、罗武干、赵亚军、麦慧娟、饶慧芸、杨益民、王昌燧：《甘

肃酒泉西沟村魏晋墓铜甗釜残留物的脂质分析》，《文物保护与考古科学》2016 年第 28 卷第 2 期，第 116—122 页。

[266]　Nordin, M., V. H. Frankel and D. Leger (2012). *Basic Biomechanics of the Musculoskeletal System*. Philadelphia, Wolters Kluwer Health/Lippincott Williams & Wilkins.

李法军：《华南地区史前人类骨骼的生物力学特征》，《人类学学报》2020 年第 39 卷第 4 期，第 599—615 页。

[267]　Turner II, C. G. (1979). "Dental anthropological indications of agriculture among the Jomon people of central Japan. X. Peopling of the Pacific." *American Journal of Physical Anthropology* 51(4): 619–635.

冉智宇：《中国新石器时代龋病与生业经济关系研究》，《考古》2022 年第 10 期，第 110—120 页。

[268]　Chirchir, H., T. L. Kivell, C. B. Ruff, J.–J. Hublin, K. J. Carlson, B. Zipfel and B. G. Richmond (2015). "Recent origin of low trabecular bone density in modern humans." *Proceedings of the National Academy of Sciences* 112(2): 366–371.

[269]　龚胜生、谢海超、陈发虎：《2200 年来我国瘟疫灾害的时空变化及其与生存环境的关系》，《中国科学：地球科学》2020 年第 50 卷第 5 期，第 719—722 页。

[270]　Bridges, P. S. (1991). "Degenerative joint disease in hunter–gatherers and agriculturalists from the southeastern United States." *American Journal of Physical Anthropology* 85(4): 379–391.

[271]　何嘉宁：《中国古代人骨体质人类学的研究进展与展望》，《人类学学报》2021 年第 40 卷第 2 期，第 165—180 页。

[272]　袁靖：《中国动物考古学》，北京：文物出版社，2015 年，第 86 页。

[273]　[美] Elizabeth J. Reitz、Elizabeth S. Wing 著，中国社会科学院考古研究所译：《动物考古学（第二版）》，北京：科学出版社，2013 年，第 257—258 页。

[274]　Dobney, K. and G. Larson (2006). "Genetics and animal domestication: new windows on an elusive process." *Journal of Zoology* 269(2): 261–271.

[275]　Zeder, M. A., D. G. Bradley, E. Emshwiller and B. D. Smith (2006). *Documenting Domestication: New Genetic and Archaeological Paradigms*. Berkeley, Calif., University of California Press.

第一章

源：中国家猪的起源和早期发展

中国动物驯化史已历万年。距今 10000 年前，中国先民最早独立地将狗驯化成功，这就为猪的驯化提供了经验积累和技术先导。距今 9000—8500 年前，中国先民独立地成功驯化了猪，笔者重点将聚焦于中国新石器时代早期至中期（距今 10000—7000 年）考古遗址中出土的猪骨遗存，应用动物考古研究方法及相关学科的最新研究结果，探讨中国家猪起源的时间、地点、动因和扩散。距今 5500 年以来，家养食草动物的传入为中国古代畜牧版图提供了新的内容，对养猪业的发展也造成了影响，我国先民以本土驯化的动物为基础，兼收并蓄外源引入的家养动物，从而逐步形成了以"六畜"（即马、牛、羊、猪、狗、鸡）为中心的家养动物体系和畜牧传统。

一、中国先民最早驯化的家养动物：狗

人类最早驯化的动物是狗。狗（*Canis familiaris*）虽然形态各异，但其野生祖先只有一个：灰狼（*Canis lupus*）。考古学界较为普遍的共识是：狗的起源可以追溯到距今约 12000 年前，以色列北部属于纳吐夫文化晚期的哈耀尼·特拉西（Hayonim Terrace）墓地发现了世界上最早的驯化狗[1]。现生狗的 DNA 研究则认为狗是在距今约 3.3 万年前在东亚南部地区逐渐被人类所驯

化，并在距今 1.5 万年后向中东、非洲和欧洲等地迁徙扩散 [2]，但目前该研究缺乏考古证据的支持。

距今 12000—10000 年前的新石器时代早期，中国史前先民的生业方式主要是狩猎、渔捞和采集，几乎完全依赖于野生动植物资源，他们也开始栽培作物和驯化动物，处于中国古代农业形成过程的孕育阶段 [3]。华北地区开始出现栽培小米的考古证据，北京门头沟东胡林遗址（距今 11000—9000 年）经系统考古浮选工作之后，出土了 11 粒炭化粟和 1 粒炭化黍，其中炭化粟在形态上已经具有了栽培粟的基本特征，但尺寸较小，东胡林遗址出土的粟和黍是目前中国发现的年代最早的栽培小米实物，出土动物遗存均为野生动物（哺乳动物以鹿类动物为主，另有野猪、獾等野生哺乳动物，软体动物包括螺、蚌、蜗牛等）。东胡林人生活在新仙女木事件结束后的升温期，主要生活在河漫滩平原上，这是非常适宜史前人类生活的自然环境条件，他们的生业方式仍然处于采集—狩猎阶段，虽然出现了栽培作物，但并没有进入农耕生产阶段 [4]。同时，南方地区出现栽培稻的考古证据。距今 11000—9000 年的上山文化是迄今长江下游地区发现的年代最早的新石器时代考古学文化，上山文化遗址主要分布在高度适中、坡度和缓的盆地中腹部，多靠近河流支流，遗址后方的山地地势和缓，有丰富的野生动植物资源可资利用，水热和土壤条件适宜耕作 [5]。浙江浦江上山遗址在距今 10000—8500 年的上层文化地层中出土了栽培稻，陶土和红烧土中掺杂有稻壳，这是目前通过系统浮选法获得的年代最早的稻米遗存。此外，该遗址还出土有用于收割和脱粒的镰形器、石片、石磨盘和石磨棒等石质工具，研究者认为上山史前先民在采集野生稻的同时，开始耕种、收割和加工稻谷，这种行为是稻谷驯化的前提，也是稻作农业形成的先决条件[6]。出土动物遗存以野猪和鸟类动物骨骼为主，经鉴定和研究均为野生动物[7]，说明上山史前先民主要是通过渔猎和采集方式获取野生动植物资源。在岭南及周边地区，广西邕宁顶蛳山一期遗存（距今10000—9000年）[8]、广西桂林甑皮岩一期遗存（距今12000—11000年）[9]、广西桂林庙岩遗址（距今15000年左右）[10]、广东英德牛栏洞遗址（距今12000—8000年）[11]等经过动物考古、植物考古和碳氮稳定同位素研究，结果表明其生业在距今12000—7000年间均有赖于渔猎—采集方式。直到距今6000年以来，家猪、水稻、粟和黍等家养动物和农作物才由长江中下游地区传播而来[12]。

中国先民最早驯化的动物是狗，最早的考古证据见于河北保定南庄头遗址。南庄头是一处重要的新石器时代早期考古遗址，其年代为距今11500—9700年[13]。南庄头史前先民生活时期正值晚更新世末次冰期向全新世过渡阶段，气候条件极其干冷（当时气温比现在低5℃以上），人类在水资源丰富的河谷地带活动，生业活动主要依赖于河谷中的野生动植物资源，遗址区正是南庄头先民获取和利用动植物资源的场所[14]。就生业角度而言，南庄头遗址的重要性体现在：它是目前唯一一处同时发现动物驯化和粟黍种植（根据淀粉粒研究，主要是菱角，粟类作物遗存数量不多但较为普遍地出现）[15]的新石器时代早期遗址。袁靖等通过对该遗址出土动物遗存进行鉴定和研究，认为获取动物资源的主要方式是狩猎鹿类动物，但已开始驯化狗，南庄头遗址出土狗遗存的下颌骨形态特征和测量数据表明这是中国考古遗址出土的年代最早的狗（南庄头遗址狗的下颌缘有一定的弧度、下颌骨及齿列长度较现生狼的尺寸小且有进一步变小的趋势、牙齿排列紧密），这是中国最早驯化的动物（图 1-1）[16]。侯亮亮等就该遗址出土动物遗存进行碳氮稳定同位素分析，发现狗的食物中包含一定比例的 C_4 类食物（可能源于粟和黍及副产品），猪则与野生动物的食性保持一致，这表明距今 10000 年的南庄头先民已经驯化了狗，并用栽培农作物及副产品来喂养狗，而猪尚未被驯化[17]。

狗在中国境内随着时间的推进而逐步扩散。仰韶时期（距今 7000—5000 年）已扩散到辽东地区和青藏高原东北部的共和盆地，龙山时期（距今 5000—4000 年）扩散到云南地区，在汉代以前，狗已成为中国境内广泛存在的家养动物[18]。古 DNA 研究表明 A2 单倍型的家犬可能曾广泛分布于长江和黄河流域并且占据主导地

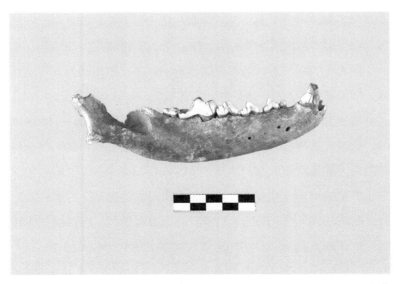

图 1-1　河北保定南庄头遗址出土狗遗存（中国社会科学院考古研究所收藏标本，张亚斌拍摄）

位，其后向南扩散到中国南方地区、东南亚、新几内亚、澳大利亚以及太平洋岛屿，向北扩散到东西伯利亚极地地区[19]。

狗，作为中国先民最早驯化的家养动物，它的驯化成功为中国先民独立驯化猪提供了经验。

二、中国是家猪最早的独立起源中心之一

（一）中国家猪起源的时间和地点

2015 年，中国科学院自然科学史研究所推选出的 88 项"中国古代重要科技发明创造"中，家猪饲养位列其中[20]。中国是欧亚大陆家猪 6 个独立起源中心（包括东亚，东南亚半岛的越南、缅甸等地，新几内亚岛，南亚，中欧和意大利半岛）之一（图 1-2），我国猪类资源十分丰富，其系统演化也相当完整，多学科的证据表明我国家猪是由全新世的本土野猪驯化而来的[21]。

距今 11500 年前，随着末次冰期的结束，冰川消退，气温回升，降水增多，大地一派欣欣向荣的景象，地球回复到宜居状态，人类与劫后余生的动植物一起迈入全新世。距今 11700—11400 年前，欧亚大陆西部的人类强化了对野猪的狩猎方式，他们甚至将野猪由大陆地区引入塞浦路斯的 Akrotiri Aetokremnos 进行狩猎，野猪骨骼的平均尺寸变小，其原因在于岛屿的隔离，这种现象符合"岛屿法则"[22]。动物考古学者依据骨骼形态、屠宰模式等所做研究认为土耳其的安纳托利亚东南部卡耀努（Çayönü Tepesi）以及立凡特地区的哈雅兹（Hayaz Tepe）、哈鲁立（Tell Halula）和古楚（Gürcütepe）遗址的史前先民在距今 9500—9300 年前已

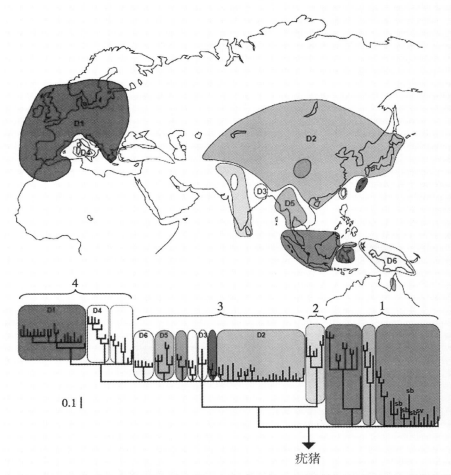

　　将 122 个猪线粒体 DNA 控制区序列进行贝叶斯分析（分支长度如图所示，疣猪作为属外分支），共形成 4 个簇，14 个小的分支，每一分支由一种颜色代表，并分别对应不同的地理分布区域。D1 到 D6 代表了不同的家猪驯化中心。

图 1-2　以 DNA 研究为依据的家猪多地区起源图

改绘自：Larson, G., K. Dobney, U. Albarella, M. Fang, E. Matisoo-Smith, J. Robins, S. Lowden, H. Finlayson, T. Brand, E. Willerslev, P. Rowley-Conwy, L. Andersson and A. Cooper (2005). "Worldwide phylogeography of wild boar reveals multiple centers of pig domestication." *Science* 307(5715): 1618-1621.

经驯化了猪，这些猪种群的死亡年龄较小、第 3 臼齿缩短、线性牙釉质发育不全占有一定比例并呈现历时性变高的趋势[23]。其后，家猪由此传入欧洲并与当地的野猪种群杂交[24]。

距今 9000 年前，我国已进入全新世大暖期，这对于刚刚从末次冰期的恶劣条件下苦熬出来的人类来讲，可以说是遇到了可尽情发展的春天。与此同时，淮河上游一处名叫贾湖（年代为距今 9000—7800 年）的地方[25]，"严寒而漫长的冬天看来就要过去"，彼时的贾湖恰如现时的江南：温暖湿润，雨量充沛。《舞阳贾湖》一书用诗一般的语言描绘了贾湖遗址的史前景观：

> （聚落位于河流北岸的自然堤上）附近的岗丘和山坡上有稀疏的栎、栗、胡桃、榛等组成的落叶、阔叶林，林下或沟坎、断崖边生长着酸枣、柽柳等灌木丛，林中常有野猪、麂等动物出没。聚落的周围应有广阔的以蒿属、菊科、藜科植物为主组成的草原，时有貉、梅花鹿、野兔等在其上奔驰而过；聚落附近的湖沼水面上，莲、菱、莎草、水蕨等水生植物绽开朵朵鲜花点缀其上，水中和水边有大量的鱼、蚌、螺、龟、鳖、鳄等动物浮游其间，水边常有獐、麋等动物饮水嬉戏，有丹顶鹤、天鹅等翩翩起舞，不时传来声声啼鸣；聚落内外，偶见几株榆、柳、桑、梅等迎风摇曳；聚落周围，可见先民种植的片片稻田，人们就在这种自然环境中栖息、生存、繁衍[26]。

罗运兵、袁靖等通过对河南舞阳贾湖遗址第 7 次发掘中出土猪骨遗存进行骨骼形态、年龄结构、数量比例、文化现象、病理学、几何形态测量、碳氮稳定同位素和古线粒体 DNA 等多方面的研究，确认该遗址为我国最早的家猪起源地，并且是独立驯化完成的，年代为距今 9000—8500 年前（图 1-3）。

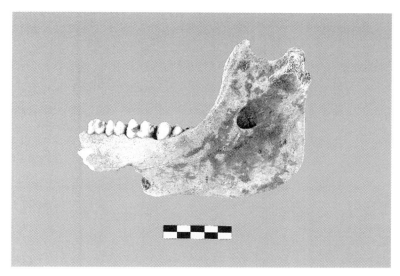

图1-3　河南舞阳贾湖遗址出土家猪遗存（中国社会科学院考古研究所收藏标本，张亚斌拍摄）

第一，就骨骼形态而言，贾湖遗址猪下颌骨自第一期开始出现了齿列扭曲的现象，这种现象是鉴定家猪的一个重要指标；第二，就年龄结构而言，贾湖遗址中未成年猪的比例高达81.4%，这是史前人类出于肉食之需而宰杀1.5—2岁个体猪的体现，这与野猪在自然状态（以幼年和老年个体为主）和狩猎状态（各年龄段分布较为平均）下的情况相异；第三，就数量比例而言，贾湖遗址的猪在哺乳动物种群中的肉食贡献率高达27%，这与猪作为肉食来源的饲养目的有关；第四，就考古现象而言，在贾湖遗址墓葬中出现了用猪下颌骨随葬的考古现象，揭示了人类与猪的密切关系；第五，就病理学现象而言，贾湖遗址猪牙齿的线性牙釉质发育不全病的发病率较高，这种情况多出现在家猪种群；第六，就几何形态测量而言，贾湖遗址出土猪臼齿自第二期开始其几何形态已属于家猪范畴；第七，就碳氮稳定同位素分析结果看，贾湖遗址第一到第三期中人、鹿和大部分猪都取食 C_3 类植物，猪摄入了一定程度的动物蛋白，可能系人工喂养所致，第二期少量猪取食 C_4 类植物，也与人工喂养相关 [27]；第八，就古线粒体 DNA 研究而言，贾湖遗址猪线粒体 DNA 属于家猪种群且与其后中国境内的家猪具有遗传连续性 [28]。

距今 9000—8500 年前，贾湖先民们开始饲养猪和狗、种植水稻，率先唱响了春天的故事。贾湖遗址出土的动植物遗存及人工遗物的研究 [29] 为我们鲜活地勾勒出史前生业图景：聚落内，猪和狗四处游荡，人们开始从事"似农非农"的生业方式，喝上了用稻米、蜂蜜、山楂、葡萄等酿造的酒，一位巫师吹奏起用鹤的尺骨制成的骨笛，另一位巫师一手摇龟甲响器，一手握叉形骨器，指挥众人将猪下颌和整只狗埋下；聚落外，稻花飘香，鸟兽欢鸣……

（二）中国家猪的本土多中心起源

距今 9000—7000 年左右的前仰韶时期，家猪已出现在中国辽河、黄河、淮河和长江流域的大量考古遗址当中，如：辽河流域的内蒙古敖汉兴隆洼和兴隆沟遗址 [30]，黄河流域的甘肃秦安大地湾 [31]、陕西西安白家村 [32]、陕西西安零口村 [33]、河南渑池班村 [34] 和河北武安磁山遗址 [35]、山东济南小荆山 [36] 和西河遗址 [37]，淮河流域的河南舞阳贾湖 [38] 和安徽蚌埠双墩遗址 [39]，长江流域的重庆丰都玉溪 [40] 和浙江杭州跨湖桥遗址 [41]。从考古学、动物考古和古 DNA 研究的结果出发，罗运兵等学者认为：对我国大部分地区而言，家猪起源道路应该是各地独立地驯化了本地的野猪（称之为原生型，以河南舞阳贾湖和浙江杭州跨湖桥遗址为代表），但也不排除一些地区直接从外地引进家猪（称之为再生型，以重庆丰都玉溪遗址为代表）；在前仰韶时期（距今9000—7000年），家猪群体特征已大体可分为南方和北方两个大的类群，所以，中国家猪起源的模式可概括为本土多中心起源，它既是本土起源的（而不是从境外传入的），同时在中国境内是多中心起源的[42]。

黄河流域和华北地区是家猪独立驯化中心的认识得到了古DNA研究的支持。中国科学院古脊椎动物与古人类研究所和中国社会科学院考古研究所合作对距今7500—2500年黄河流域42例古代猪骨遗存（来自陕西西安鱼化寨、杨官寨，安徽蒙城尉迟寺，河北邢台小里，青海民和喇家等遗址）进行高通量线粒体基因组研究，发现部分古代猪（约占25%）与一些东亚现代家猪具有相同类型，表明它们至少从新石器时代早期开始就存在母系遗传连续性，支持黄河流域是一个家猪独立驯化中心的观点；家猪群体在距今10000年以来有2次较大规模的群体扩增事件，分别开始于大约距今7000年和距今4000年前，扩增现象与东亚地区的气候环境、外来农畜引入及农业社会形成和发展相联系，反映了家猪母系遗传历史与人类社会发展的紧密联系[43]。王志等通过对青海民和喇家（距今4000年左右）、河南登封南洼（距今5000—4000年）和湖北十堰青龙泉（距今4400—3900年）遗址出土猪骨遗存进行古DNA研究，肯定了黄河流域是中国家猪起源驯化中心地区之一的认识[44]。有学者基于考古遗址出土猪骨遗存进行古DNA研究之后推测东北地区是中国家猪驯化的另一个中心[45]，吉林大学边疆考古研究中心古DNA研究实验室对此提出了不同的认识，他们基于吉林通化万发拨子（距今 6000—2200 年）和内蒙古喀喇沁大山前（距今 4000—2200 年）遗址出土 35 例猪骨遗存进行古 DNA 研究之后，认为东北地区存在着狩猎和利用野猪的传统，家猪并没有在中国东北地区独立驯化而成，而是引自华北地区[46]。该研究结论与吉林通化万发拨子遗址动物考古[47]和碳氮稳定同位素研究[48]结果相一致。

（三）种植业是家猪饲养早期发展的基础

无论是北方还是南方地区，种植业能够为家猪饲养业的发展提供物质基础，这是较为普遍的现象[49]。这里分别选取种植业和畜牧业处于初期发展阶段的河北武安磁山遗址和浙江余姚河姆渡遗址为例来探讨种植业和畜牧业之间的关系。

河北武安磁山遗址的年代约为距今 8000—7600 年[50]，第一、二期发掘灰坑 476 座，有 345 座为长方形窖穴，其中 88 座以上的长方形窖穴内有农作物遗存堆积，厚度 0.3—2 米不等（图 1-4），存储量达 100 多立方米，质量为 5 万千克[51]。关于其中农作物的种类，学者们的认识大相径庭：1982 年采用灰像法认为主要是粟[52]；2009 年吕厚远等通过植硅体分析发现以黍为主，认为是通过铺垫黍的颖片和苇叶的方式来保护粮食[53]；段宏振进一步补充认为窖穴内是用芦苇和黍秸秆编制的筐篓或席子来盛放和铺垫以保护粮食，由此对窖穴内的粮食遗存提出不同认识，认为粮食遗存很有可能多为谷壳和谷糠之类的粮食副产品，并且储粮窖穴存在储藏粟和黍的功能区分[54]。关于这些储藏粮食灰坑的性质，各位方家各持己见：张小亮等认为是粮食储存坑，具有"粮库"的性质[55]；李国强认为磁山遗址并非典型的定居聚落，可能

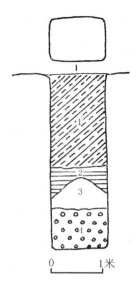

（1.灰土　2.黄土　3.空隙　4.粮食堆积）

图1-4　河北武安磁山遗址出土农作物堆积（H346）

图片来源：河北省文物管理处、邯郸市文物保管所：《河北武
安磁山遗址》，《考古学报》1981年第3期，第303—338页。

是太行山东麓南下移民的中转站，因此，储粮窖穴是应对流动人
群返回时粮食之需的策略[56]；李彬森的观点与此相似，他应用废
弃过程的理论方法，认为这是在狩猎采集与农业的混合经济无法
保证稳定定居的情况下，史前先民有计划储备食物以备返回时使
用的生存策略[57]；卜工将其视为祭祀遗存，推测这是甲骨文"陷
祭"和文献中"瘗埋"的前身[58]；段宏振从粮食窖穴存在叠压打
破关系以及遗迹分期的考古背景出发，认为储粮窖穴并非同时使
用，而是存在兴建和废弃的整个过程，由此不能将窖穴储粮量（质
量为5万千克）做同期处理，磁山先民的平均储粮量和规模都是

非常有限的[59]。磁山遗址出土动物遗存经系统动物考古研究，家养动物的种类包括猪和狗，家养动物在全部动物中所占比例不足1/2，家猪以未成年的幼年个体为主，其骨骼形态和尺寸大小与中国现生家猪相似，家畜饲养已有所发展，但渔猎经济仍占有较高比重[60]。磁山遗址以粟和黍为代表的旱作农业得到了初步发展，猪和狗食谱中含有一定比例的 C_4 类植物，但个体间食物结构差别较大，说明磁山先民已经开始以粟黍农作物及副产品来喂饲狗及部分猪[61]。磁山遗址少量粮食坑中埋葬有动物遗存，如：H5 堆积底部有猪骨 2 具，分置 3 堆，H12、H14 和 H265 堆积底部各有猪骨 1 具，H107 底部有狗骨架 1 具[62]，有学者将其与黑龙江密山新开流遗址的窖藏鱼坑[63]相类比，认为此类坑具有储存肉食的功能，事实上，动物肉体极易腐烂从而破坏上层的粮食，因此，许永杰提出这些包括动物和粮食的窖藏坑为祭祀坑（其中小米和幼年个体猪的组合方式可能属于"荐黍"祭祀），以祈求粮食丰收[64]。金家广认为磁山遗址早期埋葬动物或特殊处理的储粮窖穴（如 H12、H14、H107、H265 等）与农业祭祀活动有关（即甲骨文中的"坎"或"陷祭"），但晚期储粮窖穴与祭祀的关系不大，而是用以储藏粮食，延长季节性收获农作物的存储时间[65]。笔者认为，磁山遗址出土有粮食窖藏坑和祭祀坑两种形式，这深刻反映了史前先民已经认识到农业生产的重要性，农业可以为人类和动物提供稳定而充裕的食物来源，史前先民通过给土地献祭的方式来祈求农业丰收。

浙江余姚河姆渡遗址在河姆渡第一期文化（距今约 7000—6500 年）中出土有陶塑猪、猪纹陶钵、稻穗纹和猪纹陶钵等遗物（图片及其文化内涵解读见第四章），关于陶钵和猪形图像，冯时认为钵为祭天礼器，二猪象征北斗和上帝，体现了一种原始的宗教观 [66]；蔡运章认为钵实为盂，其上刻画善水和知天时的猪形象，应为举行"祈雨巫术仪式"的祭器 [67]。笔者结合对该遗址所进行的动物考古研究，认为猪和稻穗图像体现了河姆渡先民对农业和畜牧业关系的朴素认知：首先，动物考古研究结果显示河姆渡遗址出土猪骨多为家猪，猪的数量较多且幼年和成年个体所占比例较高 [68]，陶塑猪和夹炭黑陶钵上的猪纹向我们展示了家猪驯化的最初形态：脑袋较大、鬃毛明显、高脚长喙，仍然保留着较多的野猪形态，这是长江下游地区家猪饲养业早期发展阶段 [69] 的家猪形态；其次，有些探方的 4A 层发现有用小木桩围成直径约 1 米的圆圈形栅栏或二圈交错的套圈栅栏遗迹，这些栅栏遗迹推测与圈养家畜幼崽有关 [70]；再次，该遗址出土有大量的稻谷遗存表明河姆渡先民从事稻作农业活动，出土有数量较多的骨耜表明农业已脱离刀耕火种的阶段，以耜耕农业为主 [71]。因此，稻穗纹和猪纹陶钵上有膘肥体壮的猪和谷粒饱满的水稻图像，生动地展现了较为发达的原始农业是家猪饲养业发展的基础。

（四）家猪的驯化动因

基于自然环境、动物生态、人类行为等多种因素，研究者对人类驯化猪的动因提出了不同的观点，包括肉食说、祭祀和宴飨说、清道夫说、宠物说、自然驯化说和综合动因说等。以下分别予以论述。

1. 肉食说

泽达尔等学者基于最佳觅食理论和文化生态位构建理论，将获取稳定而充裕的食物资源作为驯化动因 [72]。猪的繁殖力强、生长速度快、经济效益高、食物来源广，因此，它是最为经济和高效的肉食来源。家猪能够提供更多、更稳定的肉食，并且，较之于其他的家养动物，它提供肉食的效率更高，以中原地区距今9000年以来出土家猪遗存为例，骨骼多出自灰坑（垃圾坑）、骨骼上有明显的屠宰或加工处理食物时留下的痕迹、骨骼破碎并呈现出敲骨吸髓的特征等，可为肉食说提供直接的证据。此外，家猪遗存在距今9000—7000年前中原地区的考古遗址当中出现的频率最高且数量迅速上升，而野生动植物资源比较充裕的地区（如长江下游地区）的家猪饲养业规模有限且长期滞后发展，这从一个侧面反映了史前人类对猪的肉食需求是驯化的动因 [73]。

2. 祭祀和宴飨说

根据考古和民族学材料，猪在仪式活动中具有重要作用。美国学者罗伊·A.拉帕波特从人口、种群、生计、仪式等多个层面对新几内亚马丹地区腹地的僧巴珈·马林人（Tsembaga Maring）进行民族学考察后发现他们善于饲养猪，但平常很少宰杀食用，为了解决猪数量过剩的问题，他们在每次战争结束后便宰杀所有的成年猪以祭祀祖先，并将大部分猪肉分给曾经助战的邻近地域的人们，所以，杀猪宴是一种使社会正常运转的重要仪式，是战争与休战的转折点 [74]。同样居住在新几内亚岛的胡利人（Huli）、阿萨罗人 (Asaro) 和卡拉姆人 (Kailam)，他们在距今45000年前到达此地，食物以红薯为主食，生业以狩猎采集为主，也饲养猪，他们会为3种东西展开争斗，依次是土地、猪和女人，如同僧巴珈·马林人一样，他们也会在斗争结束后举行隆重的和平仪式，并在仪式中宰杀和食用大量的猪。对于印度尼西亚巴布亚岛上的达尼人（Dani）、雅利人（Yali）和科罗威人（Korowai）而言，家猪具有非常重要的社会层面的价值和意义，只有在典礼和特殊场合的宴会上才会宰杀猪并食用 [75]。

本德、海登等学者依据夸富宴或宴飨理论，认为最早驯化的物种往往是某种奢侈品，通过分享这些奢侈品的竞争宴飨以彰显或巩固精英阶层的社会地位 [76]。具体到中国考古资料，在驯化之初，猪已经在仪式活动中发挥了作用，并且，在中国整个史前时期，它们是最为常用和使用数量最多的祭牲 [77]。相较于日常肉食之需而言，猪在仪式性宴飨活动中发挥了重要的作用，这可能是对其驯化的原因 [78]。这样的驯化动因是否具有普遍意义众说纷纭，但我们可以肯定的是：西辽河地区驯化猪行为的动因与祭祀有关，兴隆洼文化中出土猪骨具有相当程度的野猪特征，猪群主要以野生的 C_3 类植物为食 [79]，兴隆洼史前人类对家猪进行了非常宽松的管理（或言之放养），他们这么做的目的之一是保证举行仪式活动时（如兴隆洼文化遗址中出土人猪共葬墓、居址地面上放置猪头等兽头）的急需 [80]。

3. 清道夫说

猪作为杂食动物，它们会被人类居址当中的食物残余和垃圾所吸引，它们主动地、试探性地进入人类社会，人类弃用之物成了猪的食物，来自食物的引诱足以使得大部分猪每天黄昏回家，猪为人类提供了蛋白质，提高了农作物的使用率，通过食用食物残渣保持了人类居住区的干净 [81]。猪取食垃圾从而清理居址，并可将废物转化为可以利用的物质，由此，人类和猪之间形成共生关系并最终导致驯化的产生 [82]。

4. 宠物说

罗伯特·路威、布赖恩·费根等认为人类驯化动物是出于伴侣和娱乐之用，这是驯化动物的第一步或言动因，其他实用或经济功能是由此派生出来的[83]。里德也持相同的看法，他的宠物理论认为人类将幼小的动物带回营地进行饲养是驯化产生的基础，除宠物外的其他用途是在此之后才发生的[84]。猪在幼年时得到了人类（尤其是女性和儿童）如宠物般的爱抚和触摸，也就意味着猪通过早期社会化而融入人类社会[85]。袁靖认为动物驯化的动因与驯化进程密切相关，动因可能并非出于功利性目的（如弥补食物短缺或夸富宴），生态学或社会政治理论无法揭示中国动物驯化的起源，在综合考察中国考古遗址出土动物遗存及考古背景的基础上，他提出了关于中国先民驯化动物动因和进程的认识：最初驯化动物是一种饲养宠物的娱乐行为，进而转化为带有功利性目的的饲养行为，人类与驯化动物之间逐步形成互利共生的关系，经过长期的、螺旋式的发展最终形成比较稳定的家养动物种类和饲养模式[86]。

5. 自我驯化说

莱尔·华特森、詹姆斯·C.斯科特、艾丽丝·罗伯茨、F. E.朱内和大卫·林多斯等从进化论出发，认为家养动物是人类与动物之间日益亲密的必然结果[87]。猪天生是合作共存的动物，它们可以说是自己驯化了自己。首先，猪的行为与人类非常相似，这是其他有蹄类动物所不能达到的高度，猪什么都吃，人类的食物甚至丢弃的食物都可以为它所用，猪只在白天进食，晚上睡觉，这与人一样；猪非常随和，喜欢同伴甚至是其他动物；猪非常聪明，只要稍加训练，就能听从指令；猪不具有领域性，可以随人迁徙并能自行照顾幼猪；猪肉好吃，这就比养狗更合算。其次，家猪在艰苦的环境条件下——如减少饲料——就能在一代的时间内返野成野猪形态，营养不足猪仔的头骨形态会笔直狭长，长大之后体型就与野猪相像，家猪体型返野现象之快让人不得不怀疑：猪始终具有选择被人驯化与否的权利和自由。再次，被驯化猪的野外生存能力普遍较差，所谓温顺个体的另一种解释就是：它们的体质和能力较差，被强壮的野猪排挤，游离于主流野猪种群之外，在弱肉强食的自然界难以立足，与其灭亡，莫若投奔人类以求生存，事实上，在人类社会中，它们不但生存无忧，其种群数量更是激增，从这个层面而言，它们投奔人类的选择是如此"明智"。因此，对猪来说，驯化几乎可以说是它们自己的主意——它们主动敲开了人类的大门，至少也是人和猪基于自我考量之后达成的"协议"。

6. 综合动因说

埃里奇·伊萨克认为有些动物的驯化可能是自然发生的（动物本身倾向于被驯化），有些跟人类的心理活动有关（人类疼爱自己幼儿的本能被诱发），还有跟宗教观念有关（驯化之初是为了用作牺牲）[88]。彼得·贝尔伍德具体分析了前人学者提出的农业起源理论，认为农业的地区起源与多个变量有关，包括而不仅限于早期定居、富裕和选择、共同进化、环境变化和周期性压力、人口压力、驯养者的水平、仪式性使用、"符号革命"等，因此，动因是个动态的概念，不同时空框架之下，环境、社会、驯化对象、人的主观能动性等因素轮番发挥作用[89]。

关于中国古代家猪的驯化动因，似乎并无统一的结论或观点予以给出，结合中国考古材料，笔者认为至少有 3 个观点有较为充分的证据予以支持：

第一是肉食说。狩猎—采集活动具有一定的偶然性和季节性，而在人类社会当中，家猪因为人类的饲养，能够提供稳定而充裕的肉食来源，可以相印证的是，自然环境条件比较好、野生动植物资源丰裕地区（如长江中下游地区）的家猪饲养业发展比较缓慢，而北方地区自然环境条件相对较差且四季分明，季节性的食物短缺在所难免，因而，迫切需要通过开发某种稳定而充裕的资源以应对困局，家猪的驯化和饲养无疑是最佳选择。

第二是宴飨说。南方地区家猪出现的时间相当早（如浙江杭州跨湖桥遗址，家猪的驯化可以早到距今 8000 年左右），但家猪饲养业在此后的发展却呈现落后甚至停滞的局面，猪之所以在野生食物资源丰富的地区被驯化，有可能是因为猪作为宴饮的美味比其他肉食更受欢迎，因而刺激了人类对猪的驯化和饲养。

第三是仪式说。西辽河地区家猪出现的时间比较早（如内蒙古敖汉兴隆沟和兴隆洼遗址，家猪的驯化可以早到距今 8000 年左右），家猪和野猪并存的局面一直延续到历史时期，猪的仪式使用在兴隆洼文化、赵宝沟文化、红山文化和夏家店下层文化甚至历史时期都有体现，西辽河史前先民对猪的驯化和饲养更为看重其仪式用途。

综上，中国地域广阔，不同地区的先民因地制宜发展出各具特色的文化，各地史前先民对猪的驯化和饲养呈现出多中心起源和发展的特点，因此，各主要文化区对猪的驯化动因可能会存在不同。

（五）家猪在欧亚大陆东部的扩散

古代东亚地区的猪大多源自中国，中国家猪的驯化和饲养在东亚地区有着深远的影响 [90]。家猪驯化成功之后，在中国境内主要呈现由东北向西南方向扩散的趋势，但直至汉代，尚无确切证据表明家猪传播到了新疆和河西走廊西部地区[91]。在中国北方地区，家猪在距今 8000—7500 年前出现于辽河流域（如内蒙古敖汉兴隆沟和兴隆洼遗址），在距今 6500—5500 年前传入辽东半岛（如辽宁大连北吴屯遗址[92]），后在距今 1400—1100 年左右传入朝鲜半岛，家猪传入日本群岛的时间大约在距今 2250 年的弥生时代[93]，是否经由朝鲜半岛传入仍有争议[94]。在中国西藏地区，家猪在距今 5000—4000 年前由甘青地区传入西藏昌都卡若遗址[95]。在中国南方地区，家猪在距今 8000 年前出现在长江下游地区（如浙江杭州跨湖桥遗址[96]）。虽然南岛语族在距今 7000—5000 年前已经到达台湾并形成大岔坑文化、语言学研究认为距今 6000 年前台湾已有家猪，但是，通过古线粒体 DNA、骨骼形态观察和测量、几何形态测量等多种方法对台湾地区出土猪骨遗存进行研究的结果表明：家猪在距今 2000—1700 年前传入琉球群岛，距今 1500 年前传入台湾岛[97]。通过对菲律宾猪进行全基因线粒体 DNA 研究，表明菲律宾猪的祖先与东南亚大陆和东北亚地区的猪有密切的遗传关系，这就意味着中国家猪还传入了东南亚并跨过太平洋传入夏威夷群岛，这种家猪的基因流动可能是人类迁徙和贸易的结果[98]。

三、其他家养动物的起源及影响

中国家养动物起源的模式大体可归为两类：第一类是原生型，以猪和狗为代表，如前所述，它们是中国古代先民自己驯化成功的，同时，中国也是世界上最早驯化猪和狗的中心地区之一；第二类是引入型，以马、普通牛、瘤牛、水牛、绵羊和山羊为代表，它们不是中国古代先民驯化成功的，有可能是从西亚、中亚、东南亚和南亚等地区引入到中国境内的[99]。关于中国家鸡的起源，尚无定论。家养食草动物的传入以及家鸡在中国出现的时间较晚，它们共同构成了中国传统意义上的"六畜"（即马、牛、羊、猪、狗、鸡）[100]以及古代畜牧业发展的模式，在此，笔者简要叙述家养食草动物和家鸡在中国的起源和传播。

（一）家牛的起源和传播

中国南北方在更新世出土有野生牛类遗存，如短角水牛（*Bubalus brevicornis*）、王氏水牛（*Bubalus wansjocki*）、丁氏水牛（*Bubalus tingi*）、德氏水牛（*Bubalus teihardi*）、杨氏水牛（*Bubalus youngi*）、圣水牛（*Bubalus mephistopheles*）、普通水牛（*Bubalus bubalis*）、古中华野牛（*Bison Palaeosinensis*）、东北野牛[*Bubalus (P.) exiguous*]、原牛（*Bos primigenius*）、大额牛（*Bibos gaurus*）等，它们是远古先民重要的狩猎对象和肉食来源[101]。

我国现生家牛可分为 4 类，分别是普通牛（*Bos taurus*）、瘤牛（*Bos indicus*）、水牛（*Bubalus bubalis*）和牦牛（*Bos grunniens*）[102]。

1. 普通牛的传入和传播

普通牛主要分布在北半球，适应温带和寒带气候[103]。家养普通牛的野生祖先是原牛，原牛曾广泛分布在欧亚大陆和北非。就世界范围看，家养普通牛起源的最早考古学证据见于西亚的卡耀努（Çayönü Tepesi）遗址、幼发拉底河的佳得（Dja'de）遗址及周边地区的其他遗址，其年代大体为距今 10800—10300 年[104]。

关于中国家养普通牛的起源，蔡大伟等学者通过对中国境内出土牛骨遗存进行古线粒体 DNA 研究，认为中国家养普通牛的世系由 T2、T3 和 T4 构成，其中又以西亚起源的 T3 世系为主（频率为 81%），说明中国家养普通牛最初是由西亚传入的，T4 世系为 T3 世系的一个分支，为家养普通牛自西亚向东亚扩散过程中产生。家养普通牛传入中原地区的路线可能有两条：T2 世系经河西走廊和甘青地区，T4 世系经欧亚草原和东北亚地区，T3 世系在两条路线上同时传播[105]。家养普通牛的引入有着深刻的社会背景：中国本土驯化家畜种类（猪和狗）的成功，从技术层面为其引入和饲养提供了经验积累和借鉴；种植业的进步，从经济层面为家畜种群扩大和种类的增加提供了物质保障；社会日趋复杂化，从社会组织结构方面为家畜的组织管理和分配提供了现实；文化交流为其引入和传播提供了可能和便利[106]。关于家养普通牛的传入动因，笔者认为可能与肉食、畜力开发、骨料来源和宗教祭祀有关，史前精英阶层对社会财富和权力的掌控和追逐可能是内在动因[107]。

依据动物考古和古 DNA 研究结果，家养普通牛最早在距今 5500—5000 年前出现在我国的甘青和东北地区[108]。典型遗址简述如下：甘肃天水师赵村和西山坪遗址马家窑文化（距今 5400—4700 年）和齐家文化（距今 4100—3900 年）地层中出土有牛骨遗存，研究者认为狗、猪、牛、羊和马为家养动物[109]。甘肃礼县西山遗址出土有牛骨遗存，经骨骼形态鉴定为普通牛，其尺寸大小与现生家养普通牛相似，可鉴定标本数和最小个体数比例自仰韶文化晚期（距今 5600—4900 年）开始已在 10% 左右，研究者认为家养普通牛自此已出现[110]。甘肃武山傅家门遗址出土目前所知年代最早的牛卜骨遗物（距今 5800 年），其中一件由牛肩胛骨制成，上有阴刻的 S 形符号[111]。吉林大安后套木嘎遗址出土有丰富的原牛骨骼遗存，在属于红山文化晚期（距今 5500—5000 年）的 HT31 中通过古线粒体 DNA 研究发现一例家养普通牛遗存（属于 T3 世系），这表明家养普通牛在距今 5500—5000 年前已传入我国东北地区[112]。延及新石器时代晚期至青铜时代早期，中国北方地区依然存在着野生原牛，山西绛县周家庄遗址（距今 3900 年左右）的先民使用野生原牛肩胛骨制作卜骨，古 DNA 的研究表明当时野生原牛、野生水牛和家养普通牛种群共存，并且野生原牛与家养普通牛种群发生过杂交[113]，野生原牛在 17 世纪的欧洲彻底消失。

家养普通牛自西北和东北地区传入中原地区之后，由北向南逐步扩散。距今 4500—4000 年时，家养普通牛传入黄河中下游地区[114]，典型遗址包括河南柘城山台寺[115]、河南禹州瓦店[116]和河南登封王城岗[117]，其饲养规模有所扩大，家养普通牛在哺乳动物种群可鉴定标本数中所占平均比例为 11.29%[118]。饲养技术的进步主要体现在饲料来源中农作物粟和黍及其副产品的增加上[119]。距今 4000—2000 年时，家养普通牛已扩散到中国北方大部分地区[120]并进一步向南方扩散，西汉时期已传入岭南地区[121]。

2. 瘤牛的传入

瘤牛是热带和亚热带地区特有牛种，耐热抗旱，其骨骼形态与普通牛非常相似[122]。普通牛和瘤牛在距今 30 万—20 万年前分道扬镳，走向了各自独立演化的道路，普通牛和瘤牛可以杂交且后代没有生殖隔离[123]。家养瘤牛的野生祖先是瘤原牛（*Bos namadicus*），就世界范围看，家养瘤牛起源的最早考古学证据见于距今 8500 年前的印度河流域，巴基斯坦的梅尔伽赫（Mehrgrarh）地区可能是家养瘤牛的起源中心[124]。瘤牛的线粒体主世系为 I，中国瘤牛可分为 I1 和 I2 两个世系。现代瘤牛 DNA 研究和考古学资料暗示：中国家养瘤牛由印度及东南亚传入，云南很可能是中国最早引入瘤牛的地区，引入的时间可以早到春秋晚期至战国初期（大体为距今 2500 年前）[125]，如：云南江川李家山墓地出土青铜贮贝器、铜钺、铜啄、铜戚等遗物上有瘤牛形象[126]。

3. 水牛的驯化或传入

水牛也是热带和亚热带地区特有的牛种，喜水耐热[127]。家养水牛包括河流型和沼泽型两个品种，野生祖先是野水牛（*Bubalus arnee*）。家养水牛起源的时间和地点仍存争议，有考古学证据显示距今 5000 年前印度河流域的哈拉微拉城市遗址已出土家养水牛遗存[128]。中国现生家养水牛均属沼泽型水牛[129]。关于中国家养水牛是本土驯化还是外来传入的认知颇有争议，传统观点认为中国先民是最早驯化水牛的人群[130]，但也有观点认为中国家养水牛是由南亚传入的。刘莉等通过对中国更新世和全新世出土水牛遗存结合考古背景进行骨骼形态和古 DNA 研究，认为中国本土水牛均为野生动物，家养水牛在距今 3000 年左右由南亚西北部地区传入中国境内，今后研究应特别关注中国西南地区考古遗址出土牛骨及相关遗存[131]。近年来，针对浙江余姚田螺山遗址出土水牛遗存进行碳氮稳定同位素的研究认为：自距今 6500 年前，田螺山史前先民已有意识地对水牛的饲料供给施以影响，他们将自身的食物或食物残余喂饲给水牛，水牛可能已用作畜力和祭牲，这表明长江下游地区也是探讨中国家养水牛起源的重要区域[132]。

圣水牛是一种野牛，在距今 8000—3000 年的中国南北方皆有分布，对中国现代家养水牛没有基因贡献[133]。因环境（两周相交之际中原地区气候转冷）和人为（商人过度捕杀和对其栖居环境的破坏）的原因，至东周时期已在中国境内彻底绝灭[134]。河南安阳殷墟遗址出土有圣水牛遗存[135]，它的形象由殷墟遗址花园庄东地 M54（即亚长墓）出土一件青铜水牛尊得以重现：短角、角的横截面呈三角形、四足短粗有力、体态浑圆[136]。

4. 牦牛的驯化

牦牛是我国西南高寒高海拔地区特有的畜种，全世界 95% 的牦牛分布在我国青藏高原地区，对其驯化是西藏地区早期畜牧的重大成就。我国现生家养和野生牦牛基因组学研究认为：牦牛在距今 7300 年前即已驯化，牦牛的驯化和饲养为史前人类定居和适应青藏高原提供了生业基础[137]。目前考古资料提供的关于家养牦牛驯化的证据有限，动物考古识别牦牛骨骼形态的例证有限。西藏拉萨曲贡遗址早期堆积（距今 4000—3500 年）出土有牛类遗存，经动物考古鉴定为家养牦牛遗存[138]；青海都兰塔里他里哈遗址（诺木洪文化，距今约 3000 年）中出土一件陶塑牦牛遗物，其形态特征（"两角及尾部稍残，头部两侧不对称，背部呈波浪形。毛长及地，故显得短矮"）应为牦牛[139]。卡约文化考古遗址中据称也出土有牦牛骨骼遗存[140]。现有考古证据说明距今 4000—3500 年前生活在甘青地区的古羌人和西藏地区的先民已经饲养了家养牦牛，而牦牛驯化起源要远早于此。

（二）家羊的起源和传播

我国现生家羊可分为 2 类，分别是家养绵羊和家养山羊。

1. 家养绵羊的驯化和传播

家养绵羊（*Ovis aries*）的野生祖先是盘羊（*Ovis orientalis*），世界上最早的家养绵羊发现于伊朗西南部扎格罗斯（Zagros）及周边地区，年代为距今 10000 年[141]。现生绵羊包括 5 个线粒体世系：A、B、C、D 和 E，其中以世系 A、B 和 C 为主，世系 A 可能是在东亚地区驯化的，世系 B 起源于近东地区，世系 C 没有明显的地理分布趋势，世系 D 和 E 数量很少，为新产生的世系，DNA 研究和考古学研究认为，家养绵羊经历了多个驯化事件，存在多个起源中心[142]。

关于中国家养绵羊的起源，蔡大伟等学者通过对来自 7 处考古遗址（包括山西襄汾陶寺、河南偃师二里头、青海大通长宁、内蒙古喀喇沁大山前、新疆若羌小河墓地、内蒙古凉城小双古城墓地、内蒙古凉城板城墓地）的 53 件绵羊遗存进行古线粒体 DNA 研究后认为：整体而言，中国古代绵羊以世系 A 为主（频率高达 84.4%），接着是世系 B（频率为 11.1%）和 C（频率为 4.5%），在距今 4000 年早期青铜时代，中国先民已经驯化了世系 A 和 B 的绵羊，自距今 2500 年东周时期以来，世系 B 绵羊开始增加，世系 C 绵羊被引入到中国绵羊的基因池，世系 D 和 E 的绵羊也开始出现，亚洲起源的世系 A 和近东起源的世系 B 在中国古代绵羊基因中均有发现，说明中国绵羊既有本土驯化的因素，又有外来引入的因素[143]。

依据考古学研究，中国家养绵羊可能最早出现在距今 5500—

5000 年前的甘青地区 [144]。典型遗址简述如下：青海民和核桃庄遗址马家窑类型第一号墓葬（距今 5400—4700 年）中发现有随葬羊骨架的考古现象 [145]。青海民和喇家遗址出土少量属于马家窑文化的羊遗存，骨骼破损导致进行动物种属鉴定的特征缺失，未能分辨是绵羊还是山羊，其可鉴定标本数为 7，在哺乳纲动物中所占比例为 11.11%。甘肃天水师赵村遗址马家窑文化石岭下类型墓葬（M5）中也发现有随葬羊下颌骨的考古现象 [146]，动物考古学者对该遗址出土动物遗存进行抽样鉴定，未在马家窑文化地层发现，但在齐家文化地层中发现有羊遗存，关于其动物种属，研究者认为属于山羊而非绵羊 [147]。甘肃礼县西山遗址出土仰韶文化晚期绵羊遗存，其可鉴定标本数为 8，在哺乳纲动物中所占比例仅为 1.92%[148]。

　　家养绵羊在中国境内大体沿着黄河流域自上游向中下游地区传播。到了距今 4500—4000 年，黄河中下游地区已确证开始饲养家养绵羊 [149]。典型遗址简述如下：山西襄汾陶寺遗址自陶寺文化早期、中期至晚期，家养绵羊的出土数量和所占比例均有增长（家养绵羊可鉴定标本数在哺乳纲动物中所占比例分别是 8.57%、7.08% 和 17.95%），特别是陶寺文化晚期绵羊的数量激增，这说明绵羊饲养业在陶寺文化晚期得到了高度强化 [150]；依据绵羊的死亡年龄结构以中老年个体（死亡年龄在 4—6 岁以上）为主，研究者认为陶寺文化时期已对羊毛进行了开发和利用 [151]；为了满足对绵羊资源的需求，除强化本地的绵羊饲养业之外，还从附近区域引入了家养绵羊 [152]。山西夏县东下冯遗址龙山文化灰坑（如H231 和 H221）中发现有随葬和埋葬羊骨架（含幼年个体羊）和羊头骨的考古现象 [153]。河南登封王城岗遗址出土龙山文化羊的可鉴定标本在哺乳纲动物中所占比例为 6.14%，因骨骼破碎，未能认定是绵羊或是山羊[154]。河南禹州瓦店遗址出土有龙山文化绵羊遗存，按分期看，瓦店第一期未出土绵羊遗存，瓦店第二期和第三期分别出土绵羊遗存各有 14 和 45 件，其数量和比例均呈增长的趋势[155]。河南济源苗店遗址龙山文化晚期灰坑（H6）中出土有完整羊头骨，此外，还出土有用牛和羊肩胛骨制成的卜骨[156]。河南汤阴白营遗址龙山文化发现有埋葬完整羊骨架的考古现象（位于 F41 附近，可能与建造房屋时的奠基仪式有关）[157]；关于羊的种属，抽样鉴定中仅发现一例山羊角鞘，其他羊骨遗存未加鉴定和研究[158]。

2. 家养山羊的驯化和传播

近东地区的野山羊（*Capra aegagrus*）具有现代山羊的全部 6 个线粒体 DNA 世系（分别为 A、B、C、D、F、G），因此被认定为家养山羊（*Capra hircus*）的野生祖先。世界上最早的家养山羊遗存发现于伊朗西南部扎格罗斯山脉中部及周边地区，时间为距今 10000 年前[159]。通过对近东地区现代野山羊所进行线粒体 DNA 研究，则认为安纳托利亚东部是另一处驯化中心[160]。

中国境内迄今未发现野山羊遗存，自 2009 年以来开展山羊遗存古 DNA 系列研究的结果表明：中国山羊的线粒体 DNA 世系以 A 为主，此外还包含世系 B、C 和 D；世系 A 为起源于近东地区家养雌性山羊向其他地区扩散的主要世系，由此中国山羊起源于伊朗西部地区；家养山羊在距今 4000 年前传播到中国西北地区，后进一步在中国境内分化为适应北方干冷和南方湿热环境的两个大的群体；世系 B 可能源起于中国，主要分布在亚洲，支持中国也可能是山羊驯化中心地区之一的观点[161]。

就考古学证据而言，中国家养山羊遗存最早在距今 4000 年前出现于甘青和陕北地区，典型遗址包括：青海民和喇家遗址出土有齐家文化（距今 4300—3900 年）家养绵羊和山羊遗存，以家养绵羊的数量最多，家养山羊的数量很少，二者可鉴定标本数在哺乳纲动物中所占比例约为 45.22%。青海互助金禅口遗址出土有齐家文化（距今 4000—3500 年）家养绵羊和山羊遗存，主要为家养绵羊，家养山羊数量很少，二者可鉴定标本数在动物群中所占比例约为 30%[162]。青海大通长宁遗址出土有齐家文化（距今 4200—3800 年）家养绵羊和山羊遗存，家养绵羊和山羊的相对比例约为 3∶1，二者在哺乳纲动物中所占比例最高，其最小个体数在动物群中所占比例为 38%[163]。陕西神木石峁遗址出土有龙山文化晚期至夏代早期（距今 4300—3800 年）家养绵羊和山羊遗存，二者的可鉴定标本数分别为 60（在哺乳纲动物中所占比例约为 4%）和 93（在哺乳纲动物中所占比例约为 6%），最小个体数分别为 14（在哺乳纲动物中所占比例约为 10%）和 9（在哺乳纲动物中所占比例为 6.38%），依据死亡年龄结构，家养绵羊主要用于肉食资源，家养山羊兼有产奶和产肉两项用途[164]。陕西神木木柱柱梁遗址出土有龙山文化晚期（约距今 4000 年）家养绵羊和山羊遗存，家养绵羊和山羊可鉴定标本数在哺乳纲动物中所占比例分别为 21.6% 和 7.37%，最小个体数比例分别为 32.92% 和 10.42%，二者均用于肉食和羊毛开发[165]。

家养山羊在中国境内大体沿黄河流域向中下游地区传播，大体在二里头文化时期（约距今 3700 年）传入中原地区，典型的遗址为河南偃师二里头遗址。该遗址出土家养动物包括猪、狗、黄牛、绵羊和山羊，就绵羊和山羊的情况而言，家养绵羊占绝大多数，家养山羊的数量很少，家养食草动物的数量自二里头文化一期至四期有增多的趋势，家养绵羊和山羊可鉴定标本数在二里头文化一期至三期仅次于猪，在四期次于猪和黄牛，家养山羊的数量和比例非常有限，但其作为家养动物资源之一，从畜牧业角度为二里头广域王权国家的建立提供了物质基础[166]。

（三）家马的起源和传播

家马（*Equus caballus*）的野生祖先是野马（*Equus ferus*），就世界范围看，最早的家马发现于距今 5500—5000 年前的哈萨克斯坦柏台（Botai）遗址。该遗址出土马骨数量在动物群中所占比例为 80%，土层中富含马粪说明家马饲养能力较强，马骨上有砍痕暗示马的主要用途是肉食，陶片上的马奶脂肪酸残留说明已利用马奶，此外，马骨还用以制作骨叉等骨器，马骨上的象征性刻纹说明马骨也被应用于仪式性活动中，但该遗址出土马骨是否为家马的认识存在争议，有学者认为柏台遗址出土马为野马，柏台先民对野马资源进行了上述开发和利用[167]。马是用以拉车的重要牲畜之一，两河流域乌鲁克文化出土有车的象形文字，杰姆代特奈斯尔文化印章、石刻以及模型上有两轮和四轮车子形象，说明车子至晚在距今 5500 年前已起源于两河流域[168]。

中国家马的起源问题同样仍存在广泛的争论。依据线粒体DNA 的研究，现代家马包括世系 A—G 共 7 个世系，这些世系在中国考古遗址出土马骨遗存中均有分布。其中，世系 A 和 F 在中国古代家马群体中占有统治地位，分布频率分别为 42.8% 和 31.4%，距今 4000 年前中国古代马中仅存在这 2 个世系，说明这两个世系的马首先被驯化，年代稍晚（距今 3000—2000 年）的古代马中 7 个世系均有分布，说明随后其他世系的马才被引入到中国家马的基因池中，世系 D 和 F 分别在欧亚大陆西部和东亚地区分布频率最高，这就暗示中国家马起源既有本地驯化的因素也有外来传入的因素。考古发现和古线粒体 DNA 研究揭示中国家马的起源历程为：最早源自于黑海和里海之间欧亚草原的家马和驯马技术自西向东传入东亚地区，东亚古代先民掌握驯马技术之后驯化了本地的马，随着其他世系的马不断被引入，从而使中国家马呈现出复杂的母系来源 [169]。

依据考古发现和动物考古及相关研究，西北地区和西辽河流域在距今 4000—3500 年前已存在家马，典型的遗址包括：甘肃永靖大何庄遗址出土 3 件齐家文化（距今 3600 年左右）马的下颌骨遗存 [170]；甘肃永靖秦魏家齐家文化墓地（距今 4000—3600 年）中出土有马骨 [171]；甘肃玉门火烧沟遗址出土有距今 3700 年的可能用于仪式性活动的马骨 [172]；内蒙古喀喇沁大山前遗址第一地点出土夏家店下层文化（距今 4000—3500 年）家马遗存 [173]，4 例马骨遗存分别属于线粒体世系 A 和 F，表明大山前家马母系来源的多样性 [174]；内蒙古赤峰上机房营子遗址出土夏家店下层文化（距今 4000—3500 年）2 件家马遗存 [175]。

马和马车遗存直至商代晚期（距今 3300 年左右）才在黄河流域中下游地区突发式大规模出现，典型遗址包括：河南安阳殷墟遗址出土有殷墟文化（距今 3330—3050 年）家马遗存，其中，孝民屯地点家马可鉴定标本数在哺乳纲动物中所占比例为 2.3%，白家坟地点为 7.7%，家马的数量和比例在殷墟文化后期有大幅增长，以白家坟地点为例，家马可鉴定标本数在哺乳纲动物中所占比例由前期的 0.3% 剧增到后期的 11.9%[176]，家马既存在本地饲养，又存在外地传入[177]。随葬和埋葬马或车马的马坑和车马坑的考古现象在河南安阳殷墟[178]、陕西西安老牛坡[179] 和山东滕州前掌大遗址[180] 中均有发现。

（四）家鸡的起源和传播

家鸡（*Gallus gallus domesticus*）的野生祖先是红原鸡（*Gallus gallus*），中国可能是家鸡驯化起源中心之一，但该认识存在争议。

曾有研究认为河北保定南庄头和武安磁山遗址出土有距今10000 年左右的家鸡遗存[181]。近年来，动物考古研究通过科学的骨骼形态研究和测量数据比对，认为上述两处遗址以及山东兖州王因等遗址[182] 出土的是雉，而并非家鸡以及家鸡的野生祖先红原鸡[183]。

关于中国家鸡起源的 DNA 研究，各方各有说辞，有研究认为中国长江流域以南地区为原鸡栖居地，应有更早的考古例证[184]。张亚平院士就家鸡的起源开展国际合作研究，通过测试和分析南亚、东南亚和东亚等地区的现生家鸡以及 4 种野生原鸡（包括红原鸡、绿原鸡、灰原鸡和锡兰原鸡）的 863 个全基因组，研究结果认为距今 9500 年前东南亚北部或中国南方地区的先民最早将红原鸡滇南亚种（*Gallus Gallus spadiceus*）驯化为家鸡，其后，家鸡扩散到东南亚和南亚并与当地的野生原鸡发生杂交并进一步扩散至全球[185]。最近，针对 89 个国家超过 600 处遗址出土鸡类相关遗存的多学科研究认为：家鸡直至公元前 1650—前 1250 年才出现在泰国中部地区，其驯化与农作物种植的起源存在紧密联系[186]，但张亚平院士的研究团队敏锐地指出该认识显然是忽视了中国出土的考古证据[187]。

就现在考古及动物考古研究而言，河南安阳殷墟遗址商代晚期（距今 3300 年左右）遗迹中出土有中国北方地区年代最早的家鸡遗存，主要证据包括：该遗址灰坑中出土有一件家鸡头骨遗存、甲骨文中"鸡"和"雉"两字的写法已有明显区分且家鸡一般用作祭牲[188]。此外，同样为商代晚期的四川广汉三星堆遗址出土有青铜鸡的造型，家鸡的特征比较明显[189]。因此，我们可以认为商代晚期时家鸡已经出现并且在中国境内已经有了较为广泛的分布。

（五）家养食草动物引入的影响

早在汉代张骞凿空西域之前，史前丝绸之路已经联通了欧亚大陆的东西两端[190]。前文已述：距今 5500—5000 年前，家养黄牛和绵羊就沿着这条路从西亚经由欧亚大草原首先进入我国西北和东北地区；距今 4000 年左右，家养山羊出现于甘青和陕北地区；距今 4000—3500 年左右，家马可能已经传入西北地区和西辽河流域。

这些家养食草动物的传入，重塑了我国古代畜牧格局。一方面，中原地区家养动物的种类日渐丰富，从距今 10000—8500 年前中国先民独立驯化狗和猪，到距今 5500—3500 年前传入家养食草动物黄牛、绵羊、山羊和马，再到距今 3300 年前商代晚期的河南安阳殷墟遗址基本形成中国传统意义上的"六畜"齐备的格局，这样的饲养格局在广大农耕区域广为推广并影响深远。另一方面，中国西北和北方地区走上了不同的畜牧业发展道路，在生态环境变迁、人类文化适应和人群迁徙等因素作用下，家养食草动物的重要性日渐提升，形成了农牧结合乃至游牧方式。游牧方式起源于何时何地？我们可以从青海民和喇家遗址中寻找到答案。喇家遗址位于青藏高原、黄土高原和内蒙古高原相接的农牧交错带，在距今4200年前，随着气候逐渐变得干冷，聚落周边的森林被草地取代，家养食草动物比家猪更能适应这种改变了的环境。我们很难界定喇家先民的身份：他们是农民，因为他们种植粟、黍、大豆、大麻和小麦，甚至还会有意无意地种植牧草以作饲料；他们是猎人，因为他们会狩猎马鹿、梅花鹿、狍、野兔、旱獭，甚至是熊；他们是牧民，因为他们开始放牧绵羊、山羊和黄牛，甚至绵羊的数量和比例在历史上首次超过了猪。事实上，喇家先民的生业方式非常多元而复杂，这是他们应对环境变迁，在脆弱的环境条件下采取的适应性改变[191]。

四、小结

中国家养动物的起源可分为原生型和引入型两种模式，无论是本土驯化成功的家养动物，还是外地引入的家养动物，中国先民都将其纳入古代畜牧业发展的版图。中国家猪是最具代表的本土驯化成功的家养动物，国人对猪驯化的起源可以早到距今9000—8500年的河南舞阳贾湖遗址，随后家猪迅速扩散到辽河、黄河、淮河和长江流域，并在距今2250年后扩散到东亚、东北亚和东南亚地区，带动了欧亚大陆东部区域畜牧业的发展。中国家猪驯化的动因有其地域特点，北方地区主要是基于猪的肉食之用，南方地区主要看重猪在宴飨方面的用途，西辽河流域偏重于猪的仪式用途。中国古代社会以农为本，农业为人口增长提供了粮食之需，同时，农业产出的农作物及副产品为养猪业的发展提供了饲料之需，这在中国南北方考古遗址中有着非常广泛的体现。家养食草动物的传入以及家鸡的出现，它们共同构成了中国传统意义上的"六畜"（即马、牛、羊、猪、狗、鸡）以及古代畜牧业发展的格局。

注　释

[1]　Tchernov, E. and F. F. Valla (1997). "Two New Dogs, and Other Natufian Dogs, from the Southern Levant." *Journal of Archaeological Science* 24(1): 65–95.

[2]　Wang, G. D., W. Zhai, H. C. Yang, L. Wang, L. Zhong, Y. H. Liu, R. X. Fan, T. T. Yin, C. L. Zhu, A. D. Poyarkov, D. M. Irwin, M. K. HytÖnen, H. Lohi, C. I. Wu, P. Savolainen and Y. P. Zhang (2016). "Out of southern East Asia: the natural history of domestic dogs across the world." *Cell Research* 26(1): 21–33.

Wang, G., M. Peng, H. Yang, P. Savolainen and Y. Zhang (2016). "Questioning the evidence for a Central Asian domestication origin of dogs." *Proceedings of the National Academy of Sciences* 113(19): E2554.

[3]　赵志军：《中国古代农业的形成过程——浮选出土植物遗存证据》，《第四纪研究》2014 年第 34 卷第 1 期，第 73—84 页。

[4]　赵志军、赵朝洪、郁金城、王涛、崔天兴、郭京宁：《北京东胡林遗址植物遗存浮选结果及分析》，《考古》2020 年第 7 期，第 99—106 页。

北京大学考古文博学院、北京大学考古学研究中心、北京市文物研究所：《北京市门头沟区东胡林史前遗址》，《考古》2006 年第 7 期，第 3—8+97—98 页。

赵志军：《中国古代农业的形成过程——浮选出土植物遗存证据》，《第四纪研究》2014 年第 34 卷第 1 期，第 73—84 页。

夏正楷、张俊娜、刘静、赵朝洪、吴小红：《10000a BP 前后北京斋堂东胡林人的生态环境分析》，《科学通报》2011 年第 56 卷第 34 期，第 2897—2905 页。

[5]　徐怡婷、林舟、蒋乐平：《上山文化遗址分布与地理环境的关系》，《南

方文物》2016 年第 3 期，第 131—138 页。

[6] 赵志军、蒋乐平：《浙江浦江上山遗址浮选出土植物遗存分析》，《南方文物》2016 年第 3 期，第 109—116 页。

赵志军：《从进化论视角重新评估上山文化在稻作农业起源中的地位》，《中国文物报》，2021-12-03，第 5 版。

王佳静、蒋乐平：《浙江浦江上山遗址打制石器微痕与残留物初步分析》，《南方文物》2016 年第 3 期，第 117—121 页。

蒋乐平：《中国早期新石器时代的三类型与两阶段——兼论上山文化在稻作农业起源中的位置》，《南方文物》2016 年第 3 期，第 71—78 页。

郑云飞、蒋乐平：《上山遗址出土的古稻遗存及其意义》，《考古》2007 年第 9 期，第 19—25+99+2 页。

郇秀佳、李泉、马志坤、蒋乐平、杨晓燕：《浙江浦江上山遗址水稻扇形植硅体所反映的水稻驯化过程》，《第四纪研究》2014 年第 34 卷第 1 期，第 106—113 页。

吕烈丹、蒋乐平：《浙江浦江上山遗址植硅石分析初步报告》，见莫多闻等主编：《环境考古研究（第四辑）》，北京：北京大学出版社，2007 年，第 80—83 页。

[7] 戴玲玲、朱江平、蒋乐平：《渔猎和动物的遗存概况》《附录 7 上山遗址动物骨及人骨鉴定报告》，见浙江省文物考古研究所、浦江博物馆编著：《浦江上山》，北京：文物出版社，2016 年，第 260—261、335—338 页。

[8] 吕鹏：《广西邕江流域贝丘遗址动物群研究》，《第四纪研究》2011 年第 31 卷第 4 期，第 715—722 页。

[9] 李有恒、韩德芬：《广西桂林甑皮岩遗址动物群》，《古脊椎动物与古人类》1978 年第 16 卷第 4 期，第 244—254+298—302 页。

陈远玭、胡大鹏、易西兵：《甑皮岩遗址动物群的再研究》，见英德市博物馆、中山大学人类学系、广东省博物馆编：《中石器文化及有关问题研讨会论文集》，广州：广东人民出版社，1999 年，第 237—243 页。

赵志军：《甑皮岩遗址植物遗存研究》，见中国社会科学院考古研究所科技考古中心：《科技考古（第一辑）》，北京：中国社会科学出版社，2005 年，第 173—186 页。

袁靖、杨梦菲：《（甑皮岩遗址）水陆生动物遗存的研究、摄取动物的种类及方式、水陆生动物所反映的生存环境》，见中国社会科学院考古研究所、广西壮族自治区文物工作队、桂林甑皮岩遗址博物馆、桂林市文物工作队编：《桂林甑皮岩》，北京：文物出版社，2003 年，第 270—285、297—346 页。

袁靖：《论甑皮岩遗址居民获取肉食资源的方式》，见邓聪、陈星灿主编：《桃李成蹊集——庆祝安志敏先生八十寿辰》，香港：香港中国考古艺术研究中心，2004 年，第 188—193 页。

刘晓迪、王然、胡耀武：《桂林市甑皮岩与大岩遗址人和动物骨骼的碳氮稳定同位素研究》，《考古》2021 年第 7 期，第 83—95+2 页。

[10] 张镇洪、谌世龙、刘琦、周军：《桂林庙岩遗址动物群的研究》，见英德市博物馆、中山大学人类学系、广东省博物馆编：《中石器文化及有关问题研讨会论文集》，广州：广东人民出版社，1999 年，第 185—195 页。

[11] 郑卓、权晓利、向安强、谭惠忠：《第五章 （牛栏洞遗址）稻作起源研究》，见广东省珠江文化研究会岭南考古研究专业委员会、中山大学地球科学系、英德市人民政府、广东省珠江文化研究会农业文明研究专业委员会编著：《英德牛栏洞遗址——稻作起源与环境综合研究》，北京：科学出版社，2013 年，第 162—196 页。

张振洪：《第四章 （牛栏洞遗址）动物化石群研究》，见广东省珠江文化研究会岭南考古研究专业委员会、中山大学地球科学系、英德市人民政府、广东省珠江文化研究会农业文明研究专业委员会编著：《英德牛栏洞遗址——稻作起源与环境综合研究》，北京：科学出版社，2013 年，第 138—161 页。

[12] 张弛、洪晓纯：《华南和西南地区农业出现的时间及相关问题》，《南方文物》2009 年第 3 期，第 64—71 页。

[13] 河北省文物研究所、保定市文物管理所、徐水县文物管理所、山西大学历史文化学院：《1997 年河北徐水南庄头遗址发掘报告》，《考古学报》2010 年第 3 期，第 361—392+429—432 页。

[14] 王辉、鲁鹏、郭明建、陈盼盼、饶宗岳：《徐水南庄头遗存的沉积学考察及相关问题》，《南方文物》2020 年第 4 期，第 153—162 页。

[15] Yang, X., Z. Wan, L. Perry, H. Lu, Q. Wang, C. Zhao, J. Li, F. Xie, J. Yu, T. Cui, T. Wang, M. Li and Q. Ge (2012). "Early millet use in northern China." *Proceedings of the National Academy of Sciences* 109(10): 3726–3730.

[16] 袁靖、李君：《河北徐水南庄头遗址出土动物遗存研究报告》，《考古学报》2010 年第 3 期，第 385—391 页。

周本雄：《河北省徐水县南庄头遗址的动物遗骸》，《考古》1992 年第 11 期，第 961—970 页。

[17] 侯亮亮、李君、邓惠、郭怡：《河北徐水南庄头遗址动物骨骼的稳定同位素分析》，《考古》2021 年第 5 期，第 107—114 页。

[18] 任乐乐、董广辉：《"六畜"的起源和传播历史》，《自然杂志》2016 年第 38 卷第 4 期，第 257—262 页。

[19] Zhang, S., G. Wang, P. Ma, L. Zhang, T. Yin, Y. Liu, N. O. Otecko, M. Wang, Y. Ma, L. Wang, B. Mao, P. Savolainen and Y. Zhang (2020). "Genomic regions under selection in the feralization of the dingoes." *Nature communications* 11(1): 671–671.

[20] 中国科学院自然科学史研究所：《中国古代重要科技发明创造》，北京：中国科学技术出版社，2016 年，第 76—77 页。

[21] Larson, G., K. Dobney, U. Albarella, M. Fang, E. Matisoo–Smith, J. Robins, S. Lowden, H. Finlayson, T. Brand, E. Willerslev, P. Rowley–Conwy, L. Andersson and A. Cooper (2005). "Worldwide phylogeography of wild boar reveals multiple centers of pig domestication." *Science* 307(5715): 1618–1621.

Larson, G., R. Liu, X. Zhao, J. Yuan, D. Fuller, L. Barton, K. Dobney, Q. Fan, Z. Gu, X. Liu, Y. Luo, P. Lv, L. Andersson and N. Li (2010). "Patterns of East Asian pig domestication, migration, and turnover revealed by modern and ancient DNA." *Proceedings of the National Academy of Sciences* 107(17): 7686–7691.

Xiang, H., J. Gao, D. Cai, Y. Luo, B. Yu, L. Liu, R. Liu, H. Zhou, X. Chen, W. Dun, X. Wang, M. Hofreiter and X. Zhao (2017). "Origin and dispersal of early domestic pigs in northern China." *Scientific Reports* 7(1): 1–9.

[22] Vigne, J.–D., A. Zazzo, J.–F. Saliège, F. Poplin, J. Guilaine and A. Simmons (2009). "Pre–Neolithic wild boar management and introduction to Cyprus more than 11,400 years ago." *Proceedings of the National Academy of Sciences* 106(38): 16135–16138.

Albarella, U., K. Dobney and P. Rowley–Conwy (2009). "Size and shape of the Eurasian wild boar (*Sus scrofa*), with a view to the reconstruction of its Holocene history." *Environmental Archaeology* 14(2): 103–136.

Evin, A., K. Dobney, R. Schafberg, J. Owen, U. S. Vidarsdottir, G. Larson and T. Cucchi (2015). "Phenotype and animal domestication: A study of dental variation between domestic, wild, captive, hybrid and insular *Sus scrofa*." *BMC Evolutionary Biology* 15(1): 6.

[23] Ervynck, A., K. Dobney, H. Hongo and R. Meadow (2001). "Born Free? New Evidence for the Status of '*Sus scrofa*' at Neolithic Çayönü Tepesi (Southeastern Anatolia, Turkey)." *Paléorient* 27(2): 47–73.

Hongo, H. and R. H. Meadow (1998). "Pig exploitation at Neolithic Çayönü Tepesi (Southeastern Anatolia)." *Ancestors for the Pigs: Pigs in Prehistory*. S. M. Nelson. Philadelphia, University of Pennsylvania Museum of Archaeology and Anthropology: 77–98.

Redding, R. and M. Rosenberg (1998). "Ancestral pigs: a new (guinea) model for pig domestication in the middle east." *Ancestors for the Pigs: Pigs in Prehistory*. S. M. Nelson. Philadelphia, University of Pennsylvania Museum of Archaeology and Anthropology: 65–76.

Peters, J., A. V. D. Driesch, D. Helmer and M. S. Segui (1999). "Early Animal Husbandry in the Northern Levant." *Paléorient* 25(2): 27–48.

[24] Greger, L., A. Umberto, D. Keith, R.-C. Peter, S. Jörg, T. Anne, V. Jean-Denis, J. E. Ceiridwen, S. Angela, D. Alexandru, B. Adrian, D. Gaynor, T. Antonio, M. Ninna, M. Preston, W.-B. Louise Van, M. Marco, G. B. Daniel and C. Alan (2007). "Ancient DNA, pig domestication, and the spread of the Neolithic into Europe." *Proceedings of the National Academy of Sciences* 104(39): 15276–15281.

Ottoni, C., L. Girdland Flink, A. Evin, C. Geörg, B. De Cupere, W. Van Neer, L. Bartosiewicz, A. Linderholm, R. Barnett, J. Peters, R. Decorte, M. Waelkens, N. Vanderheyden, F.-X. Ricaut, C. Çakırlar, Ö. Çevik, A. R. Hoelzel, M. Mashkour, A. F. Mohaseb Karimlu, S. Sheikhi Seno, J. Daujat, F. Brock, R. Pinhasi, H. Hongo, M. Perez-Enciso, M. Rasmussen, L. Frantz, H.-J. Megens, R. Crooijmans, M. Groenen, B. Arbuckle, N. Benecke, U. Strand Vidarsdottir, J. Burger, T. Cucchi, K. Dobney and G. Larson (2013). "Pig Domestication and Human-Mediated Dispersal in Western Eurasia Revealed through Ancient DNA and Geometric Morphometrics." *Molecular Biology and Evolution* 30(4): 824–832.

[25] 贾湖遗址可分为三期，第一期距今 9000—8500 年，第二期距今 8500—8000 年，第三期距今 8000—7500 年。参见：河南省文物考古研究院、中国科学技术大学科技史与科技考古系编著：《舞阳贾湖（二）》，北京：科学出版社，2015 年，第 553—558 页。

[26] 河南省文物考古研究所编著：《舞阳贾湖》，北京：科学出版社，1999 年，

第 828 页。

[27]　贾湖遗址未发现栽培粟和黍的遗存，猪骨遗存却呈现了取食 C_4 类粟类作物的迹象，对该遗址进行动物考古研究的学者罗运兵认为：猪骨的来源比较可疑，猪骨的碳氮稳定同位素分析结果还需进一步验证。参见：陈相龙：《中原地区新石器时代生业经济的发展与社会变迁：基于河南境内的碳、氮稳定同位素研究成果的思考》，《南方文物》2021 年第 1 期，第 173—184 页。

[28]　有关贾湖遗址家猪的研究，参见：Larson, G., R. Liu, X. Zhao, J. Yuan, D. Fuller, L. Barton, K. Dobney, Q. Fan, Z. Gu, X.-H. Liu, Y. Luo, P. Lv, L. Andersson and N. Li (2010). "Patterns of East Asian pig domestication, migration, and turnover revealed by modern and ancient DNA." *Proceedings of the National Academy of Sciences* 107(17): 7686–7691。

罗运兵、张居中：《河南舞阳县贾湖遗址出土猪骨的再研究》，《考古》2008 年第 1 期，第 90—96 页。

Cucchi, T., A. Hulme-Beaman, J. Yuan and K. Dobney (2011). "Early Neolithic pig domestication at Jiahu, Henan Province, China: clues from molar shape analyses using geometric morphometric approaches." *Journal of Archaeological Science* 38(1): 11–22.

罗运兵、袁靖、杨梦菲：《贾湖遗址第七次发掘出土动物遗存研究报告》，见河南省文物考古研究院、中国科学技术大学科技史与科技考古系编著：《舞阳贾湖（二）》，北京：科学出版社，2015 年，第 333—371 页。

[29]　有关贾湖遗址栽培稻的研究，参见：张居中、程至杰、蓝万里、杨玉璋、罗武宏、姚凌、尹承龙：《河南舞阳贾湖遗址植物考古研究的新进展》，《考古》2018 年第 4 期，第 100—110 页。

有关贾湖遗址仪式活动的研究，参见：河南省文物考古研究所编著：《舞阳贾湖》，北京：科学出版社，1999 年，第 966—983 页。

[30]　袁靖：《中国古代的家猪起源》，见西北大学考古学系、西北大学文化遗产与考古学研究中心编：《西部考古（第一辑）》，西安：三秦出版社，2006 年，第 43—49 页。

[31]　祁国琴、林钟雨、安家瑗：《附录一　大地湾遗址动物遗存鉴定报告》，见甘肃省文物考古研究所编著：《秦安大地湾：新石器时代遗址发掘报告》，北京：文物出版社，2006 年，第 861—910 页。

[32]　周本雄：《白家村遗址动物遗骸鉴定报告》，见中国社会科学院考古研

究所编著：《临潼白家村》，成都：巴蜀书社，1994 年，第 123—126 页。

[33] 张云翔、周春茂等：《（零口村遗址）动物遗骸》，见陕西省考古研究所编著：《临潼零口村》，西安：三秦出版社，2004 年，第 283—285、347—348、381—382、450—453、525—533 页。

[34] 袁靖：《研究动物考古学的目标、理论和方法》，《中国历史博物馆馆刊》1995 年第 1 期，第 59—68 页。

[35] 周本雄：《河北武安磁山遗址的动物骨骸》，《考古学报》1981 年第 3 期，第 339—347+415—416 页。

[36] 孔庆生：《小荆山遗址中的动物遗骸》，《华夏考古》1996 年第 2 期，第 23—28 页。

[37] 宋艳波、王杰、刘延常、王泽冰：《西河遗址 2008 年出土动物遗存分析——兼论后李文化时期的鱼类消费》，《江汉考古》2021 年第 1 期，第 112—119 页。

[38] 罗运兵、张居中：《河南舞阳县贾湖遗址出土猪骨的再研究》，《考古》2008 年第 1 期，第 90—96 页。

[39] 韩立刚、郑龙亭：《蚌埠双墩新石器时代遗址动物遗存鉴定简报》，见安徽省文物考古研究所、蚌埠市博物馆编著：《蚌埠双墩：新石器时代遗址发掘报告》，北京：科学出版社，2008 年，第 585—607 页。

戴玲玲、张东：《安徽省蚌埠双墩遗址 2014 年～2015 年度发掘出土猪骨的相关研究》，《南方文物》2020 年第 2 期，第 112—118 页。

[40] 赵静芳、袁东山：《玉溪遗址动物骨骼初步研究》，《江汉考古》2012 年第 3 期，第 103—112 页。

[41] 袁靖、杨梦菲：《第六章　第三节（跨湖桥遗址）动物研究》，见浙江省文物考古研究所、萧山博物馆编：《跨湖桥》，北京：文物出版社，2004 年，第 241—270 页。

[42] 邹介正、王铭农、牛家藩、和文龙、刘群：《中国古代畜牧兽医史》，北京：中国农业科技出版社，1994 年，第 126—130 页。

罗运兵：《中国古代猪类驯化、饲养与仪式性使用》，北京：科学出版社，2012 年，第 160—174 页。

Larson, G., R. Liu, X. Zhao, J. Yuan, D. Fuller, L. Barton, K. Dobney, Q. Fan, Z. Gu, X.-H. Liu, Y. Luo, P. Lv, L. Andersson and N. Li (2010). "Patterns of East Asian pig domestication, migration, and turnover revealed by modern and ancient DNA."

Proceedings of the National Academy of Sciences 107(17): 7686–7691.

Xiang, H., J. Gao, D. Cai, Y. Luo, B. Yu, L. Liu, R. Liu, H. Zhou, X. Chen, W. Dun, X. Wang, M. Hofreiter and X. Zhao (2017). "Origin and dispersal of early domestic pigs in northern China." *Scientific Reports* 7(1): 1–9.

[43] Zhang, M., Y. Liu, Z. Li, P. Lü, J. D. Gardner, M. Ye, J. Wang, M. Yang, J. Shao, W. Wang, Q. Dai, P. Cao, R. Yang, F. Liu, X. Feng, L. Zhang, E. Li, Y. Shi, Z. Chen, S. Zhu, W. Zhai, T. Deng, Z. Duan, E. A. Bennett, S. Hu and Q. Fu (2022). "Ancient DNA reveals the maternal genetic history of East Asian domestic pigs." *Journal of Genetics and Genomics* 49(6): 537–546.

[44] 王志、向海、袁靖、罗运兵、赵兴波：《利用古代 DNA 信息研究黄河流域家猪的起源驯化》，《科学通报》2012 年第 57 卷第 12 期，第 1011—1018 页。

[45] Xiang, H., J. Gao, D. Cai, Y. Luo, B. Yu, L. Liu, R. Liu, H. Zhou, X. Chen, W. Dun, X. Wang, M. Hofreiter and X. Zhao (2017). "Origin and dispersal of early domestic pigs in northern China." *Scientific Reports* 7(1): 1–9.

[46] Wang, Y., Y. Sun, T. C. A. Royle, X. Zhang, Y. Zheng, Z. Tang, L. T. Clark, X. Zhao, D. Cai and D. Y. Yang (2022). "Ancient DNA investigation of the domestication history of pigs in Northeast China." *Journal of Archaeological Science* 141: 105590.

蔡大伟、孙洋、汤卓炜、王列斌、周慧：《吉林通化万发拨子遗址出土家猪线粒体 DNA 分析》，见教育部人文社会科学重点研究基地、吉林大学边疆考古研究中心编：《边疆考古研究（第 10 辑）》，北京：科学出版社，2011 年，第 380—386 页。

[47] 汤卓炜、苏拉提萨、金旭东、杨立新：《吉林通化万发拨子聚落遗址动物遗存初步分析——新石器时代晚期至魏晋时期》，见周昆叔、莫多闻、佟佩华、袁靖、张松林主编：《环境考古研究（第三辑）》，北京：北京大学出版社，2006 年，第 143—150 页。

[48] 管理、胡耀武、汤卓炜、杨益民、董豫、崔亚平、王昌燧：《通化万发拨子遗址猪骨的 C，N 稳定同位素分析》，《科学通报》2007 年第 52 卷第 14 期，第 1678—1680 页。

[49] 需要指出的是，农业发展并不必然导致家猪饲养业的相应发展，二者并不呈绝对的正相关性，罗运兵通过对江苏高邮龙虬庄遗址（距今 6600—5000 年）的生业方式进行历时性研究后发现，该遗址家猪饲养业呈退化的态势而

稻作农业呈逐步发展的态势，究其原因在于该遗址周边有丰富的野生动植物资源，龙虬庄史前先民主动地放弃或减弱了对家养饲养业的依赖，强化了对野生资源的直接获取以及稻作生产方式。参见：罗运兵：《从龙虬庄遗址个案看史前家猪饲养与农业发展的相关性》，《东南文化》2009 年第 6 期，第 33—38 页。

[50] 段宏振：《磁山文化探索的反思与新释》，《南方文物》2022 年第 3 期，第 43—57 页。

[51] 河北省文物管理处、邯郸市文物保管所：《河北武安磁山遗址》，《考古学报》1981 年第 3 期，第 303—338 页。

卜工：《磁山祭祀遗址及相关问题》，《文物》1987 年第 11 期，第 43—47 页。

[52] 黄其煦：《"灰像法"在考古学中的应用》，《考古》1982 年第 4 期，第 418—420+460 页。

[53] Lu, H., J. Zhang, K.-b. Liu, N. Wu, Y. Li, K. Zhou, M. Ye, T. Zhang, H. Zhang, X. Yang, L. Shen, D. Xu and Q. Li (2009). "Earliest domestication of common millet (*Panicum miliaceum*) in East Asia extended to 10,000 years ago." *Proceedings of the National Academy of Sciences* 106(18): 7367–7372.

[54] 段宏振：《磁山文化探索的反思与新释》，《南方文物》2022 年第 3 期，第 43—57 页。

[55] 张小亮、李鹏为：《武安磁山遗址动植物遗存性质研究》，《文物春秋》2017 年第 1 期，第 10—14 页。

[56] 李国强：《北方距今八千年前后粟、黍的传播及磁山遗址在太行山东线的中转特征》，《南方文物》2018 年第 1 期，第 229—251+188 页。

[57] 李彬森：《磁山遗址废弃原因的再探讨》，《江汉考古》2022 年第 2 期，第 61—68 页。

[58] 卜工：《磁山祭祀遗址及相关问题》，《文物》1987 年第 11 期，第 43—47 页。

[59] 段宏振：《磁山文化探索的反思与新释》，《南方文物》2022 年第 3 期，第 43—57 页。

[60] 周本雄：《河北武安磁山遗址的动物骨骸》，《考古学报》1981 年第 3 期，第 339—347+415—416 页。

Yuan, J. and R. K. Flad (2002). "Pig domestication in ancient China." *Antiquity* 76(293): 724–732.

袁靖：《中国古代的家猪起源》，见西北大学考古学系、西北大学文化遗产与考古学研究中心编：《西部考古（第一辑）》，西安：三秦出版社，2006年，第43—49页。

[61]　王路平：《磁山遗址动物骨骼的C、N稳定同位素分析》，山西大学硕士学位论文，2021年。

[62]　侯亮亮、李文艳、王路平、郭怡、高建强、乔登云：《河北省武安磁山遗址动物骨骼的稳定同位素分析》，《南方文物》2023年第2期，第142—149页。

河北省文物管理处、邯郸市文物保管所：《河北武安磁山遗址》，《考古学报》1981年第3期，第303—338页。

周本雄：《河北武安磁山遗址的动物骨骸》，《考古学报》1981年第3期，第339—347+415—416页。

[63]　黑龙江省文物考古工作队：《密山县新开流遗址》，《考古学报》1979年第4期，第491—518+555—560页。

[64]　许永杰：《磁山埋藏十万斤粟只为祭祀土地？》，《广州日报》，2016–03–27，第B2版。

[65]　金家广：《磁山晚期"组合物"遗迹初探》，《考古》1995年第3期，第231—237+276页。

金家广：《论磁山遗址性质与中国最早祭场的发现》，见河北省文物研究所编：《环渤海考古国际学术讨论会论文集（石家庄·1992）》，北京：知识出版社，1996年，第132—143页。

[66]　冯时：《中国天文考古学》，北京：社会科学文献出版社，2001年，第106—121页。

[67]　蔡运章：《河姆渡文化陶钵"猪形图像"解读》，《中国社会科学报》，2022–05–19，第4版。

[68]　浙江省文物考古研究所：《河姆渡——新石器时代遗址考古发掘报告》，北京：文物出版社，2003年，第170页。

[69]　长江下游地区最早的家猪遗存出土于浙江杭州跨湖桥遗址。参见：袁靖、杨梦菲：《第六章　第三节（跨湖桥遗址）动物研究》，见浙江省文物考古研究所、萧山博物馆编：《跨湖桥》，北京：文物出版社，2004年，第241—270页。

[70]　罗运兵认为这些圈栏不是猪圈，一是因为面积太小，二是因为桩柱太过密集不利于家猪出入，推测可能是拘禁捕获的小型动物之用。参见：罗运兵：

《中国古代猪类驯化、饲养与仪式性使用》，北京：科学出版社，2012 年，第 249 页。

[71]　宋兆麟：《河姆渡遗址出土骨耜的研究》，《考古》1979 年第 2 期，第 155—160 页。

[72]　Zeder, M. A. (2015). "Core questions in domestication research." *Proceedings of the National Academy of Sciences* 112(11): 3191–3198.

O'Brien, M. J. and K. N. Laland (2012). "Genes, Culture, and Agriculture: An Example of Human Niche Construction." *Current Anthropology* 53(4): 434–470.

Clutton–Brock, J. (1989). *The Walking Larder: Patterns of Domestication, Pastoralism, and Predation*. London, Unwin Hyman.

[73]　袁靖：《论中国新石器时代居民获取肉食资源的方式》，《考古学报》1999 年第 1 期，第 1—22 页。

罗运兵、李想生：《中国家猪起源机制蠡测》，《古今农业》2012 年第 3 期，第 10—17 页。

罗运兵：《也谈我国史前猪骨随葬的含义》，《华夏考古》2011 年第 4 期，第 65—71+108 页。

[74]　[美] 罗伊·A. 拉帕波特著，赵玉燕译：《献给祖先的猪：新几内亚人生态中的仪式（第二版）》，北京：商务印书馆，2016 年。

[75]　[英] 吉米·纳尔逊著，张卉译：《在他们消失以前：寻找人类最纯粹的形式》，长沙：湖南文艺出版社，2019 年，第 34、228 页。

[76]　Bender, B. (1978). "Gatherer–hunter to farmer: A social perspective." *World Archaeology* 10(2): 204–222.

Hayden, B. (2014). *The Power of Feasts: from Prehistory to the Present*. New York, Cambridge University Press.

罗运兵：《大甸子遗址中猪的饲养与仪式使用》，见教育部人文社会科学重点研究基地、吉林大学边疆考古研究中心编：《边疆考古研究（第 8 辑）》，北京：科学出版社，2009 年，第 288—300 页。

[77]　袁靖：《中国新石器时代使用猪进行祭祀和随葬的研究》，见北京大学考古文博学院、中国国家博物馆编：《俞伟超先生纪念文集（学术卷）》，北京：文物出版社，2009 年，第 175—192 页。

[78]　Cucchi, T., L. Dai, M. Balasse, C. Zhao, J. Gao, Y. Hu, J. Yuan and J.–D. Vigne (2016). "Social Complexification and Pig (*Sus scrofa*) Husbandry in Ancient China:

A Combined Geometric Morphometric and Isotopic Approach." *PLoS One* 11(7): e0158523.

刘莉、陈星灿：《中国考古学：旧石器时代晚期到早期青铜时代》，北京：生活·读书·新知三联书店，2017 年，第 127—130 页。

[79] Liu, X., M. K. Jones, Z. Zhao, G. Liu and T. C. O'Connell (2012). "The earliest evidence of millet as a staple crop: New light on Neolithic foodways in North China." *American Journal of Physical Anthropology* 149(2): 283–290.

[80] 罗运兵：《大甸子遗址中猪的饲养与仪式使用》，见教育部人文社会科学重点研究基地、吉林大学边疆考古研究中心编：《边疆考古研究（第 8 辑）》，北京：科学出版社，2009 年，第 288—300 页。

[81] [美] 罗伊·A. 拉帕波特著，赵玉燕译：《献给祖先的猪：新几内亚人生态中的仪式（第二版）》，北京：商务印书馆，2016 年，第 62、160 页。

[82] Larson, G. and D. Fuller (2014). "The Evolution of Animal Domestication." *Annual Review of Ecology, Evolution, and Systematics* 66: 115–136.

Zeder, M. A. (2012). "The Domestication of Animals." *Journal of Anthropological Research* 68(2): 161–190.

Zeder, M. A. (2012). Pathways to Animal Domestication. *Iodiversity in Agriculture: Domestication, Evolution, and Sustainability*. P. Gepts. Cambridge, Cambridge University Press.

Boivin, N., M. Zeder, D. Fuller, A. Crowther, G. Larson, J. Erlandson, T. Denham and M. Petraglia (2016). "Ecological consequences of human niche construction: Examining long–term anthropogenic shaping of global species distributions." *Proceedings of the National Academy of Sciences* 113(23): 6388–6396.

[83] [美] 罗伯特·路威著，吕叔湘译：《文明与野蛮》，北京：生活·读书·新知三联书店，2015 年，第 62—71 页。

[美] 布赖恩·费根著，杨宁、周幸、冯国雄译：《世界史前史》，北京：北京联合出版公司，2017 年，第 152—153 页。

[84] Reed, C. A. (1977). *Origins of Agriculture*. The Hague, Mouton.

[85] [美] 罗伊·A. 拉帕波特著，赵玉燕译：《献给祖先的猪：新几内亚人生态中的仪式（第二版）》，北京：商务印书馆，2016 年，第 62 页。

[86] 袁靖、董宁宁：《中国家养动物起源的再思考》，《考古》2018 年第 9 期，第 113—120+2 页。

[87]　[美] 莱尔·华特森著，陈信宏译：《滚滚猪公：猪头猪脑的世界》，台北：麦田出版社，2005 年，第 155—156、165 页。

[美] 詹姆斯·C. 斯科特著，田雷译：《作茧自缚：人类早期国家的深层历史》，北京：中国政法大学出版社，2022 年，第 83—84 页。

Roberts, A. M. (2017). *Tamed: Ten Species that Changed Our World*. London, Hutchinson.

Zeuner, F. E. (1963). "The history of the domestication of cattle." *Man and Cattle*. Royal Anthropological Institute of Great Britain and Ireland, London 18: 9–20.

Rindos, D. (1984). *The Origins of Agriculture: An Evolutionary Perspective*. San Diego, Academic Press.

[88]　[美] 埃里奇·伊萨克著，葛以德译：《驯化地理学》，北京：商务印书馆，1987 年。

[89]　[澳] 彼得·贝尔伍德著，陈洪波、谢光茂等译：《最早的农人：农业社会的起源》，上海：上海古籍出版社，2020 年，第 23—32 页。

[90]　越南圆锅肚猪是个例外，它在西方被作为宠物猪。参见：[美] 莱尔·华特森著，陈信宏译：《滚滚猪公：猪头猪脑的世界》，台北：麦田出版社，2005 年，第 204 页。

[91]　任乐乐、董广辉：《"六畜"的起源和传播历史》，《自然杂志》2016 年第 38 卷第 4 期，第 257—262 页。

[92]　傅仁义：《大连市北吴屯遗址出土兽骨的鉴定》，《考古学报》1994 年第 3 期，第 377—379 页。

[93]　Lee, G. A. (2011). "The Transition from Foraging to Farming in Prehistoric Korea." *Current Anthropology* 52(S4): S307–S329.

[94]　李崇奇测定了中国东北、华北及四川西部现生野猪的 72 个控制区全序列，分析了东北亚地区现生野猪的线粒体 DNA 变异及系统地理格局，分析表明：欧洲家猪和亚洲家猪独立驯化，欧洲家猪品种形成中有亚洲家猪基因渗透，华南野猪可能是大多数亚洲家猪的祖先，韩国家猪部分品种在形成过程中受到中国家猪和欧洲家猪的共同影响，朝鲜半岛可能并非大陆野猪迁入日本的通道。参见：李崇奇：《基于线粒体序列变异探讨野猪系统地理学及家猪起源》，南京师范大学硕士学位论文，2005 年。

[95]　益西多吉：《西藏地区史前动物利用与鸟兽遗存情况简述》，《文物鉴定与鉴赏》2022 年第 7 期，第 111—115 页。

[96]　袁靖、杨梦菲：《第六章　第三节（跨湖桥遗址）动物研究》，见浙江省文物考古研究所、萧山博物馆编：《跨湖桥》，北京：文物出版社，2004 年，第 241—270 页。

[97]　Hongo, H. (2017). Introduction of Domestic Animals to the Japanese Archipelago. *The Oxford Handbook of Zooarchaeology*. U. Albarella, M. Rizzetto, H. Russ, K. Vickers and S. Viner-Daniels. UK, Oxford University Press: 333–350.

李匡悌、李冠逸、朱有田、臧振华：《史前时代台湾南部地区的野猪与家猪，兼论家猪作为南岛语族迁徙和扩散的验证标记》，《"中央研究院"历史语言研究所集刊》2015 年第 86 本第 3 分，第 607—678 页。

[98]　Kirch, P. V. (2017). *On the Road of the Winds: An Archaeological History of the Pacific Islands before European Contact, Revised and Expanded Edition*. Oakland, University of California Press.

Layos, J. K. N., C. J. P. Godinez, L. M. Liao, Y. Yamamoto, J. S. Masangkay, H. Mannen and M. Nishibori (2022). "Origin and Demographic History of Philippine Pigs Inferred from Mitochondrial DNA." *Frontiers in Genetics* 12.

[99]　袁靖：《中国动物考古学》，北京：文物出版社，2015 年，第 112 页。

[100]　"六畜"一词最早来自《左传·僖公十九年》的记载："古者六畜不相为用。"参见：杨伯峻编著：《春秋左传注》，北京：中华书局，2018 年，第 325 页。

[101]　中国科学院古脊椎动物与古人类研究所《中国脊椎动物化石手册》编写组：《中国脊椎动物化石手册》，北京：科学出版社，1979 年，第 610—620 页。

[102]　其中，普通牛和瘤牛统称为黄牛。参见：《中国牛品种志》编写组：《中国牛品种志》，上海：上海科学技术出版社，1986 年，第 1—7 页。

[103]　Felius, M., M.-L. Beerling, D. S. Buchanan, B. Theunissen, P. A. Koolmees and J. A. Lenstra (2014). "On the history of cattle genetic resources." *Diversity* 6(4): 705–750.

[104]　Hongo, H., J. Pearson, B. Öksüz and G. Ilgezdi (2009). "The Process of Ungulate Domestication at Çayönü, Southeastern Turkey: A Multidisciplinary Approach focusing on *Bos* sp. and *Cervus elaphus*." *Anthropozoologica* 44(1): 63–78.

Helmer, D., L. Gourichon, H. Monchot, J. Peters and M. S. Seguí (2005). Identifying early domestic cattle from Pre-Pottery Neolithic sites on the Middle Euphrates using sexual dimorphism. *The First Steps of Animal Domestication*. J.–D. Vigne, J. Peters and D. Helmer. Oxford, Oxford Books: 86–95.

Peters, J., A. V. D. Driesch, D. Helmer and M. S. Segui (1999). "Early Animal Husbandry in the Northern Levant." *Paléorient* 25(2): 27–48.

[105]　蔡大伟、孙洋、汤卓炜、周慧：《中国北方地区黄牛起源的分子考古学研究》，《第四纪研究》2014 年第 34 卷第 1 期，第 166—172 页。

Cai, D., Y. Sun, Z. Tang, S. Hu, W. Li, X. Zhao, H. Xiang and H. Zhou (2014). "The origins of Chinese domestic cattle as revealed by ancient DNA analysis." *Journal of Archaeological science* 41(0): 423–434.

[106]　吕鹏、袁靖、李志鹏：《再论中国家养黄牛的起源——商榷〈中国东北地区全新世早期管理黄牛的形态学和基因学证据〉一文》，《南方文物》2014 年第 3 期，第 48—59 页。

[107]　吕鹏、袁靖、李志鹏：《再论中国家养黄牛的起源——商榷〈中国东北地区全新世早期管理黄牛的形态学和基因学证据〉一文》，《南方文物》2014 年第 3 期，第 48—59 页。

吕鹏：《商人利用黄牛资源的动物考古学观察》，《考古》2015 年第 11 期，第 105—111 页。

吕鹏：《中国家牛起源和早期利用的动物考古学研究》，见红山文化研究基地、赤峰学院红山文化研究院编：《红山文化研究（第六辑）　科技考古专号》，北京：文物出版社，2019 年，第 146—152 页。

[108]　吕鹏、袁靖、李志鹏：《再论中国家养黄牛的起源——商榷〈中国东北地区全新世早期管理黄牛的形态学和基因学证据〉一文》，《南方文物》2014 年第 3 期，第 48—59 页。

吕鹏：《试论中国家养黄牛的起源》，见河南省文物考古研究所：《动物考古（第 1 辑）》，北京：文物出版社，2010 年，第 152—176 页。

Lu, P., K. Brunson, J. Yuan and Z. Li(2017). "Zooarchaeological and Genetic Evidence for the Origins of Domestic Cattle in Ancient China." *Asian Perspectives* 56(1): 92–120.

Cai, D., N. Zhang, S. Zhu, Q. Chen, L. Wang, X. Zhao, X. Ma, T. C. A. Royle, H. Zhou and D. Y. Yang (2018). "Ancient DNA reveals evidence of abundant aurochs (*Bos primigenius*) in Neolithic Northeast China." *Journal of Archaeological Science* 98: 72–80.

[109]　周本雄：《师赵村与西山坪遗址的动物遗存》，见中国社会科学院考古研究所编著：《师赵村与西山坪》，北京：中国大百科全书出版社，1999 年，第 335—339 页。

[110]　余翀、吕鹏、赵丛苍：《甘肃省礼县西山遗址出土动物骨骼鉴定与研究》，《南方文物》2011 年第 3 期，第 73—79+72 页。

[111]　中国社会科学院考古研究所甘青工作队：《甘肃武山傅家门史前文化遗址发掘简报》，《考古》1995 年第 4 期，第 289—296+304+385 页。

[112]　Cai, D., N. Zhang, S. Zhu, Q. Chen, L. Wang, X. Zhao, X. Ma, T. C. A. Royle, H. Zhou and D. Y. Yang (2018). "Ancient DNA reveals evidence of abundant aurochs (*Bos primigenius*) in Neolithic Northeast China." *Journal of Archaeological Science* 98: 72–80.
蔡大伟、张乃凡、朱司祺、陈全家、王立新、赵欣、马萧林、T. C. A. Royle、周慧、杨东亚：《吉林大安后套木嘎遗址新石器时代黄牛分子考古学研究》，见红山文化研究基地、赤峰学院红山文化研究院编：《红山文化研究（第六辑）科技考古专号》，北京：文物出版社，2019 年，第 138—145 页。

[113]　Brunson, K., et al. (2016). "New insights into the origins of oracle bone divination: Ancient DNA from Late Neolithic Chinese bovines." *Journal of Archaeological Science* 74: 35–44.

[114]　吕鹏：《试论中国家养黄牛的起源》，见河南省文物考古研究所：《动物考古（第 1 辑）》，北京：文物出版社，2010 年，第 152—176 页。

[115]　吕鹏、袁靖：《河南柘城山台寺遗址出土动物遗骸研究报告》，见中国社会科学院考古研究所、美国哈佛大学皮保德博物馆：《豫东考古报告——"中国商丘地区早商文明探索"野外勘察与发掘》，北京：科学出版社，2017 年，第 367—393 页。

[116]　吕鹏：《禹州瓦店遗址动物遗骸的鉴定和研究》，见北京大学考古文博学院、河南省文物考古研究所编著：《登封王城岗考古发现与研究（2002～2005）》，郑州：大象出版社，2007 年，第 815—901 页。

[117]　吕鹏、杨梦菲、袁靖：《（王城岗遗址）动物遗骸的鉴定和研究》，见北京大学考古文博学院、河南省文物考古研究所编著：《登封王城岗考古发现与研究（2002～2005）》，郑州：大象出版社，2007 年，第 574—602 页。

[118]　吕鹏：《试论中国家养黄牛的起源》，见河南省文物考古研究所：《动物考古（第 1 辑）》，北京：文物出版社，2010 年，第 152—176 页。

[119]　Chen, X., Y. Fang, Y. Hu, Y. Hou, P. Lü, J. Yuan, G. Song, B. T. Fuller and M. P. Richards (2015). "Isotopic reconstruction of the late Longshan period (ca. 4200–3900 BP) dietary complexity before the onset of state–level societies at the Wadian site in the Ying River Valley, Central Plains, China." *International Journal of Osteoarchaeology* 26(5): 808–817.

[120]　任乐乐、董广辉：《"六畜"的起源和传播历史》，《自然杂志》2016 年第 38 卷第 4 期，第 257—262 页。

[121]　杨杰、王元林：《岭南地区家养黄牛起源问题初探》，《江汉考古》2012 年第 1 期，第 87—91 页。

[122]　冯中源、刘召乾：《中国瘤牛》，《中国畜禽种业》2011 年第 7 卷第 1 期，第 57—59 页。

[123]　Achilli, A., A. Olivieri, M. Pellecchia, C. Uboldi, L. Colli, N. Al–Zahery, M. Accetturo, M. Pala, B. H. Kashani and U. A. Perego (2008). "Mitochondrial genomes of extinct aurochs survive in domestic cattle." *Current Biology* 18(4): R157–R158.

Felius, M., M.–L. Beerling, D. S. Buchanan, B. Theunissen, P. A. Koolmees and J. A. Lenstra (2014). "On the history of cattle genetic resources." *Diversity* 6(4): 705–750.

[124]　Meadow, R. H. (1984). Animal domestication in the Middle East: A view from the eastern margin. *Animals and Archaeology*. J. Clutton–Brock and C. Grigson. Oxford, BAR International Series 202: 309–337.

[125]　Lei, C. Z., H. Chen, H. C. Zhang, X. Cai, R. Y. Liu, L. Y. Luo, C. F. Wang, W. Zhang, Q. L. Ge, R. F. Zhang, X. Y. Lan and W. B. Sun (2006). "Origin and phylogeographical structure of Chinese cattle." *Animal Genetics* 37(6): 579–582.

Chen, S., B. Lin, M. Baig, B. Mitra, R. J. Lopes, A. M. Santos, D. A. Magee, M. Azevedo, P. Tarroso, S. Sasazaki, S. Ostrowski, O. Mahgoub, T. K. Chaudhuri, Y. Zhang, V. Costa, L. J. Royo, F. Goyache, G. Luikart, N. Boivin, D. Q. Fuller, H. Mannen, D. G. Bradley and A. Beja–Pereira (2010). "Zebu cattle are an exclusive legacy of the South Asia Neolithic." *Molecular Biology and Evolution* 27(1): 1–6.

俞方洁：《滇文化瘤牛形象研究》，《民族艺术》2016 年第 3 期，第 72—81 页。

葛长荣、田允波：《云南瘤牛》，《黄牛杂志》1998 年第 24 卷第 2 期，第 14—19+26 页。

[126]　云南省博物馆：《云南江川李家山古墓群发掘报告》，《考古学报》

1975 年第 2 期，第 97—156+192—215 页。

肖明华：《论滇文化的青铜贮贝器》，《考古》2004 年第 1 期，第 78—88+2 页。

[127] 章纯熙主编：《中国水牛科学》，南宁：广西科学技术出版社，2000 年，第 87—114 页。

[128] Meadow, R. H. (1996). The origins and spread of agriculture and pastoralism in northwestern South Asia. *The Origins and Spread of Agriculture and Pastoralism in Eurasia*. D. R. Harris. London, UCL Press: 390–412.

Patel, A. K. and R. Meadow (1998). "The exploitation of wild and domestic water buffalo in prehistoric northwestern South Asia." *Archaeozoology of the Near East III*: 180–199.

[129] 《中国牛品种志》编写组：《中国牛品种志》，上海：上海科学技术出版社，1986 年，第 6 页。

[130] 章纯熙主编：《中国水牛科学》，南宁：广西科学技术出版社，2000 年，第 84—86 页。

[131] 刘莉、杨东亚、陈星灿：《中国家养水牛起源初探》，《考古学报》2006 年第 2 期，第 141—178 页。

[132] 周杉杉：《浙江省余姚田螺山遗址水牛驯化可能性的初步研究——基于 C、N 稳定同位素食谱分析》，浙江大学硕士学位论文，2017 年。

楼佳：《新石器时代中国长江下游地区水牛家养化文化特征的 C、N、O 稳定同位素研究——以跨湖桥遗址与田螺山遗址为例》，浙江大学硕士学位论文，2018 年。

[133] Yang, D., L. Liu, X. Chen and C. F. Speller (2008). "Wild or domesticated: DNA analysis of ancient water buffalo remains from north China." *Journal of Archaeological Science* 35(10): 2778–2785.

[134] 陈星灿：《圣水牛是家养水牛吗？——考古学与图像学的考察》，见李永迪：《纪念殷墟发掘八十周年学术研讨会论文集》，台北："中央研究院"历史语言研究所，2015 年，第 189—210 页。

王娟、张居中：《圣水牛的家养/野生属性初步研究》，《南方文物》2011 年第 3 期，第 134—139 页。

[135] 德日进、杨钟健：《安阳殷墟之哺乳动物群》，《中国古生物志（丙种第十二号第一册）》，实业部地质调查所、国立北平研究院地质学研究所，1936 年。

[136] 何毓灵：《牛牲、牛尊与"牛人"》，《群言》2017 年第 4 期，第 40—43 页。

[137] 王理中：《牦牛驯化的基因组学证据》，兰州大学博士学位论文，2016 年。

[138] 周本雄：《曲贡遗址的动物遗存》，见中国社会科学院考古研究所、西藏自治区文物局编著：《拉萨曲贡》，北京：中国大百科全书出版社，1999 年，第 237—243 页。

[139] 青海省文物管理委员会、中国科学院考古研究所青海队：《青海都兰县诺木洪搭里他里哈遗址调查与试掘》，《考古学报》1963 年第 1 期，第 17—44+148—155 页。

[140] 王杰：《试析卡约文化的经济形态》，《江汉考古》1991 年第 3 期，第 47—54 页。

[141] Zeder, M. A. and B. Hesse (2000). "The Initial Domestication of Goats (*Capra hircus*) in the Zagros Mountains 10,000 Years Ago." *Science* 287(5461): 2254–2257.

[142] Cai, D. W., L. Han, X. L. Zhang, H. Zhou and H. Zhu (2007). "DNA analysis of archaeological sheep remains from China." *Journal of Archaeological Science* 34(9): 1347–1355.

[143] 蔡大伟、汤卓炜、陈全家、韩璐、周慧：《中国绵羊起源的分子考古学研究》，见教育部人文社会科学重点研究基地、吉林大学边疆考古研究中心编：《边疆考古研究（第 9 辑）》，北京：科学出版社，2010 年，第 291—300 页。

[144] [美] 傅罗文、袁靖、李水城：《论中国甘青地区新石器时代家养动物的来源及特征》，《考古》2009 年第 5 期，第 80—86 页。

[145] 青海省考古队：《青海民和核桃庄马家窑类型第一号墓葬》，《文物》1979 年第 9 期，第 29—32 页。

[146] 中国社会科学院考古研究所编著：《师赵村与西山坪》，北京：中国大百科全书出版社，1999 年，第 53 页。

[147] 周本雄：《师赵村与西山坪遗址的动物遗存》，见中国社会科学院考古研究所编著：《师赵村与西山坪》，北京：中国大百科全书出版社，1999 年，第 335—339 页。

[148] 余翀、吕鹏、赵丛苍：《甘肃省礼县西山遗址出土动物骨骼鉴定与研究》，《南方文物》2011 年第 3 期，第 73—79+72 页。

[149]　袁靖：《中国古代家养动物的动物考古学研究》，《第四纪研究》2010 年第 30 卷第 2 期，第 298—306 页。

袁靖：《中国动物考古学》，北京：文物出版社，2015 年，第 93—96 页。

[150]　陶洋：《陶寺遗址出土动物骨骼遗存研究》，中国社会科学院研究生院硕士学位论文，2007 年。

[151]　[美] 博凯龄：《中国新石器时代晚期动物利用的变化个案探究——山西省龙山时代晚期陶寺遗址的动物研究》，见中国社会科学院考古研究所夏商周考古研究室编：《三代考古（四）》，北京：科学出版社，2011 年，第 129—182 页。

[152]　赵春燕、袁靖、何努：《山西省襄汾县陶寺遗址出土动物牙釉质的锶同位素比值分析》，《第四纪研究》2011 年第 31 卷第 1 期，第 22—28 页。

[153]　中国社会科学院考古研究所、中国历史博物馆、山西省文物工作委员会东下冯考古队：《山西夏县东下冯龙山文化遗址》，《考古学报》1983 年第 1 期，第 55—92+133—142 页。

[154]　吕鹏、杨梦菲、袁靖：《（王城岗遗址）动物遗骸的鉴定和研究》，见北京大学考古文博学院、河南省文物考古研究所编著：《登封王城岗考古发现与研究（2002～2005）》，郑州：大象出版社，2007 年，第 574—602 页。

[155]　吕鹏：《禹州瓦店遗址动物遗骸的鉴定和研究》，见北京大学考古文博学院、河南省文物考古研究所编著：《登封王城岗考古发现与研究（2002～2005）》，郑州：大象出版社，2007 年，第 815—901 页。

[156]　中国历史博物馆考古部、河南省新乡地区文管会、河南省济源县文物保管所：《河南济源苗店遗址发掘简报》，《考古与文物》1990 年第 6 期。

[157]　安阳地区文物管理委员会：《河南汤阴白营龙山文化遗址》，《考古》1980 年第 3 期，第 193—202+289 页。

[158]　周本雄：《河南汤阴白营河南龙山文化遗址的动物遗骸》，见《考古》编辑部编辑：《考古学集刊（第 3 集）》，北京：中国社会科学出版社，1983 年，第 48—50 页。

[159]　Zeder, M. A. and B. Hesse (2000). "The Initial Domestication of Goats (*Capra hircus*) in the Zagros Mountains 10,000 Years Ago." *Science* 287(5461): 2254–2257.

Machugh, D. E. and D. G. Bradley (2001). "Livestock genetic origins: goats buck the trend." *Proceedings of the National Academy of Sciences* 98(10): 5382–5384.

[160]　Saeid, N., R. Hamid–Reza, P. François, G. B. B. Michael, N. Riccardo, N.

Hamid–Reza, B. Özge, M. Marjan, E. G. Oscar, A.–M. Paolo, K. Aykut, V. Jean–Denis and T. Pierre (2008). "The goat domestication process inferred from large–scale mitochondrial DNA analysis of wild and domestic individuals." *Proceedings of the National Academy of Sciences* 105(46): 17659.

[161]　蔡大伟、张乃凡、赵欣：《中国山羊的起源与扩散研究》，《南方文物》2021年第1期，第191—200页。

Han, L., H.–X. Yu, D.–W. Cai, H.–L. Shi, H. Zhu and H. Zhou (2010). "Mitochondrial DNA analysis provides new insights into the origin of the Chinese domestic goat." *Small Ruminant Research* 90(1): 41–46.

Cai, Y., W. Fu, D. Cai, R. Heller, Z. Zheng, J. Wen, H. Li, X. Wang, A. Alshawi and Z. Sun (2020). "Ancient genomes reveal the evolutionary history and origin of cashmere–producing goats in China." *Molecular Biology and Evolution* 37(7): 2099–2109.

[162]　李志鹏、任乐乐、梁官锦：《金禅口遗址出土动物遗存及其先民的动物资源开发》，《中国文物报》，2014-07-04，第7版。

[163]　李谅：《青海省长宁遗址的动物资源利用研究》，吉林大学硕士学位论文，2012年。

[164]　胡松梅、杨苗苗、孙周勇、邵晶：《2012~2013年度陕西神木石峁遗址出土动物遗存研究》，《考古与文物》2016年第4期，第109—121页。

[165]　杨苗苗、胡松梅、郭小宁、王炜林：《陕西省神木县木柱柱梁遗址羊骨研究》，《农业考古》2017年第3期，第13—18页。

[166]　杨杰、李志鹏、杨梦菲、袁靖：《（二里头遗址）动物资源的获取和利用》《第二节　附录（二里头遗址）动物肢骨的具体测量数据》《第二节　附表》，见中国社会科学院考古研究所编著：《二里头（1999—2006）》，北京：文物出版社，2014年，第1316—1348、1371—1373、1544—1652页。

袁靖：《中国古代家养动物的动物考古学研究》，《第四纪研究》2010年第30卷第2期，第298—306页。

袁靖：《中国动物考古学》，北京：文物出版社，2015年，第93—96页。

李志鹏、司艺、杨杰：《从二里头遗址出土动物遗存看二里头文化的畜牧业经济》，见许宏主编，中国社会科学院考古研究所编：《夏商都邑与文化（二）：纪念二里头遗址发现55周年学术研讨会论文集》，北京：中国社会科学出版社，2014年，第383—401页。

[167]　Brown, D. and D. Anthony (1998). "Bit Wear, Horseback Riding and the Botai Site in Kazakstan." *Journal of Archaeological Science* 25(4): 331–347.

Levine, M. A. (1999). "Botai and the Origins of Horse Domestication." *Journal of Anthropological Archaeology* 18(1): 29–78.

Cai, D., Z. Tang, L. Han, C. F. Speller, D. Y. Yang, X. Ma, J. E. Cao, H. Zhu and H. Zhou (2009). "Ancient DNA provides new insights into the origin of the Chinese domestic horse." *Journal of Archaeological Science* 36(3): 835–842.

[168]　王巍：《商代马车渊源蠡测》，见中国社会科学院考古研究所编：《中国商文化国际学术讨论会论文集》，北京：中国大百科全书出版社，1998 年，第 380—388 页。

王星光：《试论中国牛车、马车的本土起源》，《中原文物》2005 年第 4 期，第 28—34 页。

[169]　Cai, D., Z. Tang, L. Han, C. F. Speller, D. Y. Yang, X. Ma, J. E. Cao, H. Zhu and H. Zhou (2009). "Ancient DNA provides new insights into the origin of the Chinese domestic horse." *Journal of Archaeological Science* 36(3): 835–842.

蔡大伟、汤卓炜、韩璐、C. F. Speller、杨东亚、马萧林、曹建恩、朱泓、周慧：《古 DNA 视角下中国家马起源新探》，见周慧主编：《中国北方古代人群及相关家养动植物 DNA 研究》，北京：科学出版社，2018 年，第 167—178 页。

[170]　中国科学院考古研究所甘肃工作队：《甘肃永靖大何庄遗址发掘报告》，《考古学报》1974 年第 2 期，第 29—62+144—161 页。

[171]　中国科学院考古研究所甘肃工作队：《甘肃永靖大何庄遗址发掘报告》，《考古学报》1974 年第 2 期，第 29—62+144—161 页。

[172]　甘肃省博物馆：《甘肃省文物考古工作三十年》，见文物编辑委员会编：《文物考古工作三十年》，北京：文物出版社，1979 年，第 143 页。

[173]　动物考古课题组：《中华文明形成时期的动物考古学研究》，见中国社会科学院考古研究所科技考古中心编：《科技考古（第三辑）》，北京：科学出版社，2011 年，第 80—99 页。

[174]　蔡大伟、韩璐、谢承志、李胜男、周慧、朱泓：《内蒙古赤峰地区青铜时代古马线粒体 DNA 分析》，《自然科学进展》2007 年第 17 卷第 3 期，第 385—390 页。

[175]　汤卓炜、苏拉提萨、战世佳：《上机房营子遗址动物遗存初步分析》，见内蒙古自治区文物考古研究所、吉林大学边疆考古研究中心编著：《赤峰上

机房营子与西梁》，北京：科学出版社，2012 年，第 249—252 页。

[176]　李志鹏：《殷墟出土の動物遺存体から見た中国古代の家畜化》，见中島経夫、槇林啓介編：《水辺エコトーンにおける魚と人稲作起源論への新しい方法》，ふくろう出版，2014 年，第 117—140 页。

[177]　赵春燕、李志鹏、袁靖：《河南省安阳市殷墟遗址出土马与猪牙釉质的锶同位素比值分析》，《南方文物》2015 年第 3 期，第 77—80+112 页。

[178]　中国社会科学院考古研究所编著：《殷墟的发现与研究》，北京：科学出版社，1994 年，第 112—121 页。

中国社会科学院考古研究所安阳工作队：《安阳武官村北地商代祭祀坑的发掘》，《考古》1987 年第 12 期，第 1062—1070+1145+1153—1155 页。

中国社会科学院考古研究所编著：《安阳殷墟郭家庄商代墓葬：1982 年~ 1992 年考古发掘报告》，北京：中国大百科全书出版社，1998 年，第 8—9 页。

[179]　西北大学历史系考古专业：《西安老牛坡商代墓地的发掘》，《文物》1988 年第 6 期，第 1—22 页。

刘士莪编著：《老牛坡》，西安：陕西人民出版社，2002 年，第 271—273 页。

[180]　袁靖、杨梦菲：《前掌大遗址出土动物骨骼研究报告》，见中国社会科学院考古研究所编著：《滕州前掌大墓地》，北京：文物出版社，2005 年，第 728—810 页。

中国社会科学院考古研究所编著：《滕州前掌大墓地》，北京：文物出版社，2005 年，第 124—138 页。

[181]　West, B. and B. Zhou (1988). "Did chickens go north? New evidence for domestication." *Journal of Archaeological Science* 15(5): 515–533.

Xiang, H., J. Gao, B. Yu, H. Zhou, D. Cai, Y. Zhang, X. Chen, X. Wang, M. Hofreiter and X. Zhao (2014). "Early Holocene chicken domestication in northern China." *Proceedings of the National Academy of Sciences* 111(49): 17564–17569.

[182]　周本雄：《山东兖州王因新石器时代遗址出土的动物遗骸》，见中国社会科学院考古研究所编著：《山东王因——新石器时代遗址发掘报告》，北京：科学出版社，2000 年，第 414—416 页。

[183]　袁靖、吕鹏、李志鹏、邓惠、江田真毅：《中国古代家鸡起源的再研究》，《南方文物》2015 年第 3 期，第 53—57 页。

[184]　Liu, Y. P., G. S. Wu, Y. G. Yao, Y. W. Miao and Y. P. Zhang (2006). "Multiple maternal origins of chickens: Out of the Asian jungles." *Molecular Phylogenetics &*

Evolution 38(1): 12–19.

[185] Wang, M.-S., M. Thakur, M.-S. Peng, Y. Jiang, L. A. F. Frantz, M. Li, J.-J. Zhang, S. Wang, J. Peters, N. O. Otecko, C. Suwannapoom, X. Guo, Z.-Q. Zheng, A. Esmailizadeh, N. Y. Hirimuthugoda, H. Ashari, S. Suladari, M. S. A. Zein, S. Kusza, S. Sohrabi, H. Kharrati-Koopaee, Q.-K. Shen, L. Zeng, M.-M. Yang, Y.-J. Wu, X.-Y. Yang, X.-M. Lu, X.-Z. Jia, Q.-H. Nie, S. J. Lamont, E. Lasagna, S. Ceccobelli, H. G. T. N. Gunwardana, T. M. Senasige, S.-H. Feng, J.-F. Si, H. Zhang, J.-Q. Jin, M.-L. Li, Y.-H. Liu, H.-M. Chen, C. Ma, S.-S. Dai, A. K. F. H. Bhuiyan, M. S. Khan, G.L. L. P. Silva, T.-T. Le, O. A. Mwai, M. N. M. Ibrahim, M. Supple, B. Shapiro, O. Hanotte, G. Zhang, G. Larson, J.-L. Han, D.-D. Wu and Y.-P. Zhang(2020). "863 genomes reveal the origin and domestication of chicken." *Cell Research* 30 (8): 693–701.

[186] Peters, J., O. Lebrasseur, E. K. Irving-Pease, P. D. Paxinos, J. Best, R. Smallman, C. Callou, A. Gardeisen, S. Trixl, L. Frantz, N. Sykes, D. Q. Fuller and G. Larson (2022). "The biocultural origins and dispersal of domestic chickens." *Proceedings of the National Academy of Sciences* 119(24): e2121978119.

[187] Peng, M.-S., J.-L. Han and Y.-P. Zhang (2022). "Missing puzzle piece for the origins of domestic chickens." *Proceedings of the National Academy of Sciences* 119(44): e2210996119.

[188] 袁靖、吕鹏、李志鹏、邓惠、江田真毅:《中国古代家鸡起源的再研究》,《南方文物》2015 年第 3 期, 第 53—57 页。

Eda, M., P. Lu, H. Kikuchi, Z. Li, F. Li and J. Yuan (2016). "Reevaluation of early Holocene chicken domestication in northern China." *Journal of Archaeological Science* 67: 25–31.

侯连海:《记安阳殷墟早期的鸟类》,《考古》1989 年第 10 期, 第 942—947+964—965 页。

[189] 施劲松:《从西南地区出土的青铜鸡看家鸡起源问题》,《考古与文物》2014 年第 4 期, 第 53—59 页。

[190] 王巍:《考古勾勒出的汉前丝绸之路》,《光明日报》, 2013-12-14, 第 12 版。

[191] 赵春燕、吕鹏、袁靖、叶茂林:《青海喇家遗址动物饲养方式初探——以锶同位素比值分析为例》, 见朱乃诚、王辉、马永福主编:《2015 中国·广河齐家文化与华夏文明国际研讨会论文集》, 北京: 文物出版社, 2016 年,

第 361—367 页。

王灿、吕厚远、张健平、叶茂林、蔡林海：《青海喇家遗址齐家文化时期黍粟农业的植硅体证据》，《第四纪研究》2015 年第 35 卷第 1 期，第 209—217 页。

张雪莲、叶茂林、仇士华：《喇家遗址先民食物的初步探讨——喇家遗址灾难现场出土人骨的碳氮稳定同位素分析》，《南方文物》2016 年第 4 期，第 197—202 页。

吕厚远、李玉梅、张健平、杨晓燕、叶茂林、李泉、王灿、吴乃琴：《青海喇家遗址出土 4000 年前面条的成分分析与复制》，《科学通报》2015 年第 60 卷第 8 期，第 744—756 页。

赵志军：《青海民和喇家遗址尝试性浮选的结果》，见赵志军著：《植物考古学：理论、方法和实践》，北京：科学出版社，2010 年，第 171—175 页。

张晨：《青海民和喇家遗址浮选植物遗存分析》，西北大学硕士学位论文，2013 年。

第二章

术：中国家猪的饲养技

家猪起源之后，中国古代先民对其进行饲养和管理，并发展出独具中国特色的、代表当时先进水平的家猪饲养技术，推动了古代养猪业的发展。

　　就历史文献而言，有关家猪饲养技术最早的系统论述见于北魏贾思勰著的《齐民要术》一书，该书对母猪选育（母猪取短喙无柔毛者良。喙长则牙多；一厢三牙以上则不烦畜，为难肥故。有柔毛者，爓治难净也）、幼年肉猪挑选（供食豚，乳下者佳）、初生仔猪护理（初产者，宜煮谷饲之。……十一、十二月生子豚，一宿，蒸之）、仔猪的阉割（其子三日便掐尾，六十日后犍）、放养方式（春夏草生，随时放牧。糟糠之属，当日别与。八、九、十月，放而不饲。所有糟糠，则蓄待穷冬春初）、圈养方式（圈不厌小。圈小则肥疾。处不厌秽。泥污得避暑。亦须小厂，以避雨雪）、饲料（猪性甚便水生之草，杷耧水藻等令近岸，猪则食之，皆肥）、母猪和仔猪的管理（牝者，子母不同圈。……愁其不肥——共母同圈，粟豆难足——宜埋车轮为食场，散粟豆于内，小豚足食，出入自由，则肥速）等均有论述。此外，该书还涉及猪的食用价值（如用猪肉、小猪、猪头、猪膏、猪肝制作美食和调味）、猪肉的加工保存（如用家猪和野猪肉制成"五味脯"）、猪的药用价值（如用雄黄调猪油治疗疥疮）、猪骨的农业价值（如用猪骨汁溲种）、传染病防治（如预防为主，隔离与及早发现病畜）等多项内容[1]。

这就表明，至少在北魏时期，中国家猪的饲养技术已经相当完备且发达。那么，中国古代家猪饲养技术主要包括哪些？它们又是如何被创造和发展起来的？中国古代开发和利用家猪资源的技术包括获取、屠宰、加工、贮藏和运输等众多方面，本章将重点围绕放养与圈养、选育和品种改良、饲料等 3 项主要内容展开论述。

一、放养与圈养

约束或管理猪的活动范围的方式，一般包括放养、圈养以及圈养与放养相结合 3 种。

在驯化初期，农业初起，农作物产量少，野外食物多，猪在外寻食是很有效率的饲养之法，因此，以放养方式为主 [2]。此外，将野猪引入家猪种群并参与繁殖过程，其原因可能是为了恢复家猪的繁殖能力（以长肉为目的而被饲养的家猪因内分泌的改变而繁殖能力有所减弱）[3]。古 DNA 研究表明动物即使在驯化之后仍然与其野生同类之间存在有基因交流（杂交行为）[4]。家猪没有遗传上的瓶颈效应，在野猪被驯化以及成为家猪之后，野猪和家猪之间的双向基因交流就未曾中断，这固然与猪本身适应环境能力强有关，很多地区对猪采用放养的行为也便于这种基因交流的发生 [5]。现今东南亚和大洋洲的某些岛屿上依旧存在着在白天将雌性家猪放养出去取食并与雄性野猪杂交，晚上再将其圈养起来的行为 [6]。野猪和家猪之间存在基因交流的较为极端的例子出现在欧洲家猪身上：近东起源的家猪在距今 8500 年前随着人类进入西欧地区，此时家猪身上不含欧洲野猪的基因，为 100%的近东野猪基因组，此后，家猪与欧洲野猪之间通过自由杂交进行了长期的基因交流，从而使 3000 年后的欧洲家猪身上几乎全部置换成了欧洲野猪的基因组（距今 5000 年前欧洲家猪仅拥有了不到 4% 的近东野猪基因组）[7]。

　　为了防止猪逃脱或者固化猪种群与人类的关系，一些必要的拘禁手段会施加到猪的身上。新几内亚马丹地区的僧巴珈·马林人（Tsembaga Maring），女人会背着小猪仔，等它长大一些，它的前腿上就会被套上一根脚绳牵着走，不久之后，小猪就会紧随它的女主人[8]。良渚文化一件传世玉璧上刻画有猪后腿系绳索的图像[9]（图 2-1），该猪吻部短、身体肥壮，应为家猪，该图像切合《淮南子·本经训》中"拘兽以为畜"[10]的记载。

图 2-1　良渚文化玉璧上的拘禁猪的图案

图片来源：罗运兵：《中国古代猪类驯化、饲养与仪式性使用》，图 4-5-3，北京：科学出版社，2012 年，第 247 页。

放养的猪以野生植物为主食，那么，反过来，以野生植物为主食是否能够表明是以放养方式为主呢？甘肃秦安大地湾遗址在第一期文化层（距今 7800—7300 年）中出土有黍，数量较少，其形态和尺寸表明处于驯化的初期阶段[11]。出土动物遗存中家养动物包括猪和狗，家养动物在哺乳动物种群中所占比例为 30.88%（可鉴定标本数比例）[12]。根据碳氮稳定同位素研究结果，狗可分为以野生 C_3 类植物为主食且氮值较低和以 C_4 类植物为主食且氮值较高两类，分别代表野外觅食和营地饲养两种饲养方式[13]。猪是以野生 C_3 类植物为食，研究者认为猪可能是随意放养的[14]。是否"随意"？上文提到的民族学材料已经提醒我们，这是人类让猪从野外取食以及获得配种机会的行为，这种行为显然是人类有意识、有目的进行的。是否"放养"？笔者认为这只是一种可能性，在圈养的情况下，人类仍然可以用野生植物来喂饲猪，动物的食性能够反映人类的饲养行为，但人类的饲养行为是如此丰富而复杂，所以，科学数据及解读要相当慎重。目前，我们尚未在包括大地湾遗址在内的距今 7000 年以前的考古遗址中发现猪圈一类的遗存，我们或可认为圈养方式出现的时间要晚于这个时间。

　　猪圈是中国古代先民的一项重要发明创造。圈养的方式有诸多优点：首先，圈养能够保证猪的食物供应和安全生长，圈养条件下猪不容易丢失，能够保证母猪和幼猪的安全，实现猪的高效育肥；第二，猪圈靠近居室，便于人们及时清理猪圈，减少疾病传染；第三，猪粪可以肥田，圈舍的应用能够便利地收集猪粪和积肥；第四，圈养能够控制猪的繁育行为，加速家猪性状的变异和稳固，有助于猪品种的改良；第五，圈养能够避免家猪对农作物或人群造成破坏。对此，达尔文早在 1868 年出版的《动物和植物在家养下的变异》一书中就对中国猪圈予以了高度评价，"中国人在猪的饲养和管理上费了很多苦心，甚至不允许它们从这一个地点走到另一个地点"，认为中国家猪"显著地呈现了高度培育族所具有的那些性状"[15]。

那么，圈养方式源于何时何地？我们需要确立认定猪圈的标准：首先，圈栏遗存应有别于随葬或埋葬有动物遗骸的灰坑，在灰坑底部有动物粪便堆积，其为圈栏的可信度较高；其次，如果能够确定该遗址出土的家养动物主要是猪，该灰坑的尺寸大小便于猪较为自由地活动，那我们就可以认为该灰坑或遗迹为猪圈；再次，如果能够进一步鉴定和检测动物粪便为猪粪，那就有较为充分的证据确定为猪圈。

罗运兵认为陕西西安姜寨和半坡遗址出土圈栏作为猪圈的可能性较大，这表明猪的圈养方式至晚在距今 6800—6300 年的仰韶文化早期已经出现[16]。在距今 6800—6500 年前的陕西西安姜寨遗址发现有 2 处猪圈遗存，其中，1 号圈栏平面呈不规则形，长 5 米，宽 3.9 米，周圈有沟槽，槽底有柱洞 22 个，整个遗迹结构与同期的房址完全不同（如没有门道），圈栏内有 3—27 厘米厚的灰土，这是家畜的粪便堆积（图 2-2）；2 号圈栏平面为长圆形，长 3.64 米，宽 3.05 米，只保留下周圈宽 4—10 厘米、深 7—22 厘米的长圆形小沟槽，其内南部尚有 1 个柱洞，圈栏内部有 8 个较密集分布的柱洞。此外，姜寨村落中央广场的西部和西北部分别有 2 处牲畜夜宿场，平面均为不规则形，其中，1 号畜场面积约 53 平方米，表面有厚 20 厘米可能是家畜粪便堆积的灰土堆积，2 号圈栏的形制同 1 号畜场[17]。此 2 处遗迹是否为牲畜夜宿场？何周德提出不同的认识，认为应当是举行祭祀活动时留下的遗迹[18]。在距

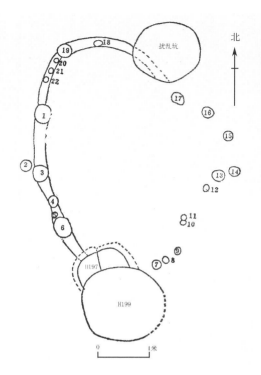

图 2-2 陕西西安姜寨遗址出土 1 号圈栏

改绘自：西安半坡博物馆、陕西省考古研究所、临潼县博物馆：《姜寨——新石器时代遗址发掘报告》，图四九，北京：文物出版社，1988 年，第 51 页。

今 6800—6300 年前的陕西西安半坡遗址也发现有 2 处猪圈遗存，其中，1 号圈栏的平面呈不规则长方形，长 7.1 米，宽 1.8—2.6 米，四周有沟槽，槽底有柱洞 43 个，南端有一层脏而硬的路土，可能是出入口（图 2-3）；2 号圈栏形制同 1 号圈栏，东西长 5.7 米，南北宽 2.5 米，北面仅存凹槽，东和西边残存 27 个大小不一的柱洞，它们的直径约 4—16 厘米、深 9—50 厘米，柱洞大小分布有一定的规律：东北和东南角柱洞最大，南边柱洞间距相等（图 2-4）[19]。

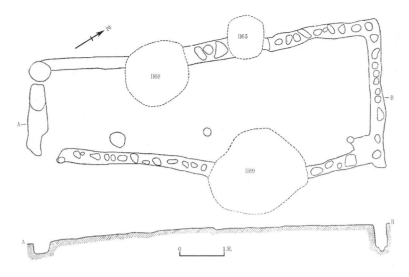

图 2-3　陕西西安半坡遗址出土 1 号圈栏

图片来源：中国科学院考古研究所、陕西省西安半坡博物馆编：《西安半坡：原始氏族公社聚落遗址》，图四五，北京：文物出版社，1963 年，第 48 页。

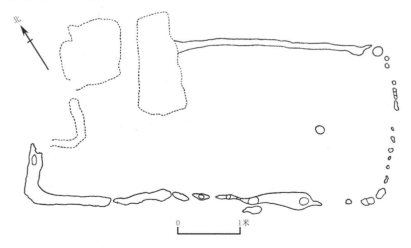

图 2-4　陕西西安半坡遗址出土 2 号圈栏

图片来源：中国科学院考古研究所、陕西省西安半坡博物馆编：《西安半坡：原始氏族公社聚落遗址》，图四六，北京：文物出版社，1963 年，第 49 页。

大汶口、北辛和良渚文化出土有猪圈遗存的认识争议较大。山东胶州三里河遗址大汶口文化的 H227，该坑呈袋状，位于 F202 东墙北段外侧，其口径 0.8 米，底径 1.1 米，深 0.86 米，在坑内距坑口深 0.6—0.86 米、上下不到 30 厘米的空间内出土了 5 具完整的幼年个体猪，发掘者认为该坑为猪圈（图 2–5）[20]，有学者持赞同意见 [21]，也有学者提出反对意见 [22]。笔者依据该坑尺

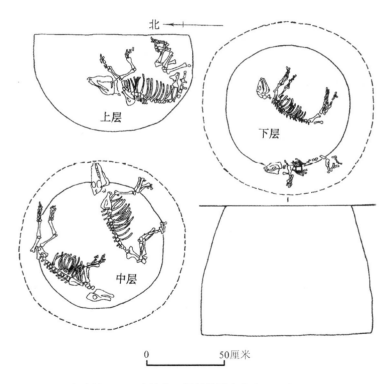

北 ←——

上层

下层

中层

0   50厘米

图 2-5   山东胶州三里河遗址出土疑似猪圈遗迹（H227）
改绘自：中国社会科学院考古研究所编著：《胶县三里河》，图九，北京：文物出版社，1988 年，第 13 页。

寸较小，猪骨上下排列较为有序，该遗址还出土有埋葬贝壳、鱼鳞等考古现象，认为该坑不是猪圈。山东滕州北辛遗址在北辛文化一处窖穴内发现有动物排泄物，经李有恒鉴定，该遗址出土粪便属于食肉动物，可能是狗或貉的粪便[23]。由此，该窖穴应不属于猪圈，是否为圈养狗的地方？仅凭现有证据难以认定。山东兖州王因遗址北辛文化的 H35，坑口近椭圆形，长径 4.10 米，短径 3.80 米，深 1.30 米，大口、斜壁、圜底，填土呈松软的灰褐色，内有较为完整的牛头骨碎块、钙化粪球（含骨渣），发掘者认为该灰坑可能是畜圈（图 2-6）[24]。有学者认为由动物生活习性而言，猪比较适合在灰坑中圈养，认为该灰坑可能是猪圈[25]。江苏吴

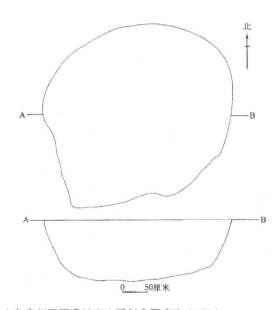

图 2-6　山东兖州王因遗址出土疑似畜圈遗迹（H35）

图片来源：中国社会科学院考古研究所编著：《山东王因——新石器时代遗址发掘报告》，图一四，北京：科学出版社，2000 年，第 19 页。

江龙南遗址出土猪骨遗存数量最多，骨骼纤弱，与家猪相似，年龄结构以成年个体为主（占 65%），加上还出土有埋葬 6 只完整猪骨的考古学文化现象，研究者认为该遗址出土有家猪，且养猪业较为发达[26]。该遗址良渚文化早期（距今约 5200 年）编号为87F2 的房址，位于河道西北岸一组房址（88F5 和 88F6）附近，其形制为圆形半地穴，与 88F5 和 88F6 呈长方形浅地穴式的形制存在不同，发掘者认为 87F2 可能是猪圈（图 2-7）[27]。罗运兵认为该房址不见柱洞，出口呈台阶状不便于家猪出入，认为就形制而言不可能是猪圈[28]。有资料显示，江苏邳州大墩子遗址（青莲岗文化早期至大汶口文化中、晚期）发现有 1 件陶塑

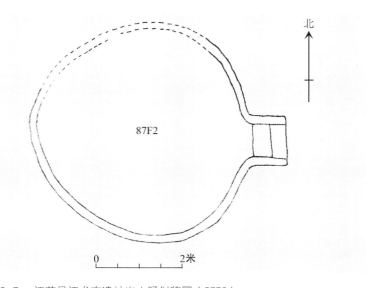

图 2-7　江苏吴江龙南遗址出土疑似猪圈（87F2）

图片来源：苏州博物馆、吴江县文物管理委员会：《江苏吴江龙南新石器时代村落遗址第一、二次发掘简报》，《文物》1990 年第 7 期，第 1—27+97—101 页。

畜圈模型，但笔者未能在已发表的发掘报告[29]中找到该遗物，暂存疑。

龙山文化的猪圈得到了考古实证，似以地面猪圈为主。山东潍坊狮子行遗址采集到一件龙山文化的畜舍模型器，长度14厘米，高度11.5厘米，呈卧式圆仓形，正面有长方形门，上下二插关，顶部有两个烟筒状的气孔，尾部和顶部各有一孔（图2-8）[30]。陕西武功赵家来遗址客省庄二期文化发现有2处饲养家畜的方形栅栏畜圈，编号为F5和F6，一处为单间，另一处为双间，其平面均为方形，四周挖有沟槽，沟槽内有柱洞，柱洞内有腐朽的木

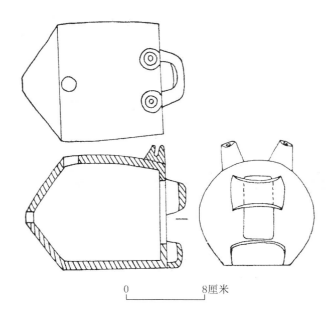

0   8厘米

图 2-8   山东潍坊狮子行遗址出土陶畜舍模型
图片来源：潍坊市艺术馆、潍坊市寒亭区图书馆：《山东潍县狮子行遗址发掘简报》，《考古》1984 年第 8 期，第 673-688+769-771 页。

柱灰，推测为木柱围墙结构，这2处畜圈与该遗址的人类居址明显不同，例如：不见灶址、白灰居住面、草泥土白灰墙皮等（图2-9和图2-10）[31]。

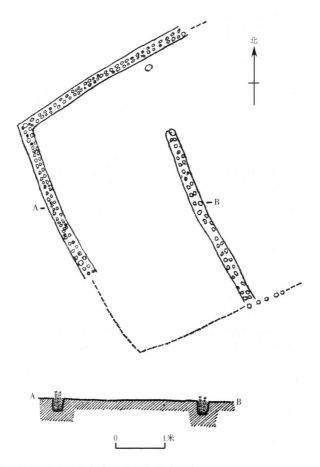

图2-9　陕西武功赵家来遗址出土畜栏（F5）
图片来源：中国社会科学院考古研究所编著：《武功发掘报告——浒西庄与赵家来遗址》，图八九，北京：文物出版社，1988年，第116页。

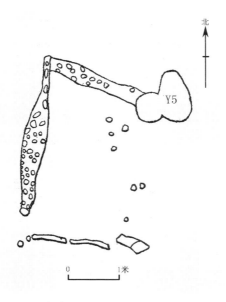

图 2-10　陕西武功赵家来遗址出土畜栏（F6）

图片来源：中国社会科学院考古研究所编著：《武功发掘报告——浒西庄与赵家来遗址》，图九〇，北京：文物出版社，1988 年，第 116 页。

　　碳氮稳定同位素分析为新石器时代养猪采用圈养或放养的方式提供了证据。日本学者本乡一美等肯定中国家猪的驯化起源于距今 9000—8000 年前的河南地区，他们基于骨骼形态、数量统计和碳氮稳定同位素分析的方法对中国史前南北方地区家猪的管理模式进行比较，指出中国北方地区自仰韶时期已经开始对猪进行圈养，北方家猪日益以厨余垃圾和 C_4 类植物（主要是粟和黍的副产品）等为主食，南方地区则以坚果和根茎类植物甚至是水稻副产品来喂养家猪，中部的淮河和汉水流域家猪的管理呈现稻粟混杂的特点 [32]。除陕西和中原地区之外，其他地区主要还是采用放养的方式来养猪。戴玲玲等认为安徽淮北渠沟遗址（距今 8700—6000 年）中存在着家猪和野猪，猪群的碳氮稳定同位素值与野生动物相似，这是家猪采用放养方式的反映，并未形成如中原地区一样的圈养策略[33]。戴玲玲对河南淅川下王岗遗址进行几何形态和稳定同位素的研究，发现仰韶和屈家岭文化时期猪的食物兼有 C_3 和 C_4 类植物，而 $\delta^{15}N$ 值偏低，认为这是粗放型野外放养的表现，龙山文化时期存在返野的家猪，并有从中原地区引入的家猪，二里头文化到汉代猪与人类的食性趋于一致，汉代猪骨的 $\delta^{15}N$ 值升高是人类用施肥后的农作物喂养猪所导致的结果[34]。

商周时期，圈养方式更为普遍。商代晚期的甲骨文中有圈养猪的字形"圂"，表明圈养方式的应用（不仅仅是猪，还包括对马、牛、羊等动物的圈养）已经相当普遍地出现于中原地区[35]。至于"家"字，虽有学者指出其意为屋盖下养猪，但多认为"家"字与猪的饲养方式无关[36]。两周时期关于猪的圈养有"执豕于牢"的记载（出自《诗经·大雅·公刘》）[37]。周立刚依据中原地区东周时期猪的碳同位素呈现明显的 C_4 类（主要为小米的副产品）和 C_3 类植物（主要为杂草以及少量稻米秸秆等）混合特征，认为当时对猪的饲养存在圈养和放养相结合的方式[38]。《越绝书·记地传》中记载有"鸡山、豕山者，勾践以畜鸡豕"[39]，暗示春秋时期越国似乎建有养殖基地（"豕山"）来养猪。越国养猪业的发达，催生出用猪作为奖品之一鼓励生育人口的政策（《国语·勾践灭吴》记载，"生丈夫，二壶酒，一犬；生女子，二壶酒，一豚"[40]）。

秦汉时期，圈养与放养相结合的方式更趋完善和成熟。圂和厕本为不同建筑，圂指猪圈（《说文解字》记"圂，豕厕也。从口，象豕在口中也"[41]），春秋时期出现并沿用至东周时期，厕指厕所，最晚春秋时产生。圂与厕合体的建筑，至晚在战国时期已经形成，称为"屏圂"或"圂厕"，这一建筑形制的出现，固然与此时气候变得干冷导致林地以及闲荒之地减少从而无地可放养猪的客观现实有关，但增加了猪饲料的多样性，做到了对猪排泄物的有效处理，能够提供熟粪（猪的排泄物——也就是生粪——经过"沤"之后称为熟粪，即"溷中熟粪"）从而促进农业生产的发展，这是秦汉时期养猪技术和理念进步的体现[42]。汉代带猪圈的厕所称为"溷"，但溷与圂多有相通之处，圂也可以称为"溷"。依据汉代墓葬出土壁画、画像石以及随葬陶建筑模型明器，汉代猪圈存在"溷厕合一"（猪圈与厕所相连，但作为厕所的附属物，主要见于中原及其周边地区）和"溷厕相分"（猪圈与厕所分离，主要见于华南地区）的区分[43]。河南新密后士郭汉画像石1号墓（年代不晚于汉献帝初平三年，即公元192年）出土陶猪圈2件，均呈"溷厕合一"的形制，厕所建于猪圈之上，内有尿槽与猪圈相通（图2–11）[44]。西汉之时，猪圈已与其他畜圈有了明确的功能区分，对家畜采用分开饲养的方式。湖南长沙咸嘉湖扇子山畜俑坑（西汉诸侯长沙国吴氏长沙王陵扇子山大墓的一部分）出土牛、猪、羊和狗俑有40个以上，其中，牛有2圈，羊、猪和狗各有1圈，每圈/厩的面积为1平方米[45]。除圈养猪之外，史书中常见牧猪的记载，表明放养方式也占有很大的比重。如《史记·平津侯主父列传》记载汉武帝丞相公孙弘曾在渤海边牧猪的经历（"丞相公孙弘者，齐菑川国薛县人也，字季。少时为薛狱吏，有罪，免。家贫，牧豕海上"[46]），《后汉书·宣张二王杜郭吴承郑赵列传·承宫》记载东汉承宫牧猪听讲，终有所成（"承宫字少子，琅邪姑幕人也。少孤，年八岁为人牧猪。乡里徐子盛者，以春秋经授诸生数百人，宫过息庐下，乐其业，因就听经"[47]），《后汉书·逸民列传·梁鸿》留下了东汉梁鸿与其妻孟光举案齐眉的千古佳话，梁鸿受业于太学之后，"乃牧豕于上林苑中"[48]。云南晋宁石寨山滇文化墓葬 M13（时代为西汉文帝到武帝时期，墓主可能为某世滇王）出土青铜贮贝器上有屋宇模型，其下层雕塑有马、牛和猪，正是古滇国圈养猪及其他家养动物的形象化写照（图 2–12）[49]。

魏晋时期，我国养猪业发展迅速，《齐民要术·养猪》对养猪经验做出总结，特别提到了猪圈和饲料的选用，"牝者，子母不同圈。子母同圈，喜相聚不食，则死伤。牡者同圈则无嫌。……圈不厌小。圈小则肥疾。处不厌秽。泥污得避暑。亦须小厂，以避雨雪。春夏草生，随时放牧。……八、九、十月，放而不饲。所有糟糠，则蓄待穷冬春初"，"宜埋车轮为食场，散粟豆于内，小豚足食，出入自由，则肥速"[50]。

明清时期，产生了分圈饲养方法。明代徐光启在其著作《农政全书》中说"猪多，总设一大圈，细分为小圈。每小圈止容一猪，使不得闹转，则易长也"[51]，这是现代猪场中设立多间猪舍，每间猪舍又分为若干小圈的历史雏形，这种方式能够限制猪的活动、保证各猪不受干扰且能充分利用饲料、便于对猪群进行管理和饲养。

圈养与放养相结合的方式延续的时间很长，直至 20 世纪 70 年代，中国不少农村地区仍存有这种习俗[52]。我国牧区或半农半牧区的一些地方家猪品种——如香猪、保山猪、高黎贡山猪、滇南小耳猪、撒坝猪、藏猪（包括西藏藏猪、迪庆藏猪、四川藏猪、

图 2-11　河南新密后士郭汉墓出土陶猪圈（河南省文物考古研究院藏品）

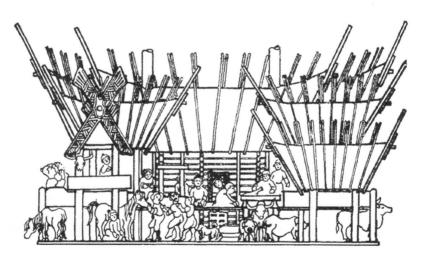

图 2-12　云南晋宁石寨山墓地出土青铜贮贝器上屋宇模型

改绘自：易学钟：《石寨山三件人物屋宇雕像考释》，《考古学报》1991 年第 1 期，第 23—43+125—128 页。

合作猪等）——仍因地制宜采用以放养为主的方式，它们多食用林下资源，只在早、晚归牧后才少量补给饲料 [53]。意大利撒丁岛、法国科西嘉岛等地的牧民对猪采用放养的方式，牧民们居住在低地村庄，猪和其他牲畜则被放养在高原地区，20 世纪 70 年代出现了包括转场在内的长距离迁徙养猪的方式，以保证猪能够在季节性更好的牧场生存 [54]。

20 世纪 80 年代以来，工业化养猪方式渐成主流，这种集中养殖方式有诸多优点，但也带来了一些严重的问题，譬如导致传染病在猪与猪甚至猪与人之间肆意传播、抗生素的滥用导致药效降低甚至消失等。

二、选育和品种改良

（一）中国古代家猪的毛色

在一般情况下，考古遗址中仅出土猪骨遗存，猪的皮毛只有在极为特殊的情况下方能保存下来。采用何种方法能够知晓中国古代家猪的毛色？笔者认为可借助于历史文献资料关于家猪毛色的记载并参照现生野猪的毛色。当前，毛色控制基因的 SNP 检测已应用于中国考古遗址出土马骨毛色的检测和研究 [55]。研究者在古代家猪种群中发现 MC1R 等位基因有多个突变差异，这是导致家猪毛色变化的关键，家猪毛色表型的变化源于人为选择 [56]。

根据中国现生野猪和本土地方家猪品种的毛色以黑色为主，结合历史文献资料，笔者认为中国古代大部分地区家猪的毛色多为黑色。中国古代把猪别称作乌鬼、乌金、黑面郎、黑爷、乌羊、乌将军等。聊举历史文献资料如下：

唐代杜甫《戏作俳谐体遣闷二首》之一：家家养乌鬼，顿顿食黄鱼。

唐代张鹭《朝野佥载》：洪州有人畜猪以致富，因号猪为乌金。

唐代冯贽《云仙杂记·蛙台》引《承平旧纂》：桂林风俗，日日食蛙，有来中朝为御史者，朝士戏之曰："汝之居，非乌台，乃蛙台也。"御史答曰："此非蛙，名圭虫而已，然较圭虫之奉养，岂不胜于黑面郎哉。"黑面郎，谓猪也，朝士大赧而退。

唐代牛僧孺《玄怪录·郭代公》：乌将军者（笔者注：现形为猪），能祸福人，每岁求偶于乡人，乡人必择处女之美者而嫁焉。

宋代孙奕《履斋示儿编》：猪曰长喙参军、乌金。

清代李宗孔（又说作者为潘永因）《宋稗类钞》记载：在开挖河渠时，一位修水利的古人变化为一只大猪，奋力当先。为此，当地人称猪为"乌羊"，以纪念那位先人（笔者注：猪长喙，善拱掘，在人们想象中成了开河挖渠的主力军）。

民国载涛、郐宝惠所撰的《清末贵族之生活》中，记录祭礼程序：后请牲入（活猪，呼为黑爷）。

成语"辽东之豕"（比喻少见多怪）出自南朝宋时期范晔编撰的《后汉书·朱冯虞郑周列传·朱浮》："侠游谦让，屡有降挹之言；而伯通自伐，以为功高天下。往时辽东有豕，生子白头，异而献之，行至河东，见群豕皆白，怀惭而还。若以子之功论于朝廷，则为辽东豕也。"[57]汉代辽东猪虽头部毛发呈白色，但其身体的毛发还是黑色。

从 18 世纪至今，人类对白色皮毛猪的喜欢成为趋势，各个变异种的大白猪对全球养猪业的发展居功甚伟，其重要性绝不亚于黑白相间的荷兰乳牛对全球乳牛业的影响[58]。

（二）阉割技术的起源和早期发展

对猪的阉割技术，是中国古代养猪技术进步的标志之一，是中国古代兽医技术的一项伟大的发明。人类之所以阉割家猪，其目的和作用主要包括：

第一，便于管理。雄猪性情暴躁，发情期尤甚，通过阉割可以使雄猪变得温顺，使其减少种群内部的争斗，便于饲养和驱使。

第二，益于猪品种改良。出于人工选择配种的需要，留用高大健壮的雄猪作为种猪，将不宜做种猪的雄猪阉割，使其不能交配产生后代，从而保证后代猪的品质和品种改良。

第三，有利于猪肉量增长和肉质提升。在交配季节忙于交配的雄性野猪的体重会锐减 20%[59]，阉割之后的雄猪，有利于促进其生长和脂肪沉积，能够有效减少雄烯酮的分泌（雄烯酮的分泌随着雄猪性成熟而逐渐增加），进而减少粪臭素（这是造成雄猪肉膻味的主要来源）的含量，使其营养价值更高、味道更可口，肉质变差的速度降低，因此，人类现今所食肉猪多为"公公猪"（自小就被阉割的雄猪）[60]。与此相印证的是：雌猪一般用作种猪繁衍后代，未受孕和受孕次数少的雌猪肉和阉割的雄猪肉差别不大，但生育多次后的雌猪肉一般皮层厚、肉质老，烹饪时炒不熟、煮不烂，失去了猪肉原有的香气甚至会有腥臊味。

有研究表明，中国先民对雄猪进行阉割的行为可能早到距今6800—5600 年前的仰韶文化早期。王华等对河南邓州八里岗遗址墓葬和祭祀坑中（包括仰韶早期和中期，年代分别为距今 6800—5600 年和距今 5600—5000 年）出土的大量猪骨进行研究，发现雌猪和疑似雌猪的数量远远大于雄猪，仰韶时期各地家猪饲养已经达到了一定规模，由此可以判定当时的人们已经掌握了猪的繁殖习性，并开始对其进行人为干预，从而可以有效地控制家猪种群的性别结构，这样的人为干预动物种群性别结构的行为很可能就是阉割[61]。这种家猪种群性别比例失衡（雌猪和疑似雌猪个体数量远多于雄猪）的现象在山东泰安大汶口（大汶口文化，距今 6100—4600 年）[62] 等遗址也有发现。

甲骨文中已有表明猪性别的文字，如：甲骨文中雄性家猪记作"豭"，《说文解字》载："豭，牡豕也。从豕，叚声。"[63] 据闻一多考证：甲骨文中已经有表明猪的性别以及区别阉割与否的"猪"字，腹下的一画与躯干相连的是未阉割的猪，传宗接代器官被去除的"豕"是阉割过的猪[64]，表明商代晚期动物去势已非常普遍。此外，甲骨文和金文中还有表示猪年龄和状态的文字，如：豚为小猪之意；还有表示多毛和有条纹的猪，助产怀孕猪，追逐、射杀和捕获野猪，剥皮祭祀，养猪于圈等（图 2–13）记载[65]。周代阉割技术更有发展，《周易·大畜》上有"豮豕之牙，吉"（意为：被阉割的猪，其尖利的牙齿被制服，因而是吉利的）的记载[66]。豮豕指的是被阉割的猪[67]。山西天马—曲村北赵村晋侯墓地 M113 出土掐尾青铜猪尊（图 2–14）是周代先民已经掌握给仔猪掐尾以防止阉割后感染的先进技术的物化体现，这件猪尊中猪尾短而上翘，反映了人类有意对其掐尾，解洪兴认为这符合且比北魏贾思勰所著《齐民要术》中"其子三日便掐尾，六十日后犍。三日掐尾，则不畏风"[68] 的记载早了一千多年，这种提前

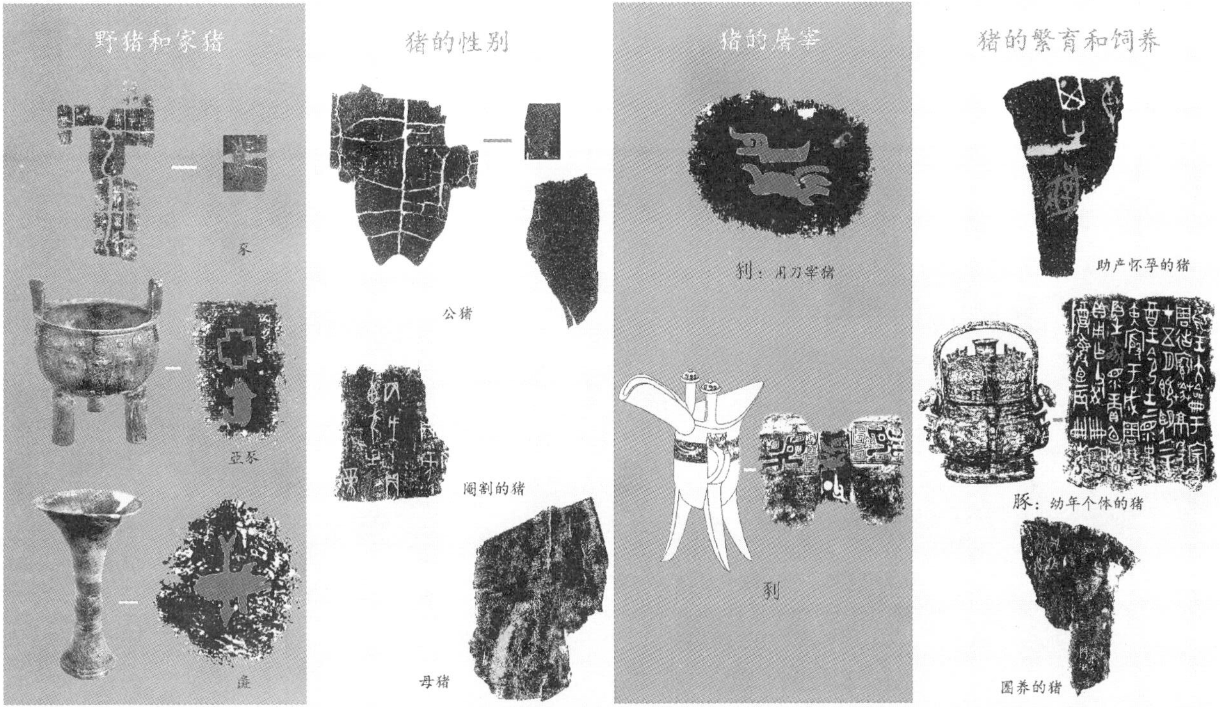

野猪和家猪
豕
亚豕
彘
猪的性别
公猪
阉割的猪
母猪
猪的屠宰
剢：用刀宰猪
剢
猪的繁育和饲养
助产怀孕的猪
豚：幼年个体的猪
圂养的猪

图 2-13　甲骨文和金文中关于猪的文字（严志斌提供原始图片）

山西天马—曲村晋侯墓地出土铜猪尊

湖南湘潭出土铜豕尊

图 2-14　商周时期青铜器所见南北方家猪品种差异（吕鹏改绘）

上图改绘自：上海博物馆编：《晋国奇珍——晋侯墓地出土文物精品》，上海：上海人民美术出版社，2002 年，第 52 页。

下图来源：中国青铜器全集编辑委员会编：《中国青铜器全集　4　商》，北京：文物出版社，1998 年，第 132 页。

掐尾的技术是为了避免日后对猪进行阉割手术后缝合的伤口因尾巴摇动而感染[69]。

（三）中国古代家猪品种的形成

距今 7000 年以来的史前时期，随着家猪驯化的完成，史前人类对家猪实行选择性繁育，家猪地方品种的塑造加快进行。整体而言，中国古代各地区家猪尺寸不断缩小，其中以中原地区表现最为明显，表明该地区在选种培育方面处于领先地位。就历时性和共时性变化而言，仰韶时期中原地区家猪尺寸偏小，而北方地区家猪尺寸偏大；龙山时期猪种群的地区差异不甚明显；先秦时期西辽河和长江下游地区猪种群的尺寸偏大，可能分别跟地方品种家猪和野猪占有相当大比例有关，而辽东、淮河中游和中原地区猪种群的尺寸较为接近，表明这些地区可能存在较为广泛的家猪品种交流[70]。

距今 3300 年前，商代晚期先民在猪种繁育上做出了伟大的贡献。河南安阳殷墟遗址出土了中国考古最早确认的改良的家猪品种——"殷墟肿面猪"（图 2-15），其特征为："吻部短，头骨呈锥形，头骨、下颌骨等骨骼部位均非常厚，牙齿尺寸小且拥挤，其特征与中国北方地区出土家猪不同，锥形头骨和泪骨等特征与东南亚野猪（Sus Vittatus）相似"[71]。

从出土猪形文物来看，商周时期中国南北方培育的家猪品种已存在明显的差异（图 2-14）。山西天马—曲村北赵村晋侯墓地出土的西周铜猪尊代表了北方家猪的形态，该铜猪尊出土于 M113，"背脊与腹部均可见范痕，器表磨损较轻。猪体硕壮，四足平踏。首吻部略上翘，嘴角有獠牙，双耳斜上竖，尾上卷。猪

俯视图

后视图

侧视图

殷墟肿面猪

——中国考古最早确认的家猪品种

（背景图片为20世纪30年代考古工作者在殷墟遗址发掘现场照片）

图 2-15　河南安阳殷墟遗址出土"殷墟肿面猪"（吕鹏改绘）

殷墟肿面猪图片来自德日进、杨钟健：《安阳殷墟之哺乳动物群》，《中国古生物志（丙种第十二号第一册）》，实业部地质调查所、国立北平研究院地质学研究所，1936年，第20页。背景图片为1937年殷墟遗址第15次发掘时现场图片，来自唐际根、巩文主编：《殷墟九十年考古人与事：1928~2018》，北京：社会科学文献出版社，2018年，第34页。

背上有圆形口，上有盖，盖上有圆圈形捉手。腹内中空，在颈部和猪首相隔。器盖上有云雷纹一周，间饰四圆目；器腹两侧有同心圆涡纹。……通长39、高22.4厘米"[72]，这件猪尊应为去势的幼年家猪[73]。湖南湘潭出土商代晚期铜豕尊代表了南方家猪的形态，该铜豕酒尊出土于距地表1.5米左右、直径约1米的圆坑中，"全长72、通高40厘米，重39.5市斤，实测容积13公升。……头部阴刻兽面纹，腹背为鳞甲纹。四肢和臀部为倒悬的夔纹，并以云雷纹衬地。夔首反顾，夔尾盘曲。整个花纹精美峻深，但不显得繁缛。猪两眼圆睁，平视，两耳招风，长嘴上翘，微张，犬齿尖长。背上鬃毛竖起。四肢刚健，臀、腹部滚圆……盖孔椭圆形，盖面饰鳞甲纹。（上有）鸟形盖纽"，前后肘部有横穿的圆孔，可穿系绳索以抬运，关于该铜豕尊中猪为家猪还是野猪，何介钧认为，"活灵活现地塑造出一个膘肥肉壮，孔武有力的野公猪形象"[74]。而刘敦愿从其身体比例等体型特征、为猪牲（祭祀多用雄性家猪）替代品等证据出发，认为其为成年的雄性家猪[75]，笔者认同刘敦愿的观点。

两汉时期，华南和华北家猪的地区差异更趋明显，外形肥壮、肉质佳良的优良种猪已经形成。张仲葛依据出土陶猪俑的体型特征，发现华南汉墓出土的陶猪具有耳小竖立、头短体圆、四肢短小、鬃毛柔细等特征，而华北汉墓出土的陶猪表现出头部长而直、耳大而下垂、体型较大等特征（依据耳部和体型特征又可以分为大、中、小三种），认为我国主要的生猪产区已经形成外形优美、品质优良的地方猪种，至少包括华北大型猪、华北中型猪、华北小型猪、华北小耳直立猪、华北小耳下垂猪、东北小型猪（现生荷包猪的祖先）、四川猪（现生四川小型黑猪等猪种的祖先）、华东猪（现生大伦庄猪的祖先）、黔南猪等近 10 个猪种，各地现生地方家猪品种与本地出土陶猪俑的形态相符，表明汉代与现生猪种之间具有继承关系 [76]。汉代已存在专职的兽医，《史记·日者列传》上记载了一位"以相彘立名"的留县（治今江苏沛县东南）兽医的名字叫作长孺，西汉经学家褚少孙称赞他是一位以一技之长而闻名的人 [77]。

隋唐时期，陶猪俑表明华北地区的猪种有小耳下垂、小耳直立等类型，这种小耳型猪具有早熟、易肥、多产等特性，华南地区已培养发展出一种体型丰圆、鬃毛柔细、非常早熟的华南型良种猪 [78]。唐代渤海国鄚颉府的养猪业非常发达，并成为养猪业的一个中心地区，家猪品种"鄚颉之豕"为当地重要的物种之一 [79]。

明代李时珍在《本草纲目·兽部·豕》中对中国各地区猪的品种进行了较为详尽的概括："猪天下畜之，而各有不同。生青兖徐淮者耳大，生燕冀者皮厚，生梁雍者足短，生辽东者头白，生豫州者咮短，生江南者耳小（谓之江猪），生岭南者白而极肥。" [80] 有研究显示，明清时期中国猪的地方品种至少已经发展到 44 个之多，其中明代 20 个、清代 5 个、古老品种 10 个、不详者 9 个 [81]。

中国猪种以其早熟、多仔、易育肥、肉鲜美和遗传性稳定等优点闻名于世，对世界猪种改良做出了重要的贡献。据英国大百科全书记载，当今世界大多数家猪都是欧洲—中国杂交品种猪的后代，其历史可以早到距今 2000 多年前的罗马帝国时期 [82]。当今世界上的许多著名优良猪种，如英国的约克夏猪和美国的波中猪等，其育成过程有中国猪种（特别是广东猪种）的参与 [83]。中国猪种参与改良的世界猪种包括：

罗马猪：在距今 2000 多年前的古罗马时期，罗马帝国引入中国猪种——主要是华南猪，用以改良他们原来猪种晚熟和肉质差的缺点，繁育成了罗马猪，而罗马猪对近代西方著名猪种的培育起到了巨大的作用 [84]。

约克夏猪、巴克夏猪：18 世纪初，英国引入广东猪种，与英国约克夏郡的本土土种猪进行杂交，杂交效果显著，杂交种比土种容易饲养且成熟快，净肉率有所提高，肉质肥美，形成英国著名的腌肉型猪种——约克夏猪。1818 年，该猪种在英国曾被称为"大中国种"。英国另一著名猪种巴克夏猪，也是引入中国猪种之后培育成功的（图 2-16）[85]。

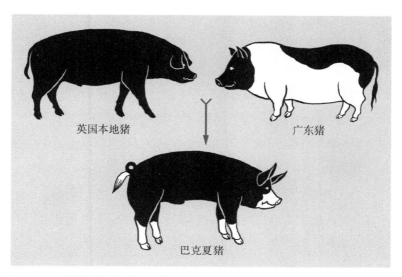

图 2-16　中国猪种参与世界家猪品种改良：巴克夏猪（李淼绘制）
改绘自：谢成侠：《中国猪种的起源和进化史》，《中国农史》1992 年第 2 期，第 84—95 页。

波中猪：又名波兰中国猪。美国于 1816 年从英国引进了中国猪种，用以改良本地猪，波中猪是由中国猪、俄罗斯猪、英国猪等杂交而成，于 1845 年正式定名为波中猪[86]。

切斯特白猪：美国于 1817 年利用中国华南白猪与美国本地猪交配，育成了著名的切斯特白猪[87]。

此后，法国于 1979 年引进太湖猪的两个类群（嘉兴黑猪和梅山猪），英国于 1987 年引进梅山猪，日本于 1986 年引进梅山猪，美国于 1989 年引进中国梅山猪、枫泾猪等，据郑丕留的记录和研究，中国这些地方猪种引入欧美之后，提高了当地猪种的瘦肉率、繁殖率以及猪肉的口感[88]。

（四）保护地方猪品种，解决"猪芯片"问题

新中国成立以后，我国进一步提升了家猪原有的地方良种，如：内江猪、荣昌猪、金华猪、陆川猪、广东大白花猪、宁乡猪等，并培育成了一批新的优良猪种，如哈白猪、吉林黑猪、北京黑猪、新淮猪、泛农花猪、上海白猪等[89]。时至今日，中国已发展出 83 个家猪地方品种、25 个培育品种（含家猪与野猪杂交后代）[90]，占全世界家猪品种总数（约 300 多个品种）的 1/3 以上。中国有着丰富的地方猪遗传资源，堪称是一个珍贵的基因库。中国地方猪种的优势是：繁殖力强，具有较强的抗逆性，肉质优良，性格温顺，能大量利用青粗饲料，中国本土猪种不仅更能适应当地的生态环境和饲养管理条件，而且表现出明显的多样性，如南方猪种具有较强的耐热力而北方猪种较耐粗饲养殖[91]。

中国形成地方猪遗传资源多样性的原因在于：第一，中国具有复杂的地形地貌，地理阻隔以及自给自足的农村经济使猪群极

易形成相对封闭的群体，加之不同地区人们养猪的饲料和饲养方式的差异甚远；第二，中国历史上人口的迁徙和融合非常频繁，猪随人走，外地带入的猪品种与当地猪进行了大量的基因交流；第三，中国古代选择性繁育技术发达，善于对猪品种进行选择和改良[92]。总之，人类的选择性繁育是造成家猪品种多样性的主要原因，随着基因改良新技术的发展，这将会为家猪品种的塑造带来新的选择。

长期以来，我国主要以地方猪的自繁自养为主，形成了金华猪、东北民猪等特色猪种。1900年，张家口引进大白猪，国内开始陆续尝试地方猪的改良。从1875年至新中国成立前夕，我国先后引入的外国猪种包括巴克夏、约克夏、波中猪、泰姆华斯、杜洛克、汉普夏、切斯特白猪等，进行繁殖和杂交改良，但成效甚微。新中国成立以后，我国持续推进引进品种与本土猪的杂交利用。1950年小规模引进苏联大白猪，20世纪60年代大规模引进英国大约克夏猪，1972年尼克松访华时带来2头美国杜洛克猪。20世纪70年代，一些地方根据当时的生产条件，提出了"三化"——"公猪外来化、母猪本地化、商品猪杂交化"，直至此时，我国的生猪养殖是以小规模而分散的、以农村家庭为主的传统养殖为主，大部分家猪地方品种以腌肉型为主[93]。20世纪80年代以来，随着人民生活水平的提高，瘦肉型猪在我国越来越受欢迎，我国引入工厂化养猪的理念，逐步向现代规模养殖转变，中国已发展成为世界养猪大国。

中国本土猪虽然味道不差，但有3个明显的缺点：一是生长周期长。中国本土猪生长速度约为400克/天，需要1年左右才能出栏，而洋猪生长速度达到了700—900克/天，五六个月就可以出栏，洋猪的生长周期短，意味着饲养成本的降低，因此，受到养殖户的青睐。二是生殖能力不占优势。随着国外育种投入的增加，洋猪生殖能力特强，某些长白猪每胎的产仔数量高达 15 头，甚至高于国内本土高产猪种。三是肥肉占比高。本土猪瘦肉率的平均值约为 40%，而洋猪的瘦肉率达 63%—65%。我国开始从国外引进"杜长大"[又称"洋三元"，分别指起源于美国的杜洛克猪，起源于丹麦的长白猪，起源于英国的大白猪（也叫大约克夏猪）[94]] 并逐步在全国范围内推广，这三大种猪长得快、体型大、瘦肉多、饲养成本低（地方猪吃 4—6 千克饲料长 1 千克肉，而"杜长大"猪吃 2—3 千克饲料就能长 1 千克肉），是养殖户心中的不二猪选[95]。

2020 年，我国从国外引入种猪数量再创新高，达到近 3 万头，中国市场上供应老百姓食用的商品猪中 90% 以上来自国外引种。另一方面，我国地方猪品种的养殖现状却十分惨淡。"十二五"期间我国 88 个地方猪品种，也就是 85% 左右的地方猪品种群体数量呈下降趋势，31 个猪品种处于濒危和濒临灭绝状态；"十三五"期间更多的地方猪品种面临危机，其中，37 个猪品种处于濒危、濒临灭绝或灭绝状态[96]。

由于种猪长期依赖进口，极大地制约了我国养猪产业的发展。一味引种，只能让养猪业长期处于"引种—维持—退化—再引种"的恶性循环中，"猪芯片"（核心种猪）成为亟待解决的关键问题。要打破国外种猪的"卡脖子"现象，否则就等于把未来中国人民蛋白质摄入之源交到别人手里，就会受制于人，影响民生。要扭转中国优良种猪长期依赖国外的局面，唯一的办法就是要实现本土育种，解决种猪国产化的问题。2021 年 4 月 23 日，国家农业农村部发布的《全国生猪遗传改良计划（2021—2035 年）》提出了明确的目标：到 2035 年，生猪的核心种源自给率保持在 95% 以上，确保畜禽核心种源自主可控[97]。加快生猪种业高质量发展，加强地方猪遗传资源保护利用，持续开展地方品种抢救性保护行动，持续选育提高种猪遗传进展，培育新品种、新品系，着力保障优良种猪供给，相信中国的养猪业可以迎来阳光灿烂的日子。

三、饲料

中国古代农业提倡"五谷丰登"和"六畜兴旺"，体现了中国传统农业中农牧结合的传统和思想，二者相互促进，共同发展。首先，五谷丰登是六畜兴旺的前提条件，农业以粮食饲料和农业副产品（包括茎秆、糠麸、谷壳、豆荚等）的方式进行第二性生产，将植物性产品转化为动物性产品；其次，六畜兴旺是五谷丰登的重要条件，畜牧业除能为人类提供肉、乳、皮、毛、蛋等动物性产品之外，还可以为农业发展提供畜力和肥料[98]。

在中国古代，猪饲料的来源主要是就地取材的粗饲料。猪能够利用人所不能吃的剩余物，如米糠、麦麸、秸秆、食物残渣和泔水等，充当了二次利用的生物载体[99]。碳氮稳定同位素分析的方法可以帮助我们了解古人在不同地区、不同时间对家养动物的饲养方式，帮助我们认识古代人类与动物的关系。以家猪为例，在驯化之初，其食物来源以 C_3 类野生植物为主[100]；在距今 7000 年以来的新石器时代中晚期直至商周时期，华北与华南地区的古代居民分别把粟和黍的秸秆、谷糠这类谷草和稻米的秸秆、谷糠这类稻草作为家猪的主要饲料，华中地区家猪则既吃谷草又吃稻草，这三个地区家猪的食物来源恰好与新石器时代到商周时期粟作、稻作、粟稻混作农业区的区划保持一致[101]。事实上，距今5500—4600年的仰韶文化中晚期，随着中国农业社会的确立，中原地区以粟和黍为代表的旱作农业的扩张对在人类聚落周边活动的野生动物（如鹿、豹猫、野兔）的食性产生了长期的影响，碳氮同位素分析的结果表明：它们中的个别个体也取食了粟和黍的副产品[102]，这是野生动物迫于生存环境压迫而进入人类社会的一种自我驯化行为[103]。

汉代刘安的《淮南万毕术》中有"麻、盐肥豚豕"的记载[104]，这是中国历史文献中第一次出现有关猪饲料的内容。

猪在圈养的情况下，毕竟需要给予饲料，它往往与人争食（特别是灾荒之年，粗劣的食物是活命之物，对人类而言也很珍贵），所以，古人为了节省饲料，一方面尽量放牧，《齐民要术·养猪》中说，"春夏草生，随时放牧"，另一方面尽量利用人所不能利用的农副产品，特别是残羹冷炙。除农产品及副产品可以用作饲料之外，野生的植物也可作为饲料，"猪吃百样草，饲料不难找"，《齐民要术·养猪》中记载"猪性甚便水生之草，杷搂水藻等令近岸，猪则食之，皆肥"[105]。杨诗兴根据古代农书记载和古代劳动人民的经验，统计出中国古代养猪常用饲料种类多达12大类42种[106]，其中水生植物、发酵青饲料、发芽饲料等非常适合养猪，加上对这些饲料进行加工处理和调制，从而提高了猪对饲料的利用效率。直至改革开放以来，工业化养猪在中国得以迅速发展，猪的饲料转为含油更高的蛋白质类食物，如大豆和玉米等。

中国本土猪属于脂肪型猪，其大腹便便的体形与养殖目的和饲料供应有关。近万年来，中国人饲养的都是温顺的地方种猪，中国猪的特点非常鲜明：体型矮小，背部凹陷，体态圆胖，脸部如碟，鼻子短扁，尾巴多呈直条状，全部是大腹便便的模样[107]。在养猪是为了积肥和获得猪油的驱动下，古代人民采用以青粗饲料为主、适当搭配精饲料的"穷养猪"的方式[108]，用"吊架子"的方法来养猪：农户平常只喂猪以很差的饲料，只是确保这很少的饲料能够维持猪的日常运动，无需让猪快速长肉，目的是使猪架子长成，猪需要通过大量取食粗劣的饲料来补充能量，于是猪的胃就被撑大，体型就会呈现腹部下垂的状态；等到待宰催肥之时，农户在短时间内给予猪以足够的、优质的饲料，特别是碳水化合物饲料，从而达到快速催肥的目的[109]。

四、小结

家猪的饲养技术推动了中国古代养猪业的发展，其技术的进步性主要体现在 3 个方面：一是放养与圈养相结合的管理方式，猪圈的发明可以早到距今 6800—6300 年，对其使用在商周时期更为普遍，秦汉时期形成的较为成熟的圈养与放养相结合的方式对中国农业和畜牧业影响深远；二是阉割与选育相结合的品种改良方式，距今 6800—5600 年前人为控制家猪性别的方式（可能是阉割）已经产生，中国先民采取的高效的选择性繁育措施促进了中国家猪品种的形成和改良，距今 7000 年仰韶时期的家猪品种已产生南北分化，阉割技术在商周时期已经得到了较为普遍的应用，商代晚期出现了新的家猪品种"殷墟肿面猪"，商周至隋唐时期出现华北型和华南型良种猪，自汉代开始中国家猪品种走出国门，对世界猪种改良做出重要贡献，如何保护和发展我国丰富的家猪地方品种遗传资源，这是当前的重大议题；三是因地制宜供给饲料的喂饲方式，国人对家猪的管理方式以及农业的发展状况直接关系家猪的饲料供给，逐渐发展出广开饲料之源（以青粗饲料为主、适当搭配精饲料）和因地制宜保障饲料供给（与当地环境和农业发展状况相适应）的饲养策略。

注　释

[1]　〔北魏〕贾思勰著，缪启愉、缪桂龙译注：《齐民要术译注》，上海：上海古籍出版社，2009 年。

[2]　在驯化的早期阶段，家猪体毛稀疏，小猪又比小羊、小牛、小鹿等动物弱小很多，所以在寒冬或产仔时，仍然需要把猪圈起来。

[3]　[美] 埃里奇·伊萨克著，葛以德译：《驯化地理学》，北京：商务印书馆，1987 年，第 111 页。

[4]　Gaunitz, C., A. Fages, K. Hanghøj, A. Albrechtsen, N. Khan, M. Schubert, A. Seguin-Orlando, I. J. Owens, S. Felkel, O. Bignon-Lau, P. de Barros Damgaard, A. Mittnik, A. F. Mohaseb, H. Davoudi, S. Alquraishi, A. H. Alfarhan, K. A. S. Al-Rasheid, E. Crubézy, N. Benecke, S. Olsen, D. Brown, D. Anthony, K. Massy, V. Pitulko, A. Kasparov, G. Brem, M. Hofreiter, G. Mukhtarova, N. Baimukhanov, L. Lõugas, V. Onar, P. W. Stockhammer, J. Krause, B. Boldgiv, S. Undrakhbold, D. Erdenebaatar, S. Lepetz, M. Mashkour, A. Ludwig, B. Wallner, V. Merz, I. Merz, V. Zaibert, E. Willerslev, P. Librado, A. K. Outram and L. Orlando (2018). "Ancient genomes revisit the ancestry of domestic and Przewalski's horses." *Science* 360(6384): 111-114.

Fiona, B. M., D. Keith, D. Tim and M. C. José (2014). "Evaluating the roles of directed breeding and gene flow in animal domestication." *Proceedings of the National Academy of Sciences* 111(17): 6153-6458.

[5]　Frantz, L. A., J. G. Schraiber, O. Madsen, H.-J. Megens, A. Cagan, M. Bosse, Y. Paudel, R. P. Crooijmans, G. Larson and M. A. Groenen (2015). "Evidence of long-term gene flow and selection during domestication from analyses of Eurasian wild and domestic pig genomes." *Nature Genetics* 47(10): 1141–1148.

[6]　Rappaport, R. A. (1984). *Pigs for the Ancestors: Ritual in the Ecology of a New Guinea People*. New Haven, Conn., Yale University Press.

Redding, R. and M. Rosenberg (1998). Ancestral Pigs: A New (Guinea) Model for Pig Domestication in the Middle East. *Ancestors for the Pigs: Pigs in Prehistory*. S. M. Nelson. Philadelphia, Museum Applied Science Center for Archaeology: 65–76.

[美] 罗伊·A. 拉帕波特著，赵玉燕译：《献给祖先的猪：新几内亚人生态中的仪式（第二版）》，北京：商务印书馆，2016 年。

[7]　Gheddar, L., A. Ameline, R. Tsang, M. Leavesley, J.-S. Raul, P. Kintz, N. Brucato, V. Fernandes, P. Kusuma and V. Černý (2019). "Ancient pigs reveal a near-complete genomic turnover following their introduction to Europe." *Proceedings of the National Academy of Sciences* 116(35): 17231–17238.

[8]　[美] 罗伊·A. 拉帕波特著，赵玉燕译：《献给祖先的猪：新几内亚人生态中的仪式（第二版）》，北京：商务印书馆，2016 年，第 62 页。

[9]　邓淑苹：《蓝田山房藏玉百选》，年喜文教基金会，1995 年。

[10]　陈广忠译注：《淮南子》，北京：中华书局，2012 年，第 380—383 页。

[11]　刘长江：《附录三　大地湾遗址植物遗存鉴定报告》，见甘肃省文物考古研究所编著：《秦安大地湾：新石器时代遗址发掘报告》，北京：文物出版社，2006 年，第 914—916 页。

安成邦、吉笃学、陈发虎、董广辉、王辉、董惟妙、赵雪野：《甘肃中部史前农业发展的源流：以甘肃秦安和礼县为例》，《科学通报》2010 年第 55 卷第 14 期，第 1381—1386 页。

[12]　祁国琴、林钟雨、安家瑷：《附录一　大地湾遗址动物遗存鉴定报告》，见甘肃省文物考古研究所编著：《秦安大地湾：新石器时代遗址发掘报告》，北京：文物出版社，2006 年，第 861—910 页。

[13]　Barton, L., S. D. Newsome, F.-H. Chen, H. Wang, T. P. Guilderson and R. L. Bettinger (2009). "Agricultural origins and the isotopic identity of domestication in northern China." *Proceedings of the National Academy of Sciences* 106(14): 5523–5528.

[14]　吉笃学：《中国北方现代人扩散与农业起源的环境考古学观察——以甘宁地区为例》，兰州大学博士学位论文，2007 年。

[15]　[英] 查尔斯·达尔文著，叶笃庄、方宗熙译：《动物和植物在家养下的变异》，北京：北京大学出版社，2014 年，第 41—49 页。

[16]　罗运兵：《中国古代猪类驯化、饲养与仪式性使用》，北京：科学出版社，2012 年，第 247—250 页。

[17]　西安半坡博物馆、陕西省考古研究所、临潼县博物馆：《姜寨——新石器时代遗址发掘报告》，北京：文物出版社，1988 年，第 51 页。

[18]　何周德：《姜寨遗址"牲畜夜宿场"遗迹辨析》，《考古与文物》2003年第 2 期，第 27—31 页。

[19]　中国科学院考古研究所、陕西省西安半坡博物馆编：《西安半坡：原始氏族公社聚落遗址》，北京：文物出版社，1963 年，第 48—49 页。

[20]　中国社会科学院考古研究所编著：《胶县三里河》，北京：文物出版社，1988 年，第 12—13 页。

[21]　陈星灿：《考古随笔》，北京：文物出版社，2002 年，第 113—115 页。

[22]　王吉怀：《试析史前遗存中的家畜埋葬》，《华夏考古》1996 年第 1 期，第 24—31 页。
罗运兵：《中国古代猪类驯化、饲养与仪式性使用》，北京：科学出版社，2012 年，第 248—249 页。

[23]　佟佩华：《海岱地区原始农业初探》，见山东大学东方考古研究中心编：《东方考古（第 2 集）》，北京：科学出版社，2006 年，第 69—76 页。
中国社会科学院考古研究所山东队、山东省滕县博物馆：《山东滕县北辛遗址发掘报告》，《考古学报》1984 年第 2 期，第 159—191+264—273 页。

[24]　中国社会科学院考古研究所编著：《山东王因——新石器时代遗址发掘报告》，北京：科学出版社，2000 年，第 16—20 页。

[25]　霍东峰：《史前猪的圈养方式刍议》，见山东大学东方考古研究中心编：《东方考古（第 3 集）》，北京：科学出版社，2006 年，第 351—357 页。

[26]　吴建民：《龙南新石器时代遗址出土动物遗骸的初步鉴定》，《东南文化》1991 年第 3、4 期，第 179—182 页。

[27]　苏州博物馆、吴江县文物管理委员会：《江苏吴江龙南新石器时代村落遗址第一、二次发掘简报》，《文物》1990 年第 7 期，第 1—27+97—101 页。

[28]　罗运兵：《中国古代猪类驯化、饲养与仪式性使用》，北京：科学出

版社，2012年，第249页。

[29] 南京博物院：《江苏邳县四户镇大墩子遗址探掘报告》，《考古学报》1964年第2期，第9—56+205—222页。

[30] 潍坊市艺术馆、潍坊市寒亭区图书馆：《山东潍县狮子行遗址发掘简报》，《考古》1984年第8期，第673—688+769—771页。

[31] 中国社会科学院考古研究所编著：《武功发掘报告——浒西庄与赵家来遗址》，北京：文物出版社，1988年，第114页。

[32] Hongo, H., H. Kikuchi and H. Nasu (2021). "Beginning of pig management in Neolithic China: comparison of domestication processes between northern and southern regions." *Animal Frontiers* 11(3): 30–42.

[33] 戴玲玲、张义中：《稳定同位素视角下淮北地区新石器时代家猪的饲养策略研究——以安徽渠沟遗址（约6700～4000 BC)的分析为例》，《第四纪研究》2021年第41卷第5期，第1455—1465页。

[34] 戴玲玲、高江涛、胡耀武：《几何形态测量和稳定同位素视角下河南下王岗遗址出土猪骨的相关研究》，《江汉考古》2019年第6期，第125—135页。

[35] 单育辰：《甲骨文所见动物研究》，上海：上海古籍出版社，2020年，第84—85页。

[36] 霍东峰：《史前猪的圈养方式刍议》，见山东大学东方考古研究中心编：《东方考古（第3集）》，北京：科学出版社，2006年，第351—357页。

[37] 王秀梅译注：《诗经》，北京：中华书局，2015年，第646页。

[38] Zhou, L., Y. Hou, J. Wang, Z. Han and S. Garvie-Lok (2018). "Animal husbandry strategies in Eastern Zhou China: An isotopic study on faunal remains from the Central Plains." *International Journal of Osteoarchaeology* 28(3): 354–363.

[39] 〔汉〕袁康、吴平著，张仲清译注：《越绝书》，北京：中华书局，2020年，第210页。

[40] 〔春秋〕左丘明撰，陈桐生译注：《国语》，北京：中华书局，2013年，第708—710页。

[41] 汤可敬译注：《说文解字》，北京：中华书局，2018年，第1263页。

[42] 李超、范允明、卢颖、关琳：《试论秦汉时期的养猪理念——以西安博物院入藏的一件汉代釉陶猪圈为例》，《农业考古》2017年第6期，第139—144页。

[43] 霍东峰：《史前猪的圈养方式刍议》，见山东大学东方考古研究中

心编：《东方考古（第3集）》，北京：科学出版社，2006年，第351—357页。

[44] 河南省文物考古研究所：《密县后士郭汉画像石墓发掘报告》，《华夏考古》1987年第2期，第96—159+223+229—240页。

[45] 单先进：《湖南长沙咸嘉湖扇子山畜俑坑》，《农业考古》2001年第1期，第283—284页。

[46] 〔汉〕司马迁撰，韩兆琦译注：《史记》，北京：中华书局，2010年，第6714—6715页。

[47] 〔南朝宋〕范晔撰：《后汉书》，北京：中华书局，2007年，第285页。

[48] 〔南朝宋〕范晔撰：《后汉书》，北京：中华书局，2007年，第812页。

[49] 易学钟：《石寨山三件人物屋宇雕像考释》，《考古学报》1991年第1期，第23—43+125—128页。

[50] 〔北魏〕贾思勰著，缪启愉、缪桂龙译注：《齐民要术译注》，上海：上海古籍出版社，2009年，第384—388页。

[法]金枕霓：《中国古代养猪业初探》，见周肇基、倪根金主编：《农业历史论集》，南昌：江西人民出版社，2000年，第358—367页。

[51] 〔明〕徐光启著，石声汉点校：《农政全书》，上海：上海古籍出版社，2011年，第899页。

[52] 《中国家畜家禽品种志》编委会、《中国猪品种志》编写组：《中国猪品种志》，上海：上海科学技术出版社，1986年，第25—154页。

[53] 国家畜禽遗传资源委员会组编：《中国畜禽遗传资源志·猪志》，北京：中国农业出版社，2011年，第337—374页。

[54] Albarella, U., F. Manconi and A. Trentacoste (2011). "A week on the plateau: pig husbandry, mobility and resource exploitation in central Sardinia." *Ethnozooarchaeology: The Present and Past of Human-Animal Relationships*. U. Albarella and A. Trentacoste. Oxford, Oxbow Books: 143–159.

[55] Ludwig, A., M. Pruvost, M. Reissmann, N. Benecke, G. Brockmann, P. Castaños, M. Cieslak, S. Lippold, L. Llorente-Rodriguez, A.-S. Malaspinas, M. Slatkin and M. Hofreiter (2009). "Coat Color Variation at the Beginning of Horse Domestication." *Science* 324 (5926): 485.

赵欣、A. T. Rodrigues、尤悦、王建新、马健、任萌、袁靖、杨东亚：《新疆石人子沟遗址出土家马的DNA研究》，《第四纪研究》2014年第34卷第1期，第187—195页。

[56]   Fang, M., G. Larson, H. Soares Ribeiro, N. Li and L. Andersson (2009). "Contrasting mode of evolution at a coat color locus in wild and domestic pigs." *PLoS Genetics* 5(1): e1000341.

Krause-Kyora, B., C. Makarewicz, A. Evin, L. G. Flink, K. Dobney, G. Larson, S. Hartz, S. Schreiber, C. von Carnap-Bornheim, N. von Wurmb-Schwark and A. Nebel (2013). "Use of domesticated pigs by Mesolithic hunter-gatherers in northwestern Europe." *Nature Communications* 4: 2348.

Meiri, M., D. Huchon, G. Bar-Oz, E. Boaretto, L. K. Horwitz, A. M. Maeir, L. Sapir-Hen, G. Larson, S. Weiner and I. Finkelstein (2013). "Ancient DNA and population turnover in southern levantine pigs-signature of the sea peoples migration?" *Scientific Reports* 3(1): 1-8.

[57]   〔南朝宋〕范晔撰：《后汉书》，北京：中华书局，2007 年，第 337 页。

[58]   [美] 莱尔·华特森著，陈信宏译：《滚滚猪公：猪头猪脑的世界》，台北：麦田出版社，2005 年，第 200—202 页。

[59]   [美] 莱尔·华特森著，陈信宏译：《滚滚猪公：猪头猪脑的世界》，台北：麦田出版社，2005 年，第 iii 页。

[60]   张远、赵改名、黄现青、王玉芬、谢华、柳艳霞、孟庆阳、樊付民：《性别对猪肉品质特性的影响》，《食品科学》2014 年第 35 卷第 7 期，第 48—52 页。

马义涛、李艳华、周辉云、王颖、徐宁迎：《阉割对金华猪肝脏 miR-122 和 miR-378 表达量和膻味性状的影响》，《农业生物技术学报》2013 年第 21 卷第 8 期，第 957—964 页。

[61]   王华、张弛：《河南邓州八里岗遗址出土仰韶时期动物遗存研究》，《考古学报》2021 年第 2 期，第 297—316 页。

[62]   李有恒：《附录一 大汶口墓群的兽骨及其他动物骨骼》，见山东省文物管理处、济南市博物馆编：《大汶口：新石器时代墓葬发掘报告》，北京：文物出版社，1974 年，第 156—158 页。

[63]   汤可敬译注：《说文解字》，北京：中华书局，2018 年，第 1936 页。

[64]   闻一多：《古典新义》，北京：商务印书馆，2011 年，第 454—458 页。

[65]   单育辰：《甲骨文所见动物研究》，上海：上海古籍出版社，2020 年，第 76—105 页。

[66]   杨天才、张善文译注：《周易》，北京：中华书局，2011 年，第 247 页。

[67]　汤可敬译注：《说文解字》，北京：中华书局，2018 年，第 1936 页。

[68]　〔北魏〕贾思勰著，缪启愉、缪桂龙译注：《齐民要术译注》，上海：上海古籍出版社，2009 年，第 385—387 页。

[69]　解洪兴：《西周猪尊断尾钩沉——家猪去势术超越 1300 年的实证》，《农业考古》2022 年第 1 期，第 202—204 页。

[70]　罗运兵：《中国古代猪类驯化、饲养与仪式性使用》，北京：科学出版社，2012 年，第 232—244 页。

[71]　德日进、杨钟健：《安阳殷墟之哺乳动物群》，《中国古生物志（丙种第十二号第一册）》，实业部地质调查所、国立北平研究院地质学研究所，1936 年。

[72]　北京大学考古文博院、山西省考古研究所：《天马—曲村遗址北赵晋侯墓地第六次发掘》，《文物》2001 年第 8 期，第 4—21+55+1 页。

[73]　商彤流：《青铜猪形尊刍议》，《中国历史文物》2005 年第 5 期，第 55—59 页。

[74]　何介钧：《湘潭县出土商代豕尊》，《湖南考古辑刊》1982 年创刊号期，第 19—20+149 页。

[75]　刘敦愿：《漫谈湖南湘潭出土的商代豕尊》，《中国农史》1983 年第 2 期，第 43—45 页。

[76]　张仲葛：《出土文物所见我国家猪品种的形成和发展》，《文物》1979 年第 1 期，第 82—86+52+87—91 页。

张仲葛：《我国猪种的形成及其发展》，《北京农业大学学报》1980 年第 3 期，第 45—62 页。

[77]　〔汉〕司马迁撰，韩兆琦译注：《史记》，北京：中华书局，2010 年，第 7469—7472 页。

[78]　张仲葛：《出土文物所见我国家猪品种的形成和发展》，《文物》1979 年第 1 期，第 82—86+52+87—91 页。

[79]　〔宋〕欧阳修、宋祁撰：《新唐书》，北京：中华书局，1975 年，第 6183 页。

[80]　刘山永主编：《〈本草纲目〉新校注本》，北京：华夏出版社，2008 年，第 1769 页。

[81]　《中国家畜家禽品种志》编委会、《中国猪品种志》编写组：《中国猪品种志》，上海：上海科学技术出版社，1986 年，第 25—179 页。

[82]　Frantz, L., E. Meijaard, J. Gongora, J. Haile, M. Groenen and G. Larson (2016). "The Evolution of Suidae." *Annual Review of Animal Biosciences* 4(1): 61–85.

Megens, H.–J., R. Crooijmans, M. Cristobal, X. Hui, N. Li and M. Groenen (2008). "Biodiversity of pig breeds from China and Europe estimated from pooled DNA samples: Differences in microsatellite variation between two areas of domestication." *Genetics Selection Evolution* 40(1): 103–128.

[83]　李宝澄、李锦钰：《广东猪种对国外著名猪种育成的影响》，《农业考古》1986 年第 1 期，第 383—386+433 页。

聂林峰、樊彦红、张庆宇、何成华：《中国地方猪种对世界养猪业的贡献、利用现状和展望》，《畜牧与兽医》2017 年第 49 卷第 10 期，第 126—130 页。

[84]　Frantz, L., E. Meijaard, J. Gongora, J. Haile, M. Groenen and G. Larson (2016). "The Evolution of Suidae." *Annual Review of Animal Biosciences* 4(1): 61–85.

Megens, H.–J., R. Crooijmans, M. Cristobal, X. Hui, N. Li and M. Groenen (2008). "Biodiversity of pig breeds from China and Europe estimated from pooled DNA samples: Differences in microsatellite variation between two areas of domestication." *Genetics Selection Evolution* 40(1): 103–128.

[85]　谢成侠：《中国猪种的起源和进化史》，《中国农史》1992 年第 2 期，第 84—95 页。

[86]　李宝澄、李锦钰：《广东猪种对国外著名猪种育成的影响》，《农业考古》1986 年第 1 期，第 383—386+433 页。

[87]　李宝澄、李锦钰：《广东猪种对国外著名猪种育成的影响》，《农业考古》1986 年第 1 期，第 383—386+433 页。

[88]　郑丕留：《中国猪种资源及其利用 (续)》，《自然资源》1990 年第 2 期，第 1—8 页。

[89]　张仲葛：《出土文物所见我国家猪品种的形成和发展》，《文物》1979 年第 1 期，第 82—86+52+87—91 页。

[90]　国家畜禽遗传资源委员会办公室：《国家畜禽遗传资源品种名录（2021 年版）》，2021-01-13 公布。

[91]　国家畜禽遗传资源委员会组编：《中国畜禽遗传资源志·猪志》，北京：中国农业出版社，2011 年，第 11—13 页。

[92]　国家畜禽遗传资源委员会组编：《中国畜禽遗传资源志·猪志》，北京：中国农业出版社，2011 年，第 14 页。

[93]　中国畜牧兽医学会编：《中国近代畜牧兽医史料集》，北京：农业出版社，1992 年，第 122—124、149—153 页。

[94]　此外，汉普夏猪、皮特兰猪和巴克夏猪也在引种之列。参见：国家畜禽遗传资源委员会组编：《中国畜禽遗传资源志·猪志》，北京：中国农业出版社，2011 年，第 453—476 页。

[95]　曹凯云：《本土猪 PK 洋种猪，命运迥异的深思》，《北方牧业》2011 年第 20 期，第 6—7 页。

张凤鸣、柴捷、王金勇、郭宗义：《当前我国土猪养殖发展的瓶颈及对策》，《中国猪业》2019 年第 14 卷第 8 期，第 34—37+41 页。

龙华平：《外来生猪遗传资源对中国养猪业的影响研究》，北京农学院硕士学位论文，2014 年。

卜鸿静、岳磊、韵晓冬、吉涛、李文刚：《引进猪种与我国地方猪种生产效率及肉质特性比较》，《山西农业科学》2014 年第 42 卷第 1 期，第 74—77 页。

[96]　中华人民共和国农业部：《全国畜禽遗传资源保护和利用"十三五"规划》，2016–11–09 公布。

[97]　《全国生猪遗传改良计划（2021—2035 年）》，《猪业观察》2021 年第 3 期，第 6—9 页。

[98]　赵敏：《中国古代农学思想考论》，北京：中国农业科学技术出版社，2013 年，第 228—248 页。

[99]　徐旺生：《中国养猪史》，北京：中国农业出版社，2009 年，第 2 页。

[100]　如：甘肃秦安大地湾遗址第一期文化地层中出土有家猪和狗的遗存，猪以 C_3 类植物为主食，可能是随意放养的。参见：吉笃学：《中国北方现代人扩散与农业起源的环境考古学观察——以甘宁地区为例》，兰州大学博士学位论文，2007 年。

[101]　如：屈亚婷：《稳定同位素食谱分析视角下的考古中国》，北京：科学出版社，2019 年。

郭怡：《稳定同位素分析方法在探讨稻粟混作区先民 (动物) 食物结构中的运用》，杭州：浙江大学出版社，2013 年。

[102]　胡耀武、张昕煜、王婷婷、杨岐黄、胡松梅：《陕西华阴兴乐坊遗址家养动物的饲养模式及对先民肉食资源的贡献》，《第四纪研究》2020 年第 40 卷第 2 期，第 399—406 页。

Hu Y., Hu S., Wang W., Wu X., Marshall F. B., Chen X., Hou L., Wang C. (2014).

"Earliest evidence for commensal processes of cat domestication." *Proceedings of the National Academy of Sciences* 111(1): 116–120.

Sheng, P., Y. Hu, Z. Sun, L. Yang, S. Hu, B. T. Fuller and X. Shang (2020). "Early commensal interaction between humans and hares in Neolithic northern China." *Antiquity* 94(375): 622–636.

白倩：《河南省郑州市青台遗址出土动物遗存研究》，中国社会科学院硕士学位论文，2020 年。

[103] 吕鹏：《驯化和自我驯化的动物考古学观察》，见中国社会科学院考古研究所科技考古中心编：《科技考古（第六辑）》，北京：科学出版社，2021 年，第 103—110 页。

[104] 〔汉〕刘安撰：《淮南万毕术　淮南万毕术附补遗》，台北：新文丰出版公司，1983 年。

[105] 〔北魏〕贾思勰著，缪启愉、缪桂龙译注：《齐民要术译注》，上海：上海古籍出版社，2009 年，第 384—388 页。

[106] 杨诗兴：《我国古代常用的家畜饲料及其调制法》，见张仲葛、朱先煌主编：《中国畜牧史料集》，北京：科学出版社，1986 年，第 79—94 页。

[107] [美]莱尔·华特森著，陈信宏译：《滚滚猪公：猪头猪脑的世界》，台北：麦田出版社，2005 年，第 203—204 页。

[108] 张仲葛：《我国养猪业的发展与科学技术的成就》，见张仲葛、朱先煌主编：《中国畜牧史料集》，北京：科学出版社，1986 年，第 233—253 页。

[109] 徐旺生：《中国养猪史》，北京：中国农业出版社，2009 年，第 11—13 页。

早在远古时期，中国先民根据自身生活的需要和对动物世界的认识，先后选择了狗、猪、牛、羊、马和鸡等动物进行驯化和饲养，经过漫长的岁月，它们逐渐成为最为常见的家养动物。关于家养动物的用途，《三字经》中有"马牛羊，鸡犬豕，此六畜，人所饲"的名句，《三字经·训诂》指出"马能负重致远，牛能耕田，犬能守夜防患，则畜之以备用者也；鸡羊与豕，则畜之孳生以备食者也"[1]。美国人类学家摩耳（Moore）对人类驯化和饲养各种动物的目的性进行了归纳，认为养羊是为其毛，养马是为其力，养牛为其乳和筋肉，养猪为其肉，养家畜是为其蛋和羽，养狗是为其狩猎和伴侣之用，养蜂是为其蜜，养金丝雀是为其鸣叫，养金鱼是为其美丽——在所列 9 种家养动物中，家猪是唯一一种以肉食来源为主要用途的动物种类[2]。可以说，以六畜为代表的家养动物，各有所长，各尽其用，它们深刻地影响甚至改变了人类的历史进程。

猪的主要用途是提供肉食，但由此认为肉食来源为猪的唯一用途的话，那就是过于偏颇了。站在人类的立场上，作为资源的家猪用途极广，正如中国民谚所言："猪身全是宝，一样扔不了。"在古代中国，猪不仅给人提供肉食（还包括猪皮、内脏、血、肠等），而且能为农业提供肥料，能为建筑业[3]、手工业或工业提供血液、骨骼、皮革和猪鬃（如猪骨可以用以制作胶水、骨器或作为瓷器的添加成分）等原材料，可以作为宠物，此外，猪在医学领域也发挥了重要的作用。当然，猪还有更为深刻的仪式用途和文化内涵，我们将在第四章予以探讨。猪予人类，益处远大于害处，在本章，笔者将从肉食、肥料、猪皮、猪鬃、医药价值和骨器原料等6个方面具体阐述中国家猪的实用功能。

一、肉食

饮食是人类生存和发展之基，中国人最重饮食。《史记·郦生陆贾列传》中有"王者以民人为天，而民人以食为天"[4]的记载，正所谓"民以食为天"，能吃上饭是最重要的。《孟子·告子章句上》云"食者，性也"[5]，食与性，关乎人类生存与繁衍。"一方水土养一方人"，各地饮食与地理、气候、生业、风俗、文化、时代和经济紧密相连，构成了中华大地上丰富多彩的地域性饮食风貌[6]。孙中山在《建国方略》中，首先从国人寻常饮食入手阐释"行易知难"的观点，他认为"是烹调之术本于文明而生……中国烹调之妙，亦足表文明进化之深也"[7]。中国自古至今，饮食不仅能满足口腹之欲，更是关系人情、民生和礼俗，承载着重要的社会、政治和文化含义（下文"猪牲"一节将对猪及猪肉食物的仪式和文化内涵进行探讨，本节重点谈猪作为肉食的实用功能），可以说，饮食文化已深深植根于中国人的文化基因[8]。

张光直认为，"到达一个文化的核心的最好方法之一，就是通过它的肠胃"[9]。中国古代饮食所用动物和植物原材料非常丰富，中国人解决饮食的问题主要是通过种植业，以谷物和豆类为主，动物食物所占比重较低[10]。在国人的动物性食物当中，猪是用途最广、用量最多、影响最为深远的肉食来源，其重要性绝无其他动物可与之比肩。费孝通于 1941 年做了一次饶有趣味的民族学调查，他发现猪的性价比最高，这是猪成为国人肉食主要来源的主因 [11]。中国是养猪和猪肉消费的大国，勤俭智慧的中国人认为：猪是可以移动的肉食库，猪皮、猪肉、猪油、猪血、猪骨还有猪的各种脏器以及骨髓皆为食材。猪肉是国人餐桌上的常客，各类菜系都能见到猪肉的身影，诸如红烧排骨、蒜泥白肉、红烧肘子、糖醋里脊、回锅肉等让人垂涎三尺。单就猪头而言，猪耳、猪舌、猪鼻、猪脸、猪脑花、猪眼睛、猪鼻筋等各个部位经红烧、酱煮、清蒸、酒糟、烧烤等各道制作工序之后呈现出各色美食。猪的肠子、膀胱和胃可当肠衣制作香肠（如传统广式腊肠）或包裹其他食物。猪皮可加工成皮冻、膨化食品和蛋白粉，云南洱海地区白族自唐代即已流行吃猪生皮的食俗 [12]。猪皮中提取的明胶可以用来制作口香糖和提拉米苏。猪鬃中提取的蛋白质可以让面包更松软，猪还可以用以制作啤酒、柠檬水，猪骨及提取物可熬汤、做调料并有多样药效 [13]。奶是动物次级产品（Secondary Products，是指动物终其一生可以反复开发和利用的动物产品 [14]）开发和利用的重要方面，家养食草动物牛、羊、马和骆驼在这方面居功甚伟，猪奶在历史上也发挥过有益的作用。唐代孙思邈在世界上最早记录了古代儿童的喂养和断奶方式，其中就提到可用猪奶喂养新生儿且效果极佳。据《备急千金要方》载："凡新生小儿，一月内常饮猪乳大佳。" [15] 事实上，我国有些品种猪（如荣昌猪）的奶营养价值很高，但是，猪奶整体而言味道差、产奶时间短、成本高、产量小、挤奶不便等劣势可能是造成人类放弃喝猪奶的原因 [16]。

　　中国人对猪肉的消费有其历时性演变过程，现按时代、肉食内涵和畜牧业发展状况分史前至商周、东周至秦汉、魏晋至宋元、明清以来等 4 个阶段分别进行论述，并简要探讨猪肉在古代中国的贮藏、品质和禁忌等。

（一）史前至商周：家猪作为肉食主源的起源及分化

国人对猪肉的青睐源远流长。在出土中国最早家猪遗存的河南舞阳贾湖遗址当中，猪骨遗存破碎且数量较多，其死亡年龄结构以达到肉量最多、肉质最好的个体为主（图 3–1）；狗骨遗存的出土情况则与此截然不同，其在遗址里仅有零星发现且出土 11 只狗以完整个体的方式被分别埋葬在墓地和居址内。这表明贾湖先民将猪作为主要的肉食来源，除食其肉之外，还通过敲骨吸髓的方式获取更多蛋白质，而狗的功能主要体现在看家护院以及供

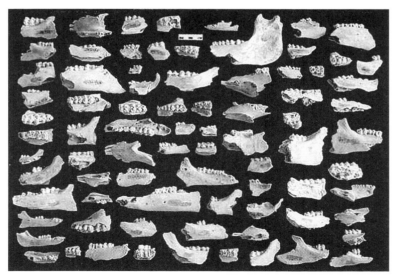

图 3–1　河南舞阳贾湖遗址出土破碎猪下颌骨（袁靖供图）

奉神灵[17]。

猪在中国版图上被广为食用，我们甚至可以说中华民族生存繁衍所必需的蛋白质，绝大部分来自猪。我们对全国200余处考古遗址进行统计，均发现有猪骨遗存，猪骨破碎且有明显的加工和食用的痕迹。家猪逐步成为主要的肉食来源，这以中原和海岱地区最为典型。

在中原地区，从新石器时代早期至仰韶文化早期（距今10000—7000年），家猪在哺乳动物中所占比例由10%剧增到70%—80%，仰韶文化中期（约距今6000年）达到80%—90%的峰值，仰韶文化晚期至二里冈文化时期（距今5500—3500年）虽有回落但整体上保持稳定（在50%—70%之间），直至商代晚期（约距今3300年），河南安阳殷墟遗址某些地点中猪的肉食贡献率居首的位置才让位于黄牛[18]。

在海岱地区，家猪最早在后李文化时期的鲁北地区由本地野猪驯化而成（如山东济南张马屯遗址[19]），后李文化时期猪（以家猪为主）在哺乳动物种群中所占的比例约为15%—40%，大汶口文化时期平均比例约为70%，甚至高达80%—90%（各区域家猪饲养水平存在差异，但整体上饲养规模较大、饲养水平较高），特别是大汶口文化中晚期家猪的比例达到峰值，表明家猪饲养规模发展到较高程度，龙山文化时期因家养黄牛和绵羊的引入饲养和比重增加，家猪所占比例略有下降，但整体趋于平稳，遗址间家猪的饲养水平和规模存在明显差异，这是社会分化的一种反映[20]。

猪肉消费在史前时期有明显的地区差异。西北地区曾经一度以猪为主要肉食资源，距今5500—5000年前，家养黄牛和绵羊自西亚传入该地区，距今 4000 年左右的齐家文化时期，在气候转为干冷这个外部环境刺激下，生业方式由"以猪为主"转向"以绵羊为主"，草原畜牧和游牧生业方式最终在此地生根发芽[21]。中原和海岱地区以猪为主要的肉食资源，距今 4500—4000 年左右，家养黄牛和绵羊传入该地区，生业方式形成以猪为主、包括多种家畜的局面，奠定了该地区率先进入文明社会的生业基础[22]。南方和东北地区的古代先民在很大程度上依赖野生动植物资源，家猪的饲养规模整体上保持较低水平。董宁宁和袁靖整合了中原和长江下游地区距今 10000—2000 年猪的动物考古和同位素研究数据以揭示其不同的驯化轨迹，结果表明：中原地区人口增长和社会组织结构的变化是引发该地区强化家猪饲养行为的主要原因，长江下游地区古代城市化进程呈现不均衡发展的状况、丰富的野生动物资源以及先民对野生动物资源的偏好，最终导致该地区史前先民仅对家猪资源进行了有限开发[23]。

关于加工制作猪肉的方法，我们可以通过猪骨遗存上加工制作肉食的痕迹以及器物上的使用痕迹获得证据。崔剑锋等根据陶器上的加热痕迹，认为内蒙古赤峰兴隆沟遗址在兴隆洼文化时期（距今 8000—7500 年）的陶器以内加热为主，通过将炭火或加热石块（称之为石煮法。民族志印第安人在库特乃节中会用夹子将烧石放入盛放有水和鱼的编筐里，仅用 5 分钟就可以煮熟鱼[24]。中国鄂伦春族利用桦木桶、广东连山瑶族用牛皮容器、云南傣族用竹筒，盛水和兽肉，取灼热的石块投入其中，从而把兽肉煮熟[25]。石煮法的卵石遗存在宁夏灵武水洞沟旧石器时代晚期遗址[26]、四川汉源商周遗址[27] 等均有发现）直接放置于容器内的方式来加热食物，制作食物的主要方式为烧烤烘焙；夏家店下层文化时期（距今 4000—3500 年）的陶器以外加热为主，表明是通过蒸煮焖炖的方式来制作食物，这种陶器上内外加热方式的转变反映了兴隆沟先民生业和饮食的转变 [28]。据王仁湘、周新华、宋兆麟等考证，史前至商周时期加工制作肉食的方式包括生食、直接就火烧烤、用泥或动物胃包裹食物隔火烧烤、通过器具加热肉食（包括内加热和外加热两种）等，用以加热肉食的器具经历了由石板、石块以及以兽皮或竹木为锅的无陶烹饪阶段向使用陶质和铜制炊具阶段的转化，陶质炊具包括陶釜（主要用以煮）、陶甑（主要用以蒸，后演变出陶甗，蒸制食物是东亚烹饪特有的技法）、陶鼎（既是炊具，又是食具）、陶鏊、陶炉、陶灶等，餐具包括匕、箸、餐叉等 [29]。

肉食源于渔猎所获或畜牧所产。史前至商周时期猪肉消费量的增长得益于中国古代家猪饲养业的发展，中国人乐于接受外来的生产力要素，外来家养动物和农作物的引入对于肉食消费也造成了重要影响。罗运兵将中国古代家猪饲养的早期发展（距今9000—2200 年）归纳为 4 种模式 [30]，笔者结合最新考古发现及生业考古研究的前沿成果，认为可以划分为 5 种模式：

1. 中原模式

以中原地区为代表，还包括海岱地区、淮河中下游、汉水中游地区。

中国最早的家猪在距今 9000—8500 年前出现于中原地区，家猪形态和尺寸与野猪较为接近但有明显的区分。距今 7000—5000 年前的仰韶文化时期，家猪形态和尺寸整体趋于稳定，家猪地方品种开始形成，史前先民已经将主要的精力放在了务农上，以种植粟和黍为主的北方旱作农业最终确立。以此为基础，以家猪饲养为主，包括狗在内的家畜饲养业得到了较大发展（猪在哺乳动物群中所占比例在此期达到峰值），反过来，家猪又以积肥的方式推动了农业的发展。距今5000—4000年左右的龙山文化时期，中原地区以粟和黍的种植为主，稻米得以推广，小麦业已传入，随着家养食草动物（黄牛、绵羊和山羊）传入该地区，家猪的相对比例明显下降，确立了多种农作物种植和多种家畜饲养业的生业形态，农业和家畜饲养业共同发展、相互促进。

2. 西北模式

以西北地区为代表，还包括北方地区、西辽河地区。

家猪在距今8000年前出现于这些地区。距今5500—5000年左右，家养黄牛和绵羊自西亚传入西北及东北地区，家猪饲养业缓慢发展（猪的相对比例缓慢上升）。距今4000年左右，家猪饲养业达到峰值，随着家养山羊、家马、小麦和大麦的传入，在气候干冷这个外在因素的刺激下，家养绵羊的数量逐渐超过家猪，农牧结合的生业方式逐步形成。其后，家马的重要性日渐凸显，加之在距今3000年左右骆驼的传入，西北地区逐步向游牧方式转化。

3. 西藏模式

以西藏地区为中心。

该地区与农业有关的生业活动可能是由西北地区传入的。距今6000—5000年前，伴随着仰韶晚期和马家窑文化粟作农业人群由黄土高原西部地区的西渐和南下，西藏地区进入新石器时代，最先受到影响的青藏高原东部地区的人群，主要依赖粟黍作物和野生动物资源为生；距今5000—4000年，家猪由外地（可能是西北地区）通过品种或技术引入，在西藏昌都卡若（距今 5000—4000 年）和拉萨曲贡遗址（距今 4000—3000 年）中均有发现，家猪死亡年龄较小表明其主要是用作肉食来源，西藏地区形成粟黍种植与家猪饲养相结合的生业方式；距今 4000 年以来，西藏先民在独立驯化牦牛（最早见于西藏拉萨曲贡遗址的早期堆积，年代为距今 4000—3500 年）、藏绵羊和狗（二者最早见于西藏拉萨曲贡遗址，年代为距今 4000—3000 年）的同时，麦作农业人群在距今 3500 年左右开始在此地大规模定居，家马可能到早期金属时代才由西北地区引入，由此，西藏地区的农业由麦粟混作转向以种植青稞为主，畜牧业由饲养家猪转向以藏绵羊和牦牛为主的畜牧方式，此外，渔猎也发挥着重要的作用[31]。

4. 太湖模式

以长江下游环太湖地区为代表。

家猪在距今 8000 年前出现于太湖地区。自跨湖桥文化（距今 8300—7200 年）至崧泽文化（距今 5900—5200 年）时期，水田稻耕技术逐步完善，饭稻羹鱼为主要饮食形态，生业仍以渔猎方式为主，家猪相对比例不高，家猪饲养业缓慢发展。良渚文化（距今 5200—4000 年）时期是农业发展的巅峰，以强化水稻生产和饲养家猪为支撑的农业经济完全确立，猪的相对比例剧增并达到峰值。在马桥文化（距今 3900—3100 年）时期，农业经济衰落并重组，农耕和家畜饲养有所萎缩，猪的相对比例陡然下降。东周时期，新的农作物和家养动物自北方传入，出现了以麦、粟、黍和大豆等旱作农作物为主的旱稻混作方式和以猪、狗、牛、羊、鸡和鸭等家养动物为主的家畜饲养方式，生业方式逐步进入新的发展阶段。

5. 华南模式

以华南地区为代表，还包括西南峡江地区。

该地区与农业有关的生业活动可能都是由长江中下游地区传入的。家猪在距今 6000 年前出现于华南地区，距今 6000—5000 年前，水稻、粟、黍、大麦、大豆和绿豆等农作物出现于该地区，家猪的相对比例明显上升，但增幅有限。距今 4000 年以后，家猪饲养业才有了较为明显的发展，直至西周时期，农业和家畜饲养业才开始占据主要地位。

中国史前家猪饲养业整体上呈现发展的态势，其内在驱动力为何？笔者在此以河南地区史前时期为例进行阐述。

自距今 9000—8500 年前中国人驯化成功家猪之后，家猪作为一种重要的资源在中国社会中发挥了重要的作用，这种作用影响至今。随着考古学特别是环境考古、人骨考古、植物考古、动物考古、同位素考古学的发展，我们可以从环境、社会、人口、资源、技术和生业等多个维度来探索家猪起源和早期发展之谜，这是家猪饲养的最初阶段，奠定了中国家猪饲养业发展的基础。笔者在此借由考古学的研究成果，试对河南地区新石器时代至二里头文化时期家猪饲养业的形成和发展做历时性的观察。

1. 新石器时代中期（距今 9500—7000 年）

气候条件整体上较为温暖湿润 [32]。适宜的环境条件为生业发展和人口增长提供了先决条件，河南地区人口约有 11 万人，人口密度 0.66 人 / 平方公里 [33]。人类选择河旁台地以及山前平原地带的高地居住，聚落间及内部较为平等，生业处于由狩猎采集方式向农业社会的转型阶段。就畜牧业发展状况而言，史前居民已经驯化和饲养了狗和猪，家猪的饲养方式以放养为主，对家猪资源的利用方式主要是肉食，还用作祭牲、骨料来源等。

2. 新石器时代晚期（距今 7000—4500 年）

早期和中期阶段气候温暖湿润，处于大暖期鼎盛阶段，晚期阶段气候波动剧烈[34]。河南地区仰韶文化早、中和晚期的人口数量分别为 24.9 万、94.2 万、107.3 万，人口密度分别为 1.51 人/平方公里、5.71 人/平方公里、6.5 人/平方公里[35]。人口规模持续增长，对环境资源施压显著，仰韶文化中期社会产生分化，至晚期更为突出。随着农业社会的建立，种植业和畜牧业为人口增长和社会分化提供了物质基础。畜牧业中以家猪为代表的家畜饲养业大发展，史前居民强化了家猪的饲养技术，开始采用圈养、主要喂食农作物及其副产品的方式来养猪，种植业为家猪饲养业提供了物质保障，史前居民利用猪的粪便肥田，畜牧业反过来推动了农业的发展。家猪饲养业的发展为其仪式性的广泛应用提供了保证，猪牲成为区分社会等级和人群的标志。家养食草动物（黄牛和绵羊）已经出现在西北和东北地区，向河南地区的扩散和传播只是时间问题。

3. 新石器时代末期（距今 4500—4000 年）

气候波动和缓，以温暖湿润为主，中晚期略显干燥[36]。河南地区人口约为 115.7 万人，人口密度由龙山文化早期的 7.01 人/平方公里上升为龙山文化晚期的 12.69 人/平方公里[37]。人口急剧增长，对资源和环境施压加剧，聚落间产生主从之分，等级差异显著，城乡分化进一步发展，郑洛地区为天下之中的格局形成，进入早期国家阶段。社会处于危机和调整的态势，种植业上形成多品种农作物种植体系，畜牧业上形成多品种家畜饲养模式，家养食草动物（包括黄牛和绵羊）在一定程度上分解了家猪所占的比例，但各畜种都呈现稳步增长的态势。家猪仍为主要的肉食来源，作为祭牲更加凸显了使用者的身份和地位，并被用作卜骨，作为骨料来源的用途仍微不足道。

4. 新砦—二里头文化时期（距今 4000—3500 年）

处于全新世气候适宜期的晚期，气候属于暖温带向亚热带过渡型，为湿润或半湿润的季风气候。距今 4000 年左右中原地区异常洪水频发，此类遗迹见于伊河、洛河、涑水河、沁河、双洎河流域，洪水过后，伊洛河流域出现了广阔平坦的泛滥平原，土质肥沃且有积水洼地，有利于发展复合型农业[38]。河南地区人口约为 1103.2 万人，人口密度为 55.16 人／平方公里[39]，整体上人口呈增长的趋势。这一时期聚落数量下降，但聚落及人口存在集中的现象，部分地区人口大规模集中，社会组织能力增强，环境资源对人类制约性相对降低。这一时期处于比较发达的农业生产阶段，人类利用多种环境条件，发展多种农作物和家养动物，抗灾能力增强，多品种农作物种植和多品种家畜饲养方式持续发展，家养山羊出现于中原地区，小麦数量有所增长，二里头遗址水稻出土数量惊人，其比重甚至超过了粟和黍，这可能与都城对周边地区的征赋有关。多种资源向高等级中心聚落汇聚，城乡之间、地区之间资源交流频繁[40]。

（二）东周至秦汉：家猪作为肉食主源的定型

东周至秦汉时期初步形成农区、半农半牧区和牧区分立的畜牧格局，兽医技术有明显发展。畜牧业的发展以养马业和养牛业的勃兴为主要特征，放牧的马、牛和羊等食草动物成为牧区和半农半牧区的主要家畜。农区畜牧业又称农区饲养业，以家庭副业的形式存在，以饲养鸡、猪和羊等小家畜和小家禽为主。种植业支持了家畜饲养业，家畜饲养业又通过提供粪肥的方式改良了土壤，促进了种植业的发展[41]。在这一时期，家猪在广大地区是主要的肉食来源，当然，肉食清单中还包括牛、羊、狗、鸡、鸭和鱼等家养动物以及各种野生动物。根据历史文献记载测算，先秦至汉代一般家庭的家猪饲养规模以及猪肉消费水平，大体为每人每年最多消费1/5至1/4头猪，大约10千克的猪肉[42]。但需要说明的是，这仅仅是一个参考性的平均值，事实上，民以食为天，食以肉为上，作为"肉食者"的上层或精英阶级会享受到更多的肉食。所谓肉食者，意指"吃肉的人，当权者"，该注释源自西晋杜预的《春秋左传正义》："肉食，在位者也。"[43]根据考古资料，肉食者之史实至少可以早到仰韶文化中期。以河南灵宝西坡墓地（仰韶文化中期至晚期，距今5300—5000年左右）为例，农业经济在推动社会发展的同时，对西坡史前先民的人口和健康状况施以重要的影响：西坡史前先民的口腔和骨骼疾病的发病率明显高于处于采集—狩猎经济阶段的贾湖史前先民，但西坡先民的人口数量和平均寿命有了明显的增长[44]；家猪在该遗址中是最主要的动物资源，肉食贡献率远高于其他动物（猪可鉴定标本数在哺乳动物中所占比例为84%，大多数猪在1—1.5岁时被屠宰，其饲养和消费呈现自给自足的特点[45]）。西坡史前先民强化了家猪饲养，主要用粟类作物及其副产品来饲养猪[46]。猪作为西坡史前先民主要的肉食来源，猪肉消费在空间分布上存在明显的差异，一些灰坑（如H22和H110）当中出土猪骨的数量要远超过其他的灰坑，加上骨骼表面痕迹（啮齿动物啃咬和风化痕迹）较少或程度较低，说明猪作为肉食资源是经集中消费后迅速埋藏的，这可能是宴飨活动产生的食余垃圾被迅速掩埋的结果，而宴飨活动的召集者或举办者很可能正是西坡遗址大型房屋的主人[47]。此外，碳氮稳定同位素分析和腹土寄生虫的结果揭示出"肉食者"阶层，高等级墓葬（如M27）墓主的食性中表征肉食消费的氮值较高且感染绦虫病的概率更高，表明他们作为社会上层阶级有更多的机会获取以猪肉为主的肉食，成为不折不扣的"肉食者"[48]。春秋时期左丘明著的《春秋左传·庄公十年》中，讲到了公元前684年齐国与鲁国之间的长勺之战，鲁国平民曹刿主动请战，认为"肉食者鄙，未能远谋"，对食肉的当权者很是不屑[49]。东周时期的《论语·阳货篇》中阳货要见孔子，"归孔子豚"，将蒸熟的小猪当作厚礼赠送给孔子[50]，这从一个侧面反映了当时的肉食稀缺。

《礼记·礼运》说"夫礼之初，始诸饮食"[51]，饮食具有自然和文化双重属性，新石器时代晚期与青铜文化早期发现的成组礼器多与饮食有关，在中华文明的起源和发展过程中，饮食成为礼制的主要物质体现并影响社会生活[50]。在周代，肉食消费在精英阶层内部受到礼制和地位的限制，同时肉食的使用也是区分贵族与平民的主要标志[53]。礼制规定了不同等级贵族用鼎的数量和食用肉类的种类，使用九鼎的最高级贵族可以享用的肉食最为丰盛，包括牛肉、羊肉、猪肉、干鱼、干肉、内脏、里脊肉、鲜鱼和鲜肉等，而最低等级的贵族只能吃乳猪肉[54]。《仪礼》关乎东周时期的饮食及礼仪，以诸侯宴请大夫"公食礼"中的肉食为例，正馔包括牛、羊、猪、鱼、腊肉、肠、胃、猪肉皮等，加馔包括切法和制作方法不同的牛肉、羊肉、猪肉、牛肉酱、羊肉酱、猪肉酱、生牛片、生鱼片等[55]。《周礼》中记载了大量职掌饮食的官员，又以"膳夫"为最重要的职位。商周之时，膳夫除供王以饮食外，还能够掌管宗教祭祀，甚至在军政方面也有较大的势力，商汤重臣伊尹就是由厨入宰，用"以鼎调羹""调和五味"的理论治理天下（《史记·殷本纪》记载："伊尹名阿衡。阿衡欲奸汤而无由，乃为有莘氏媵臣，负鼎俎，以滋味说汤，致于王道。"[56]）。庖人专管炮制肉食，肉食原料包括六兽（麋、鹿、熊、麋、野猪、兔）和六禽（雁、鹑、鹨、雉、鸠、鸽），这些野味由甸人供应，为狩猎所得，供应日常食用的肉类为六膳（牛、羊、猪、狗、雁、鱼），供应祭祀用的是六牲（马、牛、羊、猪、狗、鸡），六牲除被神灵享用之外，实际上是为祭祀者及相关人员享用，祭品与饮食、礼器与餐具在精神与物质、仪式与现实之间实现转换[57]。到了东周时期，膳夫地位急转直下，退回到最基本的职能——供奉饮食，这也正是屈原在《天问》中对于食官出生的伊尹为何权重难以理解的原因（"帝乃降观，下逢伊挚"）[58]。古代肢解整牲的方法有两种：一是豚解，就是把整牲切割成肱二、股二、脊一、胁二，共计 7 块；二是体解，就是把整牲切割成肱六、股六、脊三、胁六，共计 21 块[59]。祭祀宴飨要求用献祭的牛、猪、绵羊、山羊和狗的肉做成特殊的菜肴，厨师们采用繁复的工序，用香料和佐料精心为肉调味，去除肉腥味，从而调和各道菜肴的味道[60]。把生肉烤熟是古代常用的制作肉食的方法，《礼记·礼运》说"以炮以燔，以亨（同"烹"）以炙，以为醴酪"[61]，说明炮、燔、炙是 3 种不同的烤肉方法：炮是用泥包裹带毛的肉食后用火烤（《周礼·膳夫》记载了"珍用八物"，据郑玄注，其中有一道"炮豚"[62]："炮：取豚若将，刲之刳之，实枣于其腹中，编萑以苴之，涂之以谨涂。炮之，涂皆干，擘之，濯手以摩之，去其皽。为稻粉，糔溲之以为酏，以付豚。煎诸膏，膏必灭之。钜镬汤，以小鼎，芗脯于其中，使其汤毋灭鼎。三日三夜毋绝火，而后调之以醯醢。"）[63]；燔是把成片的肉平置在火上翻烤，烤熟且烤干；炙是如同现在的烤肉串，边加调汁边烤，边烤边吃[64]。肉食与蔬菜季节性搭配的方式非常讲究，这是顺应时节的饮食考虑，也是去除肉食腥味的有效方法。《礼记·内则》中提到"豚，春用韭，秋用蓼"，配制主食和调味品也有讲究，"豕宜稷"，"三牲用藙"，"兽用梅"[65]。动物的膏或脂（即动物油）主要是煎和，庖厨制作肉食会根据季节来选用肉类和膏脂，其中，秋膳膏腥，即秋天适宜食用用猪油煎制的牛犊鹿麛，祭祀中有一种膳献，就是用动物的膏脂煎肉丁或肉末[66]。

秦祚甚短，但也留有关于饮食的考古证据。陕西西安秦始皇陵陵园外城墙东北 750 米处发现有一处动物陪葬坑（又称鱼池动物坑），该坑平面呈南北向甲字形，总面积 300 平方米，出土有陶俑残块及铁铤铜镞和秦半两铜币等。该坑由夯土隔墙将主室分为 8 区，形成 16 个东西对称的小厢房，曾经大火焚烧，坑底残留着摆放有序的动物遗存。1 至 4 室主要为鸟纲动物，其后 4 室为哺乳纲动物，最南端的 2 室为爬行纲动物，其中，鸟纲动物包括鸡、大型鸟类（可能为鹤），哺乳纲动物包括猪、羊、狗、獾（或水獭），爬行纲动物有鳖，还包括鱼纲动物[67]。关于该坑的性质暂不清楚，似与都城的范围有关[68]。

汉代社会崇尚富贵，肉食消费水平明显提高，不同阶层人群都有机会享受肉食，而经济条件可能是唯一影响肉食消费的因素[69]。西汉桓宽在《盐铁论·散不足》中写道："古者，庶人粝食藜藿，非乡饮酒膢腊祭祀无酒肉。故诸侯无故不杀牛羊，大夫士无故不杀犬豕。今闾巷县佰，阡伯屠沽，无故烹杀，相聚野外。负粟而往，挈肉而归。夫一豕之肉，得中年之收，十五斗粟，当丁男半月之食。"[70] 西汉淮南厉王被废，文帝亲自下诏为他"给肉日五斤"，像杨震、费祎、韩崇等这样的名臣，一旦去职，皆"布衣蔬食"，汉代非常注重孝道，长者食肉、晚辈素食是敬老的一项内容[71]。汉代城市中开始出现餐饮业，《盐铁论·散不足》中对此有所描述："古者，不粥饪，不市食。及其后，则有屠沽，沽酒市脯鱼盐而已。今熟食遍列，肴施成市，作业堕怠，食必趣时，杨豚韭卵，狗脺马朘，煎鱼切肝，羊淹鸡寒，桐马酪酒，塞脯胃脯，腥羔豆赐，毂膹雁羹，臭鲍甘瓠，熟粱貊炙。"[72] 其中，肉铺中出售猪肉、店铺中摆放猪肉熟食的情形富有生活气息。各地出土的汉墓壁画、画像石、画像砖中，"只要出现庖厨图，宰猪和屠狗都是最常见的"[73]。山东诸城前凉台村东汉孙琮墓出土有庖厨图画像石，画像石中刻绘有 42 位忙碌而井然有序的厨师和仆人，他们各司其职，或汲水，或炊煮，或酿造，或宰牲，或切肉剞鱼，或烤肉串，或制作肉脯，或劈柴烧灶，或布置食物及食具；画面的右侧偏中的位置刻绘有一组宰牲的人群，其中，有 3 人正在宰猪， 1 人手执绳， 1 人用锤或棒将猪砸昏， 1 人磨刀霍霍向猪而去，猪头前放置一盆，用以接血；画面的顶端刻绘有厨房屋檐下垂下的 11 个挂钩，可辨肉品从左往右依次挂着鳖、禽、鱼、小鱼串、兔、牛百叶、猪头、猪腿、牛肩等，就肉的形态看，有鲜肉也有干肉制品（图 3–2）[74]。

　　汉代居民食物差异的缩小在祭祀用牲上也有体现，比较富裕的庶民甚至可以用以往只有诸侯祭祀时才能使用的牛作为祭品，中层阶级用上了羊和猪，贫穷之民也用上了鸡和猪，祭祀之后，

图 3-2　山东诸城前凉台东汉墓出土画像石上庖厨图（摹本）

图片来源：任日新：《山东诸城汉墓画像石》，《文物》1981 年第 10 期，第 14—21 页。

祭品自然成为了参与祭祀之人的食物[75]。汉代动物陪葬的形式多样，大体可分为动物祭牲、动物性食物（熟食或其他食物）、部分牲体或特殊部位或禽卵随葬、动物俑等几类，出土动物祭牲墓葬的时代一般为西汉早期，动物性食物贯穿西汉一代，东汉时流行象征性财富的陪葬方式，动物祭牲和肉食均不存在[76]。

北京丰台大葆台一号汉墓（墓主为西汉中晚期广阳顷王刘建及其王后，年代为公元前45年左右）中出土动物遗存可分为肉食、役兽和玩物等类别，其中，家养动物包括马、猪、牛、山羊、鸡和猫等，出土鲤鱼可能是人工养殖的鱼类，家养动物的数量和品种远没有野生动物丰富，野生动物包括金钱豹、鹿、天鹅、鸿雁、豆雁、白额雁、白颈雁、雉、马鸡、鸟、雀等，野生动物可能来源于专门饲养野生动物的苑囿，猪骨遗存仅在M1外回廊靠近门处发现1件犬齿，反映出猪并非主要的肉食来源[77]。

南方地区除食用家畜家禽之外，得益于野生动植物资源丰富的状况，他们可以享用各种山珍海味、鱼蚌河鲜、鹿鸟野味。湖北江陵凤凰山168号墓（墓主为西汉五大夫遂少言，下葬时间为汉文帝前元十三年，即公元前167年）的墓主经病理检测，结果显示其生前患有胃溃疡并发穿孔、胆囊炎以及血吸虫等多种寄生虫病，在其小肠管内检测出带绦虫的虫卵，但难以确定具体种属，在该墓中发现有多具乳猪骨骼以及牛排等，推测死者生前吃了未煮熟的牛肉或羊肉，从而染上了绦虫病[78]。湖南长沙马王堆一号汉墓（墓主为第一代轪侯利苍的妻子辛追，年代为公元前160年左右）出土有大量肉食，包括有鱼纲（6种）、鸟纲（12种）和哺乳纲（6种）动物共计24种，猪作为肉食动物之一，按数量多少排序第3位（数量较多的动物按由多到少顺序排列为：家鸡

10，梅花鹿8，猪6，黄牛5，竹鸡、鲫鱼和环颈雉分别为4），一只体重约2.5—3千克、骨骼完整的幼年个体猪被放置于3个竹筒内[79]。墓中出土记载随葬物品的遣策竹简共计312枚，其中一般都与食物有关，包括肉食、调味品、饮料、主食和小食、果品和粮食等，其中以猪为原材料的肉食包括羹、炙、熬火腿等[80]。取材有用成年猪者，如豕酪羹、豕逢羹、豕炙、豕肩、豕载、土豕，也有用幼体猪者，如豚酪羹、熬豚[81]。广东广州南越王墓（墓主为西汉初年南越王国第二代王赵眜，年代约为公元前122年左右）的7个墓室中有4个墓室出土有动物遗存，其中，东侧室和西侧室为从葬的诸夫人之室，东侧室出土有猪肋骨，上有剁砍痕迹，应是食品，后藏室陶罐内有猪肋骨，呈黄白色，可能是经过特殊加工处理的食品，西侧室出土动物遗存上有烧烤痕迹，不见砍斫痕迹，绝大部分是猪、牛和羊，少量鸡和鱼骨，可能是祭牲[82]。南越王墓出土3件大小不一的铜烤炉，还配备有悬炉用的铁链，插烧食物用的铁钎、铁叉和铁钩，其中一件烤炉上还发现有目前最早的烤乳猪实物形象，该烤炉（编号G40）平面近方形，四角微翘，可以防止食物滑落，底部微凹，便于放炭，四足呈鸮形，四壁较长的两侧面在靠近足部之处铸有4头小猪，猪嘴朝天，中空，用于插放烧烤用具[83]，有研究认为该烤炉可能是用于烤乳猪的实物，可见岭南地区先民食用烤乳猪的历史久远[84]。

　　西北和北方地区游牧人群食肉饮酪饮食方式的形成与其以畜牧为主的生业方式密切相关。综合新疆北部地区、甘青地区、内蒙古中南部地区、西辽河流域等动物考古及相关畜牧史研究的成果可知：距今8000—7000年，这些地区的生业方式以狩猎采集为主，家猪和狗已经由中原地区引入或独立完成驯化，以家猪为代表的家畜饲养业缓慢发展；距今 5500—5000 年，家养黄牛和绵羊传入西北和东北地区，以家猪为主的家畜饲养业较为稳定地发展，并在距今 4000 年左右达到饲养的最高峰；距今 4000 年以来，在气候干冷、文化适应和人群迁移等多种因素相互作用之下，以养羊业为代表的畜牧业由西向东（新疆北部—内蒙古中部—西辽河流域）迅速推进并快速发展；距今 3000 年以来，随着家马的传入，游牧化的各项要素已经齐备，在政治和族群等因素的推动下，全面游牧化的生业方式最终确立[85]。根据文献记载[86]和考古资料，匈奴以游牧业为主要的生业方式，牲畜种类以马、牛、羊为主，其中又以羊（绵羊与山羊混合放牧）的数量最多，其他动物（如骆驼、驴和骡等）数量较少，此外，农业（可能仅限于某些地区）、渔猎（可能是以鼠类和兔类动物为主）、掠夺与贸易等是辅助性生业方式，特别是西汉以来，中原地区耕种技术的传入，促进了匈奴农业的发展[87]。关于匈奴饮食，《史记·匈奴列传》有"自君王以下，咸食畜肉""壮者食肥美，老者食其余"[88]。蒙古国高勒毛都 2 号墓、Ereen Hailaas 墓地和 Salkhitiin Am 墓地出土人骨碳氮稳定同位素结果显示，匈奴饮食中具有明显的 C_3 和 C_4 类植物混合特征，说明粟类作物在他们的食谱中占有一定比重，氮同位素比值偏高，符合以肉、奶为主食的游牧人群特征，不同阶层人群碳氮稳定同位素比值十分接近，说明他们的饮食结构比较接近[89]。笔者认为该结论并不能反映不同阶层或阶级制作和食用肉、奶食物在方法、器具和仪式上的差异。汉代河湟地区西羌族的生业方式以饲养马、牛和羊的畜牧业为主，羊的数量最多，但与匈奴生业方式的不同主要体现在辅助性生业上：西羌更依赖农业且较少依赖对外贸易[90]。汉代拓边汉族平民的饮食受到当地饮食风俗的影响，宁夏中卫常乐墓地（西汉末期至东汉早期）M17中出土有丰富的饮食遗存，任萌等应用蛋白质组学、植物微体化石分析、稳定同位素分析等方法对这些饮食遗存进行研究后发现：出土 3 个饼类遗存均是由 C$_4$ 类植物（可能主要为粟和黍等农作物）烤制而成，其中 1 件是由粟直接加工而成的"胡饼"，另外 2 件是在粟粉中添加肉食（肉类可能来自普通牛和鸡等）制成的"烧饼"，肉串为炙烤的羊肉串，肉干为牛肉制品，这就反映了迁居宁夏地区的汉人在保留自身饮食传统的基础上，吸收了西域各族"烤制"、"重肉食"（特别是家养食草动物类肉食）等饮食风俗，反映了农耕和游牧族群间饮食文化的交流[91]。综上，西北和北方地区曾经从事并发展养猪业，在距今 4000 年以前，家猪成为重要甚至主要的肉食来源；距今 4000 年以后，家猪所占比重迅速下降，以绵羊、山羊和黄牛为代表的家养食草动物成为当地主要的肉食和乳食来源；东周至秦汉时期西北地区的餐桌上，猪肉已非常罕见。

（三）魏晋至宋元："拥羊贬猪"

随着家养食草动物的传入和发展，马因在战争、军事、运输和政治中的重要作用被称为六畜之首，牛因耕地和畜力之需逐渐淡出肉食行列（《淮南子·说山训》载："杀牛，必亡之数。"东汉高诱注曰："牛者，所以植谷者，民之命，是以王法禁杀牛，民犯禁杀之者诛。故曰必亡之数。"[92]），"肉食者"将目光更多地投向了羊，而养猪业则成为农家可有可无的副业，猪沦为六畜之末。

魏晋南北朝时期，羊取代猪成为北方地区主要的肉用家畜，这是中国畜牧史上一次意义深远的转变。东汉末期之后，北方地区长期战乱导致人口急剧下降，土地荒芜变成荒野，从而获得了充裕的草场，北方草原游牧民族大量涌入中原地区，带来了以畜牧为主的生业方式以及"羊肉酪浆"的饮食习俗。北方地区饲养的家畜种类包括马、牛、驴、骡、羊和猪等，南方地区家畜饲养规模有限，家畜种类包括牛、马、驴、猪、羊、狗和鸡等，以家庭为单位的养猪方式较为多见[93]。拓跋鲜卑是第一个入主中原、统一中国北方地区的游牧民族，张国文等通过对拓跋鲜卑考古遗址出土人骨和动物骨骼进行碳氮稳定同位素研究，发现随着他们不断迁徙并进入平城（治今山西大同东北）和洛阳，其生业方式由游牧方式逐步趋向于农耕方式：迁都平城之前，拓跋鲜卑以游牧和渔猎作为主要的获取动物资源的方式，家养动物主要是马、牛和羊，也包括鹿、野猪、鸟类、贝类和鱼类动物，墓葬中罕以猪和狗随葬，说明他们以羊肉为主要肉食来源，几乎不吃家猪肉；迁都平城和洛阳之后，拓跋鲜卑对渔猎和游牧业的依赖程度降低，农耕经济所占比重上升，肉食来源虽仍以羊肉为主（还包括牛和马肉），部分人群可能也会食用家猪、狗和鸡肉[94]。《洛阳伽蓝记》记载了南人王肃于公元 493 年投奔北魏，他到洛阳之后饮食上由最初的"不食羊肉及酪浆等物"被同化为"食羊肉酪粥甚多"，当北魏孝文帝就此事询问他时（可能也有试探其是否忠心之意），王肃以"羊者是陆产之最"来应对[95]，足见游牧方式及饮食对中原地区饮食的深刻影响。北魏贾思勰《齐民要术》一书对养马和养羊技术的讨论非常详细[96]，可见家养食草动物地位的上升及猪地位的旁落。该书在列举家畜的烹饪方法时，第一位的依然是猪肉（37 例），次之羊肉（31 例），加工用例中，猪肉 8 例，羊肉 6 例[97]。该书记录了用牛、羊、獐鹿、野猪、家猪的肉通过熟干做"脯腊"的程序，大体为把肉切成条或片，在煮的过程中加入盐豉、调料（包括捣碎的葱白、成末的椒姜橘皮），熬煮三天三夜后穿绳挂起阴干，并不断用手搓捏，使肉紧实，肉干制成后用纸袋收藏，这种方法沿用至今[98]。蒸缹法中包括蒸豚（仔猪）法、缹猪肉法、缹豚法、蒸猪头法等。以蒸猪头法为例：用新鲜的猪头，去骨煮沸，用刀切细，用水洗净，加清酒、盐、豉调味，蒸熟之后放上干姜和花椒后食用[99]。张骞凿空西域是汉代乃至中国历史上的大事件，在中西文化交流史上具有划时代的意义，自此以后，大量与饮食有关的物产自西域甚至更远的西方传入中原地区，传入的肉食中首推"羌煮貊炙"（羌和貊指古代西北地区的少数民族）[100]。所谓"羌煮"，就是鹿头肉蘸着猪肉汤。《齐民要术》中详细记录了羌煮的做法，用料是一个鹿头配两斤猪肉："羌煮法：好鹿头，纯煮令熟。着水中洗，治作脔，如两指大。猪肉，琢，作臛。下葱白，长二寸一虎口，细琢姜及橘皮各半合，椒少许；下苦酒、盐、豉适口。一鹿头，用二斤猪肉作臛"[101]。所谓"貊炙"，指的是烤全羊和全猪，食用时用刀切割。《齐民要术·炙法》中记载，炙豚法的食材为尚在哺乳期的乳猪："用乳下豚极肥者，豶、牸俱得。擊治一如煮法，揩洗，刮削，令极净。小开腹，去五脏，又净洗。以茅茹腹令满，柞，木穿，缓火遥炙，急转勿住。转常使周匝，不匝则偏焦也。清酒数涂以发色。色足便止。取新猪膏极白净者，涂拭勿住。若无新猪膏，净麻油亦得。色同琥珀，又类真金。入口则消，状若凌雪，含浆膏润，特异凡常也"[102]。

羊肉为上食。后唐明宗御厨"供御厨及内史食羊，每日二百口，岁计七百万余口。酿酒糯米二万余石"[103]。宋神宗御厨一年的肉食消费量是"羊肉四十三万四千四百六十三斤四两，常支羊羔儿一十九口，猪肉四千一百三十一斤"[104]。宋朝御厨原则上"不登彘肉"，但实际上还是有的[105]。宋代孟元老在《东京梦华录》中记载东京城（今河南开封）中"迎接中贵饮食"的高级饭店中，所记70种菜肴之中没有一种是用牛肉或猪肉制成的，只在所记露天餐饮摊的二三十种菜肴中出现了一种用猪肉作为食材的"旋炙猪皮肉"[106]。

辽与西夏以马、羊立国，畜牧业是契丹和党项人的传统生产部门。辽代畜牧业以放牧为主，牲畜以马为主，羊次之，还有牛和骆驼等，牧区不养猪，家猪饲养业在适合发展农耕的区域有所发展，如辽金时期东北地区东南部家猪饲养业较为发达[107]。西夏畜牧业与辽大体相同，牲畜主要有马、牛（包括牦牛）、羊、骆驼、驴和骡等[108]。辽代契丹族的饮食以肉食和乳食为主，其次为粮食，还包括瓜果蔬菜和茶叶酒水等。肉食主要来源为家养动物类的牛、羊以及野生动物类的野鸭、野兔等（契丹族食用的野生动物还包括熊、雁、野猪、貉、黄羊、虎、狍等）。制作肉食的方法很多，包括生食、"濡"（即水煮肉）、"燔炙"（即烧烤肉）和"干肉"等，炊器包括鼎、釜、锅、桶和火盆等，以刀、匕和匙作为主要的进食器具，建立政权后才普遍使用箸[109]。

源自东北、建立金朝的女真人的养猪业非常发达。女真人的祖先是肃慎，又称挹娄、勿吉和靺鞨（"黑水靺鞨居肃慎地，亦曰挹娄，元魏时曰勿吉"[110]）。《后汉书》《魏书》《晋书》《旧唐书》《新唐书》中记载了饲养家猪是女真人最为重要的生业方式，养猪方式以放养为主："（勿吉人）多猪无羊""（肃慎或挹娄）

无牛羊，多畜猪""（挹娄人）好养豕，食其肉，衣其皮""（靺鞨人）其畜宜猪，富人至数百口，食其肉而衣其皮""（靺鞨人）缀野猪牙……畜多豕，无牛羊"。女真贵族食用多种肉食，据《满洲源流考》引《马扩茆斋自叙》中记录完颜阿骨打在打猎聚餐时，"别以木楪盛猪、羊、鸡、鹿、兔、狼、麂、獐、狐狸、牛、马、鹅、雁、鱼、鸭等肉。或燔或烹，或生脔，以芥蒜汁清沃，陆续供例。各取佩刀脔切荐饭"[111]。公元1125年，北宋派遣许亢宗贺金太宗即位，他在《奉使金国行程录》中记录了女真人用猪肉（菜名"肉盘子"）招待他们的情景："以极肥猪肉或脂润切大片一小盘子，虚装架起，间插青葱三数茎，名曰'肉盘子'，非大宴不设"[112]，由此可见猪肉是女真人主要肉食来源之一。金朝建立之后，地处东北的会宁府（今黑龙江哈尔滨阿城区阿什河左岸）曾经一度年"贡猪二万"[113]。随着女真人逐步进入中原，他们开始食用羊肉，到了大金后期，女真人的肉食主要是羊肉[114]。

自魏晋南北朝至宋元时期，餐桌上羊肉的地位很高，而猪肉一度沦落到不受待见的地步。这种"拥羊贬猪"现象出现的原因是多方面的：一是受到了北方游牧饮食方式的影响，以东京（今河南开封）为例，其地理位置接近辽，经常受到契丹军事力量的威胁，决定中原地区羊贵猪贱饮食文化的主因是契丹饮食文化的渗透[115]；二是宋政府重视牧羊业的政策导向，宋代设立专门机构以发展官营牧羊业，采取保护母羊和羔羊的政策；三是羊与猪在生态习性上的差异，猪与人争食（特别是灾荒之年），而养羊的综合效益要高于养猪，此外，羊喜欢干净的环境，而猪的卫生状况较差[116]；四是中医理论对于消费观念的引导，认为羊肉养生而猪肉"微毒"且"腥臊"[117]，从而使猪肉价格低下，为权贵阶层所厌弃。

猪肉地位下降，但民间养猪业相当发达，猪肉在市井民间大行其道。甘肃嘉峪关新城 6 号魏晋墓（公元 220—316 年）中有一幅屠猪题材的壁画（M6：044）：一头猪陈于俎案上，案下有盆，人立于猪后部，右手扶猪臀部，左手执一柄长物插入猪左后腿，这幅壁画表现的内容应当为屠宰猪时的"吹猪"动作，将长钎插入猪后腿，使之向前穿过猪的躯体，冲长钎吹气直到猪身膨胀，这样便于将猪毛刮净[118]，而案下所置之盆符合放血接血的需要（图 3–3）[119]。在《东京梦华录》中，孟元老追忆北宋都城东京的繁华盛景，专门记录了东京城运输猪的情形：城外"民间所宰猪"，只能从南熏门入城，"每日至晚，每群万数，止十数人驱逐，无有乱行者"，城内"其杀猪羊作坊，每人担猪羊及车

图 3–3　甘肃嘉峪关新城 M6 宰猪题材壁画
图片来源：甘肃省文物队、甘肃省博物馆、嘉峪关市文物管理所：《嘉峪关壁画墓发掘报告》，图版六七：2，北京：文物出版社，1985 年。

子上市，动即百数"[120]。在北宋张择端创作的传世名画《清明上河图》中，东京城内的一处普通人家饲有家猪，街道之上有猪群悠然散步[121]，可以说，家猪饲养满足了东京百万人口的肉食之需，其贡献不可谓不大[122]。北宋一代文豪苏轼（号东坡居士，世称苏东坡）借助他发明的"东坡肉"拯救了猪肉低贱的地位。当他被贬居黄州（治今湖北黄冈）时，面对猪肉"贵人不肯吃，贫人不解煮"的情形，他选用"价贱如泥土"的黄州猪肉研发了小火慢炖的"东坡肉"（"净洗锅，少著水，柴头罨烟焰不起。待他自熟莫催他，火候足时他自美"），并作《猪肉颂》以记录此事[123]。现在，改良版"东坡肉"已经成为享誉中国的一道名菜[124]。腌制是加工和保存畜产品的重要方法，这种方法出现于宋代以前，相传为苏轼编写的《格物粗谈·饮馔》中提到了火腿的腌制和储藏，"火腿用猪胰二个同煮，油尽去""藏火腿于谷内，数十年不油，一云谷糠"[125]，虽未提及火腿加工的技术，但火腿已经可以加工出来了[126]。宋代江浙一带有一种用猪腿、羊腿捶锻，煮熟且漉干的肉菜，叫作肉鲊。"鲊"原意是将肉压紧以便去掉水分，多用鱼类动物，故加鱼字旁，现在鲊是指腌鱼或糟鱼，已脱离了其原本的含义[127]。南宋之时，首都临安（治今浙江杭州）肉铺林立，猪肉很受欢迎，屠夫或肉贩应顾客的要求切肉剁骨，忙得不亦乐乎。南宋吴自牧所著的《梦粱录·卷十六·肉铺》中详细描述了此种盛况：

> 杭城内外，肉铺不知其几，皆装饰肉案，动器新丽。每日各铺悬挂成边猪，不下十余边。如冬年两节（笔者注：指冬至和春节），各铺日卖数十边。案前操刀者五七人，主顾从便索唤，行切。且如猪肉名件，或细抹落索儿精、钝刀丁头肉、

条撺精、窜燥子肉、烧猪煎肝肉、脊肉、盦蔗肉。骨头亦有数名件，曰双条骨、三层骨、浮筋骨、脊龟骨、球杖骨、苏骨、寸金骨、棒子、蹄子、脑头大骨等。肉市上纷纷，卖者听其分寸，略无错误。至饭前，所挂之肉骨已尽矣。盖人烟稠密，食之者众故也。[128]

南宋临安城食店里可见品类众多的猪肉食品，南宋西湖老人所撰《西湖老人繁胜录·食店》中列举了猪舌头、白燠肉、肚肺、犯脯鲊酱、箅条犯、线条儿、肉瓜虀、削脯、苔脯、松脯等[129]。

元朝由游牧而建国，"国家以兵得天下，不藉粮馈，惟资羊马"[130]，因此，畜牧业是其基本的经济活动。《马可波罗行纪》中有蒙古族"彼等以肉乳猎物为食，凡肉皆食"[131]的记载。蒙古族饮食上以牲畜的肉和奶为主食，蒙语称以奶为原料制作的食物为"查干伊得"，即"白食"，蒙语称以肉类为原料制作的食物为"乌兰伊得"，意为"红食"。元代《居家必用事类全集（饮食类）》一书中记录了元代的许多饮食及烹饪方法，肉食来源非常丰富，包括猪、马、牛、羊、鹿、骆驼、兔、虎、獾、骡、熊、鸡、鸭、鹅、黄雀、鱼、蛏、蛤蜊、螃蟹等各种动物，猪的肉食之用并不突出[132]。据《黑鞑事略》记载：蒙古族人"其食，肉而不粒。猎而得者，曰兔、曰鹿、曰野彘、曰黄鼠、曰顽羊、曰黄羊、曰野马、曰河源之鱼。牧而庖者，以羊为常，牛次之，非大燕会不刑马"[133]。由此可见，蒙古族肉食来源以牧业和渔猎所得动物为主，主要为黄牛和绵羊肉，其次为山羊肉，少量食用马和骆驼肉，狩猎所得的黄羊、狍、野猪、野兔、山鸡等也为肉食来源，几乎不见家猪。制作肉食的方法多样，或生食，或煮食，或烧烤，或风干，不一而足。此外，蒙古族奶制品非常丰富，常饮牛奶，还食用羊奶、马奶、鹿奶和骆驼奶，奶制品主要包括奶茶、奶豆腐、奶皮子、黄油、奶油、奶酒等[134]。元代忽思慧撰写的《饮膳正要》是我国现存第一部较为系统的营养学专著，书中记载的各类食疗方以及各种肉、乳制品极具蒙古族特色，如"聚珍异馔"中94个食疗方中就有77方与羊（包括羊肉、羊肝、羊肾、羊髓、羊骨、羊蹄、羊尾等）有关，内有少量用猪（家猪和野猪）制作的饮食和食疗方，如猪头姜豉、猪肾粥、野猪臛，概述还指出家猪肉、猪肚、猪肾、猪蹄、野猪肉等具有的食疗价值[135]。曾雄生依据历史文献认为元代畜牧业存在牧区和农区之分，牧区畜牧业主要的家养动物种类是马、羊、黄牛、驴、骆驼、牦牛和狗，肉食是蒙古人的主食，因此，利用动物资源的方式以肉食供应为主（无论是在日常生活还是宴飨活动中，元朝统治者及王侯贵族的肉食消费都很惊人）。内蒙古锡林郭勒元上都西关厢遗址和包头燕家梁遗址当中，出土绵羊的数量最多、比例最高，燕家梁遗址当中出土有一定数量的猪（猪在哺乳动物可鉴定标本总数中占18.41%）[136]，而西关厢遗址当中出土猪的数量极少（猪在哺乳动物可鉴定标本总数中仅占0.94%）[137]，由此可见，羊肉是牧区的主要的肉食来源，而马在军事和驿站交通中的作用尤为突出，此外，动物的开发和利用还包括次级产品（如马奶、动物毛皮）和祭祀（元代宫廷有取马乳以供祭祀的传统，号称"金陵挤马"[138]）等方面。农区畜牧业主要的家养动物种类是黄牛、羊、猪、鸡和鹅，牛的地位最为重要，"牛者农之本"[139]，猪是主要的肉食来源，粮食生产和经济的发展、肥育和饲料技术的进步，推动了养猪业的发达[140]。意大利人马可·波罗记录了他在元代行在城（治今浙江杭州）的见闻："复有屠场，屠宰大畜，如小牛、大牛、山羊之属，其肉乃供富人大官之食，至若下民，则食种种不洁之肉（笔者注：猪肉），毫无厌恶。"[141]

（四）明清以来："天下畜之"

明清时期，随着人口的增长，耕地被大量开垦和开发，猪以其圈养而高产的优点重新回归"天下畜之"（《本草纲目·兽部·豕》）[142]的地位。

明清畜牧业的突出特点有两个：一是养马业由盛而衰，二是小家畜和家禽业空前发展[143]。明清时期，人多地少的矛盾日渐严重，无荒闲之地可用于放牧，因此，只能大力发展适用于圈舍饲养的小家畜和家禽，家猪饲养业得到快速发展，这样一来，牲畜粪便可以入肥，从而促进了农业生产的发展[144]。明清及民国时期，黄河中游地区普遍以养猪业作为家庭副业，猪肉受到了普遍的重视，成为该地人们最常食用的肉类，被称为"大肉"[145]。直至明代嘉靖、万历年间，猪肉成功翻盘并确立其无可撼动的优势地位，最终完成了历史的逆袭。明代光禄寺掌管皇室的祭享和饮食，御膳所用食材均采自上林苑（也有从民间市场购买的情况），消耗的动物中以猪的数量最多，其中，每年御膳用牲中包括猪18900只、羊10750只、鸡37900只、鹅32040只、牛犊40只[146]。明朝中期，官宦贵族饮食奢靡，一场由监司官举行的仅有主客三席的宴会中，所用肉食原材料就有猪肉150斤、鸡72只、鹅18只（"先大夫初至吉藩，遇宴一监司，主客三席耳，询庖人，用鹅一十八，鸡七十二，猪肉百五十斤"[147]）。明朝末年，北京钞手胡同华家售卖煮熟的猪头肉，远近闻名，一些蓟镇的将帅其至会专门快马采买（"至钞手胡同华家，柴门小巷，专煮猪头肉，内而宫禁，外而勋戚，皆知其名，蓟镇将帅，走马传致"[148]）。猪肉铺在明代市场中司空见惯，据《如梦录》记载，明朝后期开封城内售卖的肉食中包括羊肉、熏鸡、鹅、鸭、牛肉、驴肉和猪肉[149]。明代张瀚在广州市场上见到售卖乳猪的商家，"豚仅十斤即全体售"，可见广州人在明代之时盛行吃乳猪的风俗[150]。清代美食家袁枚所著《随园食单》中，将猪单独列为《特牲单》，"猪用最多，可称'广大教主'"，与猪相关的菜品多达43道，而牛、羊等归为《杂牲单》，"非南人家常时有之之物"[151]。清代童岳荐选编撰著的《调鼎集》中涉及清代烹饪饮食的多个方面，其中第三卷《特牲杂牲部》中收录的用猪肉和猪内脏制作的菜肴多达307种，其他如牛羊肉和内脏为原料制作的菜肴大为减少，有125种[152]。清朝上层对猪肉的青睐与东北习俗有关，据《宁古塔纪略》记载，满族人"逢喜庆、疾病则还愿，择大猪，不与人争价，宰割列于其下……将猪肉头足肝肠收拾极净，大肠以血灌满，一锅煮熟，请亲友列炕上。炕上不用桌，铺设油单，一人一盘，自用小刀片食，不留余，不送人"[153]，满族人将猪的各个可食部位煮熟，用小刀吃手把猪肉的情形跃然纸上。清朝杨屾在《豳风广义》中甚至认为北方的猪肉比南方的好："南方之猪味酸冷而有小毒，食之动风、生痰、弱筋骨，虚人肌，不可久食"，北方的猪则"肉味甘、性平、无毒，大能补肾气虚损、壮筋骨、健气血"[154]。这种论述的文化内涵远大于科学认知。清代潘荣陛所著《帝京岁时纪胜》八月"时品"条中记有："中秋桂饼之外……南炉鸭，烧小猪，挂炉肉。"[155]中秋节除吃月饼之外，还会享用美味的肉食，南炉鸭即烤鸭，烧小猪为烤乳猪，挂炉肉又名烤方、响皮肉、卤肉，这是将五花肉经修割、晾晒、炉烤后制成的老北京传统熟肉美食，其口味外焦里嫩、果味飘香。民国时期徐珂编撰《清稗类钞》的饮食类中常见各种猪类美食，清末民初几种高级宴会中名列第一的就是烧烤席："烧烤席，俗称满汉大席，筵席中之无上上品也。……必用烧猪、烧方，皆以全体烧之"，此中所言烧猪即为烤乳猪，颇具周代"炮豚"遗风，而烧方是将猪前腿及肩肉炙烤而成。另一种高级宴会"豚蹄席"中，"其碗肴之第一品为豚蹄，蹄之皮皱，意若曰此为特豚也"，顾名思义是用猪蹄制作的美食。此外，据《清稗类钞》记载，炖猪肉、炸猪排、红煨猪肉、白煨猪肉、菜花煨猪肉、炒猪肉片、煨猪肺、煨猪爪、煨猪腰、余猪肉皮、走油猪蹄等猪类美食更是深入到市井民间[156]。清代市场上售卖猪肉的肉铺随处可见，如：北京有骡马市、马市、羊市、猪市 [东四牌楼附近有猪市大街、小羊市、礼士胡同（原名驴市胡同），西四牌楼附近有马市大街、羊市大街等]，天津有马市、驴市，苏州有猪市等，乡镇集市上牲畜贸易更为普遍。清代出现了我国现存下来的中医治疗猪病的唯一方书《猪经大全》，这是一份用中医药防治猪病的宝贵资料[157]。

明清时期南方地区的养猪业很发达，猪肉消费很是惊人。明代王济在其所著《君子堂日询手镜》一书中指出广西横州地区具有养猪的传统："其地猪甚肥而美，足短头小，腹大垂地，虽新生十余日，即肥圆如匏，重六七斤，可烹，味极甘腴，人甚珍重，延客鼎俎间无此不为敬"[158]。俄国大使尼古拉·斯帕塔鲁·米列斯库在 1675—1678 年访问杭州时，发出了这样的惊叹：这座城市人口之多，每天要吃 1 万袋大米，每天宰猪 1000 头[159]。湖南永顺老司城遗址为湘西明清时期的土家族土司遗址，动物考古研究为我们揭示了土司集团获取和利用动物资源的情况。研究表明，饲养的家养动物包括猪、水牛、黄牛、山羊、马、狗、鸡、鸭和鹅，家畜饲养水平较之湖南洪江高庙遗址（高庙文化，距今7800—6600年）和湖南永顺不二门遗址（商周时期）仅饲养狗和猪的状况有了飞跃式进步，猪是最为主要和重要的家畜之一，其在哺乳动物种群中所占比例为33%（可鉴定标本数）和42%（最小个体数）；肉食消费体现了社会等级的差异，土司官吏以猪、牛和鸡为主要的肉食来源，而彭氏土司在宴飨活动中食用了大量的水牛、黄牛、野兽（如虎、熊、豹、狼、水鹿、梅花鹿等）和海洋贝类动物（如泥蚶、海螺），这种食用珍稀难得肉食的宴飨行为是土司彰显地位和提高声望的方式和手段[160]。

　　明清时期养猪业重回巅峰，但也有历史的波折，以明代的禁猪令最为典型。明武宗朱厚照在正德十四年（公元1519年）下达禁猪令，违者永远充军。明朝李诩撰写的笔记《戒庵老人漫笔·禁宰犬豕》中节录了禁猪令的原文："养豕之家，易卖宰杀，固系寻常，但当爵本命，既而又姓，虽然字异，实乃音同，况兼食之随生疮疾。宜当禁革，如若故违，本犯并连当房家小发遣极边卫，永远充军。"[161]关于禁猪令产生的原因，较为普遍的观点认为：明朝皇帝姓朱，与"猪"同音，明朝武宗皇帝朱厚照的属相又是猪；也有学者指出该禁猪令与穆斯林的关系巨大，明朝杨廷和撰写的《杨文忠公三录·视草余录》中指出：此事"盖为回夷于永、写亦虎仙辈所惑也"[162]。禁猪令一出，全国各地纷纷杀猪，甚至将猪投河，或减价贱卖，幼猪则被埋葬处理，《明实录·英宗实录》记载："（正德十四年十二月）乙卯，上至仪真。时上巡幸所至，禁民间畜猪，远近屠杀殆尽，田家有产者，悉投诸水。是岁，仪真丁祀，有司家羊代之。"该禁猪令的推行几乎使全国的猪断种，甚至连祭祀用猪都无法找到。在实行三个月后，内廷大学士杨廷和上奏《请免禁杀猪疏》，请求废止禁猪令，礼部上奏说国家祭典要以猪充三牲，明武宗意识到此举引发百姓的怨声载道，"内批仍用豕"，事实上废除了该禁猪令。

在相当长时间内，猪肉中脂肪的价值要远胜于蛋白质。在古代植物性和动物性食物供应都不足的情况下，脂肪是珍贵的短缺性营养品，猪油在传统膳食结构中占有很重要的位置，红烧肉、蹄髈等美食也是以肥肉为主而为人所喜。直至18世纪到一战前，在那些物资匮乏的年代，不论是食用还是工业用，人们对猪油等能量的迫切渴望[163]让脂肪型猪肉逐渐成为主流。20世纪六七十年代中国陕北的农民把瘦肉称作"黑肉"，把肥肉称为"白肉"，他们因平时缺少油水，都喜欢吃白肉，肉食稀缺而珍贵，只有在逢年过节（称为杀年猪）、特殊或重要场合（如：将病死和老死或摔死的牲畜分给各家吃肉以改善伙食，婚丧嫁娶或祭祀活动）才宰猪杀羊[164]。随着人们饮食习惯的变化，猪的选育逐渐开始走向瘦肉型来满足越来越多的社会需要，"瘦"变成时髦的象征。

如今，中国是世界最大的生猪生产国和猪肉消费国。2009—2017年，世界猪肉年产量从10300万吨增长到11100万吨，增长了7.8%，我国则从4890万吨增长到5315万吨，增长了8.7%，略高于世界猪肉产量的增速[165]。我国猪肉消费占全部动物肉类消费的六成以上，平均每年要吃掉7亿头猪，这就意味着：世界上一半的猪养在中国并走上餐桌（数据显示，2020年中国生猪存栏40650万头、猪肉消费占全世界的47%，中国是猪肉消费第一大国[166]）。随着国外猪种的引入和本土化持续选育，我国生猪产业发展迅速，人均猪肉年消费量从 1978 年的 6 千克增长到现在的 36—41 千克（近 20 年来，我国猪肉消费经历了由升到降的过程，这与牛羊肉和家禽肉比重的增减或肉食消费结构变化有关，其中，2019 年我国人均猪肉年消费量为 20.2 千克，约占国人人均肉类消费量 24.7 千克的 4/5）[167]，优化了中国人的膳食结构，满足了人民群众日益增长的肉食需求。

（五）中国古代贮藏猪肉及肉食的方法

所谓"人怕出名猪怕壮"，家猪一旦变肥，也就意味着"挨宰"的日子近在眼前，临死之前，它们要向命运发出"杀猪一般"的干号。家猪在初春产仔，史前考古遗址当中出土猪的死亡年龄集中在 1.5—2 岁，也多有接近 1 岁的猪仔，由此，猪多在当年及来年冬天来临之前被屠宰（特别是宰杀雄猪），这是一种较为经济的选择。此外，猪肉是冬天举行盛大宴会宴请聚落共同体所有成员的美食，冬至的祭祀和腊祭之时杀猪宰羊，把食物奉献给神灵和祖先，从而具有了仪式和文化的内涵[168]。

根据动物考古研究，人类在冬季来临前宰杀家猪的行为可以早到距今 7000 多年前。安徽蚌埠双墩遗址（双墩文化，距今约7000 年）的猪在社会和精神活动中具有重要作用，通过对猪骨进行骨骼部位发现率、尺寸测量、死亡年龄及结构、死亡季节、性别及结构的分析，戴玲玲认为该遗址猪的种群结构比较复杂：除家猪和野猪之外，还有两者杂交的个体，猪下颌骨出土频率较高的现象表明猪在仪式性活动中发挥了重要作用，家猪和野猪的死亡年龄（屠宰季节）多集中在冬季，这与冬季食物匮乏有关，雌雄两性猪的比例接近，说明家猪是由小规模的家庭饲养的，在屠宰或繁育时并未有明显的性别选择[169]。王华应用牙齿的萌出和磨蚀等级以及线性牙釉质发育不全发生的位置与生命周期的对应关系，对陕西铜川瓦窑沟（仰韶文化半坡类型，距今约6300—5700年）、陕西华县泉护村（仰韶文化庙底沟类型，距今约5800—5500年）和河南邓州八里岗（仰韶文化中期，距今约5600—5000年）遗址出土家猪的屠宰季节进行研究，研究结果表明：仰韶文化时期家猪多出生在春季的4—5月，为一年一生，史前先民对家猪的屠宰集中在冬季至来年春季，这是一种立足于家猪的生态习性而产生的应对资源的季节性匮乏的策略[170]。河南荥阳青台遗址是一处仰韶文化晚期（距今约5300年）大型聚落遗址，家养动物种类包括猪和狗，家猪在哺乳动物种群中占有最高比例，是主要的肉食来源，绝大部分家猪是在居址内被屠宰和消费的，属于自给自足的家猪饲养和消费模式，白倩等根据猪的死亡年龄结构推测青台史前先民屠宰猪的季节集中在秋冬季[171]。

　　动物被屠宰后，动物体还要经过许多生物化学反应，肉会经历包括热鲜肉、尸僵、成熟和腐败等连续变化的过程[172]。当代常用的肉类贮藏方法包括：对鲜肉采用低温贮藏（可分为在−18℃以下储存的冷冻肉和在0℃—4℃保存的冷鲜肉[173]）、气调贮藏（常用的气体包括氧气、一氧化碳和氮气）的方法进行保鲜，在鲜肉中增加添加剂（包括调味品、香辛料以及包括防腐剂在内的其他添加剂），通过将鲜肉制作成包括干制品（如肉松、肉干、肉脯、腊肉等）、卤煮和熏烧烤肉制品、肠制品等在内的肉制品进行贮藏[174]。我国古人早已认识到腐败变质的肉食不能食用，《论语·乡党篇》载："食饐而餲，鱼馁而肉败，不食。"[175]那么，中国古人是如何贮藏肉及肉食的？笔者将就此展开讨论。

根据考古发现和文献资料，我国古人贮藏肉及肉食的方法主要有冷冻法、干肉法、腌制法和酱制法。

1. 冷冻法

早在狩猎—采集阶段，人类已经采用冷冻之法以贮藏肉食，他们在冬季来临时把肉类冻起来，从而保证自身的饮食供给。黑龙江密山新开流遗址（距今约 6000 年）发现有 10 座鱼窖，依据坑口形状可分为圆形和椭圆形两种，坑内基本结构为上层填土，下层堆放鱼骨，推测是将鲜鱼放入窖坑之后棚盖覆土进行贮藏的。根据民族学资料记载，赫哲族和密山县当地渔民有在湖畔阴凉处挖坑或冰窖贮鱼的习俗，鱼腹朝上层层摆放，不必加盐，其上盖木板或树枝后覆土，这样的鱼窖存鱼之法，夏秋可存三五日，冬季经浇水做冰冻保存，可保存到来年 5 月份 [176]。现在黑龙江地区的人们在冬至前后杀猪，首先会把大部分的猪肉用冰块加雪埋好，上面再浇水封冻，猪肉可以保存到除夕或来年正月 [177]。东北地区冬季气候严寒，用封冻的地窖（甚至是露天的）来存储肉食体现了人们因地制宜的智慧。

在考古遗址中是否发现过用以保存肉类的遗迹呢？笔者在第一章已经论述过关于河北武安磁山遗址（距今 7400—7100 年）出土储藏有粮食及动物的灰坑的问题，此类灰坑或可用以储藏粮食，若论是否用以贮藏肉类，则需要慎思辨之。现在农村仍存有地窖，因其阴凉干燥，或可暂时储存肉食，但要更为长久地保鲜食材，则需要用冷冻法，中国古代先民采用将食材迅速冰冻或将食材与冰块同处来解决肉食以及其他食材保鲜的方法，又称"冰镇低温贮藏技术" [178]。

中国古代应用冷冻法（或冰镇低温贮藏技术）的主要器具和设施包括冰鉴、凌阴和冰船。

（1）冰鉴

我国早在战国时期（距今约 2400 年）就已经发明了迄今为止世界上最早的、结构完整的原始"冰箱"——冰鉴。湖北随州曾侯乙墓 [墓主为战国初期曾（随）国国君乙，葬于公元前 433 年或稍晚] 在中室靠近东椁壁的中部出土有一对方鉴（实为鉴缶，方尊缶置于方鉴正中），这对方鉴通高 63.2 厘米或 63.3 厘米，长 62.8 厘米和 63.4 厘米或 62.8 厘米和 62.0 厘米 [179]，鉴与缶之间的空隙用以盛放冰块，所以，这对方鉴就功能而言为冰鉴。《周礼·凌人》记载："春始治鉴。凡外、内瓮之膳羞鉴焉。凡酒、浆之酒、醴亦如之" [180]，郑玄注"鉴如甀，大口以盛冰，置食物于中，以御温气"，可见冰鉴除可以用以冰酒之外，还可以保存肉食和其他食物，延及明清时期，有了冰桶和冰盆一类的器具 [181]。

（2）凌阴

要储存大量的食物，则需要有冰室和冰井一类的设施，称之为凌阴（汉代称凌室，明清称冰窖）。根据历史文献记载，西周时期已经有凌阴，如《诗经·豳风·七月》云，"二之日凿冰冲冲，三之日纳入凌阴" [182]，所采之冰来自深山幽谷极寒之地，采冰的时间大体在农历十二月。《周礼·天官·凌人》中记载有管理冰政的官员凌人 [183]。目前，我国发现年代最早的凌阴遗迹见于山西襄汾陶寺遗址，编号 IFJT2（陶寺文化早期）的长方形坑式建筑位于陶寺宫城内核心建筑 IFJT3 的夯土基址下，面积约 300 平方米，最深处约 9 米，有坡道、储冰池、栈道等配套设施 [184]。此外，河南安阳殷墟大司空窖穴遗址（商代晚期） [185]、陕西凤翔雍城遗址（春秋时期）[186]、河南新郑郑韩故城遗址（春秋时期）[187]、陕西千阳尚家岭遗址（战国晚期至西汉）[188]、陕西西安汉长乐宫遗址（西汉、新莽时期）[189]、北京西城恭俭五巷和故宫（清代）[190]等发现有商代晚期至清代的凌阴（冰室）遗迹，在河北易县燕下都[191]、陕西西安秦都咸阳[192]和湖北江陵楚都纪南城[193]等发现过东周时期凌阴（冰井）遗迹[194]。段清波等对凌阴遗迹进行过系统的研究和探讨，认为凌阴的功用主要体现在储冰（体现在颁冰、祭祀、丧葬等重要的场合和仪式活动中）和储藏肉食及酒类等饮食这两个方面[195]。关于凌阴用以储藏肉食的功能，以河南新郑郑韩故城凌阴遗迹最为典型，该遗迹为长方形土圹，南壁东段有阶梯状走道，东侧有 5 口竖井，拐角处分别有 4 个柱洞，推测另有地面建筑，填土中发现有大量的牛、马、羊、猪和鸡等动物遗存，上部动物遗存约占总数的 1/3，下部约占 1/2[196]。

（3）冰船

要享用异地新鲜的食材，运输速度和储藏技术尤为关键。《后汉书·和帝纪》记载南海地区为了向东汉和帝供献不易保存的龙眼、荔枝等珍果，劳民伤财地借用了驿传系统，"旧南海献龙眼、荔支，十里一置，五里一候，奔腾阻险，死者继路"[197]。唐代杜牧的诗说"一骑红尘妃子笑，无人知是荔枝来"（《过华清宫绝句》），这些历史上著名的"快递业务"拼的是速度。明代于慎行有诗云"六月鲥鱼带雪寒，三千江路到长安"（《赐鲜鲥鱼》），运输鲥鱼时用冰保鲜，用上了"冰船"，这有可能是历史上有记载的最早的冷链运输。

2. 干肉法

为了制作和储备肉食，中国古人发明了干肉之法。中国古代干肉的方法有两种：一是生干，即将生肉通过风干等方法制成干肉；二是熟干，有先煮后晾和用火炙干两种。关于干肉，礼学家视其在祭祀中的放置和作用分为腊、脯和脩等。其中，腊是将肉风干，《四民月令》中说十月准备十二月腊祭用的肉干。脯是把肉去骨切成薄片再制成干肉，祭祀时放在笾（竹制小型祭器，比俎小）内，《齐民要术》中有"脯腊"一节以介绍制作肉脯（所用动物肉包括牛、羊、牙獐、野猪和家猪）的程序，其做法是熟干法。脩是把姜、桂等调味料加入到薄肉片中，锻捶让肉变得紧实，《论语·述而篇》载："子曰：'自行束脩以上，吾未尝无诲焉。'"脩是干肉，束脩就是十条干肉，因其美味、便于保存和携带，孔子欣然接受其作为敬师之礼，束脩在中国古代意为初次见面的礼物[198]。何努推测山西襄汾陶寺遗址陶寺文化中期王墓 IM22 中墓主脚端摆放的 20 扇猪肉可能是腌制的风干"腊肉"，从而将中国腊肉的历史提早到了距今 4000 年前[199]。

在中世纪的欧洲，人们会宰杀大量的猪以储备冬粮。他们在暮秋时节会将喂饱松露的猪全部宰杀掉，并制成火腿、腌肉肠、培根等可贮存的食品，在此期间，平民们尽情享用肉食。现在欧洲的火腿、腌肉肠等食品品类繁多，追根溯源，这都是为了对付寒冷地区严酷的生活环境而衍生的食材[200]。在我国藏彝走廊区域，现今仍流行"猪膘肉文化"，其中，西藏扎坝地区的扎巴人通过熏制和干制的方法制成"臭猪肉"[201]，一般可以悬挂储存 3—4 年，最长可达 30 余年，时间存放越久越珍贵，臭猪肉肉质细腻、闻臭食香，被扎巴人视为饮食中的上品和居家待客最好的食物，臭猪肉的存放数量和时间成为衡量富贵的标志。云南宁蒗县摩梭人制作的风干"琵琶猪"[202]，是家庭日常、招待亲朋和重要仪式活动的肉食。摩梭人地处偏僻的山区和半山区，家庭养猪业发达，限于交通不便，猪和猪肉难以运到山外，他们将猪肉制成琵琶肉以便长期保存，保存期限可达 10 年之久[203]。

3. 腌制法

腌制法在宋代以前已经出现，宋代在腌制技术的基础上发明了火腿的加工方法。火腿是将猪的后腿肉经修割、腌制、洗晒、整形、晾干等几十道工序经数月制作而成的适合长期保存的猪肉美食，按产地可分为南腿（浙江金华、东阳等地出产）、北腿（江苏如皋、泰兴等地出产）和云腿（云南宣威为中心出产）三类。宋代苏轼撰写（实为伪托）的《格物粗谈·饮馔》记载："火腿用猪胰二个同煮，油尽去。""藏火腿于谷内，数十年不油，一云谷糠。"猪肉以火腿的方式得以长久保存[204]。

4. 酱制法

用盐腌制鱼酱和肉酱是肉食转换的形式，因为盐具有保鲜和防腐的作用，所以，酱制法也是长久保存肉类的方法。《周礼·天官·膳夫》记载"凡王之馈""酱用百有二十瓮"[205]，《说文解字·酉部》称："酱，醢也。从肉。从酉，酒以和酱。"[206]肉酱在中国古代被称为醢，用酒、肉和盐调制而成，周代肉酱种类繁多，《周礼·天官·醢人》记载有醢醢、蠃醢、蠯醢、蜃醢、蚳醢、兔醢、鱼醢、雁醢等，也就是用鹿、蜗牛、蚌、鱼、兔、鹅、蚂蚁卵等制成的肉酱[207]。先秦时期上层阶级食用肉酱或鱼酱的生活方式已相当普遍，汉代以来用豆麦等发酵而成的酱料才在民间流行[208]。时至今日，以青海互助八眉猪和香菇为原料制成的肉酱依然是风味独特、富有营养、可以长期保存的调味品[209]。

（六）猪肉的品质

家猪与野猪的肉质和肉味存在差异，这与家养和野生动物在栖居环境、行为方式和食物来源等方面的不同密切相关。对于久食家味的人们而言，似乎野味别有风味，清代李渔在《闲情偶寄·饮馔部》中有精辟论述："野味之逊于家味者，以其不能尽肥；家味之逊于野味者，以其不能有香也。家味之肥，肥于不自觅食而安享其成；野味之香，香于草木为家而行止自若。是知丰衣美食、逸处安居，肥人之事也；流水高山、奇花异木，香人之物也。肥则必供刀俎，靡有孑遗；香亦为人朵颐，然或有时而免。"[210]

对于家猪而言，猪还是猪，但其味道和品质却古今有别。现在的猪肉为什么没有以前的好吃了？猪肉制品为什么失却了儿时的味道？在现代中国社会，人民群众日益增长的肉食需求已经得到了较为充分的满足，但是，产量与品质常常呈负相关，猪肉产量剧增的同时，猪肉品质下降也是不争的事实。现在的洋猪肉完全丧失了过去土猪肉的香醇之味，即使再好的厨师也无法烹调出可口的红烧肉或东坡肉，何况还存在食品供给安全等问题。

猪肉品质是个复杂的概念，现代通常使用感官评定（包括观察其外观、色泽、气味等）和理化测定（包括肉色、pH 值、系水力、嫩度、风味、肌间脂肪和安全指标等）来进行评判[211]。猪肉好不好吃，取决于一个重要的指标：肉质指标肌内脂肪（IMF）。据测算，2%—3% 是鲜肉的理想水平，长白猪和大白猪的 IMF 仅为 1% 左右，杜洛克猪也仅有 2.05%，相比之下，中国土猪 IMF 可以达到 3% 左右[212]。此外，洋猪的肌纤维也比本土猪更粗，烹制的肉食口感较柴；本土猪的肉色更为鲜红，表明肌红蛋白含量高和赖氨酸比例高，这也是影响猪肉风味的重要因素 [213]。现在，中国猪种过度依赖进口，导致猪肉市场为"洋猪"所主导，这正是人们常说"猪肉没有过去好吃"的现实原因。再如，猪的性别对猪肉品质也有影响，我们现在在市场上买到的肉猪最为常见的就是打小就阉割的雄家猪，简称"公公猪"，科学研究证明，阉割猪要比雄猪和雌猪肉的品质和味道好很多。首先，性别对猪肉的品质影响很大，阉割猪的脂肪含量是雌猪的 2.5 倍，肉的大理石花纹更丰富，营养价值更高，肉质变差的速度要远低于雄猪和雌猪 [214]；其次，阉割猪的膻味要远小于雄猪，雄猪的膻味性状主要是由雄烯酮和粪臭素造成的，雄猪体内雄烯酮的分泌随着性成熟而逐渐增加，粪臭素含量与雄烯酮的分泌量相关，两者均为亲脂性物质，在肝脏中代谢，未代谢的部分沉积在脂肪中，从而导致雄猪肉带有异味，通过阉割的手段能够有效减低粪臭素的含量 [215]。需要说明的是，根据我国现行的《生猪屠宰管理条例》[216] 和《生猪屠宰管理条例实施办法》[217]，种猪和雌猪只要检验检疫合格，并注明相关信息，是可以上市销售和食用的，市价会便宜一些，当然，味道和品质有所下降也就在所难免。

（七）食用猪肉的禁忌

受宗教文化和环境气候等因素的影响，犹太教、伊斯兰教、早期基督教等禁食猪肉。关于禁食猪肉的原因，学者们有不同的见解。有的学者认为禁止食用的动物比较反常，与通常动物的特征不符，比如当时的人们认为陆生动物应当四蹄着地走路，而蛇因爬行而反常，猪和骆驼为偶蹄动物但不反刍也反常 [218]。人类社会以不凡的态度来对待非凡之辈，有学者根据结构学派象征论的诠释，这种禁忌的道理无须外求，而是原来不证自明的[219]。有学者认为这和瘟疫有关，猪肉含有多种病原和腐败微生物，人与猪相处——特别是在不良地制作和食用猪肉过程中，猪会把疾病传给人类。云南洱海地区流行吃猪生皮的习俗，一项针对该地区带绦虫流行病的调查研究表明，吃猪生皮感染者（占11.6%）要远高于不吃猪生皮感染者（占0.6%），由此得知，吃猪生皮的饮食习惯是导致感染的主要因素[220]。据陈星灿转引，1967年巴布亚新几内亚东部的弗雷（Fore）土著居民因为屠宰和焖烧猪肉过程中的不卫生行为，人类食用了感染了梭菌（Clostridium）的猪肉而导致一种奇怪的肺炎在人类群体中传播[221]，吃猪肉容易得病甚至暴发瘟疫，本地人忌讳吃猪肉，后被宗教首领采纳，成为宗教禁忌。美国学者马文·哈里斯并不认同这些观点，他从文化的作用机制出发，认为犹太教中的猪肉禁忌根源在于生态环境，中东地区的气候和生态不适合家猪而有利于反刍动物的饲养，古代以色列人在生存和人口增长压力之间进行成本与收益的权衡之后，不得不放弃养猪业，并在饮食上加以禁忌，这在无形之中代表了一种出于自然选择需要的更高的生态理性，可以说，这是建立身份认同的方式[222]。

在佛教传入中国500年后，南北朝的梁武帝（公元502—549年）提倡中国佛教僧侣全面吃素（即禁断酒肉）。公元517年，梁武帝下令宗庙祭祀不用动物祭牲，公元523年，他颁布《断酒肉文》，自此之后直至现今，中国佛教徒普遍奉行素食戒律，食肉被视为不正当的行为，由此推及其他宗教（如道教、摩尼教），素食在中国社会日渐神圣化，换言之，素食已成为判断宗教资质的标准之一[223]。素食在中国佛教中之所以能够得以推行，固然与宗教本身有关，但考虑到在中国古代社会一般平民"布衣素食"，而作为肉食者的权贵阶层则"衣帛食肉"，素食与肉食表象之别的内核在于中国古代社会的生业和经济。费孝通从人口和食物两者的辩证关系出发，认为植物性食物能够养活更多的人口，由此，对于人多地少的东亚地区而言，佛教迎合普通民众的饮食结构，其教义提倡素食，不但禁食猪肉，甚至将肉食一并禁止，其原因也就不足为奇了[224]。

二、积肥壅田

所谓施肥，是指人类有意无意地为土壤增加有机和无机物质，从而提高土壤肥力的行为。人类施肥行为的无意和有意，从而使施肥有了广义和狭义之分。中国先民农田施肥的历史久远，《淮南子·本经训》言"粪田而种谷"[225]。史前人类每年春天砍倒树木，晒干后放火焚烧，灰烬就成为天然的肥料，待土地贫瘠之后，人类又可能会将枝叶等堆放在荒地上，放火焚烧后产生肥料，这样就会使土地肥力增强、土壤松软，这种方法在民族地区仍有孑遗。此处讨论施肥是狭义的概念，是指人类有意地搜集、堆积、培育有机和无机物质，并施加到土壤中，以改善土壤肥力和促进作物生长的行为[226]。中国先秦农书当中有大量通过施肥改良土壤的记载，著名生物化学和科学史学家李约瑟认为"土壤学或土壤科学的基础也是由中国的农民和经济学家奠定的……与生态学和植物地理学一道，土壤学也诞生于中国"[227]，而同期西方农书当中关于施肥和改良土壤的记载几乎是空白[228]。随着考古学的发展，植物遗存稳定同位素研究可为施肥史研究提供新的技术手段[229]。

中国传统农业在一定程度上被称为"跛足农业"，即农作物种植占有明显的优势地位，而畜禽饲养业则为附属性副业。形成这种局面的原因，一方面是由我国特有的地理环境和自然条件决定的，中国疆域处在一个相对独立的地理环境之中，土地多位于中纬度地区，水资源以及气候条件更适合发展种植业[230]；另一方面从生态系统能量流动的角度而言，以植物性食物为主的社会能够比以动物性食物为主的社会养活更多的人口，我国地少人多的国情决定必须把粮食生产放在首位[231]。我国古代的人口压力持续存在，人口增长使得人均占有耕地面积减少，一方面用于畜牧业的林地和草地减少，另一方面需要着力开发有限土地上的植物性食物的产出。要在相对有限的土地上养活更多的人口，农田不休耕或者在同一地块多次或密集耕种的方式成为不得已的措施，保持和增强土地肥力成为当务之急，肥料的重要性日渐提升，因此，积肥成为农户养猪的主要目的之一。在小农经济条件下，猪成为有机肥源的大头，这是不得已且比较有效的农业经济形态[232]。

传统农业中最突出的问题就是肥料的来源，无机肥料消耗相对较少，有草木灰、贝壳灰等可做保障，土壤中流失的氮素（即动植物蛋白）则需要及时补充，在中国古代，有机肥料的来源主要是靠养猪来解决。养猪的目的不仅是为人提供肉食，而且是通过养猪将农作物的副产品（如稻草、谷糠和麦麸）和生活中所产生的垃圾（如剩菜、剩饭、猪粪甚至是人粪等）转化为粪肥，用于肥田和提高粮食产量[233]。"养猪两头利，吃肉又肥田"，养猪为了吃肉，同时，养猪也是发展农业的手段：猪多、肥多、粮多。

养猪与种田紧密结合，种田养猪成了第一要紧之事。

　　猪粪积肥的优势非常明显。第一，猪的粪量大，有资料显示，1头猪平均年产粪量约1吨[234]，与其他用作肥料的材料相结合可以产出更多的粪肥；第二，猪粪收集方便，猪圈积肥是中国人一项伟大的发明创造（详见第二章有关家猪圈养技术的内容），牲畜圈肥或厩肥"以比较短的间隔施用较多的质量更高的肥料，中国的施肥方式比英国的施肥方式应该对土壤更为有利"[235]；第三，猪粪的肥性优，氮磷钾含量高且比例适中，肥效全面，不仅能够提供农作物生长必需的养分，而且还能培养地力和改良土壤；第四，猪粪是速效肥，可以直接施到地里且适用于各种土壤和作物，不像牛粪和马粪要经过发酵才能施用[236]。

　　中国是世界上最早使用有机肥（最早的有机肥可能来源于猪粪）肥田的国家，关于其起源的时间争议较大。近年来，植物遗存稳定同位素研究为探讨古代农田施肥和灌溉等农业技术提供了新的研究思路和方法，为检验该方法的可行性，王欣等通过现代实验以建立粟类作物氮稳定同位素比值与施肥程度之间的对应关系，实验结果显示：未施肥、施加有机肥和施加化肥的粟的$\delta^{15}N$值分别为3.6‰±0.6‰、4.4‰±0.8‰和1.0‰±1.0‰，有机粪肥能够提高粟类作物的$\delta^{15}N$值，而化肥却降低了该值，因此，粟的$\delta^{15}N$值相对于自然基值的增值可以反映粟类作物是否施加了有机粪肥[237]。董豫等通过开展现生粟、黍和小麦的温室实验种植并进行碳氮稳定同位素测试，研究结果同样证明施用有机肥会导致粟和黍的$\delta^{15}N$值升高，氮稳定同位素值可以作为研究粟和黍早期施肥的指标[238]。应用该方法所做研究发现：中国史前用猪粪肥田的历史可能会早到距今5500年前的仰韶文化时期，这比我们原先认为商代晚期开始对农田施肥的认知提早了 2000 多年。植物考古研究的结果表明：农业社会在黄河流域建立的时间大体为距今6000 年左右的仰韶文化中期（庙底沟文化时期），在长江中下游地区大体为距今 5500 年左右的崧泽 / 良渚文化时期[239]。农业经济从家养动物饲料来源（农作物及其副产品）的角度推进了以家猪为代表的家畜饲养业的发展，反过来，猪粪又可为农业的发展提供有机肥料。兰州大学环境考古研究团队将这种农业与畜牧业之间互动的关系（"粟作农业—家猪饲养—猪粪肥田"）称为可持续的集约化农业模式，认为该模式至少在距今 5500 年前已经形成。该团队通过对甘肃秦安大地湾遗址（距今 7800—4800 年）出土动植物遗存进行动物考古、植物考古、同位素分析和年代学研究，认为在距今 5500 年前已形成较为发达的以粟和黍为代表的粟作农业和以家猪为代表的家畜饲养业，农作物较高的 $\delta^{15}N$ 值可以表征人工施肥行为，通过对 12 份粟黍种子样本进行氮同位素测试并与现代长期施用猪粪的农田的氮同位素值进行比较，发现家猪饲养所采用的圈养方式便于猪粪的收集，猪粪施肥可以提高土壤肥力、提高农作物产量，从而突破了黄土高原地区土壤肥力和农作物生产的瓶颈，为复杂社会的发展提供了经济基础[240]。该研究认识到农业与畜牧业之间的互动关系，但二者之间是否已产生如此可持续的集约化的互动则需谨慎。王欣通过对陕西白水河流域7 处考古遗址（包括陕西白水下河、南山头、北山头、南乾西山、尧禾汉寨，陕西蒲城马坡、睦王河等遗址）出土粟黍种子（49 例）和相关动物遗存（42 例）进行碳氮稳定同位素分析，发现农作物中 $\delta^{15}N$ 值较高，这可能与动物性肥料的投入有关，结合碳 –14 测年数据，认为该流域定居人群至少在距今 5500 年前就已经采用了人工施肥的技术并长期延续使用，肥料的主要来源是家猪的粪便，人工施肥的应用有效地维持了黄土高原地区农田的肥力，提高了农作物的产量，这项技术正是促使我国北方地区新石器时代晚期粟作农业扩张、人口增长和文化发展的重要驱动力[241]。王欣继续对嵩山南麓河南登封王城岗、河南禹州瓦店、河南新密新砦、河南登封程窑等4处遗址出土植物遗存进行稳定同位素分析，认为该地区龙山文化晚期已经较为普遍地对粟、黍和一定程度上对稻进行施肥，不同人群食用不同的农作物种类以及不同种植方式产生的农作物：部分人群食用经过精细化管理的稻和施肥程度较高的粟和黍，部分人群则食用施肥程度较低的粟和黍[242]。易冰等对四川大邑高山古城遗址（距今4500—4000年）出土人和动物进行稳定同位素研究，认为高山古城史前先民的生业方式以种稻和养猪为生，稻作农业比较发达且进一步强化，并已开始对农田进行人工施肥，猪粪有可能是肥料之一[243]。

商代晚期农田施肥已初具形态。胡厚宣通过对甲骨文中"屎"及相关刻辞的解读，认为该字为粪便之屎字，乃像人大便之形，由此，有关屎田的记载就是在农田施肥的意思，商代晚期已经形成利用猪圈收集猪粪并经常翻动以增强肥效的积肥技术，肥料来源除草木灰之外，也经常使用人畜粪便[244]。

东周时期农田施肥开始普及。我国有关农田施肥明确的历史文献记载见于东周时期[245]。据许倬云考证：动物肥在战国时期已经普遍存在[246]。如《韩非子·解老》载"积力于田畴，必且粪灌"[247]，《孟子·滕文公上》云"凶年，粪其田而不足"[248]，《荀子·富国篇》云："田肥以易则出实百倍……多粪肥田，是农夫众庶之事也"[249]。《周礼·地官司徒》中说起"草人"之职：

"草人掌土化之法以物地，相其宜而为之种。凡粪种，骍刚用牛，赤缇用羊，坟壤用麋，渴泽用鹿，咸潟用貆，勃壤用狐，埴垆用豕，强㯺用蕡，轻爂用犬"[250]，说明战国时期先民已经认识到土壤有不同的性质，不同性质的土壤要施用不同的动物粪肥或骨粉作为基肥，这样就可以达到改良土壤的目的[251]。也有学者提出，所谓"粪种"与"粪田"的含义并不相同，其含义应为针对不同性质的土壤要用不同动物的粪便（以及骨骼和粪便煮的汁、大麻油渣）来处理农作物种子[252]。

汉代养猪技术的进步突出表现在带厕猪圈的出现，这种融解手、养畜（猪）和沤肥为一体的建筑形式与汉代积肥、施肥技术的进步密切相关。地力关乎农作物生长，《礼记·乐记》载"土敝则草木不长"[253]，为增强或恢复土地肥力，施肥就成为发展农业的根本措施之一。汉代已经出现了使用种肥、基肥和追肥的先进施肥技术[254]。西汉时期的《氾胜之书》记载：在种麻之时，"树高一尺，以蚕矢粪之……无蚕矢，以溷中熟粪粪之亦善"[255]，可见当时人们已经很娴熟地应用猪圈养猪和利用猪粪制作熟粪。戴玲玲等对河南淅川下王岗遗址出土汉代的猪骨进行碳氮稳定同位素的研究，发现其 $\delta^{15}N$ 值有显著的提升，这是人类用施肥后的农作物来喂养猪所造成的结果，说明汉代人工施肥已经普遍地应用于农田耕作[256]。

魏晋南北朝时期，中国先民利用肥料的种类众多，包括畜粪、蚕粪、兽骨、草木灰、旧墙土、食盐、野生绿肥等。北魏贾思勰在《齐民要术·杂说》中提出"踏粪法"（实为作厩肥法，学界普遍认为记录该法的卷前《杂说》成书于唐代），这是最早的关于人工堆肥的记载，其原意是通过牛的践踏从而将农作物秸秆和牛粪混合而成"复合肥料"。据载，"其踏粪法：凡人家秋收治田后，场上所有穰、谷穰等，并须收贮一处。每日布牛脚下，三寸厚；每平旦收聚堆积之；还依前布之，经宿即堆聚。计经冬一具牛，踏成三十车粪。至十二月、正月之间，即载粪粪地。计小亩亩别用五车，计粪得六亩。匀摊，耕，盖着，未须转起"[257]。

隋唐直至宋元时期，中国先民使用麻饼、豆饼作肥料，并开始用石灰、石膏、硫黄等无机肥料，这时人们新用的肥料还有鼠粪、蝙蝠粪、鸡粪、驴粪、鸟羽、鱼骨头汁、洗鱼水、淘米水等，据初步统计，当时我国农民使用的肥料种类就多达 60 余种。宋代人口增长迅速，人口已达 1 亿多，在人均耕地面积减少的情况下，南宋陈旉在其著写的《陈旉农书》中提出了我国古代著名的农田施肥理论，即"地力常新"（"或谓土敝则草木不长，气衰则生物不遂，凡田土种三五年，其力已乏。斯语殆不然也，是未深思也。若能时加新沃之土壤，以粪治之，则益精熟肥美，其力当常新壮矣，抑何敝何衰之有？"[258]），这是通过正确施肥以提高和保持土壤肥力、保证粮食产出的重要理论。该理论为元代农学家王祯（著有《农书》）、明代农学家耿荫楼（著有《国脉民天》）、清代农学家杨屾（著有《知本提纲》）所继承和发扬，对当今的农业也具有启迪作用[259]。

明清时期，农区大力发展以舍饲小家畜和家禽为特征的畜牧业，这与农田积肥有关，牲畜粪转为肥料，从而促进了农业生产的发展。关于养猪和积肥之间的利害关系，明清文献中多有论述。如：明末清初张履祥辑补《补农书》认为，"种田地，肥壅最为要紧……养猪羊尤为简便。古人云：'种田不养猪，秀才不读书'，必无成功。则养猪羊乃作家第一著。……羊壅宜于地，猪壅宜于田……多养猪羊，一年得壅八、九百担"[260]。此时，肥料的种类至少已有上百种，人们把凡是可以腐烂的东西都拿来当肥料使用，踏粪的动物由原先的牛扩展到猪、羊和马甚至是"六畜"。明末徐光启在《农政全书·农事》中引述《齐民要术》提到的"踏粪法"时，以自注的方式指出"不止牛也，凡猪羊皆仿此作，而以灰及杂草薙布之"[261]。《补农书》中提到的"猪灰"实为在猪圈中积攒和制作的踏粪[262]。清代杨屾所著的《知本提纲》是将传统农学进行系统化和条理化阐述的典范，他提出农牧结合的思想，认为畜牧业能够为种植业提供畜力和肥料，其中，书中将历代至清代的肥料种类归纳为10大类40余种，认为积粪和造粪的10种"酿造"之法，"均务农之本"，其中牲畜粪为仅次于人粪的一类，认为六畜均可以用以积累和制作踏粪，倡导对不同性质的土壤施用不同的牲畜粪便，猪粪适用于埴垆[263]。

1949年至20世纪70年代，我国肥料的投入仍以有机肥（特别是猪粪肥）为主。1959年10月31日，毛泽东主席就发展畜牧业问题指出："我国的肥料来源第一是养猪及大牲畜。一人一猪，一亩一猪，如果能办到了，肥料的主要来源就解决了。这是有机化学肥料，比无机化学肥料优胜十倍。一头猪就是一个小型有机化肥工厂。而且猪又有肉，又有鬃，又有皮，又有骨，又有内脏（可以作制药原料），我们何乐而不为呢？肥料是植物的粮食，植物是动物的粮食，动物是人类的粮食。"[264]1959年12月17日，《人民日报》在头版发表了一篇题为《猪为六畜之首》的社论，在当时粮食生产面临困境之时提出大力发展养猪业的号召，社论在明确农业和畜牧业之间存在着相互促进密切关系的前提下，高度肯定了猪的优点，指出猪繁殖快，在油料生产、制革工业、毛纺工业、化学工业和出口物资方面能够发挥重要作用，特别强调，要从根本上解决我国发展农业生产所需要的肥料问题和我国人民的肉食问题，必须大力发展养猪业[265]。

近40年来，随着无机化肥的大量使用，猪粪已经由富有价值的肥料变成了主要的环境污染源之一。专业化、规模化的养殖业由于养殖相对集中，动物粪便得不到合理的利用和处理，对环境造成了污染，有数据显示，2020年，我国有机废弃物生产量达55亿吨，其中，仅畜禽粪污的生产量就高达38亿吨（主要是猪和鸡），其中40%未经过有效处理和利用，粪污被排放到水体中，成为水体污染的主因；粪便当中的甲烷加大了人为温室气体，造成破坏性的温室效应；饲料添加剂随着动物粪便排出，重金属（如铅、镉、汞、铬、砷等）含量严重超标，生粪含有虫卵，直接还田的话不仅危害土壤环境、导致烧苗烧根（如：鸡粪发酵会产生大量热量），还可能威胁农作物食品安全，传播疾病，进而危害人体健康[266]。与此相对的是，作为衡量土壤肥力水平重要指标的土壤有机质含量，我国耕地平均值仅为2.4%，而欧洲为4.3%，日本果园高达5%[267]。如何化解猪粪污染与我国耕地有机质缺乏之间的矛盾？近年来，为了能够使畜禽粪污得到资源化利用，中国农业农村部明确指出：严禁畜禽粪直接还田，使用之前一定要进行无害化处理，配套建设粪污处理设施，提高粪污资源化利用水平，实现农牧循环，绿色发展。2021年中央一号文件中，再次提出要全面振兴畜牧业、大力推进粪污资源化处理，提倡种养循环、绿色发展。发酵猪粪还田是提高土壤有机质的有效方法[268]。明末清初张履祥辑补的《补农书》中就提到了养猪发酵床的制作，"磨路、猪灰，最宜田壅""养猪六口……垫窝稻草一千八百斤"[269]。

现代农业科研工作者受此启发，提出应用微生物发酵床养猪的方案，该方案主要是利用微生物的转化和降解功能，将发酵床垫料与猪粪一同发酵，使大分子物质进一步分解为可被微生物利用的小分子营养物质，其具体做法为：将粉碎后的秸秆（如锯末、谷糠、麦麸、酒糟、干草粉、小麦和玉米秸秆等）垫在猪舍，接上调配好的微生物菌种（一般菌种主要成分为枯草芽孢杆菌、酵母、消化酶等），养猪其中，垫料会迅速消纳和利用猪粪，产生益生菌，使垫料变成上乘的有机肥，同时，又能防止猪的病害，促进猪的生长，提高猪肉的品质，这是一项具有广泛推广前途的、环保而节约的养猪新技术，有利于推动以养猪为代表的畜牧业健康、快速和可持续发展[270]。

三、猪皮之用

畜皮／兽皮（还包括鱼皮[271]等）作用甚大，皮衣、皮靴和皮带可以保护身体，皮绳可做工具，皮袋可以做容器，战争中用皮甲和皮盾，风箱可以以皮为材，皮筏子（或皮船）可以作为水上交通工具，动物皮制成的书写材料（如羊皮纸）保存了重要的档案资料和历史资料[272]。皮革加工，是指通过物理、化学和机械等处理方法，将原料皮鞣制成符合品质要求的成革的过程。古人将直接从动物身上剥下来的毛皮叫生皮（也叫原皮），经不同方法鞣制加工后，带毛的称裘，无毛的叫革。黑龙江流域鄂伦春族保留着较为原始的鞣皮工艺，包括晒皮子—敲打平整—发酵—刮皮子—鞣制等 5 个步骤[273]。

现今所用原料畜皮／兽皮主要源自家养动物，以牛皮、羊皮和猪皮所用最多，还有用马皮、驴皮、骡皮和骆驼皮等情况。此外，野生陆地哺乳动物皮（如鹿皮、麂皮、黄羊皮、羚羊皮和袋鼠皮）、海洋哺乳动物皮（如海豹皮、海狗皮和鲸鱼皮）、鱼类动物皮（如鲨鱼皮和淡水鱼皮）、爬行和两栖动物皮（如蛇皮、蜥蜴皮、鳄鱼皮和蛙皮）等也是重要来源[274]。

猪皮有多重用途，它可以做成食物，也可以在医药领域发挥作用，猪皮下脚料可熬制成木工用的猪皮膘胶等，不一而足。

对于原始人类来说，每一种动物都是行走的资源库，他们食肉寝皮。动物除被吃肉吮骨之外，剥下来的皮还是最早的原材料之一，可以用来缝制衣服和鞋子，充当被褥，制作帐篷、包囊、食具、案板、皮筏子等。

吃、穿、住、行是人类生存的根本。人类穿的历史久远，早在更新世，人类已经穿上由毛皮制成的衣物，衣服的发明是人类进化史上的大事件，它使人类在多样性的环境条件下能够遮羞护体，促进了人类向高纬度及寒冷地区扩张，塑造了人类的审美意识。皮毛遗存只有在特殊环境条件下才能得以保存。1991 年，在意大利阿尔卑斯山顶发现距今约 5300 年的"冰人奥兹"，这位身高 1.5 米、体重 50 千克、死亡年龄为 45 岁、死于中箭谋杀的可怜人，生前食用了马鹿肉、野山羊肉、蔬菜和死面面包（他以小麦为主食）。他的全身装备相当齐全：头上戴着用熊的毛皮制成的帽子，身上穿着用羊皮、鹿皮和树皮制作的 3 层衣服，外系牛皮带，腿上绑着羊皮护腿，脚上穿着用熊皮做底、鹿皮做面、内填谷草的鞋子，他带着麂皮箭囊、木柄鹿角工具等[275]。奥兹皮衣的表面有高浓度的饱和脂肪酸钙盐，研究者认为这可能是为了皮毛防水而使用的特殊鞣制方法[276]。帽子和箭袋原料选用野生动物，其他皮衣原料则多来自家养动物，这表明史前人类在制作皮衣时会考虑家养和野生动物原料的区分[277]。

人类是从什么时候开始穿上用皮毛制作的衣服的？在皮毛遗存很难在一般考古遗址中被保存下来、考古研究很难获取直接考古物证的情况下，研究者就需要另辟蹊径来开展相关研究。有研究认为人身上和衣服上的虱子是在人类开始穿衣服之后才出现的，该研究通过分析衣服虱子和头虱的基因，发现二者的祖先至少在距今17万—8.3万年前就开始分化，认为距今17万年前生活在非洲的现代人已开始穿上衣服，这就为他们成功地离开非洲提供了一定的物质条件，人类在距今100万年前已经失去体毛，这就意味着人类在体毛不存且不穿衣服的情况下生存了80多万年[278]。另一项研究关注于制作衣服的工具，考古学家在摩洛哥大西洋海岸附近孔特雷班迪尔斯（Contrebandiers）洞穴中，发现62件古人类用来加工皮毛的骨制工具，这些骨制工具距今已有12万—9万年的历史，这很有可能是目前发现的最古老的皮革制造工具。考古学家还发现了一些食肉动物如沙狐、金豺和野猫等的骨骼，动物四肢和颌骨上的石器切割痕迹表明它们被剥皮以获取皮毛，这就表明当时的人类已经用骨制工具加工食肉动物的皮毛以制作衣服[279]。

中国先民在史前时期取兽皮制作皮裘以蔽体和御寒[280]。《礼记·礼运》说，古人"未有麻丝，衣其羽皮"[281]，《墨子·辞过》说"古之民未知为衣服时，衣皮带茭"[282]，《后汉书·舆服》记载"上古穴居而野处，衣毛而冒皮"[283]。骨针是原始人类缝制兽皮的关键物证，有了骨针，人类便可以用兽筋作线，穿针引线把兽皮缀合成皮衣，从而有了遮风蔽体的人工装备。北京房山周口店山顶洞人遗址出土过距今约 3.4 万—2.7 万年的 1 件骨针，仅针孔残缺，残长 82 毫米，针身最粗处直径 3.3 毫米，针身圆滑而略弯，针尖圆而锐利，刮磨得很光滑，针孔是用小而尖锐的尖状器挖制而成的，这是中国出土年代最早的缝纫工具，缝制对象是兽皮[284]。辽宁海城小孤山遗址也发现有 3 枚保存完好的骨针，1 件源自动物骨骼，2 件源自象类门齿，年代为距今 3 万—2 万年，针孔圆滑，针身笔直，经选材、截料、刮磨成型和加工针眼共 4 道工序加工制作而成[285]。小型刮削器可以在肢解猎物时切断筋腱、剥离兽皮，端刮器专门用来处理皮革，可以为服装的制作提供皮草原料[286]。鹿角靴形器（起源于淮河中游双墩文化，在距今 7000 年后向周边地区扩散并远及晋南、宁绍平原和鲁西南地区，并在距今 5300 年后由环太湖和豫中地区扩散到胶东半岛和豫西南地区）可能是一种用于皮革加工的刮整工具，并具有多种功能[287]。这些工具从一个侧面反映了史前人类加工兽皮的久远历史。

中国古代皮革制品的种类多样，包括防护装具、车马鞍挽具、乐器、服饰和日常用具等。中国上古无棉花，衣服材料多用丝和麻（国人主要通过种植桑麻、养殖家蚕等生业方式获得丝麻[288]），少用兽皮。古代最常见的冬服是裘，也就是毛朝外的皮衣，所以，《说文解字》在"表"字下说"古者衣裘，以毛为表"[289]。进入等级社会后，裘为贵族所用，用以制作裘的兽皮包括狐、虎、豹、熊、狼、狗、羊、鹿、貂、貉、兔等，猪皮粗糙且猪毛刚硬，并非制作裘的好材料[290]。古人鞋袜有用兽皮的情况，"西装革履"一词中"革履"源于《汉书·郑崇传》："哀帝擢为尚书仆射。数求见谏争，上初纳用之。每见曳革履，上笑曰：'我识郑尚书履声。'"[291]进入历史时期后，皮革制品在军需用品中所占比重最大，在皮革利用上已经能够做到因材施用；就王室或社会精英而言，皮革制品原料的来源主要是王室自产和诸侯纳贡两类，获取皮革的方式包括渔猎野兽和饲养家畜两种，随着家畜饲养业的产生和发展，畜皮所占比重日增，因地制宜选择皮革来源为其特色；从家畜饲养、野兽圈养到皮毛的收敛和收藏以及皮革制品原料的分类，都有专门的机构或专职人员负责，如：王室设有玉府、内府等专门机构负责皮革的收藏，设有司裘、掌毛等专职官员负责皮革原料的收敛与分配；随葬皮革制品的种类和数量与墓主人等级地位和职业等有密切的关系 [292]。何露等结合历史文献和考古资料对中国古代皮革及制品的工艺水准、制作工艺和文化内涵的发展历程做了研究，研究显示，无论是用皮革制作鞋靴还是甲胄，在皮革原料来源中，猪皮不占主要地位 [293]。

在历史时期，猪皮在特定的地区和人群中发挥了重要作用。南朝宋时期范晔编纂的《后汉书·东夷列传·挹娄》中有"（挹娄人）好养豕，食其肉，衣其皮。冬以豕膏涂身，厚数分，以御风寒" [294] 的记载。《晋书·四夷传·肃慎》中记载"肃慎氏一名挹娄……无牛羊，多畜猪，食其肉，衣其皮，绩毛以为布" [295]，描述了挹娄/肃慎人（今满族人的先祖）养猪、吃猪肉、用猪皮做衣、用猪毛搓绳织布、用猪油做防冻膏等的情形。

猪皮可以做成皮筏子，但显然没有用牛和羊皮做成的皮筏子更为常见，此外，也有用海豹等海洋动物的皮制成皮筏子的情况。据陈星灿考证，关于皮筏子最早的历史文献，见于公元前 5 世纪希罗多德著写的《历史》，古代石刻资料证明公元前八九世纪的亚述人已经发明和使用皮筏子以渡河；中国历史文献中关于皮筏子的记载集中于汉晋以后，中国民族学资料显示使用皮筏子的民族大多居住在中国西北和西南山高谷深、河流落差大、交通不便的地区，这是人类为适应和改造自然环境而创造的交通工具；有学者基于中亚以及两河流域与中国黄河上游地区皮筏子在材质（均由牛羊皮制成）、制作（吹起兽皮或用物填充兽皮）、使用（大体分三种形制：单人绑缚单只或数只皮囊、成组皮囊绑在木架上、兽皮覆盖在船架上"缝革为船"）、功能（载人和拉货）、运输（通过人力或畜力运输皮筏子）等方面存在的相似性，认为中国皮筏子可能源自中亚或两河流域，但更可能是不同地区人们适应自然环境的结果[296]。

中国猪皮资源十分丰富，猪皮制革在规模和技术方面占有优势。中国现代制革起源于 20 世纪 40 年代成都制革职业学校开展的制革实验，新中国成立之初中国猪皮制革行业发展缓慢，1959年 10 月 14 日的《人民日报》以"猪皮制革值得提倡"为题发表社论，1960 年 1 月 22 日的《人民日报》又以"充分利用猪皮"为题发表社论，其后，1965 年 12 月 31 日国家计划委员会等发布了《关于大力开剥猪皮利用猪皮制革的报告》，国家层面的引导和优惠政策的推出促进了猪皮制革的技术发展和行业兴盛，猪皮制品在我国革制品市场中曾经一度占到 50% 以上的市场份额。20 世纪 80 年代，猪皮制品特别是猪皮鞋在国内流行一时。近年来，中国猪皮制革行业遭遇低谷，造成这种现象的原因是多方面的，但最基本的原因跟猪皮固有的短板不无关系：首先，猪的毛孔粗大，而且每三个组成一小撮，使得猪皮表面粗糙，颇有"廉价感"，影响卖相；其次，猪毛扎根很深，贯穿整个真皮层，这样虽使猪皮拥有优于牛皮的透气感，但也导致其弹性欠佳，且不够耐用。不过，随着皮革处理技术的进步，猪皮也被处理成各种风格的柔软皮料，用作内衬辅料（如服装内衬、鞋衬、包衬等）。中国是猪肉消费大国，猪皮的剥皮量极为可观，猪皮制革不会消亡，但如何通过技术创新及多种渠道来繁荣猪皮制革行业，任重而道远[297]。

四、猪鬃之用

猪鬃在古代又称为"刚鬣"，是指猪的后颈和脊背生长的刚毛，《西游记》中猪八戒原名猪刚鬣，即为此意。猪鬃按颜色可分为黑鬃、白鬃、黄鬃和花鬃等 4 类。猪鬃看似普通，却是极好的原材料，它软硬适中、韧性好、弹性强、耐湿、耐热、耐酸、耐磨、坚挺不易变形、天然叉梢、吸附性能好、含氮量高，因此，猪鬃用途很广，特别是民用、工业和军用刷子的主要原材料。此外，猪鬃可用作肥料以及可掺入泥土中以涂抹墙体。

猪鬃之用，由来已久。我国农村依然保留着将猪鬃制作为引针和刷子的做法，美国学者鲁道夫·P. 霍梅尔于 1921—1930 年在中国做手工业的实地调查，记录了猪鬃作为引针的方法："为了系上猪鬃，先要把线的纤维捻开，而后将鬃毛的末端磨散开，这样便可把捻开的线头与磨散开的鬃毛连上，使磨散开的部分鬃毛穿过由拉伸形成的线股环里，经几次重复而完成。"[298] 清咸丰年间，中国猪鬃渐成产业，猪鬃出口便已兴盛，《中国旧海关史料（1859—1948）》收录最早的猪鬃出口数据始于 1859 年[299]。长期以来，中国是世界上产量最高、品质最好猪鬃的产地，据 20 世纪上半叶的统计，全球猪鬃总产量为 6000 吨，而中国占到了75% 以上[300]。这种盛况的出现与中国本土猪和养猪业的特色有关：养猪是中国农村的重要副业，猪的数量多；中国地方家猪品种上有粗长厚密的鬃毛，品质最优；中国长期小农经济的特点，决定了农民可以通过自己拔或请专人拔的方式来获取收益，当时一头猪猪鬃的收购价相当于全猪收入的 1/10—1/8。除用以制作日常清洁刷具和机器清擦刷具外，猪鬃还具有非常重要的军用价值，譬如：猪鬃能够用来制作洗刷和清理枪炮、给军舰等涂防锈漆的军用刷子。二战期间，美国政府将猪鬃列入战略物资 A 类，为了分配中国出产的猪鬃，美、英、苏 3 国还成立了联合机构，客观上，中国猪鬃在世界反法西斯战争中做出了应有的贡献，周恩来曾就此夸奖猪鬃大王古耕虞"为抗战立了功"[301]。

新中国成立至改革开放以前，全国各地几乎都建立了猪鬃加工厂，猪鬃成为我国传统的大宗出口商品之一。20 世纪 90 年代以来，塑料、尼龙等化工材料逐渐取代了猪鬃，农户饲养生猪品种和饲养习惯的改变以及农村劳动力的流失等多种因素导致猪鬃产量和质量下降，猪鬃收购和销售渠道滞后以及国际市场的压制加剧了猪鬃产业的恶性发展，曾经红极一时的猪鬃行业离我们渐行渐远。事实上，猪鬃及其制品在我们生活中依然无处不在，如化妆刷、油画刷、油漆刷等。如何重振猪鬃行业？这是一道时代命题[302]。

五、医药价值

中国传统文化中，有"医食同源同功"的说法，猪在满足口腹之欲的同时，还具有丰富的保健和营养等医药价值。

我国用猪产品入药治病最早的记载见于东汉时期，东汉名医张仲景被后人尊为"医圣"，在其传世巨著《伤寒论》中记载有"猪肤汤方""猪胆汁方""白通加猪胆汁汤方"等由猪皮、猪胆（汁）制成的方剂[303]。忽思慧自元仁宗年间起任饮膳太医一职，他在元文宗年间编纂成《饮膳正要》一书，记载了大量药膳食方，其中涉及猪的食方有猪头姜豉（治疗何病未言及），"治肾虚劳损腰膝无力疼痛"的"猪肾粥"以及"治久痔"的"野猪臛"，书中详细介绍了它们的制作方法，并且单独提及了家猪某些部位的药用价值："猪肚：主补中益气，止渴。猪肾：冷。和理肾气，通利膀胱。猪四蹄：小寒。主伤挞诸败疮，下乳。"书中还提及野猪肉的药用价值[304]。明代李时珍著的《本草纲目》中，对猪肉、腊猪头、项肉、脂膏、脑、髓、血、心血、心、脾、肺、肾、胰、肚、肠、脬、胆、舌、卵、蹄、尾等的气味和主治疾病均作了详细说明，单是猪脂膏（油炼出后凝结的叫脂肪，未凝的叫膏油）的医疗用途，就有治疗手足皲裂、唇燥、咽喉骨鲠、杂物入目、漏疮不合、胞衣不下、小儿噤风、热毒攻手肿痛等30余种功用[305]。现代出版的《中国药用动物志》《中国药用动物原色图鉴》中详细描述了家猪和野猪作为药用动物的药用部位、采集加工、药材性状、化学成分、药理作用、应用、用法用量、注意事项、选方等，其中野猪的皮、肉、胆、肝、心、胃、脂等可入药，家猪的胆、胆结石（即猪黄）、蹄甲、膀胱结石（即肾精子）、皮、肺等可入药，如：取猪后悬蹄一味，烧成灰，研细，以猪脂和之可配成猪蹄膏，用以治冻烂疮[306]。

猪与人类在结构、生理、食性和行为等诸多方面极为相似。猪食性与人类相似（杂食），消化食物方式相同，压力之下也会出现消化性溃疡，一样容易肥胖，容易罹患癌症、风湿性关节炎，对于药物放射性治疗的反应相同，同样喜欢酒精，猪的牙齿、心脏、动脉血管、眼球、皮肤、大脑、肝脏、消化酶、内分泌系统、肾脏、肺、呼吸率和换气量等的结构或功能与人类相似，因此，猪在现代医学领域具有重要的研究和应用价值[307]。人类自 20 世纪 90 年代以来曾尝试使用狒狒等灵长类动物的心脏、肾脏和肝脏等进行移植，但由于繁殖困难、器官大小不一、跨物种传染疾病以及伦理等问题，移植实验并不成功。然而，猪产仔数量多、成熟期短、体型大小及生理特点与人类比较接近，异种动物病风险低，基因工程技术便于实施，因此，20 世纪 90 年代以来，猪逐渐成为最具潜力的提供器官的物种，在实验动物和器官移植方面发挥了重要的作用。猪的眼角膜可以移植给眼部受伤者，胰脏可以捐献给糖尿病人，脑部组织可以移植给帕金森患者，猪肉里的脂肪还被用以制作抗皱霜和洗发水，猪还能够产生胰岛素，也可以为人类心脏提供置换瓣膜以治疗心脏病。1969 年，我国医学领域开始使用猪皮治疗烧伤病人，迄今，用猪皮（特别是脱细胞猪皮）植皮在国内外已得到广泛应用，利用猪皮覆盖保护患者被烧伤的皮肤，能够减少烧伤面的感染率，等患者新皮肤组织再生之后，移植的猪皮会自行脱落[308]。2021 年 10 月，纽约大学朗格尼健康医疗中心首次将猪的肾脏移植给一位脑死亡的女性人类。2022 年 1 月 7 日，美国人戴维·贝内特在美国马里兰大学医学中心接受了全球首例猪心脏移植手术，该移植手术中使用的猪经过基因改造，去除了会引起人类排异反应的基因以及一个特定基因以预防植入人体的猪心脏组织过度成长，遗憾的是贝内特在接受手术 2 个月后不幸去世。尽管这项具有划时代意义的手术只让贝内特的生命延续了不长的时间，但它仍然创造了异种移植医学的历史，手术提供的宝贵经验将在未来继续用以相关临床试验，并有望解决长期以来人体器官短缺的问题[309]。2022 年，瑞典林雪平大学等机构的科研人员通过改造猪皮中的胶原蛋白，从而获得一种稳定的材料 BPCDX，将其植入 20 名患有圆锥角膜（指的是眼睛中角膜的顶点变薄，向前凸起呈圆锥形，导致视力严重扭曲，进而视力下降甚至失明的疾病）的失明患者，使他们均成功恢复了视力[310]。

六、骨器原料

此处所谈骨器专指在生产生活领域具有实用功能的一类骨器、角器、牙器和蚌器等的统称，卜骨等仪式性骨器在下章讨论。曲彤丽等对早期人类使用骨器的历史进行过系统的归纳和总结：人类使用打制骨器的历史可以早到距今 180 万—100 万年前的南非和东非地区，使用磨制骨器的历史可以早到距今 9 万—7 万年前的撒哈拉以南的非洲地区；在距今 4 万年以来，骨器在非洲和欧亚大陆较为普遍地出现；在旧石器时代晚期，欧洲骨料来源多为驯鹿、野马和猛犸象，近东骨料来源主要是黇鹿、狍、野山羊、羚羊，东亚和东南亚地区在制作骨器时对软体动物的壳有特殊的偏好，对鹿角的利用并不充分，几乎不见利用猛犸象和剑齿象的骨骼和牙齿制作骨器的现象[311]。

原材料是手工业考古研究的主要内容之一[312]，制骨手工业作为我国古代 25 个乃至更多的手工业门类之一[313]，从动物考古角度考察骨料来源及生产工艺和流通方式具有重要的学术意义。就距今 1 万年以来人类制作骨器的历史而言，就骨器原材料看，鹿科和牛科动物是主要的骨料来源，并呈现出由鹿科动物向牛科动物转化的显著变化，而由猪骨制作骨器的例证少见且所占比例不高，这与同期家猪饲养业的发展状况并不同步。造成这种现象的主要原因，一方面在于动物的不同生态习性决定了人类对其利用方式的差异，猪主要是被用作肉食的，人类在敲骨吸髓以及制作和享用肉食过程中，猪的骨骼被破坏，难以留存适用的骨骼以作骨料。诚然，鹿科和牛科动物也是重要甚至在特定的时空条件下是主要的肉食来源，其骨骼也不免会被破坏，这就取决于第二方面：动物骨骼物理性状的差异。鹿科和牛科动物骨骼——特别是长骨——骨体平直、骨节长、骨壁厚实，猪的骨骼则骨体较为扭曲、骨节相对较短、骨壁较薄，相比较而言，鹿科和牛科动物的长骨是更为优质的骨料来源。但是，并非猪的所有骨骼部位都无优势，譬如，雄猪（特别是野猪）的犬齿是非常好的制作牙器的材料。需要特别指出的是，上述仅为一般规律，在特定时空条件下及人群中，猪骨也会成为制作骨器的重要甚至主要来源。

（一）新石器时代制骨手工业

新石器时代未出现制骨作坊，骨料来源主要为鹿科动物，长骨（以掌骨和距骨最为常见）和角是主要的用料部位。随着家养黄牛的传入，家养黄牛开始在骨料来源中发挥作用。养猪业的发展在一定程度上对制骨原料选用猪骨有所促进，但并不总是如此。

河南舞阳贾湖遗址（贾湖文化，距今 9000—7500 年）骨器原料多来自鹿，骨骼部位多用肢骨、鹿角等，骨料来源也有用猪的情况，除猪的肢骨外，猪犬齿和獐犬齿是制作牙器的两个主要来源，猪犬齿一般制作成佩饰，但它的尖部和刃部也可用作工具，少量猪门齿的齿根部位磨出一个尖，被制成牙锥[314]。甘肃秦安大地湾遗址（包括前仰韶期，仰韶文化早、中、晚期，以及常山下层文化，年代为距今7800—4800年）有用猪骨制作骨器的考古发现，该遗址出土的692件骨器经动物考古鉴定和研究，骨料来源主要为野生的鹿科动物（包括狍、马鹿、麝和毛冠鹿），计有463件，占全部骨器的67%，家猪是次之以鹿的骨料来源，计有56件，占全部骨器的8%，猪骨制作骨器以骨笄数量最多，还包括骨锥、牙镞等器型，选用部位主要是腓骨（占76%），其他骨骼部位（包括牙齿、肋骨、尺骨、掌骨、肱骨、距骨等）所用甚少。用猪骨制作骨器的相对比例随时间有增高的趋势，其背后最为直接的原因是：狩猎业衰退与家猪饲养业发展相应发生，鹿科动物资源减少或获取量减少，而家猪成为容易获得的动物资源；鹿科动物骨骼（特别是长骨）因平直坚硬，较之于猪骨是更为适宜的骨料来源，大地湾先民之所以会将硬度要求不高的骨笄转由家猪骨骼（主要是腓骨）制作，而硬度要求较高的骨器（如骨铲、骨锥和骨镞等）仍坚持用鹿科动物的骨骼，这种转变与环境变迁存在联系，随着气候转向干冷，加上人为砍伐林木行为加剧，导致森林面积锐减，以森林等为主要栖居地的鹿科动物减少，因此，大地湾先民舍狩猎而兴畜牧的行为是在环境改变的情况下所做出的"被动选择"[315]。河南淮阳平粮台遗址龙山文化时期出土有家养黄牛遗存，研究者对出土骨器采用了动物考古和实验考古相结合的方法进行研究，研究表明该遗址骨器制作的规模较小，与同期中原地区的小型聚落相对应，骨料来源主要为黄牛、麋鹿和梅花鹿的掌骨和距骨，加工工具以蚌器为主，加工流程上具有较为清晰的取料模式[316]。陕西宝鸡关桃园遗址当中出土有家猪遗存，但却未被制作为骨器，家猪最小个体数在哺乳动物中所占比例自前仰韶第二期文化（占 8.3%）至东周时期（占 40%）呈上升的趋势，反映了以家猪为代表的家畜饲养业的发展[317]。但是，该遗址出土骨器（关桃园时期至仰韶时期）的骨料来源主要为鹿科动物（以掌骨和跖骨居多），未出现用猪骨制作骨器的例证，呈现出"因材作器"的特点[318]。吴晓桐等对新石器时代关中地区的骨器生产进行系统研究，认为骨器生产在骨料来源方面对野生动物（特别是鹿科动物）具有很强的依赖性，骨料来源（动物资源）是影响骨器生产的主因，生业经济、聚落形态、人口规模等也是重要因素[319]。甘青地区骨器制作同样呈现出对野生动物资源的依赖，研究者对青海贵南尕马台遗址（马家窑类型晚期向半山类型过渡阶段，距今5200—4100 年）出土骨锥、骨刀、骨针、骨针形器、骨管、骨饰和骨料等进行动物考古研究，发现骨料来源主要为羚羊、次之以鹿，选用骨骼部位主要是掌骨和跖骨，反映了当时当地的骨料来源主要是狩猎所得的野生动物[320]。甘肃永靖大何庄遗址中出土齐家文化骨刀 2 件，由猪的肩胛骨制成，两侧有缺口，形状与打制石刀相似，出土牙饰据图片看应源自雄猪的下犬齿，该遗址出土动物遗存中，以猪的数量最多，其次为羊，而鹿的出土数量非常少，猪骨（特别是下颌骨）多作为随葬品出土于墓葬中[321]。广西史前骨角器的骨料来源主要是鹿、牛和猪等动物的肢骨和角[322]，考虑到岭南地区直至距今 6000 年前的广西百色革新桥遗址才出土家猪遗存且其后家猪饲养业发展迟缓[323]，似可认为史前时期岭南地区骨器制作所用猪骨原料多为野猪。

（二）夏商周时期制骨手工业

中国青铜时代开始出现制骨作坊，骨料主要来源为黄牛骨骼，猪骨仍占有一席之地，猪的犬齿是制作牙器的重要来源。

二里头文化的河南偃师二里头遗址至少存在 3 处制骨作坊：1 号作坊位于宫殿区东部四号基址南侧，发现有大量的骨器、骨料、砺石等制骨遗物以及加工场所、水井、灰坑等生产性遗迹，使用时间为二里头文化第二期至第四期；2 号作坊位于遗址 VI 区的祭祀区附近，发现有骨器半成品、骨料等遗物以及骨料坑、烧土面、房址等生产性遗迹，使用时间为二里头文化第四期；3 号作坊位于宫城西南角，为一处约百平方米的、深度近 3 米的灰土堆积，表面散落大量的存在砸击、切割和磨制痕迹的骨角质遗物，原料来源为动物肢骨、肋骨、牛角和鹿角等，包括成品（器型包括骨锥、骨镞和骨簪等）、半成品和废料，涵盖了骨角器加工制作的多个环节，使用时间为二里头文化晚期。此外，二里头遗址还在宫殿区的东部、南部和西部发现有 5 处骨器加工点，该遗址骨器成品以骨镞和骨笄为主（占骨器总数的 1/3），还包括骨锥、骨雕和卜骨等，骨器作坊生产骨器仅能供应二里头都邑的王室和贵族之需，骨料来源主要为黄牛（骨骼部位包括长骨、肋骨和下颌骨），其比例高达 91%，鹿科动物也占有少量比例（约占 6%），家猪等其他家养动物（还包括羊和狗）仅是偶尔使用[324]。河南登封南洼遗址二里头文化骨器多出自灰坑，以锥形器和镞形器数量最多，反映了当时的人类从事编织和狩猎活动，哺乳动物骨料来源包括猪（骨骼部位包括下颌犬齿和肋骨）、羊（骨骼部位包括掌骨和胫骨）、牛（骨骼部位包括肩胛骨、肋骨和胫骨）、鹿（骨骼部位包括角和跖骨）、狗（骨骼部位包括尺骨和腓骨）和人（骨骼部位包括桡骨）[325]。

商代早期的河南郑州商城遗址，制骨作坊主要有 2 处，即紫荆山北制骨作坊（二里冈下层二期到二里冈上层一期）和宫殿区人头骨锯制场地（二里冈上层一期）。其中，紫荆山北制骨作坊出土骨料坑内有1000多件骨器的成品、半成品，骨料和骨废料，还有砺石、青铜小刀等，以生产骨笄为主，骨料来源以猪和黄牛最多，羊次之，狗、马和鹿较少，多用肢骨、肋骨、肩胛骨等骨骼部位，该制骨作坊出土骨器除供应王室和贵族之需外，还可能会面向市场销售；宫殿区人头骨锯制场地可能是满足特殊需要的官方作坊[326]。商代早期的河南偃师商城遗址尚未发现制骨作坊，出土有大量骨器，据统计，骨铲9件、骨凿1件、骨锥18件、骨镞36件、骨匕18件、骨针1件、骨饰品2件、骨笄100余件，骨笄出土数量最多。黄牛是主要的骨料来源，猪的犬齿是制作牙器的重要来源，如：H105中出土数百片大小不一的牙饰品，由雄猪犬齿打磨而成[327]。山西夏县东阴遗址属于二里冈上层文化，该遗址除出土有骨针、骨锥、骨镞、骨匕和卜骨等骨器之外，还出土有大量骨料及骨废料，骨料来源主要是牛的肢骨，骨料为锯除两端的骨干，长度为15—18厘米，表明东阴遗址可能是商代早期统治者在晋西南设置的专门生产和加工骨料的功能性聚落[328]。

商代中期的河南安阳洹北商城遗址，在宫城区北部（韩王度村东地和北部）发现有以制骨废料坑为主的制骨作坊遗迹，填补了商代中期铸铜、制骨手工业的空白。为更为全面、高效地提取制骨手工业的相关信息，田野考古与动物考古及相关领域学者针对前期制骨手工业发掘的经验和教训，制定了以"逐层精细发掘"为根本，结合三维信息采集以及现场精细提取和科学鉴定为主的田野考古发掘和采样方法。该制骨作坊主要骨器产品为骨笄，还包括骨针、骨锥、骨匕、骨角镞等，反映了骨笄制造业的繁盛，骨料来源包括龟（主要用甲）、猪、狗、羊、牛、马、熊等，黄牛是主要的骨料来源，次之以鹿、猪、狗和羊，骨骼部位主要为肢骨（包括肱骨、桡骨、掌骨、股骨、胫骨、跖骨等，选取骨料时对黄牛掌骨和跖骨并无特别的偏好），采用"剥片式"取料等制骨方法和技术提高了取料的效率和产量，鹿角料（源自马鹿、麋鹿和梅花鹿等大中型鹿科动物）比例有限，是角器（如角镞）的主要来源[329]。

　　商代晚期的河南安阳殷墟遗址的骨器生产已经是高度专业化的行业，制骨作坊主要有 3 处，即大司空村、北辛庄和薛家村南（或铁三路）制骨作坊。大司空村制骨作坊遗址的年代为殷墟文化第二至四期（殷墟文化第一和第二期制骨遗存较少，殷墟文化第三和第四期制骨遗存最为丰富），北辛庄制骨作坊的年代为殷墟晚期，薛家村南（或铁三路）制骨作坊的年代为殷墟文化第二至四期晚段（以殷墟晚期为发达期）[330]。此 3 处制骨作坊以生产骨笄为主，附带生产骨锥、骨刀和雕花骨块等（就骨器器型而言，有统计显示殷墟遗址出土骨器中骨镞的数量要远超骨笄），生产骨笄数量之巨，远超王室与贵族消费之需，也有用于商品生产的情况。骨料来源主要为黄牛，还包括水牛、猪、羊、鹿和马等动物，选用骨骼部位以肢骨为多，其次为下颌骨和鹿角，雄猪的下颌犬齿是制作牙器的重要原料。薛家村南（或铁三路）制骨作坊中出土含有锯痕和加工痕迹的猪下颌骨，将猪下颌联合部进行锯切割、将犬齿后延之后部位砍断的做法应是为了方便提取雄猪的完整犬齿。此外，在殷墟遗址花园庄与小屯村附近发现有制骨遗存，在黑河路与孝民屯发现可能是家庭制骨副业活动留下的遗存[331]。

西周时期的陕西西安周原遗址发现有云塘和庄白北 2 处规模较大的制骨作坊[332]，其中，云塘制骨作坊（西周早期至西周晚期）经过 1976 年和 2014 年两次发掘，其中 1976 年清理灰坑 19 座，部分灰坑可能与制骨作坊有关，填土中的骨料达 1 万多千克，骨料来源以牛骨数量最多（约占 80%），马骨较少（约占 5%），羊、猪、狗、鹿、骆驼、犀牛、熊等动物骨骼数量更少，选用骨骼部位集中在肢骨，还包括肩胛骨和肋骨等，骨器以骨笄数量最多（约占 90% 以上），其次为骨锥、骨针等，云塘制骨作坊的规模很大，骨料来源依托于当时发达的农牧业经济[333]。西周时期的陕西西安丰镐遗址已发掘制骨作坊 3 处，属于由某些贵族负责生产和管理的依附性制骨作坊[334]。其中，张家坡制骨作坊遗址的年代为西周早期，骨器以骨镞和骨笄为主[335]；新旺村制骨作坊的年代为西周晚期，骨器以骨笄为主，骨料来源以黄牛为主，还包括鹿、猪和马等动物种属，由可鉴定标本数的统计结果看，牛骨占 67.81%，鹿骨占 10.27%，猪骨占 1.03%，马骨占 0.34%，骨骼部位以肢骨为主，还有用肩胛骨、肋骨和鹿角的情况[336]；冯村制骨作坊的年代为西周晚期，骨器以骨笄为主，骨料来源以黄牛骨占绝大多数，还包括水牛、马和鹿等动物种属，骨骼部位以肢骨为主，还有少量肋骨和肩胛骨[337]。此外，在马王村东、曹家寨东北、白家庄北发现有制骨遗存，白家庄北制骨作坊年代为西周早期至中期，骨料来源主要是牛骨，也有少量用其他动物骨骼和鹿角的情况[338]。河南浚县辛村遗址以商周文化遗存为主，为西周卫国王陵所在地，1932 年辛村墓地的首次发掘开启了我国西周考古的序幕[339]。在 2021 年度对该遗址进行的考古发掘中，在紧邻卫侯公墓区的北部发现有制骨作坊，骨料堆积坑多连片分布，骨料来源以牛骨为主、兼有鹿角，此外还有少量狗骨、猪骨和羊骨 [340]。河南三门峡李家窑遗址为西周末期虢国上阳城，H37 位于上阳城东北部内城和外城之间，其内出土有与制骨手工业有关的遗物，包括废骨料、骨料、骨器和砺石等，推测这是与制骨作坊有关的废弃物，废骨料均为牛骨，重达 33 千克，最小个体数为 26，该灰坑中还出土有猪、马、狗、羊、兔、狍、鹿和猫等动物残骸，猪可能是附近人群主要的肉食消费对象，而并没有成为骨料来源 [341]。

马萧林对以中原地区为中心的中国先秦时期骨器和制骨手工业的发展状况进行了系统的总结和研究，他认为：中国新石器时代骨器在选材上"因材作器"，鹿科动物是主要的骨料来源，骨器形制各异，骨器制作以个体加工为主，加工技法上加工痕迹不明显，以片切割和磨制作为主要的加工手段；青铜时代黄牛骨骼成为主要的原料来源，制骨作坊不断涌现，金属工具出现并广泛应用（特别是商代早期开始使用青铜锯），官营制骨作坊出现并发展，因此，从新石器时代到青铜时代，中国骨器和制骨手工业呈现出 4 个方面的变化：选材从多样化发展到择优化、形制从个性化走向规范化、制作从分散化趋于规模化、技术从简单化发展到复杂化 [342]。

赵昊对东周时期 7 个都邑 17 处制骨地点的空间布局进行过研究，包括河南洛阳东周王城（1 处，位于城西北部的东干沟附近，时代为战国晚期）、山西晋都新田（4 处，分别为侯马西门地点、侯马农贸市场地点、牛村古城南 I 号地点和 II 号地点、牛村古城南 XXII 地点，时代为春秋晚期至战国早期）、山东曲阜鲁故城（3 处，分别为林前村西北、御碑楼、盛果寺东北地点，时代为西周至战国时期）、山东临淄齐故城（6 处，分别为崔家庄北 73 号制骨遗址、河崖头村西南 52 号制骨遗址、东古城村南51 号制骨遗址、田家庄村东北、苏家庙村西 61 号制骨遗址、石佛堂村，时代为东周时期）、河南郑州郑韩故城（1 处，人民路制骨作坊遗址，又名张龙庄遗址，时代为战国中期至战国晚期）、河北易县燕下都（1 处，武阳台 22 号制骨作坊，时代为战国时期）、河北赵国都城邯郸（1 处，郭城大北城内"和 D12"地点，时代为战国时期），认为东周时期制骨作坊多位于宫城以外，且与宫殿区的距离有加大的趋势，这可能与原料来源、骨器消费习惯的变化有关 [343]。就山西晋都新田牛村古城南制骨作坊出土骨器和骨料的情况看，骨料包括牛骨、马骨、猪骨、羊骨、狗骨、鹿骨和鹿角等，猪骨作为骨料来源的重要性远不及牛骨、马骨和鹿角，加工制作骨器时裁锯非常规整，具有典型的金属锯加工特征，很可能已经使用铁锯，骨器包括笄、刀、叉、锥、带钩、马镳等 [344]。

夏商周时期周边文化呈现出鲜明的地方特色，猪在东北地区为重要的骨料来源，但基本未见于西北地区。夏家店下层文化的内蒙古赤峰夏家店、药王庙、宁城南山根遗址中出土骨器较多，骨器器型以骨锥和骨镞为主，食余的动物骨骼就成为制作骨器的主要原料来源，用作骨料的动物种属包括猪、狗、羊、牛和鹿等 [345]。黄泽贤等就陕西旬邑枣林河滩遗址（为"古豳地"）出土商周时期骨器、骨料和半成品进行动物考古研究，骨器类型包括骨匕、骨锥、骨铲、骨镞、角镞、骨饰、卜骨等，多为日常实用器，发现骨料来源多为黄牛和鹿科动物的肩胛骨和肋骨等部位，少用狗、羊等动物，未见使用猪骨的现象，骨器制作的性质属于自给自足的家庭式生产 [346]。李悦等对新疆巴里坤石人子沟遗址（时代为青铜时代晚期至铁器时代早期）出土骨制品进行动物考古研究，研究表明其骨料来源以羊为主，鹿和马次之，狗和黄牛少见，猪未见，选用骨骼部位主要是距骨、掌骨和跖骨，由此可见，牧业经济保证了骨器制作的原料来源，骨器制作呈现"省时省力"的特点（即精细加工使用部位，而简单化处理非使用部位），该遗址未出现专门的制骨场所，生产链不完善，产业化和精细化程度较低，骨器制作可能是以家庭为单位进行的，落后于中原地区商周时期大型骨器作坊规范化、规模化和产业化的特点[347]。

（三）秦汉时期以后制骨手工业

陕西咸阳聂家沟遗址为秦代咸阳手工业制骨作坊，两处堆积坑内出土大量与制骨相关的遗物，其中第 1 号堆积坑（K1）部分清理出土的骨质遗物超 600 千克，已完成的关于第 1 层遗物的研究中，骨料来源比较单纯，可辨骨料几乎全部来自黄牛（另有零星的鹿角料），骨骼部位以肢骨（包括掌骨、跖骨、尺骨、桡骨、胫骨、肱骨和股骨等长骨部位，不见腕跗骨、趾骨和关节部位）为主，黄牛的最小个体数为 201。该制骨作坊直属中央官署管理，属于依附性作坊，生产骨器主要为装饰或娱乐产品，骨器器型包括马镳、鱼饰、棋子、带钩、筹、笄、环、带具、琴轸、锥等，该遗址零星出土有马、羊、狗和猪的遗骸，但并没有用作骨料，而是日常食用后的遗存[348]。陕西咸阳长陵车站附近发现有兼具冶炼、制骨和制陶等不同行业的作坊区，其中制骨作坊内经常出土鹿角等半成品[349]。2017 年发掘该区域内的一座圆形袋状灰坑中出土有骨器半成品（1 件，为装饰性骨环）、骨废料（105 件）和骨余料（46 件）等，骨料来源以牛和马为主，选用骨骼部位较为离散，包括头骨、脊椎、肋骨、盆骨、肢骨、掌骨和跖骨等，这些骨骼部位并非全部用作骨料[350]。陕西西安秦始皇陵出土有大量的骨器，其数量仅次于陶器和青铜器，是中国历史上骨器生产和使用的最后一个高峰。骨器类型多样，涉及车马器、兵器、乐器、生活用品、娱乐用具等多个门类，骨料来源主要是猪和黄牛，次之以马、鹿和羊。陕西咸阳塔儿坡秦墓（时代为战国晚期至秦统一之前，300多座墓葬的墓主身份较为低下，并非当地土著居民，与巴蜀文化联系密切）曾出土用人骨制成的骨管14件[351]，但在秦始皇帝陵中未发现以人骨为骨料的情况[352]。

陕西西安西汉长安城遗址尚未发现制骨作坊，出土骨器器型主要是骨签（骨签是由动物骨骼制成的形状大小较为一致的长方形骨片，背面较为平滑竖直，正面略弧，其上磨平并多刻铭文字，中部均有一半月形缺口，似为两个一组捆绑保存之用），骨签出土数量巨大，其中，未央宫三号建筑基址出土有63850件，武库四号建筑基址、城墙西南角等也有零星出土，其使用年代为西汉初期至西汉中晚期。关于其性质，学者们认知不一，发掘者认为是西汉王朝中央保存备查的档案资料者，即"档案资料"[353]，赵化成认为是物勒工名的"标签"[354]，于志勇认为是弓弩所用的骨质弓弭，即"骨弭"[355]，也有学者进一步提出骨签为刻意截取的骨弭末端，是特殊性质的档案类样本[356]。骨签形制较为规整，一般长5.8—7.2厘米、宽2.1—3.2厘米、厚0.2—0.4厘米，其骨料来源经鉴定可知大部分为牛骨，其加工制作流程较为规范[357]。陕西西安西汉长安城武库遗址出土有零星的加工骨骼，包括骨签、蚌饰、鹿角器等[358]，骨料来源似乎主要为牛骨、鹿角和蚌壳。

陕西西安唐长安城西市位于廓城偏北、皇城之西南，目前发现制骨遗存 7 处，分别位于西市"井"字形街道中的南大街东端街南、南大街中部街南和街北、南大街西端路南、北大街中部偏西道路中心和街南、东北十字街处，其中，可以确定制骨作坊 3 处，分别位于南大街中部街南和街北以及南大街西端路南，制骨手工业作坊呈现"前店后坊"或"前店后场"的格局，应属民营制骨手工业作坊，该格局为唐代出现的新生事物，反映了唐代社会经济的发展和商品交换的活跃。2006 年发掘南大街北侧制骨作坊，出土有骨器、骨器半成品、骨料、骨废料和制作骨器的工具以及食余垃圾等遗存，骨料来源以黄牛为主，约占 42%，还包括马、驴、山羊、绵羊、鹿、双峰驼、象、羚牛和蚌等动物种属，选用骨骼部位以掌骨和跖骨多见，肢骨也占有很大的比重，象牙、鹿角和蚌壳分别是牙器、角器和蚌器的主要骨料来源，出土猪和狗并未用于制作骨器，可能分别与肉食消费和看宅护院的用途有关。2016 年发掘南大街南侧制骨作坊，发掘情况与北侧制骨作坊相似，但规模要小很多 [359]。

内蒙古巴林左旗辽上京遗址 2013 年度发掘区内未发现制骨作坊，就出土骨器、骨料、骨废料的动物考古研究而言，骨料来源主要是黄牛，选用骨骼部位包括角、掌骨、跖骨和肢骨等。此外，骨料来源还包括马、驴、双峰驼、马鹿、狗、黄羊等动物种属，发掘区出土有家猪遗存，但并未用以制作骨器，应为本地饲养的肉食消费对象，其肉食贡献率仅次于羊 [360]。

随着金属等材料的应用，制骨手工业日渐走向没落，但在民族地区仍有孑遗。黑龙江流域的鄂伦春族在 20 世纪 60 年代依然保留着制骨手工业，其骨料来源主要是狩猎和驯养的各种鹿科动物（如驯鹿）的肢骨，骨器类型包括箭头、鱼钩、针、耳环和笄等[361]。

七、小结

家猪具有广泛的实用功能，中国古代养猪业的发展与家猪的世俗之用相辅相成，稳定而充裕的家猪资源适应了国人的肉食之需、支撑了传统农业发展所需的肥料来源，家猪具有重要的医药价值，并在当今医学领域具有广阔的应用前景，它还在一定程度上为手工业和工业提供了猪骨、猪鬃和猪皮等原材料。家猪最为主要的用途是提供肉食，猪肉消费在不同时期虽有其特点和演变，但它在较大的时空维度内是中国古代最为重要和主要的肉食来源，对其肉食消费也成为区分社会等级和人群的标志。为保存肉食和发展美食，我国先民创造出冷冻法、干肉法、腌制法和酱制法等贮藏和制作食物的方法。当然，对其消费也存在宗教和文化的禁忌，其深层次的原因当与生业和环境有关。家猪还通过猪粪入肥的方式推动中国古代农业的发展，有研究表明，距今 5500 年前仰韶时代的先民可能已经用猪粪肥田，中国先民采用的圈养方式有利于收集猪粪、清洁环境、减少疾病传播。猪皮、猪骨因在物理性能方面所具有的天然短板，虽数量巨大，但其在皮革和骨器制作业中的应用并不占据主导。猪鬃具有良好的物理性能，中国猪鬃产业曾在二战期间极为兴盛。家猪在生理和结构等诸多方面所有的优势，使其具有重要的医药价值，现代医学技术的进步不断开发出它的重要医学价值和潜能。

注　释

[1]　〔宋〕王应麟撰，陈戌国、喻清点校：《三字经》，长沙：岳麓书社，2007 年，第 10 页。

[2]　[美]摩耳著，李小峰译：《蛮性的遗留》，海口：海南出版社，1994 年，第 2 页。

[3]　中国古代建筑多为木结构，在对其进行油饰彩画时，需要在木构件表面做地仗，这样有利于油彩附着和保护木构件，猪血因油脂成分多、性能稳定、附着力强，是制作地仗的优质材料。参见：周乾：《猪血在故宫古建筑中的科学运用》，《科技日报》，2023-09-01，第 8 版。

[4]　〔汉〕司马迁撰，韩兆琦译注：《史记》，北京：中华书局，2010 年，第 6011 页。

[5]　杨伯峻译注：《孟子译注》，北京：中华书局，2016 年，第 282—283 页。

[6]　郭娟：《中国饮食文化中的地域性研究》，《中国食品》2021 年第 19 期，第 59—60 页。

[7]　孙中山：《建国方略》，北京：中华书局，2011 年，第 7 页。

[8]　Knechtges, D. R. (1986). "A literary feast: Food in early Chinese literature." *Journal of the American Oriental Society* 106(1): 49–63.

Simoons, F. J. (1991). *Food in China: A Cultural and Historical Inquiry*. Boca Raton, CRC Press.

Sterckx, R. (2011). *Food, Sacrifice, and Sagehood in Early China*. Cambridge, Cambridge University Press.

Chang, K. C. (1977). *Food in Chinese Culture: Anthropological and Historical Perspectives*. New York & London, Yale University Press.

瞿明安：《中国饮食文化中的传统农事观》，《古今农业》1998 年第 1 期，第 45—50 页。

[9]　张光直著，郭于华译：《中国文化中的饮食——人类学与历史学的透视》，见 [美] 尤金·N. 安德森著，马孆、刘东译：《中国食物》，南京：江苏人民出版社，2003 年，第 249—263 页。

[10]　付少平：《中国古代农业生物资源的结构性特点及其对传统农业文化的影响》，《农业考古》1998 年第 3 期，第 188—190+201 页。

[11] 费孝通：《费孝通文集（第 3 卷）》，北京：群言出版社，1999 年，第 20—24 页。

[12] 杨晓坚：《白族生皮食俗与现代开发》，《四川烹饪高等专科学校学报》2016 年第 6 期，第 13—15 页。

[13] 郝教敏编著：《肉制品贮藏与加工》，北京：中国社会出版社，2008 年，第 178—218 页。

周文翰：《不止美食：餐桌上的文化史》，北京：商务印书馆，2020 年，第 86—99 页。

[14] Greenfield, H. J. (2010). "The Secondary Products Revolution: the past, the present and the future." *World Archaeology* 42(1): 29–54.

[15] 〔唐〕孙思邈撰，刘清国等校注：《千金方》，北京：中国中医药出版社，1998 年，第 80 页。

[16] 周雪、付利芝、杨柳、翟少钦、沈克飞：《荣昌猪初乳和常乳主要成分及钙含量分析》，《中国畜牧杂志》2015 年第 51 卷第 23 期，第 76—78 页。《市场上为什么不销售猪奶？》，《中国农村科技》2013 年第 10 期，第 57 页。

[17] 罗运兵、张居中：《河南舞阳县贾湖遗址出土猪骨的再研究》，《考古》2008 年第 1 期，第 90—96 页。

胡耀武、S. H.Ambrose、王昌燧：《贾湖遗址人骨的稳定同位素分析》，《中国科学（D 辑：地球科学）》2007 年第 37 卷第 1 期，第 94—101 页。

黄万波：《（舞阳贾湖）龟、鳖及其它动物骨骼》，见河南省文物考古研究所编著：《舞阳贾湖》，北京：科学出版社，1999 年，第 130—131、454—462、651、785—817、897—903 页。

[18] 罗运兵：《中国古代猪类驯化、饲养与仪式性使用》，北京：科学出版社，2012 年，第 204—207 页。

李志鹏：《中原腹地龙山文化到二里头文化时期先民的肉食消费再研究》，《南方文物》2021 年第 5 期，第 155—166 页。

[19] 宋艳波、李铭、郭俊峰、何利、王芬、靳桂云：《济南张马屯遗址出土动物遗存研究》，见山东大学《东方考古》编辑部编：《东方考古（第 18 集）》，北京：科学出版社，2021 年，第 246—262 页。

[20] 宋艳波：《海岱地区新石器时代动物考古研究》，上海：上海古籍出版社，2022 年。

[21] 吕鹏、袁靖：《交流与转化——黄河上游地区先秦时期生业方式初探

（下篇）》，《南方文物》2019年第1期，第113—121页。

吕鹏、袁靖：《交流与转化——黄河上游地区先秦时期生业方式初探（上篇）》，《南方文物》2018年第2期，第170—179页。

[22] 袁靖：《生业研究的进展与思考——以中原地区为例》，见袁靖主编：《中国科技考古纵论》，上海：复旦大学出版社，2019年，第61—66页。

宋艳波：《海岱地区新石器时代动物考古研究》，上海：上海古籍出版社，2022年。

[23] Dong, N. and J. Yuan (2020). "Rethinking pig domestication in China: regional trajectories in central China and the Lower Yangtze Valley." *Antiquity* 94(376): 864–879.

[24] 刘莉：《植物质陶器、石煮法及陶器的起源：跨文化的比较》，见西北大学考古学系、西北大学文化遗产与考古学研究中心编：《西部考古（第一辑）》，西安：三秦出版社，2006年，第32—42页。

[25] 宋兆麟：《古代器物溯源》，北京：商务印书馆，2014年，第272—276页。

[26] Gao, X., Y. Guan, F.-Y. Chen, M. Yi, S. Pei and H. Wang (2014). "The discovery of Late Paleolithic boiling stones at SDG 12, north China." *Quaternary International* 347: 91–96.

[27] 于春：《四川汉源县商周遗址卵石堆积与石煮法》，《四川文物》2012年第4期，第37—42页。

[28] 崔剑锋、肖红艳、刘国祥：《从烧烤到炖煮——兴隆沟遗址出土不同时代陶器的制作工艺与使用方式比较研究》，见北京大学考古文博学院、北京大学中国考古学研究中心编：《考古学研究（十三）——北京大学考古百年考古专业七十年论文集》，北京：科学出版社，2022年，第683—694页。

[29] 王仁湘：《饮食与中国文化》，桂林：广西师范大学出版社，2022年，第5—26、305—342页。

周新华：《调鼎集：中国古代饮食器具文化》，杭州：杭州出版社，2005年，第6—91页。

宋兆麟：《古代器物溯源》，北京：商务印书馆，2014年，第272—276页。

[30] 罗运兵：《中国古代猪类驯化、饲养与仪式性使用》，北京：科学出版社，2012年，第200—231页。

[31] 陈发虎、夏欢、高玉、张东菊、杨晓燕、董广辉：《史前人类探索、

适应和定居青藏高原的历程及其阶段性讨论》，《地理科学》2022 年第 42 卷第 1 期，第 1—14 页。

益西多吉：《西藏地区史前动物利用与鸟兽遗存情况简述》，《文物鉴定与鉴赏》2022 年第 7 期，第 111—115 页。

罗运兵、姚凌、袁靖：《长江上游地区先秦时期的生业经济》，《南方文物》2018 年第 4 期，第 96—110 页。

[32] 张居中：《环境与裴李岗文化》，见周昆叔主编，巩启明副主编：《环境考古研究（第一辑）》，北京：科学出版社，1991 年，第 122—129 页。

孔昭宸、刘长江、张居中：《河南舞阳县贾湖遗址八千年前水稻遗存的发现及其在环境考古学上的意义》，《考古》1996 年第 12 期，第 78—83+103—104 页。

黄尚明：《中国环境变迁史丛书：先秦环境变迁史》，郑州：中州古籍出版社，2021 年，第 10—12 页。

[33] 王建华：《黄河中下游地区史前人口研究》，北京：科学出版社，2011 年，第 26—44 页。

[34] 严富华、麦学舜、叶永英：《据花粉分析试论郑州大河村遗址的地质时代和形成环境》，《地震地质》1986 年第 8 卷第 1 期，第 69—74+103 页。

麦学舜：《附录五 大河村遗址的孢粉分析》，见郑州市文物考古研究所编著：《郑州大河村》，北京：科学出版社，2001 年，第 675—680 页。

杨子赓：《对五千年前低温事件的探讨》，《第四纪研究》1989 年第 9 卷第 1 期，第 151—159 页。

竺可桢：《中国近五千年来气候变迁的初步研究》，《考古学报》1972 年第 1 期，第 15—38 页。

[35] 王建华：《黄河中下游地区史前人口研究》，北京：科学出版社，2011 年，第 44—105 页。

[36] 姜钦华、宋豫秦、李亚东、韩建业：《河南驻马店杨庄遗址龙山时代环境考古》，《考古与文物》1998 年第 2 期，第 36—42 页。

[37] 王建华：《黄河中下游地区史前人口研究》，北京：科学出版社，2011 年，第 105—166 页。

[38] 姚政权、吴妍、王昌燧、赵春青：《河南新密市新砦遗址的植硅石分析》，《考古》2007 年第 3 期，第 90—96 页。

宋豫秦、郑光、韩玉玲、吴玉新：《河南偃师市二里头遗址的环境信息》，

《考古》2002 年第 12 期，第 75—79 页。

夏正楷、张俊娜、刘建国、张蕾、王树芝、王增林、杨杰、李志鹏：《（二里头遗址）环境气候研究》，见中国社会科学院考古研究所编著：《二里头（1999—2006）》，北京：文物出版社，2014 年，第 1239—1277 页。

叶万松、周昆叔、方孝廉、赵春青、谢虎军：《皂角树遗址古环境与古文化初步研究》，见周昆叔、宋豫秦主编：《环境考古研究（第二辑）》，北京：科学出版社，2000 年，第 34—40 页。

[39] 王建华：《黄河中下游地区史前人口研究》，北京：科学出版社，2011年，第 166—178 页。

[40] 赵志军、刘昶：《偃师二里头遗址浮选结果的分析和讨论》，《农业考古》2019 年第 6 期，第 7—20 页。

杨杰、李志鹏、杨梦菲、袁靖：《（二里头遗址）动物资源的获取和利用》《第二节 附录（二里头遗址）动物肢骨的具体测量数据》《第二节附表》，见中国社会科学院考古研究所编著：《二里头（1999—2006）》，2014 年，第 1316—1348、1371—1373、1544—1652 页。

赵春燕、李志鹏、袁靖、赵海涛、陈国梁、许宏：《二里头遗址出土动物来源初探——根据牙釉质的锶同位素比值分析》，《考古》2011 年第 7 期，第68—75 页。

李维明：《二里头文化动物资源的利用》，《中原文物》2004 年第 2 期，第40—45+75 页。

[41] 张波、樊志民主编：《中国农业通史·战国秦汉卷》，北京：中国农业出版社，2007 年，第 264—271 页。

[42] 徐旺生：《特约专稿：中国养猪史连载之四 秦汉时期的养猪业》，《猪业科学》2010 年第 8 期，第 112—114 页。

[43] 〔晋〕杜预注、〔唐〕孔颖达等正义，黄侃经文句读：《春秋左传正义》，上海：上海古籍出版社，1990 年，第 147 页。

[44] 王明辉：《中原地区古代居民的健康状况——以贾湖遗址和西坡墓地为例》，《第四纪研究》2014 年第 34 卷第 1 期，第 51—59 页。

[45] 马萧林：《灵宝西坡遗址家猪的年龄结构及相关问题》，《华夏考古》2007 年第 1 期，第 55—74 页。

马萧林：《河南灵宝西坡遗址动物群及相关问题》，《中原文物》2007 年第4 期，第 48—61 页。

马萧林：《灵宝西坡遗址的肉食消费模式——骨骼部位发现率、表面痕迹及破碎度》，《华夏考古》2008 年第 4 期，第 73—87+106 页。

马萧林、魏兴涛：《灵宝西坡遗址动物骨骼的收集与整理》，《华夏考古》2004 年第 3 期，第 35—43+88 页。

[46] Zhang, Q., Y. Hou, X. Li, A. Styring and J. Lee-Thorp (2021). "Stable isotopes reveal intensive pig husbandry practices in the middle Yellow River region by the Yangshao period (7000–5000 BP)." *PLoS One* 16(10): e0257524.

[47] 马萧林：《灵宝西坡遗址的肉食消费模式——骨骼部位发现率、表面痕迹及破碎度》，《华夏考古》2008 年第 4 期，第 73—87+106 页。

赵潮、李涛：《动物考古视角下的宴飨行为研究》，《南方文物》2022 年第 2 期，第 169—173 页。

[48] 蓝万里、张居中、刘嵘：《（西坡墓地）人骨腹土寄生物考古学研究》，见中国社会科学院考古研究所、河南省文物考古研究所编著：《灵宝西坡墓地》，北京：文物出版社，2010 年，第 228—232 页。

张雪莲：《（西坡墓地）人骨碳十三、氮十五同位素分析》，见中国社会科学院考古研究所、河南省文物考古研究所编著：《灵宝西坡墓地》，北京：文物出版社，2010 年，第 197—208 页。

[49] 杨伯峻编著：《春秋左传注》，北京：中华书局，2018 年，第 154—155 页。

[50] 杨伯峻译注：《论语译注》，北京：中华书局，2017 年，第 256—257 页。

[51] 胡平生、张萌译注：《礼记》，北京：中华书局，2017 年，第 423—426 页。

[52] 申宪：《食与礼——浅谈商周礼制中心饮食因素》，《华夏考古》2001 年第 1 期，第 80—85 页。

[53] 周立刚：《举箸观史：东周到汉代中原先民食谱研究》，北京：科学出版社，2020 年，第 17 页。

[54] 张闻捷：《周代用鼎制度疏证》，《考古学报》2012 年第 2 期，第 131—162 页。

[55] 彭林译注：《仪礼·公食大夫礼》，北京：中华书局，2012 年，第 321—341 页。

[56] 〔汉〕司马迁撰，韩兆琦译注：《史记》，北京：中华书局，2010 年，第 151—153 页。

[57]　王宁：《餐桌上的训诂》，北京：中华书局，2022年，第10、31页。

[58]　申宪：《食与礼——浅谈商周礼制中心饮食因素》，《华夏考古》2001年第1期，第80—85页。

[59]　王宁：《餐桌上的训诂》，北京：中华书局，2022年，第87—92页。

[60]　[美]蕾切尔·劳丹著，杨宁译：《美食与文明：帝国塑造烹饪习俗的全球史》，北京：民主与建设出版社，2021年。

[61]　胡平生、张萌译注：《礼记》，北京：中华书局，2017年，第423—426页。

[62]　杨天宇撰：《周礼译注》，上海：上海古籍出版社，2004年，第51—52页。

[63]　胡平生、张萌译注：《礼记》，北京：中华书局，2017年，第542—545页。

[64]　王宁：《餐桌上的训诂》，北京：中华书局，2022年，第98—101页。
马健鹰：《中国古代烤食工艺略论》，《四川烹饪》1994年第2期，第38—39页。
马健鹰：《中国古代烤食工艺略论——古今烤食工艺流变》，《中国食品》2009年第15期，第44—45页。

[65]　胡平生、张萌译注：《礼记》，北京：中华书局，2017年，第512—559页。
王宁：《餐桌上的训诂》，北京：中华书局，2022年，第31页。

[66]　王宁：《餐桌上的训诂》，北京：中华书局，2022年，第96页。

[67]　陕西省考古研究所、秦始皇兵马俑博物馆编著：《秦始皇帝陵园考古报告（1999）》，北京：科学出版社，2000年，第21页。
陕西省考古研究院、秦始皇兵马俑博物馆编著：《秦始皇帝陵园考古报告（2001—2003）》，北京：文物出版社，2007年，第82页。
王兆麟：《秦始皇陵园发现罕见动物府藏坑》，《人民日报》，1997-04-28，第3版。
张卫星：《礼仪与秩序：秦始皇帝陵研究》，北京：科学出版社，2016年，第240—241页。

[68]　中国社会科学院考古研究所编著：《中国考古学·秦汉卷》，北京：中国社会科学出版社，2010年，第105页。

[69]　周立刚：《举箸观史：东周到汉代中原先民食谱研究》，北京：科学出版社，2020年，第13页。

[70]　陈桐生译注：《盐铁论》，北京：中华书局，2015 年，第 306—307 页。

[71]　朱天舒：《试析汉陶家禽家畜模型》，《考古与文物》1996 年第 1 期，第 70—77 页。

[72]　陈桐生译注：《盐铁论》，北京：中华书局，2015 年，第 313—314 页。

[73]　林剑鸣、余华青、周天游、黄留珠：《秦汉社会文明》，西安：西北大学出版社，1985 年，第 207 页。

[74]　任日新：《山东诸城汉墓画像石》，《文物》1981 年第 10 期，第 14—21 页。

[75]　张竞著，方明生、方祖鸿译：《餐桌上的中国史》，北京：中信出版社，2022 年，第 40—45 页。

[76]　刘尊志：《试论汉代诸侯王墓动植物陪葬的位置及其形式》，见中国社会科学院考古研究所、徐州博物馆编：《汉代陵墓考古与汉文化》，北京：科学出版社，2016 年，第 161—173 页。

刘尊志：《汉代诸侯王墓动植物陪葬内容及相关问题浅析》，《南方文物》2015 年第 3 期，第 134—142 页。

[77]　侯连海、王伴月、马凤珍：《大葆台汉墓出土兽骨名称鉴定》，见大葆台汉墓发掘组：《北京大葆台汉墓》，北京：文物出版社，1989 年，第 122—123 页。

王子今：《北京大葆台汉墓出土猫骨及相关问题》，《考古》2010 年第 2 期，第 91—96 页。

景爱：《来自古代北京的自然信息——从大葆台和老山汉墓看北京生态环境演变》，《科技潮》2001 年第 1 期，第 30—34 页。

房利祥：《大葆台一号汉墓随葬的动物骨骸分析》，见大葆台汉墓发掘组：《北京大葆台汉墓》，北京：文物出版社，1989 年，第 115—117 页。

[78]　纪南城凤凰山一六八号汉墓发掘整理组：《湖北江陵凤凰山一六八号汉墓发掘简报》，《文物》1975 年第 9 期，第 1—7+22+8+5—12 页。

魏德祥、杨文远、马家骅、胡文秀、黄森琪、卢运芳、谢年凤、苏天成：《江陵凤凰山 168 号墓西汉古尸的寄生虫学研究》，《武汉医学院学报》1980 年第 3 期，第 1—6+107 页。

武忠弼、田鸿生、曾云鹗：《江陵凤凰山 168 号墓西汉古尸研究（综合报告）》，《武汉医学院学报》1980 年第 1 期，第 1—10+87—95 页。

湖北省文物考古研究所：《江陵凤凰山一六八号汉墓》，《考古学报》1993

年第 4 期，第 455—513+551—566 页。

[79] 高耀亭：《马王堆一号汉墓随葬品中供食用的兽类》，《文物》1973年第 9 期，第 76—78 页。

[80] 王仁湘：《味道中国：味中味　味蕾上的历史记忆》，成都：四川人民出版社，2015 年，第 80—82 页。

[81] 湖南省博物馆、中国科学院考古研究所编：《长沙马王堆一号汉墓》，北京：文物出版社，1973 年，第 129—155 页。

[82] 王将克、黄杰玲、吕烈丹：《广州象岗南越王墓出土动物遗骸的鉴定》，见广州市文物管理委员会、中国社会科学院考古研究所、广东省博物馆编辑：《西汉南越王墓》，北京：文物出版社，1991 年，第 463—472 页。

[83] 广州市文物管理委员会、中国社会科学院考古研究所、广东省博物馆编辑：《西汉南越王墓》，北京：文物出版社，1991 年，第 281—282 页。

[84] 李妍：《食在广州有渊源——从南越王墓出土炊具及食材说起》，《收藏家》2018 年第 7 期，第 47—52 页。

[85] 魏坚、冯宝：《中国北方农牧交融与畜牧业起源发展进程的思考》，《西域研究》2020 年第 4 期，第 79—93+168 页。

邵方：《中国北方游牧业的起源问题初探》，见牛森主编：《草原文化研究资料选编（第一辑）》，呼和浩特：内蒙古教育出版社，2005 年，第 320—329 页。

王明珂：《鄂尔多斯及其邻近地区专化游牧业的起源》，《"中央研究院"历史语言研究所集刊》1994 年第 65 本第 2 分，第 375—434 页。

吕鹏、袁靖：《交流与转化——黄河上游地区先秦时期生业方式初探（下篇）》，《南方文物》2019 年第 1 期，第 113—121 页。

吕鹏、袁靖：《交流与转化——黄河上游地区先秦时期生业方式初探（上篇）》，《南方文物》2018 年第 2 期，第 170—179 页。

袁靖：《新石器时代至先秦时期东北地区的生业初探》，《南方文物》2016年第 3 期，第 175—182 页。

[86] 如"龙门、碣石北多马、牛、羊、旃裘、筋角"（《史记·货殖列传》），"（关中）北有戎翟之畜，畜牧为天下饶"（《史记·货殖列传》），"其畜之所多则马、牛、羊，其奇畜则橐驼、驴、骡、駃騠、騊駼、驒騱。逐水草迁徙，毋城郭常处耕田之业，然亦各有分地"（《史记·匈奴列传》）。

[87] 王明珂：《匈奴的游牧经济：兼论游牧经济与游牧社会政治组织的关

系》，《"中央研究院"历史语言研究所集刊》1993 年第 64 本第 1 分，第 9—50 页。

张景明：《中国北方游牧民族饮食文化研究》，北京：文物出版社，2008 年，第 74—77 页。

[88]　〔汉〕司马迁撰，韩兆琦译注：《史记》，北京：中华书局，2010 年，第 6529—6531 页。

[89]　Zhou, L., E. Mijiddorj, D. Erdenebaatar, W. Lan, B. Liu, T. O. Iderkhangai, S. Ulziibayar and B. Galbadrakh (2022). "Diet of the Chanyu and his people: Stable isotope analysis of the human remains from Xiongnu burials in western and northern Mongolia." *International Journal of Osteoarchaeology* 32(4): 878–888.

[90]　王明珂：《匈奴的游牧经济：兼论游牧经济与游牧社会政治组织的关系》，《"中央研究院"历史语言研究所集刊》1993 年第 64 本第 1 分，第 9—50 页。

[91]　Ren, M., R. Wang and Y. Yang (2022). "Diet communication on the early Silk Road in ancient China: multi-analytical analysis of food remains from the Changle Cemetery." *Heritage Science* 10(1): 46.

[92]　陈广忠译注：《淮南子》，北京：中华书局，2012 年，第 948—949 页。

[93]　王利华主编：《中国农业通史·魏晋南北朝卷》，北京：中国农业出版社，2009 年，第 126—134 页。

王磊、张法瑞：《〈齐民要术〉与北魏的畜牧业生产》，中国生物学史暨农学史学术讨论会论文集，2003 年。

[94]　张国文、易冰：《拓跋鲜卑生计方式综合研究》，《考古》2022 年第 4 期，第 104—115 页。

[95]　〔北魏〕杨衒之撰，周祖谟校释：《洛阳伽蓝记校释》，北京：中华书局，2013 年，第 103—105 页。

[96]　据游修龄先生考证，《齐民要术》中叙述马的字数占全部畜牧字数的 45.45%，羊占 25.75%，二者合占 71.20%，牛和家禽各占 6.06%，猪排末位，仅占 3.93%。参见：游修龄：《〈齐民要术〉成书背景小议》，《中国经济史研究》1994 年第 1 期，第 155—156 页。

[97]　张竞著，方明生、方祖鸿译：《餐桌上的中国史》，北京：中信出版社，2022 年，第 128 页。

[98]　王宁：《餐桌上的训诂》，北京：中华书局，2022 年，第 149—153 页。

[99]　〔北魏〕贾思勰著，缪启愉、缪桂龙译注：《齐民要术译注》，上海：上海古籍出版社，2009 年，第 520—525 页。

[100]　王仁湘：《羌煮貊炙话"胡食"》，《中国典籍与文化》1995 年第 1 期，第 92—98 页。

王仁湘：《味道中国：味中味　味蕾上的历史记忆》，成都：四川人民出版社，2015 年，第 28 页。

张竞著，方明生、方祖鸿译：《餐桌上的中国史》，北京：中信出版社，2022 年，第 81—82 页。

[101]　〔北魏〕贾思勰著，缪启愉、缪桂龙译注：《齐民要术译注》，上海：上海古籍出版社，2009 年，第 509 页。

[102]　〔北魏〕贾思勰著，缪启愉、缪桂龙译注：《齐民要术译注》，上海：上海古籍出版社，2009 年，第 535—537 页。

[103]　〔宋〕王钦若等编纂，周勋初等校订：《册府元龟》，南京：凤凰出版社，2006 年，第 5494 页。

[104]　〔清〕徐松辑：《宋会要辑稿·方域四·御厨》，北京：中华书局，1987 年，第 7375 页。

[105]　赵冬梅：《人间烟火：掩埋在历史里的日常与人生》，北京：中信出版社，2021 年，第 45—54 页。

[106]　张竞著，方明生、方祖鸿译：《餐桌上的中国史》，北京：中信出版社，2022 年，第 124—127 页。

[107]　韩雨：《2013 年辽上京城址出土的动物遗存研究》，中国社会科学院硕士学位论文，2018 年。

[108]　曾雄生：《中国农业通史·宋辽夏金元卷》，北京：中国农业出版社，2014 年，第 616—648 页。

[109]　张思萌：《辽代的饮食文化》，《赤峰学院学报（汉文哲学社会科学版）》2019 年第 40 卷第 9 期，第 11—14 页。

张景明、张杰：《饮食人类学视域下的辽代饮食文化研究》，北京：科学出版社，2021 年。

张景明：《中国北方游牧民族饮食文化研究》，北京：文物出版社，2008 年，第 74—105 页。

[110]　〔宋〕欧阳修、宋祁撰：《新唐书》，北京：中华书局，1975 年，第 6177 页。

[111]　〔清〕阿桂等撰，孙文良、陆玉华点校：《满洲源流考》，沈阳：辽

宁民族出版社，1988 年，第 335—336 页。

[112] 赵永春辑注：《奉使辽金行程录》，北京：商务印书馆，2017 年，第 217—218 页。

[113] 〔元〕脱脱等撰：《金史·志第五·地理上》，北京：中华书局，1975 年，第 551 页。

[114] 张泰湘：《东北亚研究——东北考古研究（三）》，郑州：中州古籍出版社，1994 年，第 231—236 页。

张碧波、董国尧主编：《中国古代北方民族文化史　民族文化卷》，哈尔滨：黑龙江人民出版社，1993 年，第 615—617 页。

张竞著，方明生、方祖鸿译：《餐桌上的中国史》，北京：中信出版社，2022 年，第 130—131 页。

赵冬梅：《人间烟火：掩埋在历史里的日常与人生》，北京：中信出版社，2021 年，第 45—54 页。

[115] 王利华：《中古华北饮食文化的变迁》，北京：生活·读书·新知三联书店，2018 年，第 157—161 页。

[116] 张显运：《宋代牧羊业及其在社会经济生活中的作用》，《河南大学学报（社会科学版）》2007 年第 47 卷第 3 期，第 46—51 页。

[117] 北宋唐慎微的《重修政和证类本草》、南朝梁陶弘景的《名医别录》、元代忽思慧的《饮膳正要》、明代李时珍的《本草纲目》、清代杨屾的《豳风广义》等书中，对猪肉的评价一直相当负面，比如说它味苦，主闭血脉，弱筋骨，虚人肌，不可久食，动风、金疮者尤甚。

[118] 屠猪的过程中有一道程序称为"吹猪"，目的是便于给猪烫毛和刮毛，其程序是：将猪杀死之后，在猪脚处用刀割个小口，用长管从小口捅进猪身至猪耳处，向长管内吹气或打气直至猪身膨胀，然后将小口扎紧，边烫皮毛边拔毛。关于该图像中人物动作描述，郑州大学李凡曾专门向中国社会科学院考古研究所唐锦琼、人民文学出版社廉萍、中国社会科学院文学研究所扬之水等老师请教，答曰"吹猪"，特此感谢以上老师惠赐提点。

[119] 甘肃省文物队、甘肃省博物馆、嘉峪关市文物管理所：《嘉峪关壁画墓发掘报告》，北京：文物出版社，1985 年，第 60 页及图版六七：2。

[120] 〔宋〕孟元老著，王莹译注：《东京梦华录译注》，上海：上海三联书店，2014 年，第 47—51、98—99 页。

[121] 田玉彬：《中国画，好好看》，长沙：湖南教育出版社，2020 年，第

224、271 页。

[122] 梁建国：《北宋东京的人口分布与空间利用》，《中国经济史研究》2016 年第 6 期，第 143—155 页。

[123] 孔凡礼点校：《苏轼文集》，北京：中华书局，1986 年，第 597 页。

[124] 饶学刚：《"东坡肉"本事的历史考察——兼谈黄州是"东坡肉"的发源地》，《黄冈职业技术学院学报》2021 年第 23 卷第 4 期，第 1—5 页。

[125] 〔宋〕苏轼：《格物粗谈》，引自：〔清〕曹溶辑，陶樾增订：《学海类编》，扬州：广陵书社，2007 年，第 4521 页。

[126] 曾雄生：《中国农业通史·宋辽夏金元卷》，北京：中国农业出版社，2014 年，第 659 页。

[127] 王宁：《餐桌上的训诂》，北京：中华书局，2022 年，第 110—112 页。

[128] 〔宋〕吴自牧著，符均、张社国校注：《梦粱录》，西安：三秦出版社，2004 年，第 245—247 页。

[129] 〔宋〕西湖老人撰：《西湖老人繁胜录》，北京：中国商业出版社，1982 年，第 7 页。

[130] 〔明〕宋濂等撰：《元史·卷二百五·列传第九十二》，北京：中华书局，1976 年，第 4566 页。

[131] [意]马可波罗著，[法]沙海昂注，冯承钧译：《马可波罗行纪》，上海：上海古籍出版社，2014 年，第 119 页。

[132] 〔元〕无名氏编，邱庞同注释：《居家必用事类全集（饮食类）》，北京：中国商业出版社，1986 年。

[133] 〔宋〕彭大雅撰，许全胜校注：《黑鞑事略校注》，兰州：兰州大学出版社，2014 年，第 28 页。

[134] 冯雪琴、阿拉坦宝力格：《蒙古民族饮食文化》，北京：文物出版社，2008 年，第 1—4、63—116 页。

[135] 〔元〕忽思慧著，张秉伦、方晓阳译注：《饮膳正要译注》，上海：上海古籍出版社，2017 年。

[136] 陈全家、赵莹、张海斌：《内蒙古燕家梁遗址出土的动物骨骼研究报告》，见内蒙古自治区文物考古研究所、包头市文物管理处编著：《包头燕家梁遗址发掘报告》，北京：科学出版社，2010 年，第 746—799 页。

[137] 吕鹏、郭鹏鹏、塔拉、岳够明、徐焱、宝力格：《元代牧区畜牧业的考古证据——元上都西关厢遗址的动物考古学研究》，《南方文物》2022 年

第 2 期，第 162—168 页。

[138] 〔明〕宋濂等撰：《元史·卷一百·志第四十八》，北京：中华书局，1976 年，第 2554 页。

[139] 〔元〕鲁明善著，王毓瑚校注：《农桑衣食撮要》，北京：农业出版社，1962 年。

[140] 曾雄生：《中国农业通史·宋辽夏金元卷》，北京：中国农业出版社，2014 年，第 648—660 页。

[141] [意] 马可波罗著，[法] 沙海昂注，冯承钧译：《马可波罗行纪》，上海：上海古籍出版社，2014 年，第 304 页。

[142] 刘山永主编：《〈本草纲目〉新校注本》，北京：华夏出版社，2008 年，第 1769 页。

[143] 闵宗殿主编：《中国农业通史·明清卷》，北京：中国农业出版社，2016 年，第 267—272 页。

[144] 闵宗殿主编：《中国农业通史·明清卷》，北京：中国农业出版社，2016 年，第 270—272 页。

[145] 姚伟钧、刘朴兵：《中国饮食文化史·黄河中游地区卷》，北京：中国轻工业出版社，2013 年，第 296—297 页。

[146] 万历朝重修本，申时行等修：《明会典·卷 116·厨役·牲口》，北京：中华书局，1989 年，第 606—609 页。

[147] 〔明〕谢肇淛撰，傅成校点：《五杂组·卷之十一　物部三》，上海：上海古籍出版社，2012 年，第 198 页。

[148] 邓之诚著，栾保群校点：《明末京城市肆》，《骨董琐记全编（新校本）》，北京：人民出版社，2012 年，第 479 页。

[149] 无名氏著，孔宪易校注：《如梦录》之《街市纪第六》《小市纪第八》，郑州：中州古籍出版社，1984 年，第 28—72、80—83 页。

[150] 〔明〕张瀚撰，萧国亮点校：《松窗梦语·卷 2·南游纪》，上海：上海古籍出版社，1986 年，第 18 页。

[151] 〔清〕袁枚：《随园食单》，北京：中华书局，2010 年，第 68、100 页。

[152] 〔清〕童岳荐：《调鼎集：清代食谱大观》，北京：中国纺织出版社，2006 年。

[153] 姜维公、刘立强主编：《东北边疆卷　八　柳边纪略　龙沙纪略　宁古塔纪略（外三种）》之《宁古塔纪略》，哈尔滨：黑龙江教育出版社，2014 年，第 147 页。

[154]〔清〕杨屾著，郑辟疆、郑宗元校勘：《豳风广义》，北京：农业出版社，1962 年，第 162—163 页。

[155]〔清〕潘荣陛、〔清〕富察敦崇、〔清〕查慎行、〔清〕让廉：《帝京岁时纪胜·燕京岁时记·人海记·京都风俗志》，北京：北京古籍出版社，2000 年，第 30 页。

[156]〔民国〕徐珂编撰：《清稗类钞·第十三册·饮食类》，北京：中华书局，1984 年，第 6266、6268、6425—6431 页。

[157] 贵州省兽医实验室校印：《猪经大全》，北京：农业出版社，1960 年。

[158]〔明〕王济撰：《君子堂日询手镜·下卷》，北京：中华书局，1985 年。

[159][罗马尼亚] 尼古拉·斯帕塔鲁·米列斯库著，蒋本良、柳凤运译：《中国漫记》，北京：中华书局，1990 年，第 139 页。

[160] 湖南省文物考古研究所编著：《永顺老司城遗址出土动物遗存》，北京：科学出版社，2018 年。

[161]〔明〕李诩撰、魏连科点校：《戒庵老人漫笔》，北京：中华书局，1982 年，第 142—143 页。

[162] 傅统先：《中国回教史》，银川：宁夏人民出版社，2000 年，第 61 页。

[163] 此外，猪油还可以做燃料、软化皮革或润滑器具、与石油混合制作香皂、避免食物腐烂等。参见：[美] 莱尔·华特森著，陈信宏译：《滚滚猪公：猪头猪脑的世界》，台北：麦田出版社，2005 年，第 209 页。

[164] 黄敏兰：《我所亲历的陕北农村生活》，见左玉河主编：《黄敏兰史学文集》，北京：社会科学文献出版社，2021 年。

[165] 中国动物疫病预防控制中心（农业农村部屠宰技术中心）编：《生猪屠宰操作指南》，北京：中国农业出版社，2019 年，第 4—5 页。

[166] 魏后凯、黄秉信主编：《中国农村经济形势分析与预测（2020～2021）》，北京：社会科学文献出版社，2021 年，第 115—132 页。

[167] 国家统计局编：《中国统计年鉴·2020》，北京：中国统计出版社，2020 年，第 178 页。

中国动物疫病预防控制中心（农业农村部屠宰技术中心）编：《生猪屠宰操作指南》，北京：中国农业出版社，2019 年，第 4—5 页。

[168][日] 冈村秀典著，陈馨译，秦小丽校：《中国文明：农业与礼制的考古学》，上海：上海古籍出版社，2020 年，第 115—116 页。

[英] 胡司德著，刘丰译：《早期中国的食物、祭祀和圣贤》，杭州：浙江大

学出版社，2018 年，第 20—21 页。

瞿明安：《中国饮食文化中的传统农事观》，《古今农业》1998 年第 1 期，第 45—50 页。

[169] 戴玲玲、张东：《安徽省蚌埠双墩遗址 2014 年～ 2015 年度发掘出土猪骨的相关研究》，《南方文物》2020 年第 2 期，第 112—118 页。

[170] 王华：《考古材料所见仰韶时代家猪饲养的季节性》，见山东大学《东方考古》编辑部编：《东方考古（第 19 集）》，北京：科学出版社，2022 年，第 188—199 页。

[171] 白倩、吕鹏、顾万发、魏青利、吴倩：《仰韶时期饲养家猪的策略研究——来自青台遗址家猪死亡季节的证据》，《南方文物》2022 年第 4 期，第 220—226 页。

[172] 孔保华、于海龙主编：《畜产品加工》，北京：中国农业科学技术出版社，2008 年，第 43—48 页。

[173] 中国动物疫病预防控制中心（农业农村部屠宰技术中心）编：《生猪屠宰操作指南》，北京：中国农业出版社，2019 年，第 6 页。

[174] 韩玲、余群力、张福娟编著：《肉类贮藏加工技术》，兰州：甘肃文化出版社，2008 年。

郝教敏编著：《肉制品贮藏与加工》，北京：中国社会出版社，2008 年。

[175] 杨伯峻译注：《论语译注》，北京：中华书局，2017 年，第 146 页。

[176] 黑龙江省文物考古工作队：《密山县新开流遗址》，《考古学报》1979 年第 4 期，第 491—518+555—560 页。

[177] 肖华、肖福元：《杀年猪　杀猪菜》，《黑龙江史志》2003 年第 1 期，第 44 页。

[178] 卫斯：《我国古代冰镇低温贮藏技术方面的重大发现——秦都雍城凌阴遗址与郑韩故城"地下室"简介》，《农业考古》1986 年第 1 期，第 115—116+142 页。

[179] 湖北省博物馆编：《曾侯乙墓》，北京：文物出版社，1989 年，第 223—228 页。

[180] 杨天宇撰：《周礼译注》，上海：上海古籍出版社，2004 年，第 81 页。

[181] 李零：《说冰鉴——中国古代的冰箱》，《中国文物报》，2008–10–15，第 5 版。

[182] 王秀梅译注：《诗经》，北京：中华书局，2015 年，第 307 页。

[183]　杨天宇撰：《周礼译注》，上海：上海古籍出版社，2004 年，第 80—81 页。

[184]　何驽：《尧都何在？——陶寺城址发现的考古指证》，《史志学刊》 2015 年第 2 期，第 1—6+126 页。

何努：《浅谈陶寺文明的"美食政治"现象》，《中原文化研究》2021 年 第 4 期，第 22—28 页。

[185]　岳洪彬、岳占伟、何毓灵：《河南安阳殷墟大司空遗址发掘获重要 发现》，《中国文物报》，2005-04-20，第 1 版。

[186]　陕西省雍城考古队：《陕西凤翔春秋秦国凌阴遗址发掘简报》，《文物》 1978 年第 3 期，第 43—47 页。

田原曦：《秦都雍城凌阴遗址相关问题再认识》，见秦始皇帝陵博物馆编： 《秦始皇帝陵博物院：2018 年总捌辑》，西安：西北大学出版社，2018 年， 第 156—164 页。

[187]　河南省文物研究所：《郑韩故城内战国时期地下冷藏室遗迹发掘简 报》，《华夏考古》1991 年第 2 期，第 1—15+112 页。

[188]　陕西省考古研究院、宝鸡市考古研究所、千阳县文化馆：《陕西千 阳尚家岭秦汉建筑遗址发掘简报》，《考古与文物》2010 年第 6 期，第 3— 17+113—116+121 页。

[189]　中国社会科学院考古研究所汉长安城工作队：《汉长安城长乐宫发现 凌室遗址》，《考古》2005 年第 9 期，第 3—6 页。

[190]　李佳：《清代北京冰窖藏冰技术研究》，陕西师范大学硕士学位论文， 2010 年。

[191]　河北省文化局文物工作队：《河北易县燕下都故城勘察和试掘》，《考 古学报》1965 年第 1 期，第 83—106+176—181+216 页。

[192]　秦都咸阳考古工作站：《秦都咸阳第一号宫殿建筑遗址简报》，《文物》 1976 年第 11 期，第 12—24+41+95—97 页。

[193]　湖北省博物馆江陵纪南城工作站：《一九七九年纪南城古井发掘简 报》，《文物》1980 年第 10 期，第 42—49 页。

[194]　马世之：《春秋战国时代的储冰及冷藏设施》，《中州学刊》1986 年 第 1 期，第 110—112 页。

[195]　段清波、张琦：《中国古代凌阴的发现与研究》，《文博》2019 年第 1 期，第 21—26 页。

[196]　河南省文物研究所：《郑韩故城内战国时期地下冷藏室遗迹发掘简报》，《华夏考古》1991 年第 2 期，第 1—15+112 页。

[197]　〔南朝宋〕范晔：《后汉书》，北京：中华书局，2007 年，第 53 页。

[198]　杨伯峻译注：《论语译注》，北京：中华书局，2017 年，第 96—97 页。

[199]　何努：《浅谈陶寺文明的"美食政治"现象》，《中原文化研究》2021 年第 4 期，第 22—28 页。

[200]　[日] 宫崎正胜著，陈柏瑶译：《餐桌上的世界史》，北京：中信出版社，2018 年，第 32 页。

[201]　扎巴人制作臭猪肉的方法：用绳索将膘肥肉厚的猪勒死，不放猪血，点火燎去猪毛，在猪腹开口，取出内脏，塞入圆根叶、干草、豌豆及面粉等，用线缝合并用火塘灰掺水的糯糊密封开口及猪的口窍部位，在火塘灰中深埋 1—2 年后取出，然后悬挂在厨房屋梁上风干。

[202]　摩梭人制作琵琶肉的方法：杀猪后褪尽猪毛，取出内脏，用刀剔除猪骨，装入调味佐料，剁去猪的四蹄，将猪变成光溜溜的"琵琶"状，用重达 300—400 斤重的大石板将其压住后阴干，这样制成的猪膘肉不易腐败变质。

[203]　郑友生：《丹巴臭猪肉》，《西藏民俗》1999 年第 2 期，第 26 页。
王翔：《琵琶猪和猪膘肉文化》，《肉类工业》2012 年第 10 期，第 4 页。
冯敏：《扎巴人的佳肴臭猪肉》，《四川烹饪》2005 年第 1 期，第 44 页。
姚国军：《摩梭人的猪膘肉和乳猪烤肉》，《中国民族博览》2001 年第 4 期，第 18 页。

[204]　曾雄生：《中国农业通史·宋辽夏金元卷》，北京：中国农业出版社，2014 年，第 659 页。

[205]　杨天宇撰：《周礼译注》，上海：上海古籍出版社，2004 年，第 51 页。

[206]　汤可敬译注：《说文解字》，北京：中华书局，2018 年，第 3233 页。

[207]　杨天宇撰：《周礼译注》，上海：上海古籍出版社，2004 年，第 84—86 页。

[208]　王子今：《汉代人饮食生活中的"盐菜""酱""豉"消费》，《盐业史研究》1996 年第 1 期，第 34—39 页。

[209]　张艳珍、刘毓超：《互助八眉猪香菇肉酱的加工工艺研究》，《青海农林科技》2017 年第 4 期，第 22—24+73 页。

[210]　杜书瀛译注：《闲情偶寄》，北京：中华书局，2014 年，第 571 页。

[211]　中国动物疫病预防控制中心（农业农村部屠宰技术中心）编：《生猪

屠宰操作指南》，北京：中国农业出版社，2019 年，第 15—17 页。

[212] 熊远著：《瘦肉猪育种的发展及展望》，《中国工程科学》2000 年第 2 卷第 9 期，第 42—46 页。

[213] 余群莲、鲁兴容、黄明发、冯杰、张澜：《土猪和国外引进猪肉质性状差异》，《肉类工业》2014 年第 9 期，第 20—22 页。

刘莹莹、李凤娜、印遇龙、谭碧娥、孔祥峰：《中外品种猪的肉质性状差异及其形成机制探讨》，《动物营养学报》2015 年第 27 卷第 1 期，第 8—14 页。

[214] 张远、赵改名、黄现青、王玉芬、谢华、柳艳霞、孟庆阳、樊付民：《性别对猪肉品质特性的影响》，《食品科学》2014 年第 35 卷第 7 期，第 48—52 页。

[215] 马义涛、李艳华、周辉云、王颖、徐宁迎：《阉割对金华猪肝脏 miR-122 和 miR-378 表达量和膻味性状的影响》，《农业生物技术学报》2013 年第 21 卷第 8 期，第 957—964 页。

[216] 《生猪屠宰管理条例》，《畜牧产业》2021 年第 10 期，第 8—12 页。

[217] 《生猪屠宰管理条例实施办法》，《中国动物检疫》2008 年第 10 期，第 1—3 页。

[218] ［英］菲利普·费尔南多 – 阿梅斯托著，韩良忆译：《文明的口味：人类食物的历史》，广州：新世纪出版社，2013 年，第 42 页。

[219] 陈其南：《文化的轨迹》，沈阳：春风文艺出版社，1987 年，第 41—44 页。

[220] 杨毅梅、李振、石武祥：《云南大理洱海环湖带绦虫流行病学调查》，《中国病原生物学杂志》2007 年第 2 卷第 2 期，第 109+114 页。

[221] 陈星灿：《考古随笔（二）》，北京：文物出版社，2010 年，第 65—67 页。

[222] Harris, M. (1998). *Good to Eat: Riddles of Food and Culture*. Prospect Heights, Ill., Waveland Press.

［美］马文·哈里斯著，叶舒宪、户晓辉译：《好吃：食物与文化之谜》，济南：山东画报出版社，2001 年，第 67—92 页。

［美］马文·哈里斯著，王艺、李红雨译：《母牛·猪·战争·妖巫——人类文化之谜》，上海：上海文艺出版社，1990 年，第 29—57 页。

[223] 康乐：《佛教与素食》，北京：商务印书馆，2017 年。

[224] 费孝通：《费孝通文集（第 3 卷）》，北京：群言出版社，1999 年，

第 20—24 页。

[225] 陈广忠译注:《淮南子》,北京:中华书局,2012 年,第 380—384 页。

[226] 游修龄:《中国稻作史》,北京:中国农业出版社,1995 年,第 172—180 页。

[227] [英] 李约瑟著,袁以苇等译:《李约瑟中国科学技术史 第六卷 生物学及相关技术 第一分册 植物学》,北京:科学出版社,2006 年,第 XVI 页。

[228] 缪启愉:《纪元前中西农书之比较》,《传统文化与现代化》1996 年第 5 期,第 40—49 页。

[229] Dong, Y., X. Bi, R. Wu, E. J. Belfield, N. P. Harberd, B. T. Christensen, M. Charles and A. Bogaard (2022). "The potential of stable carbon and nitrogen isotope analysis of foxtail and broomcorn millets for investigating ancient farming systems." *Frontiers in Plant Science* 13: 1018312.

[230] 胡泽学、付娟:《农耕文化视域下中华优秀传统文化长盛不衰之原因阐释》,《农业考古》2022 年第 1 期,第 251—259 页。

[231] [日] 速水佑次郎、[日] 神门善久著,沈金虎等译:《农业经济论(新版)》,北京:中国农业出版社,2003 年,第 16—27 页。

[232] 王思明、周红冰:《中国食物变迁之动因分析——以农业发展为视角》,《江苏社会科学》2019 年第 4 期,第 224—236+260 页。

游修龄:《说猪》,见徐旺生:《中国养猪史》,北京:中国农业出版社,第 1—11 页。

[233] 曾雄生:《农业生物多样性与中国农业的可持续发展(上)》,《鄱阳湖学刊》2011 年第 5 期,第 54—66 页。

李根蟠:《试论中国古代农业史的分期和特点》,见中国社会科学院历史研究所经济史研究组编:《中国古代社会经济史诸问题》,福州:福建人民出版社,1990 年,第 1—26 页。

[234] 陈加晋、李群:《农业遗产视角下中国畜牧业的现代性困境与出路——以畜禽饲喂为中心的考察》,《古今农业》2021 年第 2 期,第 76—84 页。

[235] [美] 彭慕兰著,史建云译:《大分流:欧洲、中国及现代世界经济的发展》,南京:江苏人民出版社,2003 年,第 286 页。

[236] 杨军学、罗世武、张尚沛、岳国强、王勇、程炳文:《不同有机肥对谷子产量、品质等的影响》,《陕西农业科学》2016 年第 62 卷第 1 期,第 1—

3 页。

龚清世：《不同有机肥和不同施肥水平对谷子产量的影响》，《海峡科技与产业》2016 年第 11 期，第 136—137 页。

方日尧、同延安、耿增超、梁东丽：《黄土高原区长期施用有机肥对土壤肥力及小麦产量的影响》，《中国生态农业学报》2003 年第 11 卷第 2 期，第 53—55 页。

杨珍平、张翔宇、苗果园：《施肥对生土地谷子根苗生长及根际土壤酶和微生物种群的影响》，《核农学报》2010 年第 24 卷第 4 期，第 802—808 页。

张奇、张振华、陈雅玲、卢信：《施用生物有机肥对土壤特性、作物品质及产量影响的研究进展》，《江苏农业科学》2020 年第 15 期，第 71—76 页。

邹原东、范继红：《有机肥施用对土壤肥力影响的研究进展》，《中国农学通报》2013 年第 29 卷第 3 期，第 12—16 页。

[237] 王欣、尚雪、卞昊昆、胡耀武：《种植实验揭示施肥效应对粟稳定同位素比值的影响》，《第四纪研究》2022 年第 42 卷第 6 期，第 1806—1814 页。

[238] Dong, Y., X. Bi, R. Wu, E. J. Belfield, N. P. Harberd, B. T. Christensen, M. Charles and A. Bogaard (2022). "The potential of stable carbon and nitrogen isotope analysis of foxtail and broomcorn millets for investigating ancient farming systems." *Frontiers in Plant Science* 13: 1018312.

[239] 赵志军：《新石器时代植物考古与农业起源研究》，《中国农史》2020 年第 3 期，第 3—13 页。

赵志军：《新石器时代植物考古与农业起源研究（续）》，《中国农史》2020 年第 4 期，第 3—9 页。

[240] Yang, J., D. Zhang, X. Yang, W. Wang, L. Perry, D. Q. Fuller, H. Li, J. Wang, L. Ren, H. Xia, X. Shen, H. Wang, Y. Yang, J. Yao, Y. Gao and F. Chen (2022). "Sustainable intensification of millet-pig agriculture in Neolithic North China." *Nature Sustainability* 5(9): 780–786.

Shelach-Lavi, G. (2022). "How Neolithic farming changed China." *Nature Sustainability* 5(9): 735–736.

[241] 王欣：《黄河中游史前农田管理研究：以植物稳定同位素为视角》，北京：中国社会科学出版社，2023 年。

王欣：《同位素视角下我国黄河中游地区新石器晚期施肥管理研究》，中国科学院大学博士学位论文，2018 年。

Wang, X., B. T. Fuller, P. Zhang, S. Hu, Y. Hu and X. Shang (2018). "Millet manuring as a driving force for the Late Neolithic agricultural expansion of north China." *Scientific Reports* 8(1): 5552.

[242]　Wang, X., Z. Zhao, H. Zhong, X. Chen and Y. Hu (2022). "Manuring and land exploitation in the Central Plains of late Longshan (2200–1900 BCE) China: Implications of stable isotopes of archaeobotanical remains." *Journal of Archaeological Science* 148: 105691.

[243]　Yi, B., X. Liu, X. Yan, Z. Zhou, J. Chen, H. Yuan and Y. Hu (2021). "Dietary shifts and diversities of individual life histories reveal cultural dynamics and interplay of millets and rice in the Chengdu Plain, China during the Late Neolithic (2500–2000 cal. BC)." *American Journal of Physical Anthropology* 175(4): 762–776.

[244]　胡厚宣：《再论殷代农作施肥问题》，《社会科学战线》1981 年第 1 期，第 102—109 页。

胡厚宣：《殷代农作施肥说补证》，《文物》1963 年第 5 期，第 27—31+41+71—72+2 页。

胡厚宣：《殷代农作施肥说》，《历史研究》1955 年第 1 期，第 97—106+115—116 页。

[245]　缪启愉：《纪元前中西农书之比较》，《传统文化与现代化》1996 年第 5 期，第 40—49 页。

[246]　许倬云：《两周农作与技术（附：中国古代农业施肥之商榷）》，《"中央研究院"历史语言研究所集刊》1971 年第 42 本第 4 分，第 803—842 页。

[247]　高华平、王齐洲、张三夕译注：《韩非子》，北京：中华书局，2010 年，第 205—206 页。

[248]　方勇译注：《孟子》，北京：中华书局，2010 年，第 90—95 页。

[249]　方勇、李波译注：《荀子》，北京：中华书局，2011 年，第 138—147 页。

[250]　杨天宇撰：《周礼译注》，上海：上海古籍出版社，2004 年，第 239—240 页。

[251]　胡厚宣：《再论殷代农作施肥问题》，《社会科学战线》1981 年第 1 期，第 102—109 页。

许倬云：《两周农作与技术（附：中国古代农业施肥之商榷）》，《"中央研究院"历史语言研究所集刊》1971 年第 42 本第 4 分，第 803—842 页。

[252]　潘法连：《"粪种"的本义和粪种法——兼论粪田说是对"粪种"

的曲解》，《农业考古》1993 年第 1 期，第 73—77 页。

刘兴林：《"粪种"与"粪田"——〈周礼〉"强㯺用蒉"问题再认识》，《中国农史》2022 年第 6 期，第 3—10 页。

[253]　胡平生、张萌译注：《礼记》，北京：中华书局，2017 年，第 733 页。

[254]　龚良：《"圂"考释——兼论汉代的积肥与施肥》，《中国农史》1995 年第 1 期，第 90—95 页。

[255]　〔西汉〕氾胜之著，〔东汉〕崔寔著，石声汉选释：《两汉农书选读（氾胜之书和四民月令）》，北京：农业出版社，1979 年，第 22—23 页。

[256]　戴玲玲、高江涛、胡耀武：《几何形态测量和稳定同位素视角下河南下王岗遗址出土猪骨的相关研究》，《江汉考古》2019 年第 6 期，第 125—135 页。

[257]　〔北魏〕贾思勰著，缪启愉、缪桂龙译注：《齐民要术译注》，上海：上海古籍出版社，2009 年，第 18—22 页。

石声汉：《从齐民要术看中国古代的农业科学知识(续)——整理齐民要术的初步总结》，《西北农学院学报》1956 年第 4 期，第 77—101 页。

马万明：《从〈齐民要术〉看我国古代畜禽饲养技术水平》，《农业考古》1984 年第 1 期，第 109—113 页。

[258]　〔宋〕陈旉著，刘铭校释：《陈旉农书校释》，北京：中国农业出版社，2015 年，第 57 页。

[259]　谭黎明、谭佳远：《古代农田施肥理论的研究》，《安徽农业科学》2014 年第 42 卷第 21 期，第 7296—7297 页。

[260]　〔清〕张履祥辑补，陈恒力校释，王达参校、增订：《补农书校释（增订本）》，北京：农业出版社，1983 年，第 62、64、93—94 页。

[261]　〔明〕徐光启撰，石声汉点校：《农政全书》，上海：上海古籍出版社，2011 年，第 117 页。

[262]　〔清〕张履祥辑补，陈恒力校释，王达参校、增订：《补农书校释（增订本）》，北京：农业出版社，1983 年，第 56 页。

[263]　郭文韬：《试论乾隆时期的传统农学》，《农业考古》1992 年第 3 期，第 126—133 页。

王永厚：《〈知本提纲〉中的耕作技术》，《耕作与栽培》1984 年第 5 期，第 13—14 页。

陈加晋、李群：《〈知本提纲〉畜牧思想探析》，《农业考古》2016 年第 3 期，第 183—188 页。

熊帝兵、惠富平：《中国古代踏粪技术传承与变迁》，《自然科学史研究》2021 年第 40 卷第 2 期，第 149—160 页。

邢春如等：《古代发明与发现》，见刘心莲、李穆南、竭宝峰、邢春如编：《中国文化知识大观园·科技军事卷》，沈阳：辽海出版社，2007 年。

[264] 毛泽东：《关于发展畜牧业问题》，见中共中央文献研究室编：《毛泽东文集（第八卷）》，北京：人民出版社，1999 年，第 100—102 页。

[265] 《猪为六畜之首》，《人民日报》，1959-12-17，第 1 版。

[266] 展贵德：《畜禽粪污的危害及防治对策》，《特种经济动植物》2022 年第 25 卷第 11 期，第 168—170 页。

李玉：《畜禽粪污对环境的危害及治理措施》，《中国畜牧业》2022 年第 16 期，第 78—80 页。

[267] 谢国雄、胡康赢、王忠、楼玲、章秀梅：《耕地土壤有机质提升的几点思考》，《江西农业学报》2020 年第 32 卷第 4 期，第 78—83 页。

邱宇洁：《耕地土壤有机质提升路径》，《南方农机》2021 年第 52 卷第 13 期，第 87—88+98 页。

[268] 杜忍让、王一民、王刚弟、侯晓斌、翟国威、赵世明、樊晓军、于太永、胡建宏、杨公社、张增强：《发酵猪粪对果园土壤 pH 及有机质含量影响研究》，《家畜生态学报》2018 年第 39 卷第 11 期，第 75—78 页。

付霜：《基于农户视角的土壤有机质经济效益评价——以崇州示范区猪粪还田模式为例》，《农村经济与科技》2016 年第 27 卷第 8 期，第 25—26+28 页。

[269] 〔清〕张履祥辑补，陈恒力校释，王达参校、增订：《补农书校释（增订本）》，北京：农业出版社，1983 年，第 56、88—90 页。

[270] 韦凤梅：《微生物发酵床养猪技术优缺点和技术分析》，《中国动物保健》2019 年第 21 卷第 2 期，第 58+69 页。

张红梅、季新宇：《浅析微生物发酵床养猪技术》，《中国畜牧业》2021 年第 12 期，第 71 页。

常禹、蔺国龙、王金提、石芳权：《微生物发酵技术在生猪粪污处理中的应用》，《中国猪业》2022 年第 17 卷第 1 期，第 93—96+100 页。

[271] 如：生活在松花江中游和乌苏里江的赫哲族人以狍和鹿皮制作服饰，生活在黑龙江下游的赫哲族人以鱼皮制作服饰。参见：张琳：《黑龙江流域土著民族赫哲族鱼皮服饰文化》，《边疆经济与文化》2009 年第 6 期，第

53—54 页。

[272] 郝教敏编著：《肉制品贮藏与加工》，北京：中国社会出版社，2008 年，第 215—218 页。

陈振中：《先秦手工业史》，福州：福建人民出版社，2008 年，第 639—671 页。

汪受宽：《皮筏是羌人的发明吗？——与聪喆先生商榷》，《青海民族学院学报》1989 年第 4 期，第 46—48 页。

[273] 宋兆麟：《图说中国传统手工艺》，西安：世界图书出版西安公司，2008 年，第 37—54 页。

[274] 周嘉华、李劲松、关晓武、朱霞：《中国传统工艺全集（第二辑）：农畜矿产品加工》，郑州：大象出版社，2015 年，第 315—356 页。

[275] Kutschera, W. and W. Rom (2000). "Ötzi, the prehistoric Iceman." *Nuclear Instruments and Methods in Physics Research Section B: Beam Interactions with Materials and Atoms* 164–165: 12–22.

Fleckinger, A. (2003). *Ötzi, the Iceman*. Rome, Folio.

Fowler, B. (2000). *Iceman: Uncovering the Life and Times of a Prehistoric Man Found in an Alpine Glacier*. Chicago, University of Chicago Press.

Püntener, A. G. and S. Moss (2010). "Ötzi, the Iceman and his leather clothes." *CHIMIA International Journal for Chemistry* 64(5): 315–320.

Maixner, F., D. Turaev, A. Cazenave–Gassiot, M. Janko, B. Krause–Kyora, M. R. Hoopmann, U. Kusebauch, M. Sartain, G. Guerriero and N. O'Sullivan (2018). "The Iceman's last meal consisted of fat, wild meat, and cereals." *Current Biology* 28(14): 2348–2355. e2349.

[276] Püntener, A. G. and S. Moss (2010). "Ötzi, the Iceman and his leather clothes." *CHIMIA International Journal for Chemistry* 64(5): 315–320.

[277] O'Sullivan, N. J., M. D. Teasdale, V. Mattiangeli, F. Maixner, R. Pinhasi, D. G. Bradley and A. Zink (2016). "A whole mitochondria analysis of the Tyrolean Iceman's leather provides insights into the animal sources of Copper Age clothing." *Scientific Reports* 6(1): 31279.

[278] Toups, M. A., A. Kitchen, J. E. Light and D. L. Reed (2010). "Origin of Clothing Lice Indicates Early Clothing Use by Anatomically Modern Humans in Africa." *Molecular Biology and Evolution* 28(1): 29–32.

[279] Hallett, E. Y., C. W. Marean, T. E. Steele, E. Álvarez–Fernández, Z. Jacobs, J. N. Cerasoni, V. Aldeias, E. M. L. Scerri, D. I. Olszewski, M. A. El Hajraoui and H. L. Dibble (2021). "A worked bone assemblage from 120,000–90,000 year old deposits at Contrebandiers Cave, Atlantic Coast, Morocco." *iScience* 24(9): 102988.

[280] 安志敏：《中国新石器时代论集》，北京：文物出版社，1982 年，第 256—271 页。

[281] 胡平生、张萌译注：《礼记》，北京：中华书局，2017 年，第 423—426 页。

[282] 方勇译注：《墨子》，北京：中华书局，2011 年，第 36—38 页。

[283] 〔南朝宋〕范晔撰：《后汉书》，北京：中华书局，2007 年，第 1042 页。

[284] 裴文中：《裴文中科学论文集》，北京：科学出版社，1990 年，第 115—138 页。

[285] 黄蕴平：《小孤山骨针的制作和使用研究》，《考古》1993 年第 3 期，第 260—268+294—296 页。

辽宁省文物考古研究所编著：《小孤山：辽宁海城史前洞穴遗址综合研究》，北京：科学出版社，2009 年，第 146 页。

[286] 高星：《听，古老的石器在说话》，《光明日报》，2022–05–15，第 12 版。

[287] 李默然：《鹿角靴形器与史前皮革生产》，《考古》2021 年第 6 期，第 79—92 页。

[288] 付少平：《中国古代农业生物资源的结构性特点及其对传统农业文化的影响》，《农业考古》1998 年第 3 期，第 188—190+201 页。

[289] 汤可敬译注：《说文解字》，北京：中华书局，2018 年，第 1684 页。

[290] 许嘉璐：《中国古代衣食住行》，北京：北京出版社，2011 年，第 41—48 页。

[291] 〔汉〕班固：《汉书》，北京：中华书局，2007 年，第 777 页。

[292] 彭波：《先秦时期出土皮革制品的相关问题研究》，陕西师范大学硕士学位论文，2013 年。

[293] 何露、陈武勇：《中国古代皮革及制品历史沿革》，《西部皮革》2011 年第 33 卷第 16 期，第 42—46 页。

何露、陈武勇：《中国古代皮革及制品历史沿革》，《西部皮革》2011 年第

33 卷第 20 期，第 47—50+54 页。

何露、陈武勇：《中国古代皮革及制品历史沿革》，《西部皮革》2011 年第 33 卷第 24 期，第 43—45 页。

[294]　〔南朝宋〕范晔撰：《后汉书》，北京：中华书局，2007 年，第 827 页。

[295]　〔唐〕房玄龄等撰：《晋书》，北京：中华书局，1996 年，第 2534 页。

[296]　宋兆麟：《古代器物溯源》，北京：商务印书馆，2014 年，第 310—323 页。

陈星灿：《黄河上游的皮筏子是从哪里来的》，见宁夏文物考古研究所编：《旧石器时代论集：纪念水洞沟遗址发现八十周年》，北京：文物出版社，2006 年，第 325—336 页。

[297]　马燮芳：《中国猪皮制革 40 周年（1949—1989）回顾》，《皮革科技》1989 年第 3 期，第 6—10 页。

段镇基：《中国猪皮制革的发展及现状》，《中国皮革》2008 年第 3 期，第 56—57 页。

徐庭栋：《猪皮制革的现状与前景》，《中国皮革》2007 年第 13 期，第 45—47 页。

墨言、刘鹏杰：《历史见证：猪皮制革的重要地位及其发展》，《中国皮革》2007 年第 19 期，第 65—67 页。

叶奎林：《制革技术：猪皮制革技术 10 年发展历程》，《中国皮革》2010 年第 15 期，第 61—62 页。

周富春、刘鹏杰：《穷途末路还是等待峰回路转——猪皮制革在夹缝中挣扎生存》，《中国皮革》2007 年第 19 期，第 60—64 页。

[298]　[美] 鲁道夫·P. 霍梅尔著，戴吾三等译：《手艺中国：中国手工业调查图录》，北京：北京理工大学出版社，2012 年，第 232 页。

[299]　陆家振：《清末民初汉口猪鬃业考察》，见武汉大学历史学院主编：《珞珈史苑》，武汉：武汉大学出版社，2019 年，第 238—258 页。

[300]　李琴芳：《中国的猪鬃与抗战》，《档案春秋》2005 年第 8 期，第 32—35 页。

[301]　李琴芳：《中国的猪鬃与抗战》，《档案春秋》2005 年第 8 期，第 32—35 页。

晋珀、郭婕：《古耕虞："猪鬃大王"撑起"抗战命脉"》，《中国企业报》，2015-09-01，第 15 版。

[302]　程醉：《猪鬃，何时恢复你往日模样？》，《中国纤检》2013 年第 19 期，第 48—51 页。

[303]　南京中医药大学编著：《伤寒论译释》，上海：上海科学技术出版社，2010 年。

[304]　〔元〕忽思慧著，张秉伦、方晓阳译注：《饮膳正要译注》，上海：上海古籍出版社，2017 年，第 325—327 页。

[305]　刘山永主编：《〈本草纲目〉新校注本》，北京：华夏出版社，2008 年。

[306]　李军德、黄璐琦、曲晓波编著：《中国药用动物志（第 2 版）》，福州：福建科学技术出版社，2013 年，第 1440—1450 页。

黎跃成编著，万德光主审：《中国药用动物原色图鉴》，上海：上海科学技术出版社，2010 年，第 394—396 页。

[307]　[美] 莱尔·华特森著，陈信宏译：《滚滚猪公：猪头猪脑的世界》，台北：麦田出版社，2005 年，第 217 页。

[308]　鲁开化：《我国何时开始用猪皮移植治疗烧伤？》，《中华整形烧伤外科杂志》1986 年第 4 期，第 290 页。

江西医学院第一附属医院外科烧伤组：《猪皮移植在深度烧伤治疗中的临床应用》，《医学研究通讯》1974 年第 4 期，第 30—31 页。

赵晓彬：《试论脱细胞猪皮在大面积重度烧伤患者早期切痂自体微粒皮移植术中的应用效果》，《当代医药论丛》2016 年第 14 卷第 9 期，第 154—155 页。

[309]　李木子：《首例猪心移植患者因感染猪病毒死亡》，《中国科学报》，2022–05–09，第 2 版。

[310]　Rafat, M., M. Jabbarvand, N. Sharma, M. Xeroudaki, S. Tabe, R. Omrani, M. Thangavelu, A. Mukwaya, P. Fagerholm, A. Lennikov, F. Askarizadeh and N. Lagali (2022). "Bioengineered corneal tissue for minimally invasive vision restoration in advanced keratoconus in two clinical cohorts." *Nature Biotechnology* 41(1): 70–81.

[311]　曲彤丽、陈宥成：《试论早期骨角器的起源与发展》，《考古》2018 年第 3 期，第 68—77 页。

[312]　白云翔：《关于城市手工业考古问题》，《南方文物》2021 年第 2 期，第 32—37 页。

[313]　白云翔：《关于手工业作坊遗址考古若干问题的思考》，《中原文物》2018 年第 2 期，第 38—50 页。

[314]　河南省文物考古研究所编著：《舞阳贾湖》，北京：科学出版社，

1999 年，第 401 页。

[315] 余翀：《秦安大地湾遗址骨器研究》，《农业考古》2009 年第 1 期，第 8—15 页。

余翀：《多重对应分析在动物考古学中的应用——以秦安大地湾出土的骨器为例》，见河南省文物考古研究院编：《动物考古（第 2 辑）：2013 年中国郑州国际动物考古协会第九届骨器研究学术研讨会论文集》，北京：文物出版社，2014 年，第 95—105 页。

[316] 杨一笛：《平粮台龙山文化骨器研究》，北京大学硕士学位论文，2020 年。

[317] 胡松梅：《第六章（关桃园）遗址出土动物遗存》，见陕西省考古研究院、宝鸡市考古工作队编著：《宝鸡关桃园》，北京：文物出版社，2007 年，第 283—318 页。

[318] 杨苗苗：《陕西宝鸡关桃园遗址骨器原料的选择及加工方法初探》，《考古与文物》2017 年第 2 期，第 123—128 页。

[319] 吴晓桐、饶小艳、宋艳波：《新石器时代环境与社会多元互动下的骨器生产研究——以关中地区为例》，见河南省文物考古研究院编：《动物考古（第 2 辑）：2013 年中国郑州国际动物考古协会第九届骨器研究学术研讨会论文集》，北京：文物出版社，2014 年，第 84—94 页。

[320] 王一如：《附录二 尕马台骨器报告》，见青海省文物考古研究所、北京大学考古文博学院编著：《贵南尕马台》，北京：科学出版社，2016 年，第 168—178 页。

[321] 中国科学院考古研究所甘肃工作队：《甘肃永靖大何庄遗址发掘报告》，《考古学报》1974 年第 2 期，第 29—62+144—161 页。

[322] 陈文：《广西史前骨角器初探》，见河南省文物考古研究院编：《动物考古（第 2 辑）：2013 年中国郑州国际动物考古协会第九届骨器研究学术研讨会论文集》，北京：文物出版社，2014 年，第 68—83 页。

闫少朋：《广西史前遗址出土骨器初探》，见西安半坡博物馆、桂林甑皮岩遗址博物馆编：《史前研究 2010：2010 中国桂林·史前文化遗产国际高峰论坛暨中国博物馆协会史前遗址博物馆专业委员会第八届学术研讨会论文集》，桂林：广西科学技术出版社，2011 年，第 240—244 页。

[323] 余翀、张海成：《新石器时代至青铜时代早期岭南地区的家猪饲养业初探》，《南方文物》2019 年第 4 期，第 155—162 页。

[324]　陈国梁、李志鹏：《二里头遗址制骨遗存的考察》，《考古》2016 年第 5 期，第 59—70 页。

赵海涛、张飞：《二里头都邑的手工业考古》，《南方文物》2021 年第 2 期，第 126—131 页。

赵海涛：《二里头都邑布局和手工业考古的新收获》，《华夏考古》2022 年第 6 期，第 62—67 页。

[325]　侯彦峰、张继华、王娟、蓝万里、李靖璐、马萧林：《河南登封南洼遗址二里头时期出土骨器简析》，见河南省文物考古研究院编：《动物考古（第 2 辑）：2013 年中国郑州国际动物考古协会第九届骨器研究学术研讨会论文集》，北京：文物出版社，2014 年，第 106—113 页。

侯彦峰：《附录四　登封南洼遗址出土骨器原料、制作工艺及用途的初步研究》，见郑州大学历史文化遗产保护研究中心编著：《登封南洼：2004～2006 年田野考古报告》，北京：科学出版社，2014 年，第 970—974 页。

[326]　胡永庆：《试论郑州商代遗址出土的骨器》，见河南省文物研究所编：《郑州商城考古新发现与研究（1985—1992）》，郑州：中州古籍出版社，1993 年，第 78—86 页。

河南省文物考古研究所编著：《郑州商城——1953～1985 年考古发掘报告》，北京：文物出版社，2001 年，第 158、608、676—681、695—699、829—834、871 页。

[327]　中国社会科学院考古研究所编著：《偃师商城（第一卷）》，北京：科学出版社，2013 年，第 676—688 页。

李志鹏、袁靖、杨梦菲：《偃师商城遗址宫城外出土动物遗存》，见中国社会科学院考古研究所编著：《偃师商城（第一卷）》，北京：科学出版社，2013 年，第 742—759 页。

[328]　山西省考古研究所、夏县博物馆：《山西夏县东阴遗址调查试掘报告》，《考古与文物》2001 年第 6 期，第 13—28 页。

袁广阔、秦小丽：《早商城市文明的形成与发展》，北京：科学出版社，2017 年，第 142—158 页。

[329]　何毓灵、李志鹏：《洹北商城制骨作坊发掘方法的探索及收获》，《中原文物》2022 年第 2 期，第 102—107+2+145 页。

中国社会科学院考古研究所安阳工作队：《河南安阳市洹北商城铸铜作坊遗址 2015～2019 年发掘简报》，《考古》2020 年第 10 期，第 3—6+127+7—

29+2 页。

何毓灵：《河南安阳洹北商城铸铜、制骨作坊遗址》，《大众考古》2017 年第 1 期，第 14—15 页。

[330] 何毓灵：《论殷墟手工业作坊遗址考古的相关问题》，《南方文物》2021 年第 2 期，第 132—137 页。

[331] 李志鹏、何毓灵、江雨德：《殷墟晚商制骨作坊与制骨手工业的研究回顾与再探讨》，见中国社会科学院考古研究所夏商周考古研究室编：《三代考古（四）》，北京：科学出版社，2011 年，第 471—484 页。

李志鹏、R. Campbell（江雨德）、何毓灵、袁靖：《殷墟铁三路制骨作坊遗址出土制骨遗存的分析与初步认识》，《中国文物报》，2010-09-17，第 7 版。

孟宪武、谢世平：《殷商制骨》，《殷都学刊》2006 年第 3 期，第 8—16 页。

中国社会科学院考古研究所安阳工作队：《河南安阳市铁三路殷墟文化时期制骨作坊遗址》，《考古》2015 年第 8 期，第 37—62+2 页。

中国社会科学院考古研究所编著：《殷墟发掘报告（1958—1961 年）》，北京：文物出版社，1987 年，第 79—89 页。

中国社会科学院考古研究所编著：《中国考古学·夏商卷》，北京：中国社会科学出版社，2003 年，第 417 页。

[332] 赵昊：《青铜时代都邑制骨手工业的布局特征》，《南方文物》2023 年第 3 期，第 95—106 页。

[333] 陕西周原考古队：《扶风云塘西周骨器制造作坊遗址试掘简报》，《文物》1980 年第 4 期，第 27—38+98 页。

Zhao, H. (2017). *Massive bone working industry in the Western Zhou period.* Ph. D., Stanford University.

胡玉君：《周原遗址云塘制骨作坊之制骨工艺的研究》，《殷都学刊》2020 年第 2 期，第 63—70 页。

[334] 付仲杨：《丰镐遗址的制骨遗存与制骨手工业》，《考古》2015 年第 9 期，第 92—100 页。

[335] 中国科学院考古研究所编：《沣西发掘报告：1955—1957 年陕西长安县沣西乡考古发掘资料》，北京：文物出版社，1963 年，第 779 页。

[336] 徐良高：《陕西长安县沣西新旺村西周制骨作坊遗址》，《考古》1992 年第 11 期，第 997—1003 页。

祁国琴、林钟雨：《（陕西长安县沣西新旺村西周制骨作坊遗址）动物骨骼鉴定单》，《考古》1992 年第 11 期，第 1002—1003 页。

[337] 付仲杨、李志鹏、徐良高：《西安市长安区冯村北西周时期制骨作坊》，《考古》2014 年第 11 期，第 29—43+2 页。

[338] 中国科学院考古研究所丰镐考古队：《1961—62 年陕西长安沣东试掘简报》，《考古》1963 年第 8 期，第 403—412+415 页。

付仲杨：《丰镐遗址的制骨遗存与制骨手工业》，《考古》2015 年第 9 期，第 92—100 页。

[339] 郭宝钧：《浚县辛村》，北京：科学出版社，1964 年。

[340] 陈苗、温小娟、张体义：《鹤壁辛村发现殷遗民贵族墓葬》，《河南日报》，2021–12–19，第 4 版。

[341] 马萧林、魏兴涛、侯彦峰：《三门峡李家窑遗址出土骨料研究》，《文物》2015 年第 6 期，第 39—48 页。

[342] 马萧林：《关于中国骨器研究的几个问题》，《华夏考古》2010 年第 2 期，第 138—142 页。

马萧林：《近十年中国骨器研究综述》，《中原文物》2018 年第 2 期，第 51—56 页。

[343] 赵昊：《青铜时代都邑制骨手工业的布局特征》，《南方文物》2023 年第 3 期，第 95—106 页。

[344] 山西省文管会侯马工作站：《1959 年侯马"牛村古城"南东周遗址发掘简报》，《文物》1960 年第 Z1 期，第 11—14+10 页。

山西省考古研究所：《侯马铸铜遗址》，北京：文物出版社，1993 年，第 1—3、424 页。

[345] 中国社会科学院考古研究所：《新中国的考古发现和研究》，北京：文物出版社，1984 年，第 340 页。

[346] 黄泽贤、成芷菡、王楚喻、李悦、豆海锋：《陕西旬邑枣林河滩遗址出土商周时期骨制品研究》，《南方文物》2021 年第 4 期，第 183—188 页。

[347] 李悦、马健、张成睿、刘欢、宗天宇、陈婷、黄泽贤、任萌、习通源、王建新、温睿：《中国古代牧业社会骨制品的初步考察：以新疆巴里坤石人子沟遗址为例》，《第四纪研究》2020 年第 40 卷第 2 期，第 332+334—342 页。

[348] 陕西省考古研究院、咸阳市考古研究所、渭城区秦咸阳宫遗址博物馆：《陕西咸阳聂家沟秦代制骨作坊清理简报》，《考古与文物》2019 年第 3 期，第 50—62 页。

[349] 陕西省考古研究所编著：《秦都咸阳考古报告》，北京：科学出版社，2004 年，第 204 页。

[350] 许卫红：《从手工业遗存看秦都咸阳城北区布局》，《南方文物》2021 年第 2 期，第 168—174 页。

[351] 咸阳市文物考古研究所编著：《塔儿坡秦墓》，西安：三秦出版社，1998 年，第 179—181、229—231 页。

[352] 吕劲松：《始皇陵骨器考识》，见陕西历史博物馆编：《陕西历史博物馆馆刊·第 23 辑》，西安：三秦出版社，2016 年，第 241—245 页。

[353] 中国社会科学院考古研究所编著：《汉长安城未央宫：1980～1989 年考古发掘报告》，北京：中国大百科全书出版社，1996 年，第 91—122 页。

[354] 赵化成：《未央宫三号建筑与骨签性质初探》，《中国文物报》，1995-05-14，第 3 版。

[355] 于志勇：《汉长安城未央宫遗址出土骨签之名物考》，《考古与文物》2007 年第 2 期，第 48—62 页。

[356] 卢烈炎：《汉长安城未央宫出土骨签初步研究》，西北大学硕士学位论文，2013 年。

[357] 中国社会科学院考古研究所编著：《汉长安城未央宫：1980～1989 年考古发掘报告》，北京：中国大百科全书出版社，1996 年，第 91—122 页。

[358] 中国社会科学院考古研究所编著：《汉长安城武库》，北京：文物出版社，2005 年，第 121—125 页。

[359] 何岁利、盖旖婷：《唐长安西市遗址制骨遗存与制骨手工业》，《南方文物》2022 年第 4 期，第 139—150 页。

何岁利：《唐长安城西市考古新发现与相关研究》，《南方文物》2021 年第 3 期，第 109—123+70 页。

盖旖婷：《唐长安城西市遗址出土骨器及骨料研究》，北京联合大学硕士学位论文，2018 年。

[360] 韩雨：《2013 年辽上京城址出土的动物遗存研究》，中国社会科学院硕士学位论文，2018 年。

[361] 宋兆麟：《最后的捕猎者》，济南：山东画报出版社，2001 年，第 152—154 页。

对于中国人而言，猪远不止具有实用功能，它还承载了丰富的仪式和文化内涵，予中国人的精神领域以深远的影响。猪的仪式内涵主要体现在猪牲的使用和用以制作卜骨两个方面。家猪的文化内涵涉及诸多方面：猪是中华龙的原型动物之一，猪是家庭富足和求取功名的福物，猪位居十二生肖之列，猪因其好养而置身于国人的名字，著名的猪八戒的原型很可能是返野的家猪，猪字的演变揭示了中国文化的传承，曾子杀猪教子是国人以诚为本的典范。此外，如何由动物考古角度出发，借由猪形文物解读古代的生业和社会，笔者选择了 23 组典型猪形遗存进行全新注解。

一、猪的仪式使用

（一）猪牲

"国之大事，在祀与戎"（《左传·成公十三年》）[1]，祭祀礼仪是中国古代国家制度的重要组成部分，动物祭牲及与之相关的礼仪活动无疑是其中最为重要的内容。关于动物祭牲，这实在是个笼统的称呼，单就墓葬内置牲而言，大体可分为殉牲和享牲两类，殉牲为亡者在死亡世界支配，享牲则多具有食物性质，评判的标准之一就是对随葬动物可食用部位的量化及考古背景的解读[2]。这一方案似乎具有可行性，但事实的情况却远较此复杂，具体到猪牲，先享后祭或先祭后享的情况错综复杂。猪牲的使用多体现在随葬和埋葬猪骨的考古现象上，但情况并非完全如此，河南淅川沟湾遗址的仰韶文化三期（距今 6000—5300 年）3 个动物坑中各埋葬有 1 具完整的成年雌性家猪骨架，其中 K15 内为怀有 7 个猪仔的孕晚期雌猪，研究者并不认为该随葬猪骨为祭祀遗存，认为这是将病死或难产死亡雌猪埋葬的现象，这就为家猪繁育史提供了重要的考古实证[3]。有鉴于此，笔者在客观描述与祭祀有关随葬和埋葬猪骨的考古现象的基础上，进而对猪牲的使用和内涵作出评述。

动物祭牲——或言用以祭祀的动物——多源于古代畜牧所产，经由日常物质之用上升为仪式或精神所需。中国考古发现的动物祭牲多为家养动物，正如《左传·隐公五年》所载："鸟兽之肉不登于俎"[4]。陈星灿认为这种现象产生的原因在于：家养动物（也包括农作物）是驯化和饲养的，是为人类所熟知且属于人类的，而野生动物为渔猎所得，是生的或非我的，所以，不能够献给祖先享用[5]。

1. 新石器时代早期至晚期的猪牲

在驯化之初和饲养早期阶段，家猪已在仪式活动中发挥作用。

中原地区是猪骨特殊埋葬的起源中心之一。河南舞阳贾湖遗址贾湖文化墓葬（距今 9000—7800 年）中已用家猪下颌、猪牙饰和牙刀作为随葬品，其中，随葬猪下颌骨的 M113 属于贾湖文化第二期（距今 8600—8200 年），M278 属于贾湖文化第三期（距今 8200—7800 年）（图 4-1），该遗址未见用整猪随葬的考古现

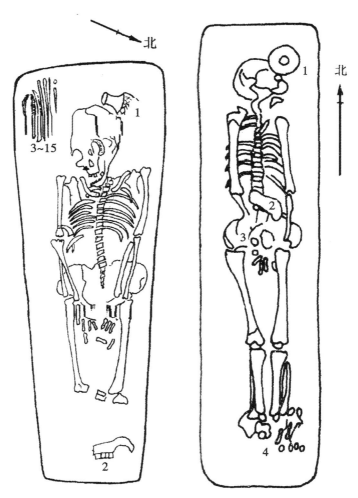

[左为 M113（1.陶壶　2.猪下颌骨　3.砺石　4~6.骨锥　7.骨镖　8、11、14.牙削　9.蚌壳　10、13.骨针　12.牙饰　15.骨板），右为 M278（1.陶壶　2.猪下颌骨　3.骨针　4.骨板），2 均为猪下颌骨]

图 4-1　河南舞阳贾湖遗址用猪下颌骨随葬的现象

图片来源：河南省文物考古研究所编著：《舞阳贾湖》，图一三九 -1，图一一八 -1，北京：科学出版社，1999 年，第 175、155 页。

象 [6]。河北武安磁山遗址（距今 8000 年左右）4 座灰坑（H5、H12、H14 和 H265）中埋葬有完整猪骨，上堆满炭化的小米 [7]。

通过随葬和埋葬猪骨的考古现象，我们可以看出史前时期社会分化的过程。自距今 6000 年仰韶文化中期开始，规格较高和男性墓葬中随葬和陪葬猪骨的数量偏多，说明猪在当时已成为区分社会等级和人群的重要标志物 [8]。以河南巩义双槐树遗址（属于仰韶文化中晚期，距今 5300 年左右）为例，该遗址发现有三道环壕、中心居址、大型夯土建筑群基址、大型版筑遗迹、夯土祭坛、墓葬、灰坑和窑址等遗迹，是迄今为止在黄河流域发现的仰韶文化中晚期规模最大的核心聚落，它与周边分布的多个遗址共同构成规模巨大的聚落遗址群，该遗址出土有用雄猪犬齿雕刻的蚕形骨器（图 4-2），在中心居址区位置正中的 F12 的夯土中发现 1 具完整的麋鹿骨和部分猪骨（图 4-3），在其西北部的墓葬区也发现有用完整猪骨埋葬和随葬的考古现象 [9]。猪牲之所以在仰韶文化时期频繁出现，是因为随着家猪饲养技术的进步，家猪饲养规模迅速扩大，家猪变成了比较容易获得的动物资源。

在西辽河地区，内蒙古敖汉兴隆洼遗址（兴隆洼文化，距今 8000—7500 年）M118 为该遗址所有居室墓中规格最早的一座，其墓主为一成年男性，随葬品丰富，包含玉玦耳饰、石管项饰等珍贵物品，墓主右侧葬有一雌一雄两头完整个体的成年猪，似是将它们捆绑之后再埋葬的（图 4-4）[10]。内蒙古敖汉兴隆沟遗址兴隆洼文化房址居住面上发现成组摆放动物头骨的现象，其中，F5、F17、F33 上发现有完整的猪头骨（图 4-5），多数动物头骨的前额正中钻有长方形或圆形的孔（图 4-6），其中 2 个有明显的灼痕，H35 坑底放置 2 个猪头骨，并用陶片、残石器和自然石

图 4-2 河南巩义双槐树遗址用雄猪犬齿雕刻的蚕形骨器（郑州市文物考古研究院供图）

图 4-3 河南巩义双槐树遗址出土猪和麋鹿祭牲（F12）（郑州市文物考古研究院供图）

图 4-4 内蒙古敖汉兴隆洼遗址人猪合葬墓（M118）

图片来源：中国社会科学院考古研究所内蒙古工作队：《内蒙古敖汉旗兴隆洼聚落遗址 1992 年发掘简报》，《考古》1997 年第 1 期，第 1—26+52+97—101 页。

图 4-5 内蒙古敖汉兴隆沟遗址第 1 地点 F5 居住面上堆放的猪和鹿头骨

图片来源：刘歆益、赵志军、刘国祥：《中国兴隆沟》，见红山文化研究基地、赤峰学院红山文化研究院编：《红山文化研究（第六辑）科技考古专号》，北京：文物出版社，2019 年，第 42—54 页。

图 4-6 内蒙古敖汉兴隆沟遗址出土猪头骨（上有圆形钻孔）（中国社会科学院考古研究所收藏标本，吕鹏拍摄）

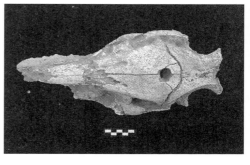

块摆放出 S 形躯体，其形象为猪首蛇身[11]。

汉水中游和南阳盆地是猪骨埋藏的另一个重要的分布中心。河南淅川下王岗遗址仰韶文化一期（距今 6900 年左右）的 M705 为 2 名中年男性合葬墓，南侧死者的腹部随葬有猪上颌骨（原报告认为是野猪，其部位根据图片看可能是猪的下颌骨）、象牙等（图 4-7）[12]。河南邓州八里岗遗址出土有大量的猪下颌骨，2 座墓葬和 5 座祭祀坑中（包括仰韶早期和中期，年代分别为距

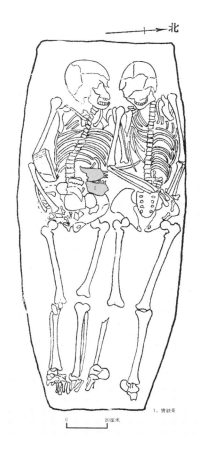

图 4-7　河南淅川下王岗遗址墓葬中随葬猪骨（M705）
改绘自：河南省文物研究所、长江流域规划办公室考古队河南分队：《淅川下王岗》，图三六，北京：文物出版社，1989 年，第 37 页。

今6800—5600年和距今5600—5000年）共出土猪下颌骨623件，其中出土数量最多的祭祀坑JK10至少包括165个个体，而出土数量最少的也有48个个体；猪下颌骨出土位置相对集中，集中出土于墓葬二层台（M13）、人骨两侧（M12）、墓葬旁的祭祀坑；就猪牲死亡年龄看，少见或基本不见幼年个体猪牲，以青年、成年和老年个体为主；就猪牲性别结构看，以雌性（含疑似雌性）个体为主（雌性和雄性的比例为2∶1甚至3∶1）；猪下颌骨可能是八里岗先民日常消费肉食后收集以备定期举行葬礼使用的，这是维系社会秩序的行为[13]。河南南阳黄山遗址为南阳盆地面积最大、规格最高的新石器时代遗址，具备中心聚落性质，是目前出土猪下颌骨最多的新石器时代遗址；屈家岭文化墓葬（距今约5000年）中随葬品以猪下颌骨为主，猪骨经鉴定均为家猪，目前已出土的1600余件猪下颌骨来自87座墓葬和1座祭祀坑：大量猪下颌骨等遗物成为高等级大墓的标配，如：M77棺内南部叠放3层共200余件猪下颌骨、陪葬坑木厢内堆放107件猪下颌骨，由此，整座墓葬随葬猪下颌骨当在400件以上，M110棺内墓主脚南部叠放猪下颌骨1堆计有25件，M67棺内南部叠放猪下颌骨1堆计有20件以上，M125墓主左小腿外侧堆放猪下颌骨1堆计有20件，祭祀坑的祭祀对象对应大中型墓葬的墓主，其中1座祭祀坑（JSK1）葬有猪下颌骨3堆约30件，另有7座祭祀坑内随葬有侧躺放置的整猪，猪的体型大小不一[14]。

在海岱地区，北辛文化开始出现随葬或埋葬猪的考古学文化现象，以猪下颌骨出现频率较高。北辛文化随葬猪下颌骨的考古现象多见于鲁中南地区，反映了社会分化的区域性差异。山东滕州北辛遗址北辛文化（距今7300—6300年）灰坑H14（坑口略呈椭圆形，口径长 2.6 米、宽 1.8 米、深 1.2 米）的底部放置有 6 个个体的猪下颌骨，其上覆盖有石板，H51 的近底部有较为完整的 2 个猪头骨出土 [15]。山东泰安大汶口遗址北辛文化（距今 6470—6100 年）墓葬 M1032 的墓主为 13—14 岁的男性，随葬有 1 件猪下颌骨 [16]。大汶口文化用完整的猪和狗随葬的考古现象屡见不鲜，尤其是随着大汶口文化中晚期社会分化的加剧，在山东胶州三里河遗址墓葬中，在 66 座大汶口文化墓葬中，用猪下颌骨随葬的墓葬有 18 座，总数量多达 143 件，其中 M302 用了 37 块猪下颌骨随葬，是随葬猪下颌骨数量最多的一座墓葬，M279 用野猪的下颌骨随葬，该下颌骨上有用火灼的对称的 2 个穿孔 [17]。山东泰安大汶口遗址 1/3 以上的墓葬用猪骨随葬，有的用半副猪（如 M60），有的用猪下颌骨，也有的把猪蹄放在鼎中（如 M35），使用最多的是完整的猪头骨，43 座墓葬中出土猪头骨达 96 个，从年龄结构看，既有幼年个体，又有 1—2 岁及以上的成年个体，从性别结构看，成年雌猪占有一定比例，也有少量雄猪 [18]。这种现象在江苏新沂花厅 [19]、山东莒县陵阳河 [20]、山东诸城前寨 [21]、山东荏平尚庄 [22] 等遗址都有发现。

在南方地区，猪骨埋葬最早见于长江下游的江苏宜兴骆驼墩遗址，在该遗址属于马家浜文化晚期（距今 6500—6000 年）的北部 II 号墓地中发现有猪骨架 1 具（位于 H12）、狗骨架 2 具（分别位于 H10 和 H15），认为与墓地祭祀有关 [23]。研究者通过对该遗址出土动物遗存进行动物考古及碳氮稳定同位素分析，考虑到除上述特殊埋葬的猪骨之外，其他猪骨均出自马家浜文化早期（距今约 7000 年），认为马家浜文化早期出土猪为野猪，直至马家浜文化晚期才出现家猪驯化和饲养行为，特殊埋葬的猪骨可能是出于仪式目的而收集的野猪[24]。

2. 新石器时代末期的猪牲

甘青地区新石器时代末期墓葬中随葬猪下颌骨的考古现象具有明显的等级和性别区分,猪牲优选幼年个体。甘肃永靖大何庄遗址出土 82 座齐家文化墓葬中,具有随葬品的墓葬有 48 座,其中,12 座墓葬中用猪和羊的下颌骨随葬,用猪下颌骨者频率更高,就使用数量看,少者用 2 件,如 M55 墓主两腿间放置猪下颌骨 2件;多者 36 件,如 M34 中随葬猪下颌骨 36 件(30 件位于填土中、6 件位于墓主左脚旁),这些下颌骨多堆放在墓主脚部上面的墓口填土中,少量放置在脚边[25]。甘肃永靖秦魏家墓地齐家文化的 138 座墓葬中,随葬猪下颌骨的有 46 座,共发现有 439 件,数量不一,最多者可达 68 件,就墓主性别统计结果看,成年男性墓随葬猪下颌骨的例证(9 座)要远多于成年女性墓葬(1 座),暗示男性人群在当时的社会地位要高于女性[26]。甘肃天水西山坪遗址属于西山坪第七期文化(距今 4100—3900 年)的 H17,坑壁规整,底部平坦,该坑直接入生土层,坑内埋葬有完整或比较完整的猪骨架 5 具,摆放呈 T 形,均为幼猪,推测可能是祭祀坑[27]。甘肃临潭磨沟墓地齐家文化晚期随葬动物中以猪最为常见,其中,以猪下颌骨的数量最多,共计有 646 件,占动物骨骼遗存总数的83%,随葬动物的有无及数量差异显著,显示出墓葬存在等级分化;齐家文化末期仍以猪下颌骨为主,但随葬动物在数量上的差异变小,猪牲均为家猪,雌雄性别比为 3:1,死亡年龄以 0.5—1岁个体为主,猪牲的性别和年龄结构与作为日常消费家猪的种群状况保持一致,反映了随葬猪下颌骨是日常消费后有意积累以便下葬仪式活动之用[28]。

海岱地区龙山文化丧葬传统体现为富贵并重[29]，这也体现在墓葬中随葬猪下颌骨的考古现象上。以山东泗水尹家城遗址为例，在该遗址属于龙山文化的 65 座墓葬中，7 座大型或较大型的墓葬中随葬有猪下颌骨，数量不一，多者 32 副，少者 4 件，均为幼年个体。以 M15 为例，该墓室呈圆角长方形，西段的内椁和棺室之间放置有 23 件陶器，陶器北侧随葬猪下颌骨 20 副[30]。山东胶州三里河遗址属于龙山文化的 98 座墓葬中，有 19 座墓葬随葬有 71 件猪下颌骨，数量不一，多者 14 件（M134），少者 1 件（有 5 座墓葬）[31]。

晋西南临汾盆地的丧葬习俗受到中原和东方因素的影响，具有一定的富贵并重的特点[32]。山西襄汾陶寺墓地的大型墓中随葬经肢解的整头猪（如：陶寺中期王墓 IM22 中，在墓主脚端随葬一劈两半的猪 20 扇，即 10 头猪以及猪下颌骨 1 件，何努认为这20 扇风干猪肉可能是用盐腌制的腊肉[33]），研究者认为埋入时是带有皮肉的胴体，带有很强的仪式感；墓葬中还出土有木俎上放置有石刀、猪肋或猪蹄、猪肢骨的考古现象；墓葬中随葬猪下颌骨的数量最少者 1 件、最多者 132 件（M2200）。据统计，34 座墓葬中随葬猪下颌骨 562 件，猪下颌骨放置在头龛、墓底或二层台上，排列密集（高江涛认为 M2172 二层台上随葬 58 副猪下颌骨的考古现象，具有集中、分组、有序、摆放整齐的特点，反映了埋葬时举行了庄严而规范的丧葬仪式），有的相互交叉在一起，因此可证明猪在埋入时已被剥去皮肉或是已经风干的猪下颌骨，随葬猪下颌骨具有彰显墓主身份与财富的意义，其习俗可能源于海岱地区的大汶口文化[34]，猪下颌骨是葬仪中送葬人的助葬之物，反映了商周及以后时期赠赙制度（赠赙是指因助办丧事而以财物相赠，如《礼记·文王世子》载 "至于赗、赙、承、含，皆有正焉"，意为：吊丧赠送车马、币帛、衣服、珠玉，都按正式的礼仪规定实行 [35]，《春秋公羊传·隐公》载 "车马曰赗，货财曰赙"，意为：助葬礼仪中，送车马的叫赗，送货财的叫赙 [36]）的萌芽 [37]。有研究从陶寺文化随葬猪下颌骨由早期的多见于高等级墓葬转向晚期的底层人群也加以使用的考古现象出发，认为其内涵有着历时性的变化：陶寺文化早期以肉食或财富为基础并体现地位和血缘的内涵，陶寺文化中期体现了和合理念，陶寺文化晚期更多体现了辟邪护身的含义 [38]。山西垣曲古城东关遗址 IIIH63（庙底沟二期文化晚期，距今 4500—4400 年）出土一男性少年与一猪骨架合葬的考古现象（另有 2 个个体人骨的散骨），人和猪均为用于祭祀的牺牲 [39]。山西芮城清凉寺墓地中出土 1 例用猪下颌骨以及用成段猪下颌犬齿随葬的考古现象，M76（为该遗址第二期遗迹，属于龙山文化，距今 4300—3800 年）的墓主为一名 45—50 岁的男性，墓内除发现石钺、单孔石器和三孔石刀之外，还出土 1 件成年雄性野猪（该野猪可能为死者生前狩猎所得、生前经过一段时间的饲养后葬入）的下颌骨，该猪死亡年龄为 32 个月，特殊的动物考古现象为：该下颌骨第 3 臼齿之后各有 1 个尖锥状畸形齿，这是彰显墓主生前权威和职业的体现。此外，该墓地还存在非常特殊的将猪下颌犬齿切锯成段进行陪葬的考古现象，其中，M67（为该遗址第二期遗迹，属于龙山文化，距今 4300—3800 年）的墓主为一名 20—25 岁的女性，出土的 37 件猪下颌犬齿位于墓主头部西侧，均未经烧烤；M146（为该遗址第三期早段遗迹，属于龙山文化，距今 4300—3800 年）的墓主为一名成年男性，出土 108 件猪下颌犬齿胶连包裹 1 件刀状石器，石器一侧的犬齿经过烧烤（86 件），另一侧未经烧烤（22 件），这些成段犬齿的长度为 11—115 毫米，以 20—50 毫米的数量最多，平均值为 61.1 毫米 [40]。上述 3 处墓葬中，有 2 处墓葬（M76 和 M146）出土人骨经过碳氮稳定同位素分析，其 $\delta^{15}N$ 值均为异常数值（分别为最高的 10.57‰ 和最低的 6.12‰），分别表示墓主生前为肉食者和素食者，这种特殊的饮食习惯与墓主生前对动植物资源的掌控或职业有密切的关系 [41]。

陕西和中原地区的丧葬传统体现为重贵轻富 [42]。陕西神木石峁遗址（石峁文化，距今 4300—3800 年）的墓葬当中有随葬猪下颌骨的考古现象，后阳湾 M1 的墓主为一名 20 岁左右的青年女性，西侧墓壁近底部发现有 3 件猪下颌骨 [43]。据动物考古研究，石峁史前先民已经驯化和饲养了猪、狗、黄牛、绵羊、山羊和马等家养动物，采用半农半牧的生业方式，其中家猪以本地饲养为主 [44]，因此，随葬或埋葬用猪的来源应以本地来源为主。陕西府谷寨山遗址庙塄地点墓地（不早于石峁文化中期，距今 4100—3900 年）的二类墓（按葬具、壁龛和殉人的多寡或有无可分为 4 类墓）中，左侧墓壁上壁龛内均放置猪下颌骨，数量不等，多者 10 件，少者 1 件，经鉴定为家猪，如：M12 壁龛内成排竖向排列放置 10 件猪下颌骨，其中，6 件属成年猪，4 件属幼年个体猪 [45]。

江汉地区石家河文化的丧葬习俗呈现出重富轻贵的特点 [46]。湖北枣阳雕龙碑遗址发掘第三期文化（距今 5300—4800 年）的 42 座土坑墓中，普遍流行用猪下颌骨随葬的习俗，有 30 座墓葬随葬有猪下颌骨，共计有 400 余件，各墓随葬猪下颌骨的数量不一，少者 1 副，多者几十副，以 M16 随葬猪下颌骨数量最多，达 72 副。放置猪下颌骨的方式有二：一是先摆好再掩埋，二是在埋葬墓主过程中放置于填土中。16 座祭祀坑中都出有猪牲，多数为 1 头完整的猪，少数为不存头骨或其他部位的猪[47]。湖北十堰青龙泉遗址石家河文化时期（少量为屈家岭文化时期）随葬猪下颌骨及其他部位的考古现象十分普遍，在 2006—2008 年度发掘的 174 座土坑墓中，有 37 座土坑墓随葬猪骨，其中 30 座随葬猪下颌骨，以家猪为主，死亡年龄结构以 1 岁左右的个体占优，性别比例以雄猪为主，雄猪和雌猪的比例约为 2∶1，表明大量的雄猪在幼年时被屠宰[48]。对 M148（共随葬猪骨 43 件）出土 12 例随葬猪骨进行碳氮稳定同位素的分析研究表明，随葬猪牲可分为三类，分别是以野生动植物为主食的野猪、与墓主食性相似以粟类作物为主的家猪和以水稻为主食的家猪，家猪饲料来源差异较大，说明用以随葬的家猪来源于生业和饮食不同的家庭[49]。

综上，新石器时代随葬和埋葬猪骨的考古现象及背后文化解读如下：

第一，猪是史前时期最常见和最主要的动物牺牲。为什么选用家猪作为祭牲？《淮南子·氾论训》云“夫飨大高而彘为上牲者，非彘能贤于野兽麋鹿也，而神明独飨之，何也？以为彘者，家人所当畜，而易得之物也，故因其便以尊之”[50]，因此，猪牲之所以频繁出现，只是因为家猪比较容易得到而已[51]。事实上，随葬或埋葬猪的行为与各个地区家猪饲养活动的发展过程和饲养规模有密切关系[52]。

第二，随葬和埋葬猪的考古现象可分为随葬整猪、随葬猪头骨（包括肢骨等）、随葬猪下颌骨、随葬猪牙、埋葬整猪、埋葬和摆放猪头骨（包括肢骨）等多种形式[53]。史前时期猪牲广泛使用猪头和下颌骨，龙山文化时期呈现出逐步固定化到使用猪下颌骨的现象，先秦时期中原地区用猪腿随葬（其他动物牺牲也发生了这种转化）的行为开始流行（周边地区仍延续了史前猪牲随葬的传统），用牲腿随葬耗费较大，这种厚葬作为丧葬礼仪的一部分，究其原因可能是出于维系社会正常运转的政治需要[54]。

第三，仰韶文化中期（距今 6000 年）以来，规格较高墓葬或特殊遗迹、成年男性墓葬中随葬和埋葬更多猪骨（特别是猪下颌骨）的倾向越发明显，表明猪已成为区分社会等级和人群的标志物，其象征含义（如地位和财富）越发显著。

第四，仰韶文化中期以来，猪的骨骼部位在墓葬中的出土位置呈现出固定化的趋势。以海岱地区为例，猪头放置于墓主脚部，猪肢骨放置于随葬器物内或周围，猪下颌骨放置于二层台上或随葬器物内[55]。

第五，关于史前时期随葬或埋葬猪的含义，学者们各执一词，未有定论。《春秋左传·成公十三年》所载"国之大事，在祀与戎"[56]，说明暴力与献祭是古代国家的两个重要母题。法国哲学家勒内·基拉尔认为祭牲是用来替代族群中的"替罪羊"（即凶手的亲人或其他相关人员）的，由此，用祭牲献祭的行为源自杀死"替罪羊"（血亲复仇）以祭祀死者在天之灵的行为，从而化解族群内部矛盾，阻断暴力的进程，使社会秩序重新恢复[57]。按照各位学者的论述，中国史前猪牲的性质或意义包括护身符、护身符–财富、图腾物、战利品、祭品（肉食）、财富象征、地母化身、北斗象征等[58]。东汉许慎在《说文解字》中解释"祭"为"祭，祭祀也。从示，以手持肉"[59]，表明祭祀是以肉食献给祖先和神灵。罗运兵在系统整理和分析考古遗址出土随葬和陪葬猪骨的考古现象以及中国史前养猪业的发展状况，并参照民族学和历史文献资料后，认为：猪牲的基本含义是为死者提供肉食，其他性质的解说当为肉食说的深化或延伸[60]。袁靖则为今后的研究指明了方向：新石器时代人类随葬或埋葬猪是一种有意识的行为，不同地区和不同文化人群在不同时期存在不同，具体内涵可能包括巫术、祭祀、财富、地位、肉食等多种因素，在今后研究中需要在科学鉴定和测试埋葬或随葬猪骨遗存的前提下，开展包括历史文献和民族学在内的多学科的合作研究[61]。

3. 夏商时期的猪牲

依据猪牲及牺牲组合的历时性变化，可分为两个阶段：

第一阶段：夏代至商代早期。猪广泛运用于仪式活动的"优位"现象在夏代沿用并一直延续到商代早期。

河南新密新砦遗址中部偏北发现一处大型浅穴式建筑，其时代为新砦期晚段（距今3800—3700年），该建筑平面呈长方形，残存东西长92.6米、南北宽14.5米，无墙体、柱洞等遗迹，在其西段南侧地面发现一完整猪骨架（不见掩埋猪骨的坑穴），猪头朝东，猪背朝北，身长约1.1米，据体长推测似为幼猪，该建筑再往南分布着大量埋葬动物遗存的小土坑，研究者认为这是"墠""坎"类祭祀遗存[62]，这是目前所知我国年代最早的墠类遗迹。此后，河南偃师二里头遗址宫城以北发现的祭祀遗存可能为"社"，其中圆形地面夯土可能是祭祀天神的"坛"，长方形浅穴建筑为祭祀地祇的"墠"[63]。河南禹州瓦店遗址为夏代早期都邑性遗址（距今4200—3800年），遗址出土"五谷"（包括粟、黍、稻、大豆、小麦）[64]和"四畜"（包括猪、狗、黄牛、绵羊）[65]所代表的谷物栽培和家畜饲养生业方式[66]为社会的发展奠定了坚实的生业基础。近年来，该遗址出土祭祀遗存表明瓦店先民用人牲、动物牺牲、五谷、精美器皿作为祭品用以祭祀神灵和祖先，猪是最为重要和主要的动物牺牲，猪牲以幼年个体为主（图4-8和图4-9），祭祀方式包括燔燎类、瘗埋类、馈食类、磔辜类和血祭类等，祭祀活动一般在秋季举行（也有春季祭祀的迹象），部分参与祭祀的人可以参与宴飨活动，且人数呈增长的趋势，表明祭祀的规模不断扩大[67]。根据该遗址出土动物遗存的锶同位素分析结果，猪、黄牛和绵羊均有源自外地的情况，说明瓦店作为都邑性聚落，对动物资源的掌控或许已突破遗址的地域局限，周边地区通过进贡、贸易和掠夺等方式输入动物资源[68]。

　　自二里头文化开始，猪牲所占比例已经开始下降，其优势地位受到牛牲的冲击[69]。河南偃师二里头遗址一号基址发现有"东厨"一类的设施，说明宫殿区已经具有为王和王室提供服务的"东厨"，二号基址可能是"宗庙"类遗存，其周边可能存在与祭祀有关的建筑遗存[70]。该遗址发现有大规模的祭祀活动区和祭祀场所，表明国家级的祭祀已经形成[71]。1号巨型祭祀坑（年代为二

 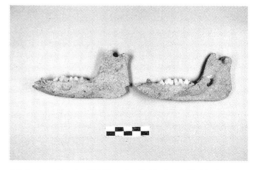

图4-8　河南禹州瓦店遗址出土猪牲（YHW97ⅣT1F2奠基坑）——猪头骨（中国社会科学院考古研究所收藏标本，吕鹏拍摄）

图4-9　河南禹州瓦店遗址出土猪牲（YHW97ⅣT1F2奠基坑）——猪下颌骨（中国社会科学院考古研究所收藏标本，吕鹏拍摄）

里头文化一期到四期，以二期为主）位于宫殿区东北部、六号基址北侧，平面近圆角长方形，东西长 66 米、南北宽 33 米，总面积 2200 平方米，周边铺垫料礓石块[72]。出土祭牲主要是猪，对其中 4 个个体的猪牲进行动物考古研究，发现其年龄均为 0.5 岁以下，延续了新石器时代以来出于经济方面的考虑用幼猪祭祀的传统，此外，其他一些遗迹也有猪牲的出土（如 H122）（图 4-10）[73]。陈相龙等通过对 1 号巨型坑中出土人和动物遗存进行碳氮稳定同位素分析，发现该坑中出土的猪、狗、羊和其他遗迹同类动物在食物结构上并无明显差别，不同的地方有两点：一是猪的食物结构呈现多样性，可能与其多元性来源有关；二是牛的氮值明显偏低，是否表明特殊饲养仍需更多探讨[74]。需要说明的是：食物结构上的无差别仅限于同位素数据，同样是食物，其本

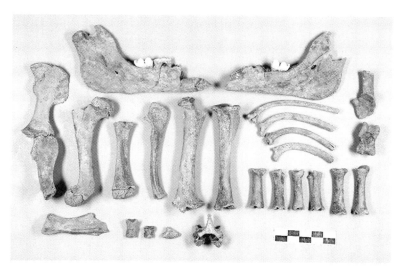

图 4-10　河南偃师二里头遗址出土猪牲（H122）（中国社会科学院考古研究所收藏标本，吕鹏拍摄）

身就存在精粮精做和粗粮粗做之类的区分，也存在生命周期内食用某类食物时间长短的问题（如：在祭祀活动举行之前短时间的特殊喂养），这两种情况可能很难在同位素数据上有所体现，这是一个关于碳氮同位素数据目前所能达到研究精度的问题，也是一个在研究方法上如何将数据解读与考古背景及文献资料相结合的问题。

商代早期的河南偃师商城（距今 3600—3360 年）祭祀区埋葬的动物以猪为主（还有狗、黄牛和绵羊），1999—2000 年发掘宫城北部的祭祀场，东西长度达 200 米，其中 A 区面积近 800 平方米，由祭祀场和祭祀坑组成，祭牲包括人、牛、羊、猪、狗、鱼以及农作物等，B 区和 C 区为相对独立且连在一起的祭祀场，B 区面积近 1200 平方米，C 区面积约 100 平方米，B 区和 C 区是以猪为主要祭牲的大型祭祀场，猪牲总数不少于 400 头，完整猪牲的葬式以一牲一坑为主，也有一坑内埋葬 2—3 头猪的情况，肢解猪的个体较大，往往与陶器共出，也有多种动物祭牲共出的情况，出现了猪、牛、羊三牲的组合，在一个都城级别的遗址中发现数量如此之多的猪，实属罕见[75]。根据分期情况，第一期以幼年个体猪（0.5 岁以下）为主，可能是延续了新石器时代的传统，第二和三期以老年个体猪（4 岁以上）为主，这种以老年个体为主的猪牲消耗可能是为了树立王室权威（图 4–11）[76]。2016 年发掘五号宫殿建筑基址东庑祭祀 D 区（H13 及周边遗迹），动物祭牲主要为猪（底部出土较多牛下颌骨和角），共计有 64 处，猪骨遗存 72 具，葬式多为一牲一坑，也有 4 具共埋的现象，多数猪为直接埋葬，少数埋葬时上覆一层土[77]。对祭祀 D 区出土动物祭牲进行同位素分析的研究结果显示，完整猪牲（13 例）不同个体间

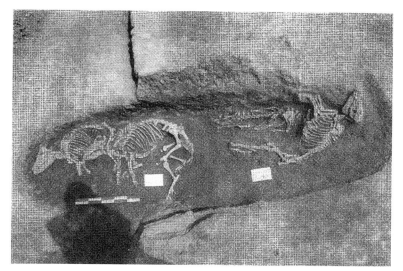

图 4-11 河南偃师商城遗址出土猪牲（B 区 H254）

图片来源：中国社会科学院考古研究所：《河南偃师商城商代早期王室祭祀遗址》，《考古》2002 年第 7 期，第 6—8+98 页。

具有复杂多样的食物结构，可分为以 C_3 类植物（可能主要源自水稻和小麦及副产品）为主食（1 例）、以 C_4 类植物（可能主要源自粟和黍及副产品）为主食（6 例）、兼具 C_3 和 C_4 植物为主食（5 例）等 3 种情况，这反映了猪牲饲养方式的多元化，氧同位素值差别不大反映了其来源地差异不大[78]。陈国梁依据《周礼·天官》中"冢宰"属官"宫正"所掌的"内饔"（掌管王及王室的日常饮食，"膳羞之割、烹、煎、和之事"）和"外饔"（掌管祭祀，"祭祀之割亨"）的记载，在对偃师商城一号和六号建筑基址的位置及出土遗存进行分析的基础上，认为一号基址使用时间可能是第 II 至 V 段，具有"东厨"或"庖厨"的功能，属于

"内饔"，六号基址使用时间为第 III 至 IV 段，具有"神厨"以及处理和埋藏牺牲的多重功能，属于"外饔"[79]。河南郑州商城为迄今发现商代早期规模最大的都城遗址，在宫城、铸铜作坊等地点的祭祀坑中发现有单独埋葬黄牛或黄牛与其他动物一起用作牺牲的现象，内外城垣之间东南部发现有一处祭祀场地，以 H111 为例：其平面呈长方形，祭祀坑内出土有人牲、猪牲和狗牲，推测在附近举行过祭祀杀殉活动，西垣外约 200 米处发现 2 处祭祀坑内均出土有猪牲，南垣外也出土有猪牲祭祀坑（长方形竖井坑内埋葬有 2 具完整猪骨，其中 1 具似为捆绑放置）[80]。

第二阶段：商代中期至晚期。祭牲礼制化的萌芽期或初创期，形成了牛优位的多元祭祀体系，猪牲仍存在于一般贵族的祭祀活动中。

商代中期的河南新郑小双桥遗址开始大规模用黄牛祭祀，且多用牛头，据统计，动物祭祀遗存以牛牲祭祀坑（可分为牛头坑、牛角坑和牛角器物坑）最多，狗牲、羊牲和猪牲祭祀坑数量很少[81]。商代中期的河南安阳洹北商城手工业作坊区出土有洹北商城时期墓葬 103 座，其中 34 座有殉牲（约占 1/3），殉牲种类有狗、羊、鹿、鱼和猪，殉葬猪牲的墓葬仅 1 座，使用部位为下颌骨，殉牲数量的多寡与墓葬规模的大小呈正比[82]。此外，在外郭南墙与东墙外道路填土、二号基址附近水井（J1）中有大量使用黄牛头骨的考古现象[83]，商代中期中原地区仪式性活动中似乎特别偏好黄牛头骨和角[84]。甘肃临潭磨沟墓地齐家文化末期至寺洼文化时期（相当于中原地区二里冈文化时期）随葬黄牛和圣水牛角的现象比较普遍，研究者认为这是西北地区和中原地区在动物仪式性使用上保持同步的体现[85]。笔者从家养黄牛的饲养和仪式性使用在西北地区出现的时间要早于中原地区的考古证据出发，认为商代中期中原地区仪式性活动中偏好用牛角的习俗可能是受到了西北地区的影响。

商代晚期的河南安阳殷墟遗址中发现动物牺牲的种类更加丰富，除猪（图4-12）和黄牛之外，还有狗、绵羊和马等，家养食草动物在祭祀活动中的重要性更为突出，从动物考古研究数量统计的结果看，牛牲数量最多，其次为马牲、狗牲、羊牲，猪牲的数量较少[86]。根据甲骨卜辞，一次祭祀活动使用几十甚至上百只牛/羊祭牲的现象屡见不鲜[87]。以"祈年"礼俗为例，这是殷商时期重要的农业礼俗，在春种和秋收之时举行，供奉的神祇包括自然神和祖先神灵，祈年所用的祭牲主要是牛、羊和猪，其数量少者羊1或猪1，多者百牛，祭法包括燎、沉、卯、宜、酒、祝等[88]。家马以及驯马技术在商代晚期引入中原地区之后[89]，家马

图4-12　河南安阳殷墟祭祀坑出土猪牲（大司空H13）（何毓灵供图）

也成为常用的祭牲，比如在河南安阳西北岗的王陵里就发现了大量的马坑和车马坑，此外在同乐花园北和小屯北组墓葬中也多见马牲[90]。商代晚期祭牲的使用与社会等级密切相关，河南安阳殷墟遗址墓葬当中，墓主为中等贵族以上者（包括商王）多有殉人，且等级越高，殉人数量越多，此类墓葬中还随葬有大型动物祭牲的腿骨，如：牛腿或牛腿加上猪腿、羊腿；墓主为低等贵族或上层平民的墓葬中随葬有中小型动物牺牲，包括猪腿、羊腿、鸡、鱼等[91]。山东滕州前掌大遗址的中型以上墓葬中随葬猪、黄牛和绵羊或其中两种动物的前肢，小型墓葬中多随葬猪的前肢[92]。河南安阳殷墟遗址丧葬礼仪中的用牲制度在山东滕州前掌大和济南大辛庄商代晚期遗址中得到了认同，这是晚商时期礼仪与政治互通的体现[93]。猪是商代常用的祭牲，被广泛用于各种祭祀场合，商代中期以来，猪牲逐渐淡出王室宗庙区和王陵区的祭祀活动，但高等级贵族仍然使用猪牲，而且猪牲占有比较高的比例[94]。商代供奉神灵或祖先时，猪有豚、豕、豿、豭等不同的名目，由此可见商人使用猪牲时会按需取材，其他供肉家畜中少见如此多的分类，由此可见猪非寻常之食[95]。商代晚期因所用祭牲甚多，究其获取途径，除畜牧和狩猎之外，还频繁地通过征取和贡纳等方式，黄牛和绵羊是征取和贡纳次数最多的牺牲（征取时并不考虑性别、毛色等具体特征），此外，还包括马[96]。商王室所用牺牲贡纳者之中，最主要的是商王的同姓贵族，其次是商王国的一些职官，再次是侯伯和方国等，贡纳祭牲多用于合祭先王或祭祀时王之父（如父丁），商王室征取动物多用于用牲数量较多的祭祀场合[97]。商代晚期猪牲多用幼年个体，沿用了新石器时代的传统[98]，其他祭牲的年龄多已成年，可能存在多用牡牲的现象，但并非严格限制 [99]。祭牲多用完整个体，也存在用部分牲体的现象，《礼记·祭统》记载，"凡为俎者，以骨为主。骨有贵贱，殷人贵髀，周人贵肩，凡前贵于后" [100]。商周时期牲体使用皆有礼制规定，牲体的各个部位之间有尊卑之别，周礼中规定牲体的左右胖用其一，并以右胖为贵，而髀因为较近于窍，贱，故一般不升于鼎 [101]。商人是否特别看重动物祭牲的后腿？袁靖通过对河南安阳殷墟、山东滕州前掌大等商代晚期墓葬中随葬动物多用前肢的考古现象进行系统梳理，认为商代晚期商人墓葬中随葬动物前肢的现象非常普遍，由此证明《礼记》中"殷人贵髀"的记载有误 [102]。李志鹏通过对河南安阳殷墟遗址孝民屯地点商代晚期墓葬中随葬动物进行动物考古鉴定和研究，认为商代晚期祭祀活动中多使用动物的前肢，吉礼和凶礼分别用右侧和左侧牲体，这些行为与周礼相合，因此，周礼沿用殷礼 [103]。无论是宗庙祭祀还是墓葬祭祀，王室和贵族在祭品的种类、数量和祭所种类等方面都有等级差别，甲骨卜辞中对于祭祀的品种、毛色、性别、圈养和杀牲等均有明确规定，这说明商代晚期的祭祀已经呈现用牲礼制萌芽的状态 [104]。以毛色为例，商代祭祀卜辞中涉及祭牲的颜色大体为6种：黄、幽、黑、骍、物和白。牛牲的毛色选用最为复杂，猪牲则青睐于白色，殷人对白色动物（难辨是原始毛色还是人为染色）确实比较看重（"殷人尚白"），但并不具有排他性 [105]。商周祭祀活动中，对于不同的祭祀对象，采用不同的杀牲方式，如燎祭、土埋、水沉、刀卯等 [106]。这一时期祭牲呈现的特点是与商代国家畜牧业的发展、晚商对方国控制力加强、礼制的发展、商人对特定祭牲的文化认同和国家祭礼的形成等社会因素密切相关的 [107]。

4. 两周时期的猪牲

至迟至春秋时期，祭牲礼制化确立，《大戴礼记·曾子天圆》载"序五牲之先后贵贱"[108]，也就是确立祭牲的等级以构建人或人群的地位，从而确立统治秩序。祭祀先祖和国家典礼都要屠宰动物以献祭，这就是把动物及动物组合纳入了以祭祀规则为标准的分类系统[109]。

鼎是中国古代烹饪器，更是周代礼制的核心，冠、昏、丧、祭、乡、射、朝、聘等八礼皆用鼎来备飨食，以鼎为中心，周代青铜礼器经历了由鼎簋制向列鼎制的转化。先周及西周前期周人墓葬中以鼎和簋及其他器物形成的青铜礼器组合，称为"鼎簋制"，该制度延续到西周末期至春秋初期[110]。西周中期开始出现"列鼎制"，最早的考古例证见于陕西宝鸡茹家庄 1 号墓[111]。列鼎制在西周晚期形成，在春秋时期发展与成熟，在战国时期瓦解，最终以秦的统一而彻底崩坏[112]。根据鼎实（指盛放在鼎中的馈飨）和功用不同，鼎在周代可分为升鼎、羞鼎、铏鼎和镬鼎四类：升鼎（又名正鼎）往往以列鼎的方式出现，按《仪礼》等记载，太牢主要是九鼎和七鼎，天子九鼎、诸侯七鼎，鼎实用牛、羊、猪、鱼、腊、肠胃、肤、鲜鱼、鲜腊（七鼎中无鲜鱼和鲜腊），肺与三牲（又名正牲，即牛、羊、猪）共同盛放在一鼎之内，少牢主要是五鼎，卿和上大夫用五鼎，鼎实除羊、猪、鱼和腊比较固定之外，其余或用肠胃、肤、鲜腊，特牲有三鼎和一鼎两种，士三鼎或一鼎，三鼎鼎实为猪、鱼、腊，特牲（一鼎）鼎实用猪；羞鼎（又名陪鼎）用以盛放纯肉羹，与升鼎相配：九鼎、七鼎配羞鼎二，三鼎和特鼎配羞鼎一；铏鼎盛放菜羹，数量有六、四、二的区分，与升鼎的数量存在对应关系；镬鼎是烹煮牲体、鱼腊

或大羹（即无味的纯肉汁）用的[113]。《礼记·郊特牲》记载用
"腥""肆""爓""腍"进行祭祀[114]，其中，腥是生肉，肆是
将整个生肉割成大块，爓是将肆解后的肉放在热水里，腍指熟肉，
说明公元前八九世纪时，祭祀用切割后的肉食，祭祀之时，祭肉
按生熟程度可分为四等：腥是全生，爓是半生半熟，饪是熟而不过，
糜是过熟[115]。

西周时期大中型墓葬和重要的贵族墓葬中，几乎不用猪随
葬，以猪殉葬的方式成为中低级墓葬中的一种文化因素[116]；周
代高规格墓葬祭祀用牲以马、牛和羊占据主要地位，在用狗方
面有所消减；祭祀用牲存在两种方式：全牲和分解用牲，多为
一牲一坑[117]。从陕西凤翔马家庄秦国宗庙祭祀遗存[118]和山西侯
马牛村古城南晋国宗庙祭祀遗存[119]中，我们发现周代宗庙祭祀
用牲多用羊、牛和马，而猪牲和狗牲基本不见；祭牲组合存在分
组的情况，每组可能为一次祭祀的结果；一次祭祀存在使用同一
种祭牲或不同祭牲组合两种情况；有些地方祭牲存在尚幼尚牝的
现象；存在全牲祭祀和部分祭祀两种处理牲类的方式，各祭祀遗
存的用器用牲体现了周代祭祀的等级性[120]。因此，无论是高规格
的墓葬用牲，还是王室宗庙祭祖用牲，周代高规格祭祀活动用牲
有其共同特点：就祭牲种属而言，以羊、牛和马为主，以羊牲为多，
猪牲和狗牲基本不见；就祭牲的性别和年龄而言，贵牝尚幼，但
存在地方差异和动物种属的区分；就牲体形态而言，以全牲为贵，
另有用部分牲体祭祀的现象，牲头祭祀的优势地位消减；就埋葬
方式而言，多为一牲一坑[121]。

周代动物祭牲是由天子和诸侯统治下的村社成员提供的，这
些征集来的家养动物要经过集中饲养和祭祀前专门化特殊饲养两

个阶段的饲养，并经严格的检视之后才能用以祭祀[122]。战国时期的《墨子·明鬼下》云"且惟昔者虞夏商周三代之圣王，其始建国营都日，必择国之正坛，置以为宗庙；必择木之修茂者，立以为菆位；必择国之父兄慈孝贞良者，以为祝宗；必择六畜之胜腯肥倅，毛以为牺牲；珪璧琮璜，称财为度；必择五谷之芳黄，以为酒醴粢盛，故酒醴粢盛与岁上下也"[123]，可见祭牲不仅要用家养动物，而且还要经过仔细的挑选。

楚是东周时期长江流域最为重要的诸侯国，其用鼎及鼎实用牲与中原地区存在不同。湖北荆门包山二号楚墓（墓主为战国时期楚国的左尹邵佗，下葬年代为公元前 316 年）出土楚简中所见牺牲有马、牛、羊、猪、犬等，其中猪有多种称谓并与祭祀的神祇相对应，如用雄猪和幼猪祭祀后土、用阉割的雄猪祭祀太、用雄猪祭祀司命[124]。该墓中出土动物遗存包括水牛（骨骼零散，均为未成年个体，放置于鼎内和墓室内）、山羊（最小个体数为 1，幼年个体，放置于腰坑内）、家猪（最小个体数为 2，均为幼年个体，放置于东室多个竹笥内）、家鸡（最小个体数为 7，主要是幼年个体，放置于东室多个竹笥内）、鲫鱼（最小个体数为 2，个体较小，放置于东室陶罐内）[125]。河南信阳城阳城址八号墓（墓主为战国中期偏晚楚国的大夫），动物考古学者对椁室 3件陶鼎内、1 件陶豆附近以及漆木案西侧的淤泥内出土的鼎实用牲进行研究，这些动物遗存代表了 2 头黄牛、2 条狗、2 头猪、1只羊，其中 3 件陶鼎中动物组合分别为黄牛 + 狗、黄牛 + 羊 + 猪和黄牛 + 狗，陶豆附近出土黄牛 + 狗，牛羊猪三牲与太牢相合，但狗为三牲之外附加的鼎实用牲，应为墓主日常食用肉食。动物遗存上除有少量屠宰痕迹外，未发现剔肉痕迹，推测是带肉下葬的，用牲在骨骼部位上并未体现出明显的偏好选择，与《礼记》《仪礼》中所载（据历史文献应当偏好用左侧牲体或者多用前肢，幼猪使用头骨和蹄骨以外的骨骼部位）不合，出土幼猪未发现趾骨，这与《仪礼》中用豚"去蹄"的记载相符，其他动物也基本不见趾骨，该研究验证和补充了文献记载 [126]。

边远地区祭祀用牲呈现出明显的地域文化特色，这与当地的文化和生业密切相关。四川成都金沙遗址在西周晚期至春秋早期时，一改前期（商代晚期至西周中期）流行用象牙等作为祭品的传统，开始大量使用野猪犬齿、鹿角（取自水鹿、赤麂和小麂等鹿科动物）、美石和陶器进行祭祀（如 L2、L27、L28），并且流行龟甲占卜 [127]。这种频繁使用野生动物的头部和牙齿（尤其是雄猪的犬齿）进行祭祀的行为，是为了借助动物的野性与力量来凸显祭祀者对武力的追求，野猪等动物可能是为了祈求战争胜利而举行的战前祭祀活动所用的牺牲 [128]。陕西延安虫坪塬遗址处于农牧交错带上，为一处包含有居址和墓地的晋系文化人群的小型聚落，年代集中在春秋中晚期，虫坪塬先民从事农牧混合的生业方式，马、牛、羊等家养食草动物的饲料以 C_3 类植物为主、C_4 类植物为辅，呈现了放牧与圈养相结合的饲养方式，猪则以 C_4 类植物为主食，这是猪在圈养条件下食用人类残羹冷炙的反映。该遗址等级较高人群墓葬中有丰厚的随葬品，甚至部分墓葬出土有铜鼎，墓主骨骼的 $\delta^{15}N$ 值偏高，反之，墓葬中没有任何随葬品人群的 $\delta^{15}N$ 值偏低，这是阶层分化在饮食结构上的直接反映；殉牲使用牛、猪和羊的前肢，这些殉牲多为幼年个体，其中羊和猪的比例较高，碳氮稳定同位素分析表明该地区人群的主要肉食来源为猪，而非家养食草动物（如马、牛、羊），这表明仪式用牲与日常肉食之间存在差异[129]。

　　"庙堂之高"，以牛为尊，"江湖之远"，猪牲仍存。商周时期的地方聚落或一般村落仍以猪牲为主，这也正是祭牲礼制化影响地区范围扩大化的体现。安徽滁州何郢遗址西周中晚期地层中出土有黄牛和马等动物遗存，但二者并未用作祭牲，在22处造型规整的祭祀坑内各放置1具完整的猪或狗的遗存（存在用石头替代猪头的现象），呈现一牲一坑的埋葬方式。祭牲包括猪和狗两种，以猪牲为主，其中，猪牲的死亡年龄普遍没有超过1岁，这种用幼猪作祭牲的考古现象虽然与新石器时代至商代早期相同，但其内涵发生了改变。新石器时代至商代早期猪牲多用幼年个体，这可能是出于经济角度的考虑——尽量降低祭祀成本，而周人祭祀用牲崇尚幼犊，因幼犊无牡牝之情，《礼记·郊特牲》载"用犊，贵诚也"[130]，此期用幼猪做祭牲可能也包含有对其纯洁性的看重[131]。

　　战国时期"礼崩乐坏"，列鼎及祭牲的使用出现了僭越现象，并逐步瓦解。湖北随州曾侯乙墓（为曾国国君曾侯乙，属于战国初期，公元前433年—前410年）出土有九鼎八簋和编钟、编磬为主的礼乐器，铜升鼎9件，出土于中室南部，其中7鼎内有动物遗存（另外2鼎内可能装的是肠胃和肤），经鉴定，1鼎内为牛和鸡，3鼎内为猪和羊，1鼎内为猪，1鼎内为猪和鸡，1鼎内为鲫鱼（不少于21尾）；牛形钮铜盖鼎5件，其中2鼎内为牛，2鼎内为猪，1鼎内为鳙鱼（4尾）；1件铜食具盒中有2头幼猪，死亡年龄为1个月，体重约2.5—5千克；1件铜鬲内有猪的脊椎等遗存[132]。河南洛阳西工131号墓位于东周王城之内，其年代为战国中期或稍晚，该墓墓主为周王室中卿大夫一级的贵族，但该墓随葬器物丰富，且出有五鼎，鼎内牛、羊、猪、狗和鸡五牲俱备，为《周礼》中天子、诸侯之祭 [133]。

5. 秦汉及以后的猪牲

秦人国家祭祀活动中少见猪牲。陕西凤翔血池遗址是目前所知秦汉时期最大的国家祭天遗址，遗址面积达 470 万平方米，其中血池祭祀坑近千座，已发掘祭祀坑均为车马坑；北斗坊祭祀坑包括车马坑和动物祭祀坑，2017 年度发掘动物祭祀坑 27 座，可分为长条形马坑、长方形马坑、小长方形坑和东西向长方形坑，埋葬动物以马为主，部分埋有牛和羊 [134]。据《史记·封禅书》记载，车马祭祀是国家祭祀仪式中的重要内容，血池遗址中用 4 匹幼马祭祀的现象与在四時祭祀上帝时用小马 4 匹的记载（"時驹四匹" [135]）相合，幼马纯洁，表达了对神灵的恭敬，动物祭祀坑出土马、牛、羊的骨骼与《史记·封禅书》中秦襄公建筑西時、祭祀西方天神白帝时 "用骝驹黄牛羝羊各一"（骝驹指黑鬃红马，羝羊即公羊）的记载相合，这是由春秋早期時祭之"三牢"发展而来的 [136]。猪牲在秦人祭祀活动中应用较少，但也有例证，根据出土于湖南湘西里耶古城秦简 [137] 的记载，秦人在祭祀先农及其他神祇的祭品中会用到豭（雄猪）和豚（幼猪）[138]。秦人祭祀用牲取驹、犊、羔（指幼年个体的马、牛、羊）的现象，体现了秦制与东方传统不同，可能为"戎制"，或者是受到"戎"的影响 [139]。

祭祀是国之大事、国之常事，自春秋至清代，"太牢"（牛、羊、猪的组合）成为官方宗教和仪礼活动中的固定用牲组合。西汉礼学家戴圣所编《礼记·王制》中说 "天子社稷皆大牢，诸侯社稷皆少牢。大夫、士宗庙之祭，有田则祭，无田则荐。庶人春荐韭，夏荐麦，秋荐黍，冬荐稻。韭以卵，麦以鱼，黍以豚，稻以雁。祭天地之牛角茧栗，宗庙之牛角握，宾客之牛角尺。诸侯无故不杀牛，大夫无故不杀羊，士无故不杀犬豕，庶人无故不食珍。庶羞不逾牲，燕衣不逾祭服，寝不逾庙"[140]，简而言之，天子用太牢或大牢，也就是牛、羊、猪三牲，诸侯只能用少牢，也就是用羊和猪二牲。大夫和士有禄田的用祭礼，无禄田的用荐礼。最低阶层的庶人平民，在用春韭、夏麦、秋黍、冬稻等时令农产品祭祀的同时，可以适当地配上一些鸡蛋（卵）、鲜鱼（鱼）、猪肉（豚）、大雁（雁）等鲜品祭祀，称为"荐新"。《礼记》中记载了用祭牲祭祀的详细过程，包括：祭牲烹煮遵循古制（如：祭祀上天用牲血、祭祀先王用生肉、祭祀社稷用微煮而不加调料之肉、一般祭祀用熟肉）、祭祀后祭品的处理多烧毁或掩埋（目的是防止祭品被使用而亵渎神灵或祖先，且焚烧可上达于天）、将祭品分发给参加祭祀的宾客或颁赐给同姓诸侯（称为馁或赐胙）等[141]。祭牲降级的现象也有发生，据《礼记·杂记下》记载，"凶年则乘驽马，祀以下牲"[142]，意为遇到凶荒的年景，祭祀用牲需下降一等为"下牢"，即：天子诸侯用少牢、大夫用特豕、士人用特豚[143]。

社稷祭祀自周代开始纳入国家礼制体系之中[144]，社稷在一定意义上成为国家政权的象征，并为历代王朝所延续，例如，唐朝中央设太社太稷，为中祀，祭祀用牲用太牢（牛、羊、猪各1），州、县社稷祭祀为小祀，祭祀用牲用羊和猪[145]。唐代规定祭品与官员等级的对应关系，猪牲在三品和五品官员中以羊和猪组合的少牢方式使用，六品以下官员单独使用猪牲，《新唐书》记载："若诸臣之享其亲，庙室、服器之数，视其品。开元十二年著令，一品、二品四庙，三品三庙，五品二庙，嫡士一庙，庶人祭于寝。……三品以上有神主，五品以上有几筵。牲以少牢，羊、豕一，六品以下特豚，不以祖祢贵贱，皆子孙之牲。牲阙，代以野兽。五品以上室异牲，六品以下共牲。"[146]

国家掌管祭享物品的机构几经变化。周代设膳夫，秦朝设郎中令，汉朝改光禄勋，隋唐以后设光禄寺，光禄寺下设司牲、司牧负责畜养省牲。明制规定，王国祭祀主要包括太庙、社稷、风云雷电、封内山川、城隍、旗纛、五祀、厉坛等，正祭之前要举行由皇帝或太常寺、光禄寺官员举行的省牲仪式，以示重视和虔诚；明朝设立神牲所或牺牲所，以突显祭牲的独特性，祭祀之牲视祭祀对象及等级不同而养于不同的牲房：中三间养郊祀牲，左三间养后土牲，右三间养太庙和社稷牲，余屋养山川百神之牲。明朝各个等级祭祀用牲种类和数量存在不同：郊祀用牲牛28、羊23、猪30、鹿2、兔12，太庙省牲仪式用牲牛9、羊8、山羊10、猪19、鹿1、兔4，社稷和山川省牲仪式用牲牛3、羊3、猪2、鹿1、兔2，山川祀用牲牛14、羊13、猪14、鹿1、兔7，历代帝王省牲仪式用牲牛5、羊5、猪6、鹿1、兔8，祭先师孔子省牲仪式用牛1、山羊5、猪9、鹿1、兔5，祭先农用牲牛1、羊1、猪1、鹿1、兔1，祭旗纛省牲用牲牛1、羊1、猪1，据《明会典》统计，每年因祭牲之需而喂养的各坛所的牲畜数量较多，牛犊165只、北羊352只、山羊99只、猪500只、鹿25只、兔150只[147]。

清朝入关以后，承袭明代的历代帝王祭祀传统，清代昭忠祠（1728年设立，祭祀为国捐躯的忠臣勇将）正殿祭祀王公大臣，"陈案七，羊一、豕一。左三案，共羊豕各一"，祭祀诸臣用羊和猪，祭祀士兵用猪。民国设立京师忠烈祠以祭祀有功于民国的文武忠烈，与清代昭忠祠相似，京师昭忠祠堂正中的案前设立一俎，盛放羊 1、猪 1。1913 年，北京政府设立京师前代功德祠以祭祀前代有功于国家者，京师前代功德祠前堂正中设立一俎，用以盛放祭牲牛 1、羊 1 和猪 1，前清历代帝王庙中每室所用祭牲为牛 1、羊 1 和猪 1，地方前代功德祠中用羊 1、猪 1，京师关岳庙也统一设俎，盛放牛 1、羊 1、猪 1[148]。

东汉初年，以周公为先圣、孔子为先师的学校祭祀即已开始，这是"罢黜百家，独尊儒术"的现实体现。《史记·孔子世家》记载"高皇帝过鲁，以太牢祠焉"[149]，这是古代帝王第一次以太牢祭祀孔子。此后，除隋朝和唐朝初期稍有变化之外，孔子一直是学校祭祀的主祀，东晋太元元年（公元 376 年）在太学建造孔子庙，唐代贞观四年（公元 630 年）进一步将孔子庙推向州县，历代王朝建造孔子庙、祭祀孔子，以彰显崇儒重道和承继传统思想的国家意志[150]。唐宋之时，对孔子的尊崇地位日益上升，释奠礼（指学校设置酒食祭奠先圣先师的仪式，释奠礼源于先秦，沿用至明清）被纳入官方礼仪庆典，中央官学释奠礼为中祀，祭祀用牲为太牢（牛、羊、猪各 1），地方州县释奠礼为小祀，祭祀用牲为少牢（羊、猪各 1）[151]。清光绪三十二年（公元 1906 年），祭孔等级最终升为大祀（祭祀等级与祭祀天地等同），清代儒教祭祀秉承《仪礼》《礼记》和《周礼》，坚持用动物祭牲，根据《清史稿·祀典志》记载，清代祭孔首列"三牲"（牛、羊、猪各 1），为"太牢"，次有各类"荐新"品类，再次鱼、肉干脯，加米酒若干[152]。1934 年 8 月 27 日，民国南京国民政府在山东曲阜主持声势浩大的孔诞纪念会，孔子像前赫然供奉有牛、羊、猪三牲，民国时期南京与曲阜同时举行国家祭孔的传统由此开始[153]。

关于与祭牲相关的"牢"字，学者们有不同的见解。多数学者解读甲骨文中的"牢"为经过特殊饲养用以祭祀的动物，依据动物体型大小又分"大牢"和"小牢"，用以祭祀的动物包括牛和羊，还包括马和猪等动物[154]。有学者认为牢最初为盛牲的食器，大的叫太牢，太牢盛放牛、羊、猪三牲，因此也把宴会或祭祀时并用牛、羊、猪三牲称为太牢[155]。明代李时珍认为牢为豢养动物的圈，《本草纲目·兽部·牛》中记载"周礼谓之大牢。牢乃豢畜之室，牛牢大，羊牢小，故皆得牢名"[156]。卫斯认为牢就是牛圈，牛犊经过一段时间哺乳之后，商族人会将牛犊与母牛分离，而养小牛于"小牢"[157]。秦汉以后，大牢和少牢的含义与甲骨文并不相合。《大戴礼记·曾子天圆》曰"诸侯之祭，牛曰太牢；大夫之祭牲，羊曰少牢；士之祭牲，特豕曰馈食"[158]。根据唐代学者韦昭的注解，大牢（亦即"太牢"）为牛、羊、猪，少牢为羊、猪，特牲为猪。《国语·楚语下》载"祀加于举。天子举以大牢，祀以会；诸侯举以特牛，祀以大牢；卿举以少牢，祀以特牛；大夫举以特牲，祀以少牢；士食鱼炙，祀以特牲；庶人食菜，祀以鱼"[159]。"举"为君主在朔望之日祭祖，祭祀时比"举"时所用的牲肉要多，天子"举"时用牛、羊、猪三牲齐备的太牢，而祭祀时要供上3份太牢；诸侯"举"时用1牛，祭祀时要供上太牢；卿"举"时用1羊和1猪的少牢，祭祀时用1牛；大夫"举"时用1猪，祭祀时要供上1羊和1猪的少牢；士"举"时用鱼肉，祭祀时要供上1头猪；百姓平时吃菜蔬，祭祀时要供上鱼。笔者认为关于牢的内涵，存在时代上的不同和文化上的转变。

猪在民间祭祀活动中的献祭频率远高于牛、羊二牲。祭祀场所或建筑因等级不同存在差异，按照《礼记》中有关建祠祭祖的观念，身份等级较高者（如皇帝、贵族和官僚）可以建立庙、坛和墠来祭祀祖先，王室祭先王为庙祭，平民也要祭祖先，即为"家祭"。《国语·楚语上》有"士有豚犬之奠，庶人有鱼炙之荐……不羞珍异，不陈庶侈"[160]的记载。汉代政府鼓励家庭养殖猪、狗和鸡，促进了汉代肉食消费水平的整体提高，阶层分化现象弱化，贫苦百姓也能够用猪肉作祭，《盐铁论·散不足》有"贫者鸡豕五芳，卫保散腊，倾盖社场"[161]的记载。清代吴大澂《说文古籀补》载"古家字从宀从豕，凡祭，士以羊、豕，古者庶士庶人无庙祭于寝，陈豕于屋下而祭也"[162]。对于平民百姓，在家庙或祠堂中祭祀先祖，或有神龛、牌位、画像、泥塑像等以念先祖，家祭以猪为之，陈豕于室，合家而祀，这也正是家字的本义，进而王仁湘认为坟冢之"冢"是葬猪形象的写照[163]。时至今日，民间祭祀中，猪仍然是奉献给先祖和神灵的重要甚至是主要祭品，并呈现出与时俱进的特色，在上海市金泽镇民间祭祀活动中，不用牛和羊，只用猪，外加鸡、鸭、鱼、瓜果和菜蔬的祭品，更有各种突破传统"荐新"的物品，像洋烟、洋酒、汉堡包、纸扎豪宅和用品等；在广东，清明时节用香火、烤乳猪、水果和米酒祭祀祖先的习俗已经延续数千年，直接推动了酬神专用烤乳猪的价格在现今越来越高[164]。

（二）卜骨

猪除用作祭牲之外，还用作祭祀用具，所用部位包括牙、肝、肩胛骨等。《周易·大畜》上说"豶豕之牙，吉"，豶豕指的是被阉割过的猪，这句话意为被阉割雄猪的牙齿有避凶驱祟的作用[165]。山西襄汾陶寺遗址陶寺文化中期 IIM22 头端的墓壁上，1 副雄猪下颌骨居中，左右各摆放 3 柄带彩漆木把的玉石钺，有学者认为雄猪下颌骨应为"獩豕之牙"，这体现了尧舜上政的理念，该墓的墓主应该为王[166]。笔者认为该雄猪可能并未阉割（在幼年就被阉割的雄猪成年后犬齿弱化，成年雄猪阉割后很难存活但犬齿突出），解释为獩豕之牙比较牵强。彝族先民以雄猪的大型犬齿作为饰物缝在孩子所戴的虎头帽上，以此驱邪[167]。肩胛骨是制作卜骨的主要选用骨骼部位，至于为何偏好用肩胛骨制作卜骨，民族志记载或可提供一些启示，古代彝族用肩胛骨制作骨耜，发展耜耕农业，随着金属工具的使用，骨耜逐渐改用金属而不用肩胛骨，但彝族人认为肩胛骨有功，将其视为神灵，除用以占卜之外，还被主人视为向贵客敬献的物品[168]。

猪肩胛骨是制作卜骨的重要来源之一，这是猪骨被用作祭祀用具的主要方式，这里就此展开论述。

目前学界一般看法是：中国是卜骨的起源地，卜骨文化原生于甘青地区，后在龙山文化后期广泛传播到了黄河中下游地区[169]；卜骨向东传至朝鲜半岛，向东北越过白令海峡传到北美，向西传到爱尔兰和摩洛哥，这只是一个初步的结论，要在全球范围把卜骨的源流研究清楚，这将是一个庞大的项目[170]。中国最早的卜骨见于距今 5800 年前的甘青地区，猪肩胛骨是最早制作卜骨的原料之一。年代最早的用猪肩胛骨制成的卜骨见于甘肃武山傅家门遗址，在该遗址马家窑文化石岭下类型（距今约5800 年）的房址和窖穴中发现有带有阴刻符号的卜骨共 6 件，由猪、羊和牛的肩胛骨或盆骨制成，器身不加修饰，无钻无凿，刻画符号可能是由石制尖状器刻画而成，其中，由猪肩胛骨制成的卜骨有 2 件[171]，标本 F11: 6 为猪左侧肩胛骨制成的卜骨，上有阴刻的"＝"形符号（图 4-13）；标本 F11: 7 为猪右侧肩胛骨制成的卜骨，上有阴刻"1"形符号[172]。

卜骨常见于龙山文化，表明卜骨在此时得到了有序的传承和广泛的传播，除羊灵观念外，卜骨还被赋予猪灵观念[173]，猪肩胛骨是仅次于羊肩胛骨的卜骨原料来源[174]。内蒙古凉城老虎山遗址（龙山文化早期，距今 4500—4300 年）发现的 2 件卜骨均由猪肩胛骨制成，灼有圆孔[175]。甘肃灵台桥村遗址两次发掘出土龙山文化晚期卜骨 18 件，用羊肩胛骨（7 件）和猪肩胛骨（11 件）

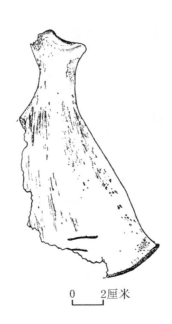

0 ⊢——⊣ 2厘米

图 4-13 甘肃武山傅家门遗址出土猪肩胛骨制作卜骨（F11）
图片来源：中国社会科学院考古研究所甘青工作队：《甘肃武山傅家门史前文化遗址发掘简报》，《考古》1995 年第 4 期，第 289—296+304+385 页。

制成，猪肩胛骨多完整、骨面有灼痕，标本 H4: 14 上有灼痕 7 处，标本 H4: 15 上有灼痕 25 处且有火烧痕迹[176]。陕西府谷寨山遗址庙墕地点石峁文化（距今约 4100—3900 年）H4 中出土卜骨 2 件，就公布图版资料看，其中 1 件由猪肩胛骨制成，上有 7 处圆形灼烧痕迹，另外 1 件由羊肩胛骨制成[177]。陕西神木新华遗址（龙山文化晚期）中发现的卜骨较多，共 45 件，多由羊和牛的肩胛骨制成，也有用猪肩胛骨的情况（占卜骨总数的 6.7%），卜骨多不经整治，所有卜骨均只灼不钻，这些卜骨多集中出土在少数几个灰坑里，可能是先民举行完占卜活动后，在相对固定的场所对卜骨进行处理[178]。山西太原光社遗址出土龙山文化卜骨 12 例，以牛肩胛骨为主，也有少量猪肩胛骨，猪肩胛骨制作卜骨未加整治，无钻有灼痕[179]。陕西临潼康家遗址出土龙山时代客省庄文化卜骨多用鹿、猪和羊的肩胛骨制成，无钻和凿痕，有灼痕[180]。河南安阳后冈遗址发现龙山文化卜骨 1 件，由猪肩胛骨制成，上有 3 个灼痕[181]。山西襄汾陶寺遗址陶寺文化地层出土卜骨 31 件，其中，陶寺文化中期卜骨 2 件，均由猪肩胛骨制成，无钻痕，有灼痕，陶寺文化晚期卜骨 29 件，猪肩胛骨（16 件）要稍多于牛肩胛骨（13 件）制成卜骨，这 16 件猪肩胛骨卜骨中，有钻有灼者 4 件，无钻有灼者 12 件[182]。山西忻州游邀遗址出土龙山文化早期卜骨 1 件，由猪肩胛骨制成，稍作削磨，肩胛冈两侧有对称的 3 组 6 个灼痕[183]。河南安阳大寒村南岗遗址出土龙山文化卜骨 8 件，其中 4 件由猪肩胛骨制成（另有 2 件为牛肩胛骨，2 件难辨种属），未见钻凿痕，只见灼痕[184]。河南汤阴白营遗址出土龙山文化早期卜骨 2 件，由猪肩胛骨制成，上有灼痕[185]。河南郾城郝家台遗址在第三期文化地层（龙山文化晚期）中出土有卜骨（未有明确数量），仅公布 1 件卜骨的资料，由猪肩胛骨制成，上有 3 个灼痕，未见钻孔[186]。河南淅川下王岗遗址出土龙山文化卜骨 3 件，其中 2 件为羊肩胛骨，1 件为猪肩胛骨，上有灼痕，未见钻凿痕迹[187]。

二里头文化盛行骨卜，卜骨甚为流行，卜甲数量极少[188]，继承了中原地区龙山文化卜骨的传统，但也有创新，如：卜骨多经修整，切割或磨掉肩胛骨向后的肩峰[189]，出现了钻、灼兼施的方式[190]。河南偃师二里头遗址 1999—2006 年发掘出土卜骨 160 件（二里头文化二期至二里冈文化时期），其中，以牛肩胛骨制作卜骨的数量最多，计有 80 件，所占比例为 50%，次之以猪肩胛骨制作卜骨，计有 43 件，所占比例为 26.9%，此外还有用羊肩胛骨制作卜骨 17 件、鹿科动物肩胛骨制作卜骨 10 件以及难辨动物种属卜骨 10 件，这些卜骨散见于灰坑、房址、路土和地层中，部分卜骨对肩胛冈、肩臼及肩胛骨的两个前角进行过修整，卜骨上均有灼痕，二里头先民制作卜骨倾向于使用牛的左侧肩胛骨，但是，猪的左右侧肩胛骨在制作卜骨时并无明显偏好[191]。河南登封王城岗遗址分别出土二里头文化三期和四期卜骨 6 件和 3 件，由猪和羊的肩胛骨制成，有灼痕[192]。河南淅川下王岗遗址出土二里头文化二期卜骨 4 件，由鹿和猪的肩胛骨制成，有灼痕；出土二里头文化三期卜骨 1 件，由猪肩胛骨制成，有灼痕[193]。河南郑州上街遗址出土二里头文化卜骨多为残片，其中有用猪肩胛骨制成的例证，未加整治，有灼痕[194]。河南偃师灰嘴遗址出土二里头文化卜骨 3 件，其中 1 件由猪肩胛骨制成，上有 2 个灼痕[195]。河南三门峡七里铺遗址出土二里头文化卜骨 24 件，其中羊肩胛骨 11 件、猪肩胛骨 9 件、牛肩胛骨 4 件，猪和羊肩胛骨未加修整[196]。

河南郑州洛达庙遗址出土二里头文化卜骨 3 件，由猪和羊的肩胛骨制成，无钻凿痕迹，有灼痕 [197]。河南渑池郑窑遗址出土二里头文化一期卜骨 3 件，均由猪肩胛骨制成，有灼痕；出土二里头文化二期卜骨 13 件，多未辨种属；出土二里头文化三期卜骨 25 件，由猪肩胛骨制成，未加修整，有灼痕 [198]。山西翼城苇沟—北寿城遗址出土二里头文化东下冯类型卜骨 7 件，均由猪肩胛骨制成，未加修整，有灼痕 [199]。山西夏县东下冯遗址分别出土第一期和第二期文化（相当于二里头文化第一期和第二期）卜骨 2 件和 8 件，均由猪肩胛骨制成，未经整治，无钻凿痕迹，有灼痕；出土第三期文化（相当于二里头文化第三期）卜骨 39 件，其中以猪肩胛骨制作卜骨数量最多，有 20 件，其次，羊肩胛骨制作卜骨 10 件，牛肩胛骨制作卜骨 9 件，猪和羊肩胛骨未经整治，无钻凿痕，有灼痕，用以制作卜骨的牛肩胛骨多经整治，有钻无凿，有灼痕；出土第四期文化（相当于二里头文化第四期）卜骨 57 件，其中以猪肩胛骨制作卜骨数量最多，有 40 件，其余，牛、羊和鹿肩胛骨制作卜骨数量较少，猪和羊肩胛骨多未经整治，有钻无凿，有灼痕，牛肩胛骨整治平整，有钻有灼；出土第五期文化（相当于二里冈文化下层）卜骨 39 件，其中，以猪肩胛骨制作卜骨数量最多，有 22 件，另有牛肩胛骨制作卜骨 9 件，羊肩胛骨制作卜骨 8 件，骨料整治方法同第四期；出土第六期文化（相当于二里冈文化上层）卜骨 30 件，其中以牛肩胛骨制作卜骨数量最多，有 25 件，另有猪肩胛骨制作卜骨 5 件，猪肩胛骨有经过整治者，也有未经整治者，均有钻无凿，上有灼痕，牛肩胛骨均经过整治，有钻无凿，有灼痕 [200]。东下冯遗址第一期和第二期中只用猪肩胛骨占卜，说明东下冯先民只接受了猪灵观点，或者是沿用了原来的猪灵观念，直到东下冯文化三、四期，骨卜观念中才增加了牛、羊及鹿灵观念 [201]。

夏商时期边远地区的考古学文化中存在用猪肩胛骨制成卜骨的例证，这样的例证很少，以夏家店下层文化、齐家文化、四坝文化和岳石文化为例。

1. 夏家店下层文化：夏家店下层文化卜骨多用猪、羊、牛和鹿的肩胛骨制成，可分为只钻不灼、只灼不钻和有钻有灼等 3 个类型，有钻有灼及整治技术在当时是最为先进的，对商代卜骨体系的形成有重要的影响 [202]。内蒙古赤峰药王庙遗址出土夏家店下层文化卜骨 1 件，由猪肩胛骨制成，上有钻灼痕迹 [203]。内蒙古赤峰蜘蛛山遗址采集夏家店下层文化卜骨 2 件，其中 1 件由猪肩胛骨制成，有钻有灼 [204]。辽宁建平水泉遗址发现有夏家店下层文化卜骨，由牛、羊、猪的肩胛骨或肢骨制成，先钻后灼 [205]。

2. 齐家文化：齐家文化出土了大量的卜骨，据统计，明确的卜骨有 75 件，疑似卜骨近 90 件，以羊肩胛骨制作卜骨数量最多（53 件，约占 71%），其次为猪肩胛骨制作卜骨（19 件，约占 25%），牛肩胛骨制作卜骨数量最少（3 件，占 4%），卜骨多未经整治且不钻不凿，灼痕随时间有增多的趋势，齐家文化骨卜的行为是受到周边文化（客省庄二期文化、老虎山文化）影响的产物，当时应已存在巫师阶层 [206]。甘肃武威皇娘娘台遗址经过 4 次考古发掘，共出土齐家文化卜骨 39 件，其中，羊肩胛骨制作卜骨 30 件，猪肩胛骨制作卜骨 8 件，牛肩胛骨制作卜骨 1 件，均未加整治，无钻凿痕，有灼痕 [207]。

3. 四坝文化：甘肃民乐东灰山遗址出土卜骨由羊和猪的肩胛骨制成，原报告中认为标本 022 为羊肩胛骨制成，根据图片和图版，实为用猪右侧肩胛骨制成[208]。

4. 岳石文化：岳石文化卜骨现发现有30件，多用牛、羊、猪、鹿等肩胛骨制成，牛肩胛骨制成卜骨多见于鲁中南、鲁北、豫东，羊肩胛骨制成卜骨多见于胶东、鲁北，猪肩胛骨制成卜骨见于胶东、豫东，鹿肩胛骨制成卜骨见于胶东、鲁东南、鲁北，岳石文化卜骨对商代卜骨系统的形成有着重要的影响[209]。山东牟平照格庄遗址出土岳石文化卜骨12件，其中，鹿肩胛骨制作卜骨6件，羊肩胛骨制作卜骨4件，猪肩胛骨制作卜骨2件，有钻和灼痕[210]。山东烟台芝水遗址出土岳石文化照格庄类型卜骨2件，由猪肩胛骨制成，无凿有灼痕[211]。河南民权李岗遗址考古调查时发现用猪肩胛骨制成卜骨1件，有钻和灼痕[212]。

先商文化卜骨多取自牛和羊的肩胛骨，用猪肩胛骨制作卜骨的例证不多，商人卜骨占卜有自身传统，但也深受夏家店下层文化和岳石文化等占卜习俗的影响[213]。河南新乡潞王坟遗址出土先商文化卜骨1件，由猪肩胛骨制成，未加整治，有灼痕[214]。河南安阳鄣邓遗址出土先商文化卜骨4件，其中3件由黄牛肩胛骨制成、1件由猪肩胛骨制成，该标本的肩胛冈向肩臼部位有修整痕迹，但修整面较为粗糙，有灼痕[215]。河南辉县琉璃阁出土先商文化卜骨20件，17件由牛肩胛骨制成、3件由猪肩胛骨制成，其中1件猪的右肩胛骨未加修整，上有6个灼痕；河南辉县褚邱出土先商文化卜骨18件，用猪和羊的肩胛骨制成，未加修整，无钻无凿，有灼痕[216]。河北永年何庄遗址出土先商文化卜骨2件，其中有用猪肩胛骨制成者，无钻无凿，有灼痕[217]。河北邯郸北羊台遗址出土先商文化卜骨7件，由牛和猪的肩胛骨制成，标本H1∶8由猪肩胛骨制成，无钻凿痕迹，一面上有6个灼痕[218]。河南郑州南关外遗址的时代为商人灭夏建商之前，下层出土卜骨 9 件，由牛肩胛骨制成，中层出土卜骨 60 余件，由牛、猪和羊肩胛骨制成，其中以牛肩胛骨最多，上层出土卜骨 53 件，由牛、猪和羊肩胛骨制成，其中牛肩胛骨最多（44 件），次之以羊肩胛骨（6 件），猪肩胛骨数量最少（3 件），牛肩胛骨制作卜骨分直接灼烧和钻后再灼两种情况，猪和羊肩胛骨制作卜骨则直接灼于骨面 [219]。

商代早期，开始出现卜骨与卜甲并存的现象，多用卜骨、少用卜甲，卜骨多用牛肩胛骨，猪肩胛骨制作卜骨仍占有一席之地 [220]。河南偃师商城遗址出土卜骨数量较多，就混入动物遗存中的卜骨残片而言，主要来自牛、羊和猪的肩胛骨，以黄牛肩胛骨常见，猪肩胛骨极少 [221]。河南郑州商城出土有卜骨（74 片）和卜甲（37 片），就卜骨而言，二里冈下层一期卜骨以羊肩胛骨数量为多，并有一些猪和牛肩胛骨，其中猪肩胛骨多将肩胛冈削除，上有灼痕；二里冈下层二期以黄牛肩胛骨制作卜骨数量最多（56 件），次之以羊（33 件）和猪（7 件）肩胛骨，猪肩胛骨也有将肩胛冈削除的情况，有灼痕；二里冈上层一期卜骨多用牛、猪、羊和鹿的肩胛骨，猪肩胛骨的修整方式同二里冈下层文化，有灼痕 [222]。在二里冈上层文化时期，商人的占卜系统中新增加了龟灵崇拜（有学者提出海岱地区及长江流域距今 6000—5000 年前的史前文化中以龟随葬的现象可能是商人龟卜的渊源 [223]，有学者认为商人的龟灵崇拜和龟卜观念受到了淮河流域用龟传统的影响 [224]）。此外，在河南柘城孟庄 [225]、山西夏县东下冯 [226]和山西垣曲商城 [227] 等遗址发现有属于商代早期的用猪肩胛骨制作的卜骨，但数量不多。

商代中期，用牛肩胛骨制作的卜骨逐渐占据绝对主导地位，少见用猪肩胛骨制作的卜骨。商代中期在河南郑州小双桥[228]出土有卜骨（21件），在河南安阳洹北商城[229]出土有卜骨（107片）和卜甲（43片），但两处遗址尚未发现用猪肩胛骨制作卜骨的例证。河北邢台曹演庄为商代中期遗址，上下两层均出土有卜骨和卜甲，卜骨由牛、羊（鹿）、猪的肩胛骨制成（也有少量用牛头骨的情况），猪肩胛骨制成卜骨仅见于下层且未加整治[230]。河北藁城台西遗址出土属于商代中期的卜骨和卜甲计有494件，其中卜骨403件，卜骨绝大多数用牛肩胛骨制成，另有1块用牛下颌骨、2件用猪肩胛骨制成[231]。

商代晚期为占卜最为兴盛的时期，河南安阳殷墟遗址中出土了大量的由动物肩胛骨和龟甲制作的卜骨和卜甲，牛肩胛骨几乎垄断了卜骨的制作，罕见用猪肩胛骨制作卜骨的现象[232]。以甲骨作为载体进行系统文字书写首见于殷墟时期，龟腹甲、牛肩胛骨、鹿头骨、牛头骨、虎骨、牛距骨、牛肋骨、人头骨等甲骨上发现有记载刻辞和其他文字，内容涉及祭祀、征伐、天文、历法、气象、农业、畜牧、田猎、宗族、方国等商代晚期社会的方方面面。占卜具有卜求和决策两个功能，为证明占卜的神圣性和正确性，商人将卜辞契刻于获取和制作都非常困难且宝贵的龟甲和兽骨上，由此，作为载体的甲骨被赋予了神性[233]。据统计，中央研究院历史语言研究所15次对殷墟遗址进行发掘共获得有字甲骨24992片，新中国成立之后，由中国社会科学院考古研究所主导的发掘共发现有字甲骨6495片[234]。除有字甲骨外，无字甲骨数量更多，据李学勤推测，殷墟遗址发现的有字和无字甲骨的比例大约为1∶3[235]。卜骨制作以黄牛肩胛骨为主，另有用羊、鹿、马、人、虎、猪等骨骼的情况[236]。限于对卜骨进行动物考古研究的工作极为有限，就目前证据看，用猪骨制作卜骨的考古发现极少，如：1955 年在河南安阳小屯地点发现卜骨 9 件，有用猪肩胛骨制成的情况 [237]；在河南郑州 旭旮 王村遗址发现商代晚期卜骨 20 件，骨料以牛骨和猪骨最多 [238]。商代晚期龟卜占据主导，龟壳成为比较特别的、高级别的、可信度最高的占卜用具，造成这种转化的原因，早在距今 2000 多年前的东汉王充就在《论衡·卜筮》中做出了解释："子路问孔子曰：'猪肩羊膊，可以得兆；蘸苇藁芼，可以得数，何必以蓍龟？'孔子曰：'不然。盖取其名也。夫蓍之为言"耆"也，龟之为言"旧"也，明狐疑之事，当问耆旧也。'"[239] 也就是说，人们在占卜时之所以会舍弃包括猪肩胛骨在内制作的卜骨等占卜用具，转而首选龟甲制作卜甲，是因为龟的寿命长，人们认为它博古通今、无所不晓，故而求龟甲而问卜 [240]；卜甲所用龟类动物多来自贡纳，有来自中国南方者，更有源自南洋地区者，因其难得而宝贵（"物以稀为贵"）也是原因之一 [241]。

经历了商代晚期用卜骨和卜甲占卜的顶峰期之后，西周时期人的天命观念发生了改变，影响天命的不再是神灵的意志，而是人自身的德行，因此，周人占卜内容非常简化，占卜功能仅为单纯的决疑程序（只是为了预知吉凶），把卜辞契刻在甲骨上的行为就失去了意义 [242]。用蓍草来占卜的行为逐步盛行 [243]，这并不意味着卜骨退出历史舞台，西周时期也有卜骨出土，但是，猪肩胛骨制作卜骨仅在东北地区少有发现。陕西岐山凤雏村家族建筑基址 [244]、陕西西安张家坡 [245]、山西洪洞坊堆村 [246]、山东济阳刘台子西周墓地 [247]、河北邢台南小汪 [248]、湖北枝江赫家洼 [249] 等遗址出土有卜骨，其中，陕西岐山凤雏遗址出土卜骨数量较多，就能确定动物种属的情况看，均由牛肩胛骨制成，不见猪骨制作的卜骨，卜骨不去臼角，以骨臼向下为正，背面有圆钻，钻内有槽，排列不太规整[250]。猪肩胛骨制作卜骨在夏家店上层文化分布区偶有发现，辽宁凌源安杖子古城出土夏家店上层文化卜骨2件，其中猪肩胛骨制作卜骨是将肩胛冈削除，经修整打磨处理，上有圆形钻孔13个[251]。整体而言，夏家店上层文化卜骨制作较为粗糙，由猪和羊肩胛骨制成，有钻痕者少见，多有灼痕[252]。

周代以后的卜骨极为罕见，主要见于东北、西北、北方和云贵地区。黑龙江海林东兴遗址出土汉代卜骨1件，由猪肩胛骨制成，有钻孔和灼痕，这也是黑龙江首次发现卜骨[253]。内蒙古额济纳黑城[254]、陕西靖边夏州遗址白城子[255]、甘肃武威石城山[256]和亥母寺遗址[257]出土西夏卜骨，均由羊肩胛骨制成。时至今日，一些少数民族如彝族、羌族、纳西族和赫哲族依然保留着用动物肩胛骨进行骨卜的习俗，羌族和纳西族只用羊肩胛骨制成卜骨，彝族卜骨以羊肩胛骨为主、兼用牛和猪肩胛骨[258]，赫哲族用狍等鹿科动物的肩胛骨制成卜骨进行占卜[259]。

二、猪的文化内涵

（一）猪是中华龙的原型动物之一

龙是中华民族的图腾和象征，中国人又称"龙的传人"，龙的信仰是中华文化的重要基因。龙是神化的动物，那么，龙的原型动物是哪种或哪几种动物？龙的形象起源于何时何地？考古学证据表明，猪是中华龙的原型动物之一[260]，猪龙主要是借用了猪的头部特征，猪龙形象最早出现于距今8000年前的辽西地区。

兴隆洼文化出土了中国最早的猪首龙形象。考古工作者除在内蒙古敖汉兴隆沟遗址房址居住面上发现成组摆放动物头骨（其中，F5、F17、F33上发现有完整的猪头骨）的遗迹之外，还在H35（兴隆洼文化，距今约8000—7500年）中发现了猪首蛇身的形象。该坑位于发掘区东南部，周围环绕着6座稍小的圆形灰坑，其最大口径4.22米，坑底中部相对放置2个猪头骨，西侧猪头骨破损严重，躯体由陶片和自然石块摆放而成，略弯曲，头部朝向东南，尾部朝向西北，通长约0.72米，东侧猪头骨较为完整，吻部朝向西北，额顶正中有一圆形钻孔，躯体由陶片、自然石块和残石器摆放而成，大体呈S形，头部朝向西南，尾部朝向东北，通长1.92米[261]。兴隆沟遗址出土动物遗存经过鉴定和研究，结果表明：家养动物包括猪和狗，获取动物资源的方式以狩猎为主，但家畜饲养业也占有较高的比例，就可鉴定标本数的统计结果看，猪在哺乳动物群中所占的比例达34.67%，猪的种群以家猪为主，也有少量野猪，猪主要以野生的C_3类植物为食，反映了兴隆洼文化史前先民对猪群的管理主要采取了放养的方式[262]；居室墓葬当中仅见猪而不见马鹿等鹿科动物随葬，这表明兴隆沟史前先民与猪有一种特殊的亲密关系。兴隆沟遗址H35中出土猪头似为野猪，具有图腾崇拜的含义[263]。辽宁阜新查海遗址（以兴隆洼文化为主，距今约7900—7600年）展现了以猪为主的畜牧方式以及以猪牲为主的祭祀方式，在该遗址中心墓区的北部发现有巨大的龙形堆石遗迹，全长19.7米，该遗迹建造在基岩脉上，由大小比较均匀的红褐色玄武岩自然石块堆塑而成，其腹下有10座竖穴土坑墓，其背部、头部和尾部均有房址，研究者推测该遗迹是信仰崇拜祭祀类神祇，可能是具有原始宗教信仰目的的巫术作品[264]。查海遗址中出土猪骨在哺乳动物种群中占有最高的比例（可鉴定标本数的比例为 65%，最小个体数比例为 73%）且出土频率最高，但猪的第 3 臼齿尺寸较大、死亡年龄以成年为主（但有人为干预的现象），说明查海先民已经饲养家猪且作为主要的肉食来源，家猪所具有的与野猪相似的特征反映了家猪饲养方式的原始性，查海遗址在墓葬区和祭祀坑内均发现有猪骨遗存，说明查海先民把猪牲作为主要的祭品[265]。综合动植物遗存的分析结果，研究者认为采集—狩猎仍为重要的生业方式[266]。

猪龙的形象在辽西地区赵宝沟文化和红山文化中得到了传承和发展。内蒙古敖汉小山遗址 1 件赵宝沟文化（距今约 6200 年）的尊形陶器上刻画有完整的"猪首蛇身"图案，该尊形陶器出土于 F2 第 2 层，其腹部刻画有完整的鹿、猪和鸟形象，其中，猪的头部经写实处理，细眼长吻，鼻端上翘，犬齿长而略弯，蛇形的躯体呈 S 形蜷曲，刻画网纹与磨光两部分错落有致，呈现为鳞纹（图 4-14）[267]。内蒙古赤峰彩陶坡遗址出土有属于红山文化早期（距今约 6500—5800 年）的 1 件龙形蚌饰，整体分布范围约 20 厘米，该龙形身体舒展，由头、身和尾部组成，短吻，张口，突出的圆额下有表现眼部的圆形镂孔，镂孔外围有一圈凹槽，推测眼部可能原来有镶嵌，尾翼上扬，尾翼与身体相连的一端可见 4 个圆形钻孔，可能用以与身体部位穿系相接[268]。红山文化晚期（距今 5300—4800 年）出土有玉猪龙，其中，正式发掘出土的有 3 件，分别出自辽宁朝阳牛河梁遗址的第二地点 M4（2 件）和第十六地点的积石冢石棺墓内（1 件）（均为边缘墓，并非高等级墓葬的标志性器类，但具有专属性和普遍性）（图 4-15）[269]。此外，各

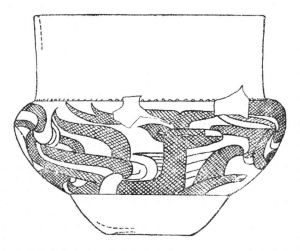

图 4-14　内蒙古敖汉小山遗址出土尊形器（F2）

图片来源：中国社会科学院考古研究所内蒙古工作队：《内蒙古敖汉旗小山遗址》，《考古》1987 年第 6 期，第 481—506+577—580 页。

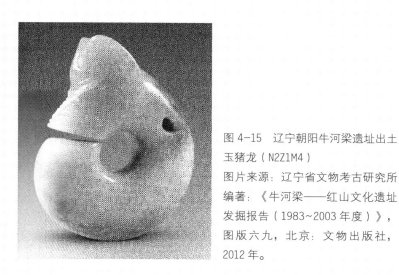

图 4-15　辽宁朝阳牛河梁遗址出土玉猪龙（N2Z1M4）

图片来源：辽宁省文物考古研究所编著：《牛河梁——红山文化遗址发掘报告（1983~2003 年度）》，图版六九，北京：文物出版社，2012 年。

博物馆还收藏有 20 余件玉猪龙，其造型特征有强烈的共性：精雕细琢，头部较大，双耳竖立，双目圆睁，吻部前凸，多数褶皱明显，身体蜷曲如环，中部较大圆孔多由两面对钻而成，首尾相连或分开，颈部有 1 个自两面对钻而成的小圆孔，少数颈部有 2 个小圆孔，玉猪龙出土时多成对放置于死者的胸前，可能是用作佩饰[270]。辽西地区崇龙习俗的核心内涵是：求雨祈求旱作农业（以种植粟和黍为主[271]）丰收[272]，这是辽西地区在距今 5300—4800 年前红山文化晚期进入初级文明社会[273] 的重要标志之一。刘国祥进一步指出："红山文化玉猪龙对商、西周、东周时期蜷体玉龙的造型产生了直接影响，应为中华龙的本源，是中华五千年文明形成的重要标志之一。"[274]

　　黄河中游和长江下游地区的猪龙形象深受辽西地区的影响。在黄河中游地区，陕西西安姜寨遗址出土 1 件细颈壶上刻画有变体猪纹，该细颈壶出土于 M312（史家文化类型，距今 6000—5800 年），器表用黑彩装饰有连体的猪纹，以猪的正面刻画为主，重点突出其鼻部，简练生动，造型可爱（图 4-16）[275]。有学者认为该变形猪纹实为猪龙[276]。姜寨史前先民从事较为发达的粟作农业以及家畜饲养活动[277]。粟和黍是主要的食物来源，先民还用小口尖底瓶作为酿酒容器（便于酿造发酵），以黍为主原料（辅以粟、小麦族、水稻、豆类和块根类植物）来酿酒[278]。家养动物包括猪和狗（家养黄牛出现的时期较晚），发展出圈舍养猪的新技术，野生动物以梅花鹿等各种鹿科动物为主[279]。家猪在哺乳动物群中所占比例呈逐渐减少的趋势，可鉴定标本数比例由半坡类型（距今 6900—6000 年）的 42%，到史家类型（距今 6000—5800 年）的 25%，再到西王村类型（距今 5500—4900 年）的 21% 和

图 4-16 陕西西安姜寨遗址出土猪纹细颈
壶（M312）
图片来源：西安半坡博物馆、陕西省考古
研究所、临潼县博物馆：《姜寨——新石
器时代遗址发掘报告》，彩版一〇，北京：
文物出版社，1988 年。

客省庄二期（距今 4600—4000 年）的 17%[280]，造成家猪所占相
对比例下降的背后原因可能与家养黄牛饲养规模扩大有关。由此
可见，家猪是姜寨史前先民极为熟悉的家养动物，该遗址出土猪
龙形象脱胎于姜寨先民所习见的家猪，神性减弱，呈现出鲜明世
俗化的特点。在长江下游地区，安徽含山凌家滩遗址 1998 年发掘
M16 中出土有玉龙（凌家滩文化，距今 5600—5300 年），其短径
3.9 厘米，厚度 0.2 厘米，玉灰白色泛青，整体扁圆形，首尾相连，
吻部突出，头顶雕刻两角，阴线刻出嘴和鼻，阴刻圆点为眼，脸
部阴刻线条表现褶皱和龙须，龙身脊背阴刻规整的圆弧线，连着
弧线阴刻条斜线并两侧面对称，似龙身鳞片，靠近尾部实心对钻
一圆孔[281]。凌家滩史前先民在很大程度上依赖于野生的动植物资
源，他们开始从事对猪和狗所进行的家畜饲养活动，但对于淡水
贝类和鱼类资源进行的渔捞方式和对以鹿科动物为主的野生哺乳
动物所进行的狩猎方式仍占据重要地位，他们用野生植物来喂养

家猪（可能采用放养方式养猪），家猪的饲养和消费以本地为主，家猪的饲养规模非常有限[282]。除玉龙之外，凌家滩遗址还出土有玉豕和玉石猪（详见下文），从动物考古角度来对这些猪形象的性质进行认定的话，可能是野猪的物化再现。

由此可见，猪为中华龙的原型动物之一，辽西地区早在距今 8000 年前的兴隆洼文化即以猪为原型塑造了龙的初始形态——猪龙，此后，猪龙形象在辽西地区的赵宝沟文化和红山文化得以传承和发扬，并进一步影响到了黄河中游和长江下游地区。自龙山至夏商时期，中华龙最终演变为以鳄和蛇为主体的形象，奠定了后世龙的基本形态，其形成与演变是中华文明起源和发展的真实写照[283]，也是中国古代生业方式流转的物化重现。

（二）生肖文化中的猪

生肖是指标志生辰的动物形象，猪位列十二生肖，是衡量时间和空间的标志。中国古人用十天干（甲、乙、丙、丁、戊、己、庚、辛、壬、癸）和十二地支（子、丑、寅、卯、辰、巳、午、未、申、酉、戌、亥）相结合的方式来记录时间，称为干支纪法。十二生肖与十二地支相结合，可以更为形象和直观地记录年份。那么，二者相结合的时间源于何时？《诗经·小雅·吉日》里有"吉日庚午，既差我马"[284]的记载，庚午与马相对应，可见，至少在西周时期，中国先民已经开始用动物生肖纪年。东周时期二者的对应关系基本成型，湖北云梦睡虎地秦简[285]、甘肃天水放马滩墓葬[286]、湖北随州孔家坡汉墓[287]中出土的《日书》，至少确立了 5 种对应关系：子鼠、丑牛、寅虎、卯兔、亥猪。东汉时期二者建立了完整的匹配关系，东汉王充在其《论衡·物势》《论衡·言毒》中提出十二辰之禽，将十二种动物与十二地支相对应[288]。早于"生肖"一词的提法是十二属，该名称见于南朝沈炯的《十二属》："鼠迹生尘案，牛羊暮下来。虎啸坐空谷，兔月向窗开。龙隰远青翠，蛇柳近徘徊。马兰方远摘，羊负始春栽。猴栗羞芳果，鸡跖引清杯。狗其怀物外，猪蠡窅悠哉。"南北朝时期，十二生肖俑开始作为陪葬品出现于墓葬内，目前所知最早的十二生肖俑出土于山东临淄崔氏墓葬（北魏时期）第10号和17号墓中，这一时期的生肖俑呈现出动物的形象[289]。隋唐时期是随葬十二生肖俑的鼎盛时期，隋朝至初唐时期流行兽首人身的坐姿俑，唐代流行兽首人身的站姿俑，后来，生肖俑呈现出将生肖动物点缀于人像不同部位甚至最终消失的局面[290]。

十二地支末位是亥，其属相是豕，也就是猪。亥豕相配，究其原因，主要有二：

第一，因于二者字形相近。古人常把亥、豕二字弄混，即成语所谓的"鲁鱼亥豕"。亥豕之误，确有其事，《吕氏春秋·慎行论·察传》记载："子夏之晋，过卫，有读史记者曰：'晋师三豕涉河。'子夏曰：'非也，是己亥也。夫"己"与"三"相近，"豕"与"亥"相似。'至于晋而问之，则曰'晋师己亥涉河'也。"[291]这条记载也正是成语"三豕涉河"（比喻文字传写或刊印讹误）的来源。

第二，跟方位有关。十二地支中，亥属水，方位北，色黑，而古代的猪，毛色多呈黑色，亥之黑与猪之黑，二者存在一定的因果关系。此外，古人认为猪乃水畜，它是跟雨水有关的动物，《诗经·小雅·渐渐之石》云"有豕白蹢，烝涉波矣。月离于毕，俾滂沱矣"[292]。明朝李时珍在《本草纲目·兽部·豕》中记载"猪孕四月而生，在畜属水，在卦属坎，在禽应室星"[293]。明朝吴承恩在《西游记》中将猪八戒的前世设定为掌管天河的天蓬元帅，即有此意。

（三）民俗文化中的猪

在中国民俗文化中，猪在国人的姓名、故土、仕途和品行上均有体现，它贯穿于人生的重要阶段和时间节点。

在中国动物文化符号中，猪是健硕有福的象征，在期盼多子多孙的农业社会中，名字中含有"猪"字正有这方面的考虑。毛泽东主席所作的《沁园春·雪》一诗，评古论今，大气磅礴，诗中提到了中国历史上5位功勋卓著的帝王（秦始皇、汉武帝、唐太宗、宋太祖、元太祖），其中，汉武帝刘彻（公元前156—前87）为西汉第7位皇帝，是中国历史上一位杰出的政治家、战略家和文学家。《汉武故事》（作者不详，有观点认为是东汉班固撰，属于汉武帝传说系统中的一部传记小说）载："（汉景帝王皇后）归纳太子宫。得幸，有娠，梦日入怀。景帝亦梦高祖谓己曰：'王美人得子，可名为彘。'及生男，因名焉，是为武帝。"[294] 汉武帝刘彻小名刘彘，以猪为名而不显粗鄙，取其聪明健壮之意，但该记载在《史记》《汉书》等正史中并无踪迹。但是，《史记》《汉书》中记载有一位叫利豨的人，他是第二代轪侯，他的父亲正是著名的湖南长沙马王堆二号汉墓的墓主，即第一代轪侯利苍[295]，可见，西汉之时，以猪为小名甚至是大名的情况还是比较常见的。

中国人热爱故土和家园，猪是国人最为重要、最为熟悉的家养动物种类，国人将"猪"的形象放在"家"字里，猪也就成为故土和家园的象征。家，上面一宝盖头，下面一豕，呈猪在房中之形，陈豕于室、合家而祀，这便是"家"的本义，也有学者认为家的本义为猪圈，或有猪圈者为家，或又解"家"字为干栏式建筑，下面养猪、上面住人，猪是农户的标志，古人将养猪的地方称为圂，即人厕和猪圈合二为一[296]。高式武认为"家"字体现了史前人类把家猪作为财富的标志[297]。冯时从殷商甲骨文"家"字原本从"宀"从二"豕"出发，认为"家"字真实含义在于表现雌雄二性，体现了古人以两性作为构成家庭基本条件的思考，上升到哲学层面，则更具有阴阳相生的朴素思考，由此，以猪奉献给祖宗，也正是期盼阴阳调和、子孙繁衍的最恰当选择[298]。清代张英等撰写的《渊鉴类函》中有"猪入门，百福臻"的记载，中国民众怀着祈福之心，将猪和家联系在一起，"肥猪拱门"是民间传统美术题材之一。

科举制度是中国古代社会采取的较为公平的人才选拔形式，在其发展成熟之初的唐宋时期，科举制度以其生机勃勃的进步性推动中国古代文化和社会的发展，"科举入仕"成为书生学子们的志向。据载，唐朝韦肇金榜题名后，曾在陕西西安大慈恩寺的雁塔书其名，后唐朝中后期的进士们多有效仿，称为"雁塔题名"。在雁塔题名的人当中，最出名的当数白居易，当他 27 岁进士及第之时，得意之余，挥毫写下"慈恩塔下题名处，十七人中最少年"的诗句。猪与"朱"、蹄与"题"谐音，象征朱笔题名，古代有给考生食用熟猪蹄的习俗，意在熟悉考题、功名得中。

国人讲求做人做事以诚信为本，广为人知的"曾子杀彘"的故事颇为典型。该故事出自《韩非子·外储说左上》。曾子（公元前 505—前 434）名参，是孔子的得意门生，非常注重自我修养和子女的教育，坚持以诚待人。一日，其妻因为儿子哭闹就骗他说：我从集市上回来就给你杀猪。曾参在其妻回来后马上杀猪煮肉给儿子。原文为：曾子之妻之市，其子随之而泣。其母曰："女还，顾反为女杀彘。"适市来，曾子欲捕彘杀之。妻止之曰："特与婴儿戏耳。"曾子曰："婴儿非与戏也。婴儿非有知也，待父母而学者也，听父母之教。今子欺之，是教子欺也。母欺子，子而不信其母，非以成教也。"遂烹彘也 [299]。

（四）神话传说中的猪

在中国古代神话传说中，猪是重要的神话形象。据叶舒宪从文学和人类学角度考证，猪的神话形象主要包括开辟大神豨韦氏、人面猪喙的韩流、司彘国与豕喙民、乌将军与黑相公等 [300]。其中，猪八戒无疑是最成功的，也是最为人所熟知的猪的神话形象，猪八戒又名猪刚鬣，法号悟能，诨名八戒。元代吴昌龄所作昆曲《唐三藏西天取经》中已将猪八戒与唐僧取经的佛教故事联系在一起；在元代杨景贤所作杂剧《西游记》中，猪八戒自称是"摩利支部下御车将军"；明代吴承恩所作小说《西游记》中，进一步将猪八戒的艺术形象发扬光大 [301]。据吴承恩所作《西游记》讲述，猪八戒是唐僧的二徒弟，会三十六天罡变，所持武器为太上老君所造、玉皇大帝亲赐的上宝沁金耙（俗称九齿钉耙）。他好吃懒做，笨头笨脑，贪图小利，憨厚，胆小，好色，但他又是温和善良的，而且富有人情味。猪八戒的身份经历了凡人（后遇仙学艺）—天蓬元帅—猪精—唐僧弟子—净坛使者的转化。1986 年版电视剧《西游记》中，猪八戒被唐僧收为弟子后，其形象由长鬃的野猪形象变成了肥胖可爱的家猪形象，事实上，关于猪八戒的形象描述，原著中有"卷脏莲蓬吊搭嘴，耳如蒲扇显金睛。獠牙锋利如钢锉，长嘴张开似火盆""一个长嘴大耳朵的呆子，脑后又有一溜鬃毛，身体粗糙怕人，头脸就像个猪的模样""碓嘴初长三尺零，獠牙觜出赛银钉。一双圆眼光如电，两耳扇风唿唿声。脑后鬃长排铁箭，浑身皮糙癞还青""长嘴獠牙，刚鬃扇耳，身粗肚大，行路生风""黑脸短毛，长喙大耳"等描述，尽管他自说"我不是野豕，亦不是老彘"，但依据黑毛、长嘴、大耳、脑后长鬃、獠牙突出等特征，似可认定猪八戒的原型为一黑毛野猪；如果他当初投胎的母猪是家猪的话，那也可认为猪八戒是一只具有野猪特征的返野的家猪。

（五）汉字文化中的猪

在中国古代汉字中，与猪相关的文字甚多。"豕"是甲骨文中一个常见的字形，东汉许慎在《说文解字·豕》中说："豕，彘也。"[302] 豕和彘互训，认为豕的本义为野猪，但据李零考证，豕和彘最早见于商代晚期的甲骨文，豕是猪科动物的泛称，其本义是野猪，后代指家猪，而彘形为中箭之豕，为野猪；他及其他学者结合《尔雅·释兽》等文献，认为《说文解字·豕部》中猪字和豕以下的字都与家猪有关，如：公猪叫豭，母猪叫豝、豼，小猪叫豰、豚、豯，三个月龄猪叫豵，半岁或一岁龄的猪叫豝，阉割过的猪叫豮、豶、豬，圈养的猪记作圂、家，追逐猪记作"逐"，此外，还有表示多毛的豕、身上有条纹的豕、以殳击杀豕、挖坎埋豕以祭祀、以戈击豕、以刀剥豕皮、以网捕豕等文字[303]。事实上，《说文解字·豕部》表现了古人在猪的称呼、性

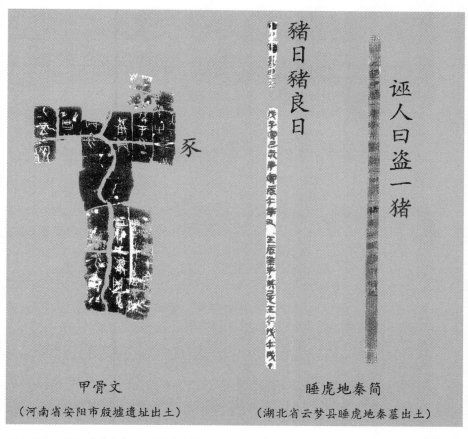

豕

豬日豬良日

诬人曰盗一猪

甲骨文
（河南省安阳市殷墟遗址出土）

睡虎地秦简
（湖北省云梦县睡虎地秦墓出土）

图 4-17 "猪"字变化年表（吕鹏改绘）

左侧甲骨文改绘自：郭沫若主编：《甲骨文合集（第 1 册）》，北京：中华书局，1999 年，第 68 页。

右侧睡虎地秦简改绘自：睡虎地秦墓竹简整理小组编：《睡虎地秦墓竹简》，北京：文物出版社，1990 年，第 125、53 页。

别、年龄、习性、饲养和样貌等 6 个方面所进行的详细观察和记录 [304]。单育辰考证甲骨卜辞中前期多用"豕"、后期写作"彘"，二字实为"豬"的早期形态 [305]。湖北云梦睡虎地秦墓中出土秦简中，既有"豬"字（"豬良日" [306]），也有"猪"字（"诬人曰盗一猪" [307]），说明在战国晚期至秦始皇时期已经开始使用猪字，该字形沿用至今（图 4-17）。

三、猪形遗存的动物考古解读

动物造型或主题的遗存在考古中常见，它是考古特别是美术考古非常重要的研究对象，此类研究不胜枚举 [308]，但从动物考古角度解读此类遗存的研究寥寥无几。

从动物考古角度解读动物造型或主题的遗存有其学术优势。动物考古是研究动物形态的学问，动物考古学者深谙动物形态和习性，他们通过"观其形"，从动物形态学角度鉴定和分析此类遗存中的动物形象，能够得出该动物造型或主题的动物种属、性别、年龄、性质、品种、行为和习性等方面的信息，能够分辨出该动物造型或主题当中人为创造和客观形态的区别。

从动物考古角度解读动物造型或主题的遗存有其学术意义。动物考古可以深入到历史场景中，借助于动物考古及相关领域的研究，能够更为深刻地对此类遗物"解其意"，可以探讨人类对此类遗物的制作工艺和使用方式，探讨人类获取和利用动物资源的方式乃至生产力发展水平，探讨人类的精神和社会诉求乃至生产关系和古代社会，探讨人类与动物相伴相行的历史乃至动物绝灭和物种多样性等。

具体到猪形遗存，人类对猪形象的刻画历史久远。印度尼西亚苏拉威西岛的梁德东格洞穴遗址中发现用红色赭石绘制的 3 头成年雄疣猪（*Sus celebensis*）的壁画（完整图像为人类追逐疣猪和水牛），铀系同位素测年显示作画的矿物已有 4.39 万年之久，这是考古史上已知最古老的具象艺术作品、动物主题艺术品和狩猎场景绘画[309]。

笔者在此节将从动物考古角度对中国考古遗址出土猪形遗存进行解读。猪形遗存材质不同，造型各异，在此不能一一列举，笔者择取 23 组具有时代（新石器时代至唐代）、地域和文化特点的较为典型的猪形遗存，按时代先后分别论述如下。

（一）陶塑猪和猪形刻画符（安徽蚌埠双墩遗址）

属于双墩文化（距今 7300—7100 年）。92T0523 第 9 层出土残陶猪头 1 件，由红褐色陶制成，残长 8 厘米，最大径 6 厘米，91T0621 第 7 层出土 1 件纽柄上部为猪首形陶塑，92T0622 第 14 层出土陶塑猪首残件 1 件，雕有双目及毛发，92T0722 第 27 层出土陶钵口部残片的上腹部有泥塑猪，此外，该遗址还出土有猪形象的刻画符号（图 4–18 和图 4–19）[310]。由陶塑猪和刻画符号中猪的形态看，可分为家猪、野猪以及兼具二者特征的猪，这得到了动物考古研究的证明，研究表明双墩遗址存在家猪、野猪以及家猪与野猪的杂交个体，猪下颌骨的发现率较高，可能是为满足仪式活动之需所做的日常储备，双墩先民在食物资源匮乏的冬季集中宰杀猪，家猪饲养模式为小规模的家庭饲养[311]。

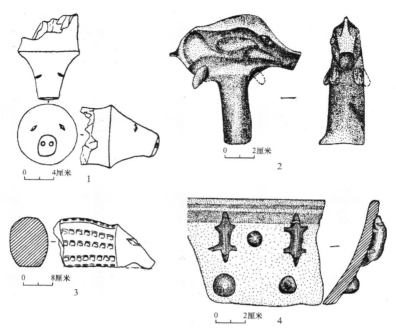

（1.92T0523第9层 2.91T0621第7层 3.92T0622第14层 4.92T0722第27层）

图4-18 安徽蚌埠双墩遗址出土陶塑猪

图片来源：安徽省文物考古研究所、蚌埠市博物馆编著：《蚌埠双墩：新石器时代遗址发掘报告》，图七九，北京：科学出版社，2008年，第129页。

家猪　　　**猎猪图**　　　**网猪图**

图4-19 安徽蚌埠双墩遗址出土猪纹刻画符号

图片来源：徐大立：《蚌埠双墩遗址刻画符号简述》，《中原文物》2008年第3期，第75—79页。

（二）陶塑猪和猪纹陶钵（浙江余姚河姆渡遗址）

1. 陶塑猪

浙江余姚河姆渡遗址 T21 第 4 层出土，属于该遗址第一期遗存（距今 7000—6500 年），高 4.5 厘米，长 6.3 厘米，长嘴，弓背，垂腹，体态肥胖浑圆，作奔走状，似为雌猪（图 4-20）[312]。

2. 猪纹陶钵

浙江余姚河姆渡遗址 T243 第 4A 层出土，属于该遗址第一期遗存（距今 7000—6500 年），该陶钵为夹炭黑陶，平面呈长方形，圆角，侈口，器表打磨光滑，高 11.7 厘米，口沿长 21.7 厘米、宽 17.5 厘米，底边长 15 厘米、宽 13.5 厘米，长边两侧各刻一猪纹，长嘴，竖耳，短尾，粗鬃竖立，背微上弓，腹略下垂，四肢细长，

图 4-20　浙江余姚河姆渡遗址出土陶塑猪（T21 第 4 层：24）
图片来源：浙江省文物考古研究所：《河姆渡——新石器时代遗址考古发掘报告》，彩版一九 -1，北京：文物出版社，2003 年。

形象逼真，猪身中部刻画有两个同心圆（图 4-21）[313]。

3. 稻穗纹和猪纹陶钵

浙江余姚河姆渡遗址 T221 第 4B 层出土，属于该遗址第一期遗存（距今 7000—6500 年），器形较大，上腹部微内凹，为敛口钵，高 16.8 厘米，口径 28 厘米，下腹部刻画对称的稻穗纹和猪纹（残），1 株稻穗居中，直立向上，沉甸甸的 2 束稻谷粒垂向两边，残留猪纹，形如猪纹陶钵上的形象（图 4-22）[314]。

继浙江杭州跨湖桥遗址出土长江流域年代最早（距今 8200—7000 年）的家猪遗存 [315] 之后，家猪饲养业在河姆渡文化得到了一定的发展，浙江余姚河姆渡遗址出土动物遗存主要来自第一期（距今 7000—6500 年），研究者认为家养动物包括狗、猪和圣水牛 [316]，后续研究表明在我国境内发现的生存时间跨度为距今 8000—3000 年的圣水牛为野生动物，并没有被驯化过 [317]，因此，

图 4-21　浙江余姚河姆渡遗址出土猪纹陶钵（T243 第 4A 层：235）

图片来源：浙江省文物考古研究所：《河姆渡——新石器时代遗址考古发掘报告》，彩版一四 -2，北京：文物出版社，2003 年。

图 4-22　浙江余姚河姆渡遗址出土稻穗纹和猪纹陶钵（T221 第 4B 层：232）

图片来源：浙江省文物考古研究所：《河姆渡——新石器时代遗址考古发掘报告》，彩版一四 -1，北京：文物出版社，2003 年。

河姆渡遗址出土的家养动物应为狗和猪两种，在未见数量统计的情况下，根据报告内容，河姆渡史前先民的生业方式以渔猎方式为主，家畜饲养方式所占比重较低。

浙江余姚田螺山遗址同属河姆渡文化，经动物考古研究后发现，家养动物包括猪和狗，除家猪之外，还包括大量的野猪，即便如此，猪在各文化层中出土数量一直很少，反映了以家猪为代表的家畜饲养业的裹足不前，野生动物群随时间由以水牛和梅花鹿为主转向以梅花鹿和小型鹿科动物的组合为主，表明人类强化了对野生动物的狩猎行为，这种强化造成了野生动物的濒危和灭绝[318]。田螺山遗址出土水牛因缺乏鉴定特征，不能认定是否为圣水牛，研究者通过对这些水牛遗存进行碳氮稳定同位素分析，发现在距今 6500—6300 年间，田螺山遗址水牛的 $\delta^{15}N$ 值基本不变，$\delta^{13}C$ 值有所下降，呈现出逐渐接近先民碳氮同位素数值的趋势，推测水牛可能食用了先民种植的水稻[319]和采集的菱角[320]，其与人类已经产生了密切联系[321]。

河姆渡史前先民采取了多样性的生计方式，他们种植水稻、饲养猪和狗、渔猎和采集野生动植物资源，关于稻作生产，大部分学者认为河姆渡文化已经处于发达的稻作农业阶段[322]，但也有学者指出水稻产量相当低、水稻的食物贡献值低于橡子等坚果[323]。考虑到河姆渡文化既有丰富的稻谷遗物又有稻田遗迹（出土于田螺山遗址），我们认为河姆渡史前先民已经具有了一定程度的稻作生产能力且水稻已成为重要食物之一。具体到陶猪和陶钵上的猪纹，魏丰认为陶猪应属家猪、猪纹为野猪形态，这是河姆渡先民对于周边环境中存在有家猪和野猪的艺术化呈现[324]。严文明认为这是对稻熟猪肥丰收景象的生动刻画[325]。此外，陶猪在浙江桐乡罗家角、上海崧泽、江苏常州圩墩等遗址均有出土，所属文化为马家浜文化（距今 7000—5900 年）和崧泽文化（距今 5900—5300 年），造型以身体肥硕和四肢粗短为主要特征 [326]。浙江桐乡罗家角 [327]、浙江嘉兴南河浜 [328]、江苏常州圩墩 [329]、江苏昆山绰墩 [330]、上海崧泽 [331]、上海福泉山 [332]等遗址的动物考古研究表明，马家浜和崧泽文化家养动物和野生动物的相对比例约为 3：7，生业方式仍以渔猎为主，以家猪为代表的家畜饲养业有所发展，家猪的体型特征已与野猪产生了明显的差异，肥硕的体态更能迎合长江下游地区史前先民的肉食需求。

（三）陶塑猪头（北京平谷上宅遗址）

出土于 T0308 第 5 层，属于上宅文化（距今 7500—6000 年）。陶质为泥质红褐陶，仅存头部，头形瘦长，双耳较小向后背，小眼细长，细吻前突，两侧有明显的 1 对犬齿（图 4-23）[333]。上宅遗址出土陶片脂质分析的结果表明，上宅先民除食用野生植

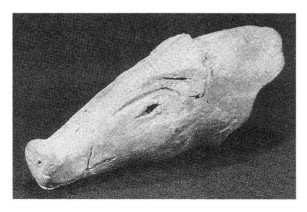

图 4-23　北京平谷上宅遗址出土陶塑猪头（T0308 第 5 层）

图片来源：北京市文物研究所、北京市平谷县文物管理所上宅考古队：《北京平谷上宅新石器时代遗址发掘简报》图版壹 -4，《文物》1989 年第 8 期，第 1—8+16+98—99 页。

物和野生反刍类动物（以鹿为主）之外，还食用了黍，并有可能对鹿类资源进行了次级产品的开发和利用：取食鹿乳，石煮法（利用陶罐内加热）是制作食物的方法之一[334]。家养动物在华北地区出现的时间很早，河北保定南庄头遗址出土了中国年代最早的家养动物——距今10000年的家狗遗存[335]，南庄头先民已经开始种植和食用粟和黍，并利用这些农作物的副产品来喂狗[336]。到了距今8000年前的河北武安磁山遗址，家猪开始出现于华北地区，家养动物种类包括猪和狗，野生动物仍占哺乳动物的半数以上，这其中还包括野猪[337]。到了与上宅文化年代相当的内蒙古凉城石虎山Ⅰ遗址（距今6300年），家养动物仍为猪和狗，家养动物在哺乳动物种群所占比例约为16%，获取动物资源的方式以狩猎为主且狩猎水平较高[338]，野生动物中还包括野猪，野猪的数量稍少于家猪[339]。尚未见上宅遗址的动物遗存鉴定报告，从上述华北地区动物资源的动态分析看，该遗址周边应存在有野猪，且数量不少，上宅史前先民对野猪比较熟悉，因此，用较为写实的方式将野猪形象塑造到了陶塑之上。

（四）带有猪首纹的尊形器（内蒙古敖汉小山遗址）

属于赵宝沟文化（距今6200年左右）。出土于F2第2层的1件尊形器（编号30）上有猪首、鹿首和鸟首的纹饰[340]，猪首蛇身，鹿首和鸟首右侧纹饰类似于抽象化的羽翼，它们取材于现实动物，但确为神化了的3种灵物，这是年代最早的1例猪首蛇身图形，反映了人类的猪灵崇拜[341]。苏秉琦分别将猪和鹿视为猪头龙和鹿头麒麟，认为这是中华龙的起源以及辽西地区文明起源的重要物证[342]。陆思贤从天象、物候和神话学的角度，认为小山遗址尊形器上的动物纹为"观象授时图"[343]。辽西地区家猪起源的时间较早，最早出土家猪遗存的遗址为内蒙古敖汉兴隆洼和兴隆沟遗址（兴隆洼文化，距今8000—7500年）。兴隆洼文化史前先民主要以渔猎方式来获取动物资源，以家猪为代表的家畜饲养业和以粟、黍为代表的旱作农业发展有限，这样的生业局面延续了辽西地区整个新石器时代（赵宝沟文化、红山文化等），直至青铜时代以后，畜牧业才成为主要的获取肉食资源的方式[344]。罗运兵等学者通过分析兴隆洼文化居室摆放猪头和人猪共葬墓以及龙形摆塑、红山文化玉猪龙、牛河梁遗址泥塑猪等考古现象，认为辽西地区存在猪灵崇拜或图腾崇拜，小山遗址尊形器上的猪纹的含义与此相同，家猪的仪式性使用可能是导致辽西地区家猪驯化的动因[345]。小山遗址属于赵宝沟文化，正如内蒙古敖汉赵宝沟遗址出土动物遗存所揭示的一样：家养动物包括猪和狗，其在哺乳动物最小个体总数中所占的比例仅为20%，史前先民主要通过狩猎的方式获取动物资源，对于周边环境当中的包括野猪在内的各种野生动物非常熟悉，因此，他们将习见的野猪、鹿和鸟的形象刻画在形制特殊的、具有特殊用途的尊形器上，将它们作为灵物并寄托自身诉求。

（五）雕刻猪形牙饰（江苏邳州刘林遗址）

介于青莲岗文化和花厅文化之间（约距今6000年），2件牙饰均由猪的犬齿制成，其中1件（出土于M100：7）在牙根部雕刻出猪的头形，嘴、鼻、眼俱全，吻部突出，线条洗练，形象逼真（图4-24）。该遗址出土猪和鹿的数量最多，其中发现

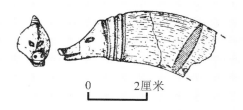

0   2厘米

图 4-24　江苏邳州刘林遗址出土雕刻猪形牙饰（M100：7）
图片来源：南京博物院：《江苏邳县刘林新石器时代遗址第二次发掘》，《考古学报》1965 年第 2 期，第 9—47+152—165+180—183 页。

有 20 个猪下颌骨集中摆放在灰沟中的考古现象，猪和獐的犬齿是制作牙器的主要来源[346]，反映了当时以家猪为代表的家畜饲养业和以鹿为代表的狩猎方式同为获取动物资源的重要方式，牙饰所用牙齿原料很可能取自雄性野猪的下犬齿，雕刻的猪形应为野猪。

（六）猪面纹彩陶壶（甘肃秦安王家阴洼遗址）

出土于 M53，属于仰韶文化半坡类型（距今 5800—5500 年）。高 20.6 厘米，腹径 15.3 厘米，底径 6.8 厘米，壶呈葫芦形，小圆口，束颈，曲腹，平底，口部绘 4 组三角形纹，腹部绘一圈二方连续的猪面纹，互连的猪面共用一个眼睛，成功地运用双关形的装饰手法，用抽象的手法绘制猪面纹，扁平宽大的猪鼻以及眼睛、面颊变化成几何图案，为造型憨厚的猪平添了几分神秘（图 4-25）[347]。距今 6000 年前黄河上游地区的家养动物包括猪和狗，家养动物在哺乳动物可鉴定标本总数中所占比例约为25%，以家猪为代表的家畜饲养业得到了发展，某些遗址出土野生动物中包括野猪，但数量很少[348]。王家阴洼是仰韶文化墓地中

图 4-25 甘肃秦安王家阴洼遗址猪面纹彩陶壶（M53）

图片来源：甘肃省博物馆编：《甘肃省博物馆文物精品图集》，西安：三秦出版社，2006 年，第 30 页。

分布最靠近西端的一处，处于母系氏族社会晚期[349]，在稳定的定居生活中，王家阴洼史前农业和家畜饲养业得到发展，先民非常熟悉家猪，情感上与猪非常亲近，因此，他们将憨态可掬的家猪绘制于陶壶之上，并将其带入墓葬，希望能够在死亡的世界里继续与家猪为伴。

（七）陶塑猪头（河南灵宝西坡遗址）

出土于 T8 第 4 层，属于仰韶文化中期（距今 5300—4900 年），陶质为泥质红陶，捏制而成，其额部突起，眼窝深而大，嘴斜向下方（图 4-26）[350]。该遗址出土动物遗存经系统动物考古研究，结果表明：家养动物包括猪和狗，猪在哺乳动物可鉴定标本总数中所占比例为 84% 甚至更高，是先民肉食消费的主要对象，猪的死亡年龄集中在一岁半以前，表明大多数的猪在第二个冬季到来之前就会被屠宰，家猪的饲养和消费属于自给自足的方式，尚未出现专业化的家猪生产、分配和消费模式[351]，

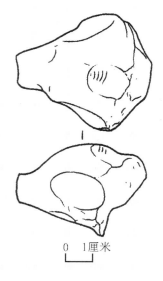

图 4-26 河南灵宝西坡遗址出土陶塑猪头（T8 第 4 层）

图片来源：河南省文物考古研究所、中国社会科学院考古研究所河南一队、三门峡市文物考古研究所、灵宝市文物保护管理所、荆山黄帝陵管理所：《河南灵宝市西坡遗址 2001 年春发掘简报》，《华夏考古》2002 年第 2 期，第 31—52+92+ 彩版页。

该陶塑猪头的形象源于家猪。

（八）猪形陶鬶（山东胶州三里河遗址）

该遗址出土有狗形鬶和猪形鬶，属于大汶口文化（距今 6100—4600 年）。其中猪形鬶出土于 M111，由夹砂灰褐陶制成，头圆，耳小，嘴两侧有外露的犬齿，短尾上翘，形象生动，为一处于驯化初期的成年家猪形象[352]（图 4-27）。张仲葛依据其身后有睾丸的特征，推测为雄猪[353]。三里河遗址大汶口文化墓葬中有墓主手握蚌器或獐牙、随葬猪下颌骨或鱼的考古现象，其中一座墓葬中随葬猪下颌骨多达 37 件[354]。此时，大汶口文化较为发达的家猪饲养业推动家猪成为区分社会等级和人群的重要标志物。

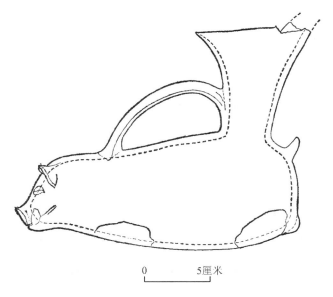

0　　　5厘米

图 4-27　山东胶州三里河遗址出土猪形鬶（M111）

图片来源：中国社会科学院考古研究所编著：《胶县三里河》，

图三一 -2，北京：文物出版社，1988 年，第 55 页。

（九）猪形红陶鬶（山东泰安大汶口遗址）

出土于 M9，属于大汶口文化（距今 6100—4600 年）。该遗址发掘报告中将其定为"红陶兽形器"，为盛水（酒）器，由夹砂红陶制成，通体挂红陶衣，圆头，拱鼻，张口，双耳高耸，耳穿小孔，四足站立，短尾上翘，体型肥圆，似乎正在向其主人讨食吃（图 4-28）[355]。大汶口遗址出土动物遗存中，以猪的数量最多，依据猪遗存的骨骼形态、死亡年龄和性别等认定为家猪种群，反映了当时家猪饲养业发展到较高水平。尤为值得注意的是，大汶口有 1/3 的墓葬中有随葬猪头骨、下颌骨、蹄骨和半副猪骨架

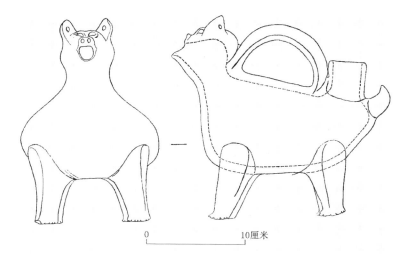

图 4-28　山东泰安大汶口遗址出土红陶猪鬶（M9)

图片来源：山东省文物管理处、济南市博物馆编：《大汶口：新石器时代墓葬发掘报告》，图七六，北京：文物出版社，1974 年，第 92 页。

的考古现象，其中，用完整猪头骨随葬的考古现象最多。据统计，43 座墓葬中出土猪头骨 96 个，最多的一座中有猪头骨 14 个，猪牲的死亡年龄从幼年到成年个体俱有，性别以雌猪和疑似雌猪个体为主，也有少量雄猪[356]。随葬和埋葬仪式中大量使用雌猪或疑似雌猪，这是否具有特殊的含义，值得深入探讨。另一方面，大汶口史前先民已经能够熟练地分辨和使用不同性别的家猪个体，这背后反映了人类加强了对家猪群体繁育行为的认知和控制，表明当时已经存在人为控制猪群性别比例的行为，很有可能已经出现了人类对幼年雄猪的阉割行为。

（十）猪形陶罐（江苏新沂花厅墓地）

出土于 M21，属于大汶口文化（距今 5400—4800 年）。陶质泥质黑皮陶，为盛水器，猪鼻微拱，眼小呈菱形，口微张，四足短椎状，短双尾，体态肥壮，造型生动（图 4-29）[357]。花厅墓地随葬数量较多的猪下颌骨、蹄骨和完整狗骨架，猪的大量出土反映了原始农业的发展和家畜饲养业的发达[358]。

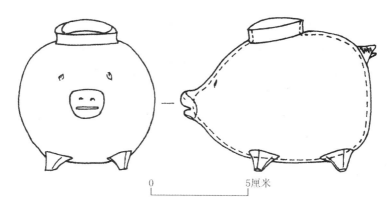

0   5厘米

图 4-29　江苏新沂花厅墓地出土猪形陶罐（M21）
图片来源：南京博物院编著：《花厅：新石器时代墓地发掘报告》，图一二八 -3，北京：文物出版社，2003 年，第 132 页。

（十一）陶猪（辽宁大连吴家村遗址）

属于小珠山文化第三期（约距今 5500 年）。其中 1 件出土于 IIG1 第 2 层，该陶猪长度 6.4 厘米，高度 2.2 厘米，吻部和鬃毛比较突出，腹下有四孔，另有 1 件出土于同一单位，尖嘴，高鬃，立耳，全身刺孔，圆臀，无腿（图 4-30）[359]。小珠山文化深受周边文化的影响，小珠山文化第一期和第二期受到了兴隆

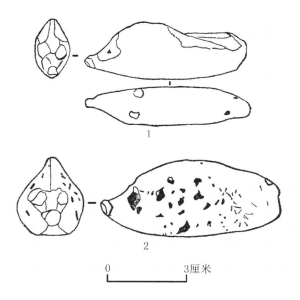

（1. 吴Ⅱ G1 ②：33　　2. 吴Ⅱ G1 ②：52）

图 4-30　辽宁大连吴家村遗址出土陶猪（ⅡG1 第 2 层）

图片来源：辽宁省博物馆、旅顺博物馆、长海县文化馆：《长海县广鹿岛大长山岛贝丘遗址》，《考古学报》1981 年第 1 期，第 63—110+153—160 页。

洼文化的影响，小珠山文化第三期受到了来自胶东半岛大汶口文化的影响，小珠山文化第四期和第五期受到了来自胶东半岛龙山文化的影响[360]。小珠山文化第三期的文化面貌较之于第一期和第二期发生了明显的改变：房址平面变成了圆形、面积变小，陶器器型主要还是筒形罐[361]。依据我们对广鹿岛贝丘遗址群（包括小珠山、吴家村、门后等）进行动物考古研究的结果，史前先民自小珠山文化第三期开始将家猪引入到该岛，此时广鹿岛上既有野猪也有家猪[362]，依据这 2 件陶猪的特征，可能表现的是野猪。

（十二）陶猪（湖北天门邓家湾遗址）

属于石家河文化（距今 4400—4000 年）。邓家湾遗址出土陶塑动物就动物考古研究而言，可归为 4 纲 13 目 17 科 23 种，包括达乌尔黄鼠、黄鼬、狗、绵羊、山羊、水牛、猪、牙獐、猕猴、亚洲象、华南巨貘、草兔、鸡、孔雀、环颈雉、竹鸡、鸱鸮、鸭、鹅、䴔䴖、鱼、鳖、金龟等，武仙竹认为家养动物可能包括狗、猪、绵羊、山羊、水牛、鸡、鹅等 7 种，其中陶猪 7 件，整体特征为：呈站立状，吻部较大，吻端可见圆形鼻孔，耳小，尾短，四肢粗短，腰圆体肥，神态愚憨，但不同个体在肥瘦、高矮和吻部大小上差别较大（图 4-31）[363]，武仙竹根据邓家湾陶猪吻部缩短、身体前躯比例更短、神态更为温顺等特征，认为陶猪为驯养时间较长的家猪形象[364]。形态多样性似与家猪品种有关，但也存在特征明显的野猪形象，如标本 H31：38，平吻，嘴部圆柱形，侧竖双大耳，粗短颈，短身收腰，尾下垂[365]。邓家湾发现的陶塑多出土于祭祀遗迹边缘或祭祀遗迹之中的灰坑、灰沟和洼地，严文明认为这些陶塑"应该是某种宗教活动的重要物品"，"可能是代表祭祀时用的牺牲"[366]。何驽认为邓家湾遗址是石家河文化晚期都城的祭祀中心，其中沉埋陶塑牺牲以祭祀山林川泽、四方百物，用以祈年和祈盼丰收，应属"社稷祭祀"[367]。

（十三）玉豕和玉石猪（安徽含山凌家滩遗址）

1. 玉豕

出土于 1987 年发掘的 M13，属于凌家滩文化（距今 5600—5300 年）。由玛瑙制成，乳白色，含黄色斑纹，吻部和鬃毛突出，

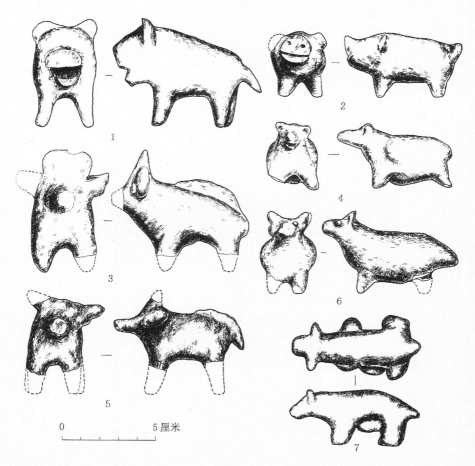

（1.H16：13 2.采集：30 3.H4：3 4.T10③：7 5.H31：38 6.H69：67 7.H116：25）

图 4-31 湖北天门邓家湾遗址出土陶猪

图片来源：湖北省文物考古研究所、北京大学考古学系、湖北省荆州博物馆编著：《邓家湾：天门石家河考古报告之二》，图一五八，北京：文物出版社，2003 年，第 195 页。

尾较细小,吻部和尾部各有一对钻的孔眼(图4-32)[368]。

2. 玉石猪

出土于 2007 年发掘的 M23,属于凌家滩文化(距今 5600—5300 年)。由一整块玉石雕刻,长 72 厘米,质量达 88 千克,是目前已知新石器时代最大最重的玉石猪,人称中华第一玉猪(图4-33)[369]。

猪是凌家滩文化史前先民最为熟悉的动物,凌家滩和韦岗遗址出土有猪骨遗存,除家猪外还包括一定数量的野猪,它们

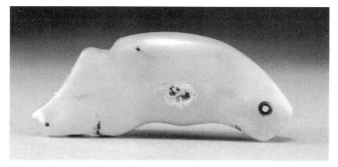

图 4-32　安徽含山凌家滩遗址出土玉豕(M13)
图片来源:安徽省文物考古研究所编:《凌家滩玉器》,图121,北京:文物出版社,2000 年,第 111 页。

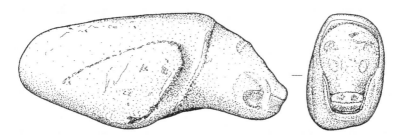

图 4-33　安徽含山凌家滩遗址出土玉石猪(M23)(吴卫红供图)

在动物种群中所占比例最高，此外，猪除作为肉食之外，猪下颌骨还被用于祭祀，从而实现了由实际肉食需求上升为精神诉求的演化[370]。凌家滩玉石猪和玉猪形象是对完整个体猪形象的再现，从突出的吻部、獠牙和鬃毛看，应属野猪，玉器造型中用野猪形象而不用家猪形象，这是非常突出的特点。凌家滩玉鹰双翅作猪头形状，玉龙的头部似为猪头，集中体现了对猪头骨的重视，应是用猪头和下颌骨进行祭祀行为在玉器造型上的反映，进而将猪神化为能够飞翔的鹰和龙的形象，而龙的形象显然是借鉴了猪和鸟类的形象的再创造。

（十四）石猪（山东泗水尹家城遗址）

出土于 H50，属于龙山文化（距今约 4600—4000 年）。残长 12.2 厘米，高 6.6 厘米，厚 2.5 厘米，圆雕而成，技法古朴，造型写实，头部轮廓清晰，腹部下垂有乳状突起，应为雄性生殖器，其身体比例为头小体大（头部与身体的比例约为 1：3），体型浑圆，属于家猪（图 4-34）[371]。

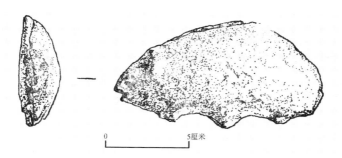

0　　　　　　5厘米

图 4-34　山东泗水尹家城遗址出土石猪（H50)

图片来源：山东大学历史系考古专业教研室编：《泗水尹家城》，图五五 -9，北京：文物出版社，1990 年，第 77 页。

尹家城遗址包括大汶口文化、龙山文化及商代、周代和汉代遗存，大汶口文化层未出土动物遗存，龙山文化时期家养动物包括狗、猪和黄牛，就可鉴定标本数的统计结果看，家养动物在哺乳动物群中所占比例为35%，野生动物占65%[372]，此后各文化分期中家养动物所占比例约为60%并呈持续增高的趋势。尹家城龙山文化一部分墓葬中有墓主枕骨变形、手握獐牙和用猪下颌骨随葬的习俗，大型墓葬中不仅随葬有丰富的器具，还使用较多的猪下颌骨，据统计，65座龙山文化墓葬中有7座墓葬随葬有猪下颌骨，最多的达32副，最少的4件，多放置在墓主头部、脚部的二层台或棺椁之间，共计有118件，均为幼年个体[373]。尹家城遗址出土龙山文化时期石猪，是当时先民对于生活当中最为主要和重要的家畜种类家猪的写实性艺术再现。

（十五）猪首形陶器盖（河南新密新砦遗址）

出土于T6第8层，属于新砦期文化（距今3800—3700年）。该器盖口径23厘米，高18厘米，厚0.6—1.0厘米，泥质浅灰色陶质，主体用手工制作，细部用慢轮修整。器盖顶部用雕塑和刻画的手法塑造为猪首形状，猪嘴朝天、位于盖顶，猪鬃为把手（残），猪鼻、眼、耳、舌等部位的塑造既写实又夸张、既艺术又实用，体现了新砦陶器匠人的慧心（图4-35）[374]。

新砦遗址可分为三期，分别是距今4050—3800年的龙山文化晚期、距今3800—3700年的新砦期文化以及距今3700年的二里头文化早期[375]。家养动物包括狗、猪、黄牛、绵羊和山羊，猪无疑是最为重要和主要的家养动物，就最小个体数的统计结果看，猪在家养动物中所占的比例按分期分别是83%、70.9%和

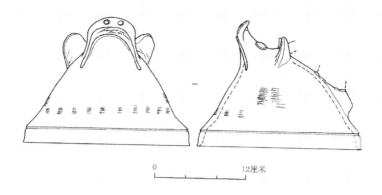

0   12厘米

图 4-35　河南新密新砦遗址出土猪首形器盖（T6 第 8 层）

图片来源: 北京大学震旦古代文明研究中心、郑州市文物考古研究院编著:《新密新砦——1999~2000 年考古发掘报告》，图二五八 -2，北京：文物出版社，2008 年，第 312 页。

46.2%，数据变化的背后与新砦期洪水频发、新砦先民转而通过渔猎方式获取动物资源，以及二里头文化时期黄牛和羊饲养规模的扩大有关。与黄牛和狗一样，猪的饲料来源主要是 C_4 类植物（可能主要与粟、黍类作物有关），这表明新砦先民有可能通过约束其行为（如圈养）的方式来供给其饲料，反映了农业从饲料来源上推动了以家猪为代表的家畜饲养业的发展。H8（新砦期文化，距今 3800—3700 年）中出土基本完整猪骨 1 具，可能为祭牲，其死亡年龄为 1 岁，这种用幼年个体猪为祭牲的现象延续了新石器时代的传统；骨器原料的主要来源是黄牛和鹿的肢骨、牛的下颌骨及肋骨、鹿角等，反映了猪骨在骨器手工业中几无优势[376]。

（十六）陶塑猪（黑龙江宁安莺歌岭遗址）

年代为商周时期（距今 3000 年左右）。该遗址出土有陶猪和陶狗，陶猪 13 件，其中完整者 5 件，出土于 F1 和 H1 等遗迹，整体特征为直立、嘴微伸、两耳微耸、体型肥圆，可辨雌雄（图 4-36）[377]。根据其吻部缩短、体型肥腴、头小体大等特征，笔者认为应为家猪的写实反映。张仲葛认为该陶塑猪反映了边疆地区驯养家猪的早期历史[378]。中国东北可分为南、北两区，莺歌岭遗址所在的黑龙江为北方区域，该区域在新石器时代获取动物资源的方式以渔猎为主，狩猎野猪在史前先民的生业活动中占有重要地位，根据古线粒体 DNA 的研究：东北地区并没有

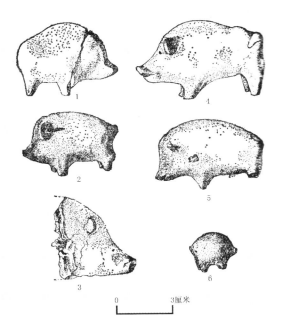

（1.T1：7 2.H1：20 3.H1：55 4.F1：8 5.H1：19 6.H1：21）

图 4-36 黑龙江宁安莺歌岭遗址出土陶塑猪

改绘自：黑龙江省文物考古工作队：《黑龙江宁安县莺歌岭遗址》，《考古》1981 年第 6 期，第 481—491+577—578 页。

独立驯化野猪，家猪是引自华北地区[379]。进入青铜时代以来，家畜饲养业得到了较大发展，家猪逐渐成为主要的家养动物种类，并形成以家猪为中心的获取和利用动物资源的生业方式和文化传统[380]。

（十七）猪形青铜特磬（湖北长阳白庙山坡下收集）

时代为殷商时期（距今约3200年）。该特磬长46.4厘米，高25.3厘米，质量9.1千克，整体呈板状、猪形，身上有云雷纹和乳钉枚。该猪丰美可爱，吻部突出，脊背上的凤鸟形状有似鬃毛，身后有一短尾（图4-37）。作为击奏乐器，此磬经测定音高可达D（E）、F（G）两个音，10个乳钉枚各有音高，一磬多音的音阶结构与该地区"兴山体系民歌"十分接近，这是我国首次有明确出土地点、首次出土于古代巴地的此类器物[381]。

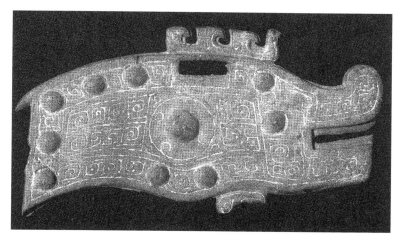

图4-37 湖北长阳白庙山坡下收集猪形青铜特磬

图片来源：湖北省清江隔河岩考古队、湖北省文物考古研究所编：《清江考古掠影及出土文物图录》，北京：科学出版社，2004年，第30页。

湖北长阳是巴人的老家，同处清江流域且年代和文化与此特磬相一致的湖北长阳香炉石遗址进行过动物考古研究，该遗址属于新石器时代末期至东周时期（距今 4100—2430 年），其中，距今 4000—3000 年的考古学文化特征独特，称为"香炉山文化"（即早期巴文化）。该遗址出土家养动物包括猪和狗，依据最小个体数的统计结果，家养哺乳动物和野生哺乳动物的相对比例为 27：73，贝类和鱼类等水生动物遗存以及网坠、鱼钩的大量出土说明渔捞方式占有非常重要的地位，水鹿、赤麂、黑麂和猪獾等野生动物遗存以及镞的大量出现说明狩猎方式所占比重很大。周围自然环境中充裕的野生动植物资源制约了家畜饲养业和农业的发展，该遗址自新石器时代至东周时期 2000 多年的时间内，生业方式基本上没有变化，出土的大量卜甲和卜骨（除在墓葬中发现 1 件牛肩胛骨制作卜骨外，其余卜骨全是用大型鱼类动物的鳃盖骨制成，这是独具地域和巴人文化特色的卜骨原料来源）证明商代晚期祭祀占卜活动盛行（东周遗存已不属于香炉石文化，祭祀占卜活动在此时完全消失）[382]。该猪形青铜特磬在祭祀和礼仪活动中是重要的礼乐之器，其上猪形应为家猪，是古巴人沟通神灵与祖先、宣化等级和秩序的重要礼乐器。

（十八）野猪形铜坠饰（内蒙古鄂尔多斯地区收集）

　　属于鄂尔多斯式青铜器，时代为春秋晚期至战国早期，在内蒙古包头水涧沟门墓出土过类似器物[383]。该坠饰背上有钮，猪的形象呈长嘴、小立耳、鬃毛明显、头大躯短、身躯矫健等形态特征，属于野猪（图 4–38）[384]。家猪体态笨重，不便迁徙，因此，相较于家猪和饲养家猪而言，游牧人群对野猪种群和狩猎

图 4-38　鄂尔多斯地区收集野猪形铜坠饰

图片来源：鄂尔多斯博物馆编：《鄂尔多斯青铜器》，北京：文物出版社，2006 年，第 256 页。

野猪更为青睐。

　　游牧文明的经济形态是以畜牧业为主要的获取生产和生活资料的手段，游牧人群的畜牧业及生活方式正如司马迁《史记·匈奴列传》所言，"随畜牧而转移。其畜之所多则马、牛、羊，其奇畜则橐驼、驴、骡、駃騠、騊駼、驒騱。逐水草迁徙，毋城郭常处耕田之业，然亦各有分地。毋文书，以言语为约束。儿能骑羊，引弓射鸟鼠；少长则射狐兔：用为食。士力能毋弓，尽为甲骑。其俗，宽则随畜，因射猎禽兽为生业，急则人习战攻以侵伐，其天性也"[385]。王明珂通过系统分析鄂尔多斯及其邻近地区的考古资料，认为该区域专业化游牧经济的形成经历了几个阶段：新石器时代晚期和末期，鄂尔多斯地区的先民以狩猎和家畜饲养作为主要的获取动物资源的手段，至距今 4000 年前，家养动物的种类包括狗、猪、黄牛和绵羊 [386]；大体在距今 3400 年前，长城一线出现了以农牧混合经济为生并有军事化倾向的人群；春秋中晚期，鄂尔多斯地区出现了游牧人群；战国时期，越来越多的混合经济人群采用了游牧方式；随着秦汉帝国的建立，北方游牧人群形成了更大的政治体：匈奴。关于鄂尔多斯及邻近地区游牧化产生的原因，王明珂并不认为气候转为干冷是主因，他认为家马的传入是造成游牧化的重要因素，而政治与族群因素进一步推动了全面游牧化 [387]。

（十九）铜啄上的猪形装饰（云南昆明羊甫头墓地）

出土于 M113，该墓位于墓地西南部偏东，属于滇文化大型墓葬（墓口长 5.04 米、宽 3.98—4.24 米）。该猪形装饰位于铜啄銎上（铜啄长 26.7 厘米，銎长 15.6 厘米），该猪长约 5 厘米，高约 3 厘米，长嘴，小耳，鬃毛明显，头大身小，四肢矫健，为一野猪形象，该铜啄銎上另有一小型食肉动物（体态似黄鼬）的形象（图 4-39）[388]。该墓地出土铜腰扣、铜锛、铜戚、铜钺、铜啄、铜削等器型上有动物造型，包括鱼类、鸟类、哺乳类（包括野猪、瘤牛、黄鼬、穿山甲、猫科动物）等动物 [389]，以野生动物作为主要的刻画对象。

云南昆明天子庙遗址与羊甫头墓地同处滇池东岸，文化特征一致，由天子庙遗址动物考古研究的结果我们可以获悉战国至东汉初期滇池东岸先民获取和利用动物资源的状况。天子庙遗址主体为石寨山文化，可分为三期，第一期为战国中晚期，第二期为战国末期至西汉早期，第三期为西汉早期至东汉初期 [390]。动物考古研究表明：该遗址家养动物包括狗、猪、黄牛和羊，猪约占

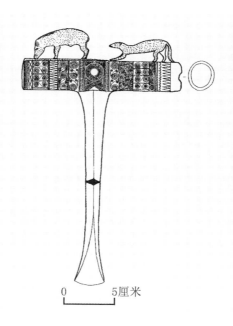

图 4-39　云南昆明羊甫头墓地出土铜啄上的猪形装饰（M113）

图片来源：云南省文物考古研究所、昆明市博物馆、官渡区博物馆编著：《昆明羊甫头墓地》，图一六五 -2，北京：科学出版社，2005 年，第 186 页。

1/3 的比重，是最主要的肉食来源。就数量统计结果看，第一期以渔猎经济为主，家养动物包括猪和狗；第二期哺乳动物数量和种类增多，家养动物包括猪和狗，狩猎方式最为发达，家畜饲养和狩猎都得到了发展；第三期野生动物数量减少，家养动物数量增多，出现了黄牛和羊等新的家养动物种类，鱼类骨骼数量达到峰值，狩猎方式衰退，家畜饲养方式持续发展。总之，该遗址以渔猎经济为主，家畜饲养业为辅，鱼和猪构成了肉食的主要来源[391]。

　　笔者从对云南贝丘遗址所进行动物考古研究的结果出发，

认为云南地区直至距今 2400—1900 年的东周至东汉初期，其家畜饲养业才得到了较为充分的发展，从而摆脱了之前（距今5000—2400 年前）以渔捞和狩猎作为主要的获取动物资源方式的状况，这时云南先民利用动物资源的方式更为多样，动物资源在肉食、财富、祭祀、畜力、居址建造、骨料来源等方面发挥了更大的作用[392]。

（二十）陶塑猪（陕西西安西汉景帝阳陵）

出土于汉阳陵封土东侧的外藏坑内。陶塑动物均为泥质灰陶，由模制而成，较实体动物的体型小，造型逼真，表面饰有彩绘，动物种属包括猪、绵羊、山羊、狗、马、黄牛和鸡等 7 种，主要出土于外藏坑 K13 东侧 A 区，其余各坑少有发现。这些富有生活气息动物陶俑的出土，正是西汉初期无为而治、与民休息、发展农业生产政策的反映。

陶塑猪可分为陶乳猪和陶猪两类。陶乳猪长约 16 厘米，高约 7 厘米，表面有灰、白两色，头向前伸，鼻孔呈圆形，鼻子上部刻画有皱纹，小眼、立耳、细尾，躯体浑圆修长，尾下垂，四肢粗短呈站立状，可辨雌雄，雌猪较雄猪的体型矮小。陶猪长约45 厘米，高约 25 厘米，表面有黑、白两色，四蹄有粉红色彩绘，头部较大，鼻孔呈圆形，双眼圆睁，大耳下垂，脖颈粗短，圆腹下凸，身躯肥胖，背部微凹，四肢粗短呈站立状，可能有木质的尾巴，但已腐朽无存，可辨雌雄，雄性陶猪闭合嘴巴两侧有外露的犬齿，后肢之间的阳具明显（图 4-40），雌性陶猪闭合嘴巴处犬齿不太明显，背部凹度较大，腹下有两排乳头，肛门下有阴器（图 4-41）[393]。外藏坑 K13、K14、K16 内均发现有动物遗存，

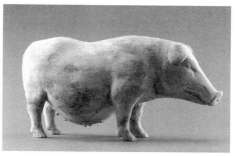

图 4-40　陕西西安西汉景帝阳陵陶塑雄猪　　图 4-41　陕西西安西汉景帝阳陵陶塑雌猪
（汉景帝阳陵收藏文物）　　　　　　　　　（汉景帝阳陵收藏文物）

且 K14 出土"太官令印"封泥，K16 出土有"大官之印"（大官
即太官）铜印，推测这 3 个外藏坑与"太官"（太官是少府属官，
是主管皇帝膳食的官员）有关，K13 和 K14 是太官府为皇帝封缄
的地下食品库，K16 为太官署的象征[394]。

陕西地区出土汉代陶猪共计有 560 余件，集中分布于关中
及其东、西部地区，根据姿态可分为站立（A 型）与俯卧（B 型）
两型，汉阳陵出土陶猪属于 Aa 型，即站立且颈部无鬃毛，该类
型主要流行于西汉早中期，主要出自等级较高的墓葬，很可能是
由官窑烧造的（如：陕西西安西汉长安城西市遗址中发现有烧造
陶俑的官窑遗址）。从西汉早期至东汉晚期，随葬陶猪由精美向
简单转化，出土陶猪的墓葬也呈现数量由少到多、等级由高等级
向低等级扩散的特点，其时空变化与家猪饲养业的发展状况和文
化习俗等密切相关[395]。动物考古研究表明，汉阳陵外藏坑 K14
中动物种属以家养动物为主，包括黄牛、猪、绵羊、狗、猫和鸡，
此外，还有少量梅花鹿和狍等野生动物，就动物种属、骨骼部位、
死亡年龄、摆放位置看，应主要用作肉食[396]。外藏坑 K16 中动

物种属则以野生动物为主，包括兔、麋鹿、狍、狐、豹、青蛙、丽蚌、短沟蜷、褐家鼠、文蛤、珠带拟蟹守螺、扁玉螺和白带笋螺等，另外还有一定数量的家养动物，包括狗、黄牛和羊 [397]。这些动物主要来源于西汉时期的上林苑，也有通过进贡或贸易的方式获得，综合 K14 和 K16 出土家猪的情况，猪是出土数量最多的动物之一，其肉食贡献率仅次于黄牛 [398]。汉代统治者特别重视农业生产和家畜饲养，养猪业较为发达 [399]，大一统理念在各地猪圈模型的使用上也有体现：即使是在稻作农业发达的地区，也多随葬象征与旱作农业有关的猪圈模型；四川地区出土有象征南方稻田和养鱼的陂塘水田猪圈模型，这种情况非常特殊 [400]。

（二十一）猪形玉握（河北定州中山简王刘焉墓）

东汉中山简王刘焉于公元 90 年去世。该墓出土猪形玉握 5 件，其中材质为羊脂白玉者 1 件，长 10.3 厘米，宽 2.3 厘米，高 2.8 厘米，呈平卧状圆柱体，四肢屈于身下，猪头和尾部各有 1 个穿孔（图 4-42）。同期墓葬中出土此类猪形玉握数量众多且造型一致，该玉猪的头部、足部和背部用阴刻线条表现，雕刻技法俗称"汉八刀"（所谓"汉八刀"，是指秦汉时期用斜砣工艺抽象刻画出玉器造型的整体形态，追求神似而细部特征不太明显的雕刻技法 [401]）。该墓出土葬玉组合较为完整，包括玉匣、玉枕、玉璧、猪形玉（石）握、蝉形玉（石）琀、玉（石）眼盖和石塞等 [402]。猪形玉（石）握自西汉早期开始使用，西汉中晚期初步发展，新莽至东汉时期兴盛，三国两晋时期停滞并转变，隋唐时期衰亡。东汉时期猪形玉（石）握主要出现于

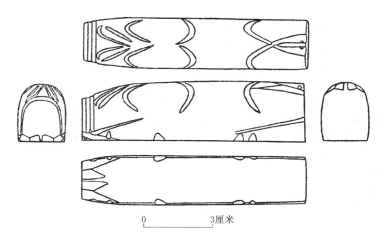

图 4-42　河北定州中山简王刘焉墓出土猪形玉握

图片来源：河北省文化局文物工作队：《河北定县北庄汉墓发掘报告》，《考古学报》1964 年第 2 期，第 127—194+243—254 页。

中原地区，流行汉八刀的雕刻技法，根据其出现于高等级墓葬且与口琀、窍塞和玉衣等同出的考古现象，说明其具有明显的等级特征。东汉晚期以来在汉文化传统的葬俗中广为流行，**魏晋以后随着汉文化南迁，传播并流行于长江中下游及两广地区，隋唐以后仅在西安、洛阳和广州等地少有出土，呈现日渐衰亡之势** [403]。

（二十二）陶猪（重庆忠县涂井崖墓）

时代为蜀汉至六朝早期，该墓地共出土 7 件陶猪，其形态为长嘴，卷尾，呈站立状，其中 4 件陶猪模制而成，体型肥硕，鬃毛较长，嘴巴上翘，两耳外张，其余 3 件捏制而成，体型较为瘦小（图 4-43）。这些陶猪呈现的家猪形象具有一定的野猪

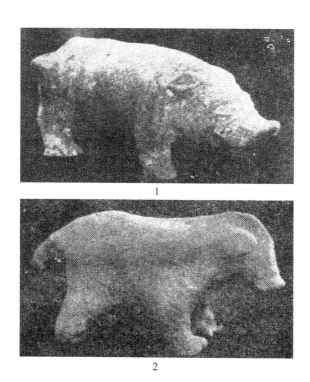

（1.M5 2.M13）

图 4-43 重庆忠县涂井崖墓出土陶猪

图片来源：四川省文物管理委员会：《四川忠县涂井蜀汉崖墓》，《文物》1985 年第 7 期，第 49—95+97+99—106 页。

特征，说明当时家猪饲养水平较低，或言之，家猪与野猪之间仍存在基因交流。此外，该墓地还出土有庖厨俑 4 件，庖厨俑面前置案，上面堆放有食材和食物，包括鸡、鸭、鱼、龟、猪、牛、蔬菜及饺子等，庖厨俑笑容可掬，一副乐享生活的模样[404]。据武仙竹研究，长江三峡地区最早出现家猪的遗址为重庆丰都玉溪遗址（距今 7600—6800 年）[405]、湖北巴东楠木园遗址（距今 7400—6800 年）[406] 和湖北秭归柳林溪遗址（距今 7000—6000 年）[407]。此后，家猪成为三峡地区常见的家养动物之一，在湖北秭归何光嘴（商代）[408]、重庆巴东罗坪（汉代）[409]、湖北秭归东门头（宋代）[410] 和湖北秭归官庄坪（明代）[411] 等遗址均有发现。三峡地区古代先民在相当长时间内都以野生动物作为主要的肉食来源，这与周边环境当中存在着丰富的野生动植物资源、渔猎是高效的获取动物资源的方式有关。汉代以后，家养动物的肉食贡献率逐步增长，家养动物在哺乳动物种群中所占的比例由汉代的 41% 到明代的 57% 再到清代的 67%，这就表示大体从明代以后家养动物才成为三峡居民主要的肉食来源。这种获取和利用动物资源方式的历时性变化影响到墓葬当中随葬动物的仪式：三峡地区新石器时代随葬动物全部是野生动物（如：大溪文化墓葬当中随葬的野生哺乳类和龟类动物应为死者生前屠宰，随葬鱼类动物则为带有肉体的整个个体），战国时期以后逐步以家养动物为主进行随葬[412]。涂井崖墓地中出土陶猪及相关遗物，这是古人将生前真实生活场景带入往生世界的反映，体现了"视死如生"的理念。

（二十三）彩绘陶塑猪（陕西西安唐懿德太子墓）

该墓地出土彩绘陶塑猪 5 件，现存 1 件，长 9 厘米，高 5.5 厘米，由灰陶模制而成，耳和鬃毛处残留少量黑彩，其头部微昂，嘴部突出，鬃毛由斜短线刻画，大耳下垂，四肢蜷曲，呈俯卧状，当为家猪（图 4-44）[413]。

在唐代，猪是仅次于羊的肉食来源，《新唐书·五行志》说徐州"邻里群豕"，《唐国史证》记录虢州"有官豕三千"，《朝

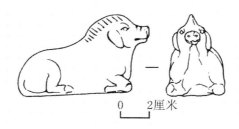

图 4-44 　陕西西安唐懿德太子墓出土彩绘陶塑猪

图片来源：陕西省考古研究院、乾陵博物馆编著：《唐懿德太子墓发掘报告》，图三四〇-4，北京：科学出版社，2016年，第349页。

野金载》记载"洪州有人畜猪以致富，因号猪为乌金"，反映了当时官营和民间养猪业的兴盛，东北地区养猪业较为普遍，海南岛也有关于养猪的记载[414]。唐大明宫太液池遗址为盛唐时期考古遗址，出土动物包括泥蚶、文蛤、青蛤、河蚬、蟹（未定种）、鲤、鹅、雉、兔、狼、狗、熊、马、驴、猪、麋鹿、梅花鹿、黄牛和绵羊等，其中，马、驴、猪、狗、黄牛和绵羊等为家养动物，猪在哺乳动物可鉴定标本总数中仅占6.91%，肉量贡献率约为13.2%，根据猪骨形态和尺寸以及死亡年龄，研究者认为家猪和野猪都是唐代宫廷阶层享用的美食[415]。

四、小结

为其有用而多产，人类对家猪的应用经由实用功能上升到仪式和文化领域。中国古代先民对家猪的仪式之用主要体现在祭牲和卜骨两个方面：中国祭牲礼制经历了以猪为主（史前到商代早期）—牛优位的多元祭祀体系（商代中期至晚期）—以五牲（即牛、羊、猪、狗和鸡）确立祭牲礼制化的演变过程，猪牲的地位在国家祭祀活动中有所下降，但在民间祭祀活动中却长盛不衰；猪肩胛骨是年代最早（距今 5800 年）用以制作卜骨的原料之一，随着商代晚期牛肩胛骨垄断卜骨原料来源之位，猪骨逐渐退出卜骨制作之列，随着占卜体系在周代以后日渐瓦解，骨卜之风仅遗存在边疆地区。猪的文化内涵涉及面极广，它是中国龙的原型动物，是十二生肖之一，是家庭富足的象征，是求取功名的福物，因其健壮多产而成为国人姓名的来源，曾子杀彘教子宣扬了以诚为本，猪八戒确是返野的家猪，"猪"字演变折射出人类对猪的诸多关注——猪还是猪，却因为人类的所用、所思、所想而衍生出令人或惊叹、或可笑、或深思、或自豪的故事和内涵。如何通过动物考古研究方法和成果来解读考古遗址出土的众多猪形遗存，笔者择选出 23 组属于不同时期、不同地域、不同考古文化的猪形遗存逐一进行细致分析和阐释，以期从中获得更多关于人类与猪相伴相行的史实。

注　释

[1] 杨伯峻编著：《春秋左传注》，北京：中华书局，2018 年，第 737 页。

[2] 刘骥：《甘青宁地区东周至汉墓内置牲现象研究》，见教育部人文社会科学重点研究基地、吉林大学边疆考古研究中心、边疆考古与中国文化认同创新中心编：《边疆考古研究（第 27 辑）》，北京：科学出版社，2020 年，第 251—262 页。

[3] 侯彦峰、张建、曹艳朋、靳松安：《河南淅川沟湾遗址仰韶时期的动物遗存》，《人类学学报》2022 年第 41 卷第 5 期，第 913—926 页。

[4] 杨伯峻编著：《春秋左传注》，北京：中华书局，2018 年，第 37 页。

[5] 陈星灿：《考古随笔（三）》，北京：文物出版社，2021 年，第 105—107 页。

[6] 河南省文物考古研究所编著：《舞阳贾湖》，北京：科学出版社，1999 年，第 155、175 页。

[7] 河北省文物管理处、邯郸市文物保管所：《河北武安磁山遗址》，《考古学报》1981 年第 3 期，第 303—338 页。

[8] 罗运兵：《中国古代猪类驯化、饲养与仪式性使用》，北京：科学出版社，2012 年，第 345—363 页。

王吉怀：《试析史前遗存中的家畜埋葬》，《华夏考古》1996 年第 1 期，第 24—31 页。

[9] 郑州市文物考古研究院：《河南巩义市双槐树新石器时代遗址》，《考古》2021 年第 7 期，第 27—48+2 页。

[10] 中国社会科学院考古研究所内蒙古工作队：《内蒙古敖汉旗兴隆洼聚落遗址 1992 年发掘简报》，《考古》1997 年第 1 期，第 1—26+52+97—101 页。

[11] 中国社会科学院考古研究所内蒙古第一工作队：《内蒙古赤峰市兴隆沟聚落遗址 2002～2003 年的发掘》，《考古》2004 年第 7 期，第 3—8+97—98+2 页。

[12] 河南省文物研究所、长江流域规划办公室考古队河南分队：《淅川下王岗》，北京：文物出版社，1989 年，第 37 页。

[13] 王华、张弛：《河南邓州八里岗遗址出土仰韶时期动物遗存研究》，《考古学报》2021 年第 2 期，第 297—316 页。

[14] M77 中出土 1 件猪下颌骨碳 –14 测年数据为距今 4978—4853 年。参见：河南省文物考古研究院、南阳市文物考古研究所：《河南南阳市黄山新石器时代遗址》，《考古》2022 年第 10 期，第 3—10+127+11—16+128+17—28 页。

河南省文物考古研究院、南阳市文物考古研究所：《河南南阳黄山遗址》，《中国文物报》，2022–03–12，第 5 版。

[15] 中国社会科学院考古研究所山东队、山东省滕县博物馆：《山东滕县北辛遗址发掘报告》，《考古学报》1984 年第 2 期，第 159—191+264—273 页。

[16] 山东省文物考古研究所编：《大汶口续集：大汶口遗址第二、三次发掘

报告》，北京：科学出版社，1997 年，第 22 页。

[17] 中国社会科学院考古研究所编著：《胶县三里河》，北京：文物出版社，1988 年，第 33—36 页。

[18] 山东省文物管理处、济南市博物馆编：《大汶口：新石器时代墓葬发掘报告》，北京：文物出版社，1974 年，第 8—12 页。

[19] 南京博物院编著：《花厅：新石器时代墓地发掘报告》，北京：文物出版社，2003 年。

[20] 山东省考古所、山东省博物馆、莒县文管所：《山东莒县陵阳河大汶口文化墓葬发掘简报》，《史前研究》1987 年第 3 期，第 62—82+99 页。

[21] 任日新：《山东诸城县前寨遗址调查》，《文物》1974 年第 1 期，第 75 页。

[22] 山东省文物考古研究所：《茌平尚庄新石器时代遗址》，《考古学报》1985 年第 4 期，第 465—505+547—554 页。

[23] 南京博物院、宜兴市文物管理委员会：《江苏宜兴骆驼墩遗址发掘报告》，《东南文化》2009 年第 5 期，第 26—44+130—131 页。

南京博物馆考古研究所：《江苏宜兴市骆驼墩新石器时代遗址的发掘》，《考古》2003 年第 7 期，第 579—585+673—674 页。

[24] 管理、林留根、侯亮亮、胡耀武、王昌燧：《环太湖地区马家浜文化早期家猪驯养信息探讨——以江苏骆驼墩遗址出土猪骨分析为例》，《南方文物》2019 年第 1 期，第 151—158+297 页。

[25] 中国科学院考古研究所甘肃工作队：《甘肃永靖大何庄遗址发掘报告》，《考古学报》1974 年第 2 期，第 29—62+144—161 页。

[26] 中国科学院考古研究所甘肃工作队：《甘肃永靖秦魏家齐家文化墓地》，《考古学报》1975 年第 2 期，第 57—96+180—191 页。

王吉怀：《试析史前遗存中的家畜埋葬》，《华夏考古》1996 年第 1 期，第 24—31 页。

[27] 中国社会科学院考古研究所编著：《师赵村与西山坪》，北京：中国大百科全书出版社，1999 年，第 272—273 页。

[28] 王华、毛瑞林、周静：《甘肃临潭磨沟墓地仪式性随葬动物研究》，《考古与文物》2022 年第 6 期，第 118—125 页。

[29] 韩建业：《龙山时代的三个丧葬传统》，《江汉考古》2019 年第 4 期，第 47—51 页。

[30]　山东大学历史系考古专业教研室编：《泗水尹家城》，北京：文物出版社，1990 年，第 40—44 页。

[31]　中国社会科学院考古研究所编著：《胶县三里河》，北京：文物出版社，1988 年，第 79—118 页。

[32]　韩建业：《龙山时代的三个丧葬传统》，《江汉考古》2019 年第 4 期，第 47—51 页。

[33]　何努：《浅谈陶寺文明的"美食政治"现象》，《中原文化研究》2021 年第 4 期，第 22—28 页。

[34]　罗运兵：《陶寺墓地葬猪现象及其习俗来源》，见中国社会科学院考古研究所、临汾市文物局编：《光被四表　格于上下——早期都邑文明的发现研究与保护传承暨陶寺四十年发掘与研究国际论坛论文集》，北京：科学出版社，2021 年，第 147—161 页。

[35]　胡平生、张萌译注：《礼记》，北京：中华书局，2017 年，第 410—411 页。

[36]　黄铭、曾亦译注：《春秋公羊传》，北京：中华书局，2016 年，第 9—11 页。

[37]　中国社会科学院考古研究所、山西省临汾市文物局编著：《襄汾陶寺：1978～1985 年考古发掘报告》，北京：文物出版社，2015 年。

高江涛：《礼仪空间　赠赙有源：陶寺墓葬 M2172 研究》，考古学视野下的中华文明形成与早期发展学术论坛，2022-07-10。

[38]　夏宏茹、高江涛：《试析陶寺墓地随葬猪下颌骨现象》，《中原文物》2022 年第 5 期，第 52—60 页。

[39]　中国历史博物馆考古部、山西省考古研究所、垣曲县博物馆编著：《垣曲古城东关》，北京：科学出版社，2001 年，第 284—286 页。

[40]　山西省考古研究所、运城市文物工作站、芮城县旅游文物局编著：《清凉寺史前墓地》，北京：文物出版社，2016 年，第 121—122、126—127、255—258 页。

赵静芳：《第十三章　（清凉寺）动物骨骸研究》，见山西省考古研究所、运城市文物工作站、芮城县旅游文物局编著：《清凉寺史前墓地》，北京：文物出版社，2016 年，第 544—554 页。

罗运兵：《陶寺墓地葬猪现象及其习俗来源》，见中国社会科学院考古研究所、临汾市文物局编：《光被四表　格于上下——早期都邑文明的发现研究与保护传承暨陶寺四十年发掘与研究国际论坛论文集》，北京：科学出版社，2021 年，第 147—161 页。

[41]　凌雪、陈靓、薛新明、赵丛苍：《山西芮城清凉寺墓地出土人骨的稳定同位素分析》，《第四纪研究》2010 年第 30 卷第 2 期，第 415—421 页。

舒涛、凌雪、陈靓：《第十一章　（清凉寺）食性分析》，见山西省考古研究所、运城市文物工作站、芮城县旅游文物局编著：《清凉寺史前墓地》，北京：文物出版社，2016 年，第 519—537 页。

[42]　韩建业：《龙山时代的三个丧葬传统》，《江汉考古》2019 年第 4 期，第 47—51 页。

[43]　陕西省考古研究院、榆林市文物考古勘探工作队、神木县文体局：《陕西神木县石峁遗址后阳湾、呼家洼地点试掘简报》，《考古》2015 年第 5 期，第 60—71+2 页。

[44]　赵春燕、胡松梅、孙周勇、邵晶、杨苗苗：《陕西石峁遗址后阳湾地点出土动物牙釉质的锶同位素比值分析》，《考古与文物》2016 年第 4 期，第 128—133 页。

蔡大伟、胡松梅、孙玮璐、朱司祺、孙周勇、杨苗苗、邵晶、周慧：《陕西石峁遗址后阳湾地点出土黄牛的古 DNA 分析》，《考古与文物》2016 年第 4 期，第 122—127 页。

胡松梅、杨苗苗、孙周勇、邵晶：《2012～2013 年度陕西神木石峁遗址出土动物遗存研究》，《考古与文物》2016 年第 4 期，第 109—121 页。

杨瑞琛、邸楠、贾鑫、尹达、高升、邵晶、孙周勇、胡松梅、赵志军：《从石峁遗址出土植物遗存看夏时代早期榆林地区先民的生存策略选择》，《第四纪研究》2022 年第 42 卷第 1 期，第 101—118 页。

[45]　陕西省考古研究院、榆林市文物保护研究所、府谷县文管办：《陕西府谷寨山遗址庙墕地点墓地发掘简报》，《考古与文物》2022 年第 2 期，第 51—63+161 页。

[46]　韩建业：《龙山时代的三个丧葬传统》，《江汉考古》2019 年第 4 期，第 47—51 页。

[47]　中国社会科学院考古研究所编著：《枣阳雕龙碑》，北京：科学出版社，2006 年，第 194—195 页。

[48]　罗运兵、陶洋、朱俊英：《青龙泉遗址墓葬出土猪骨的初步观察》，《江汉考古》2009 年第 3 期，第 58—65 页。

[49]　陈相龙、罗运兵、胡耀武、朱俊英、王昌燧：《青龙泉遗址随葬猪牲

的 C、N 稳定同位素分析》，《江汉考古》2015 年第 5 期，第 107—115 页。

郭怡、胡耀武、朱俊英、周蜜、王昌燧、M. P.RICHARDS：《青龙泉遗址人和猪骨的 C，N 稳定同位素分析》，《中国科学：地球科学》2011 年第 41 卷第 1 期，第 52—60 页。

[50] 陈广忠译注：《淮南子》，北京：中华书局，2012 年，第 781—783 页。

[51] 罗运兵：《中国古代猪类驯化、饲养与仪式性使用》，北京：科学出版社，2012 年，第 301—318 页。

[52] 袁靖：《论中国新石器时代居民获取肉食资源的方式》，《考古学报》1999 年第 1 期，第 1—22 页。

袁靖：《中国古代農耕社会における家畜化の発展程について》，《国立歴史民俗博物館研究報告（第 119 集）》2004 年第 119 期，第 79—86 页。

宋艳波：《海岱地区新石器时代动物考古研究》，上海：上海古籍出版社，2022 年。

[53] 袁靖：《中国动物考古学》，北京：文物出版社，2015 年，第 188—219 页。

[54] 罗运兵：《中国古代猪类驯化、饲养与仪式性使用》，北京：科学出版社，2012 年，第 364—379 页。

[55] 宋艳波：《海岱地区新石器时代动物考古研究》，上海：上海古籍出版社，2022 年，第 199—234 页。

[56] 杨伯峻编著：《春秋左传注》，北京：中华书局，2018 年，第 737 页。

[57] [法] 勒内·基拉尔著，周莽译：《祭牲与成神：初民社会的秩序》，北京：生活·读书·新知三联书店，2022 年。

[58] 护身符观点参见：王仁湘：《新石器时代葬猪的宗教意义——原始宗教文化遗存探讨札记》，《文物》1981 年第 2 期，第 79—85 页；[日] 春成秀爾：《豚の下颌骨悬架：弥生时代における辟邪の习俗》，《国立歴史民俗博物館研究報告（第 50 集）》1993 年，第 71—140 页。

护身符 – 财富参见：[日] 岡村秀典：《中国古代における墓の動物供犠》，《東方學報》2002 年第 74 期，第 1—181 页。

图腾物观点参见：杨虎、刘国祥：《兴隆洼文化居室葬俗及相关问题探讨》，《考古》1997 年第 1 期，第 27—36 页。

战利品观点参见：Nelson, S. M. (1998). *Ancestors for the Pigs: Pigs in Prehistory.* Philadelphia, Museum Applied Science Center for Archaeology: 36.

祭品（肉食）观点参见：佟柱臣：《从考古材料试探我国的私有制和阶级的起源》，《考古》1975年第4期，第213—221+203页；罗运兵：《中国古代猪类驯化、饲养与仪式性使用》，北京：科学出版社，2012年，第301—318页；罗运兵：《也谈我国史前猪骨随葬的含义》，《华夏考古》2011年第4期，第65—71+108页。

财富象征观点参见：王吉怀：《试析史前遗存中的家畜埋葬》，《华夏考古》1996年第1期，第24—31；蔡运章：《牲畜是中国最早的实物货币》，见蔡运章著：《甲骨金文与古史新探》，北京：科学出版社，2012年，第248—253页；高式武：《我国猪的起源和驯化》，见张仲葛、朱先煌主编：《中国畜牧史料集》，北京：科学出版社，1986年，第174—179页。

地母化身观点参见：户晓辉：《猪在史前文化中的象征意义》，《中原文物》2003年第1期，第13—17页。

北斗象征观点参见：冯时：《中国天文考古学》，北京：社会科学文献出版社，2001年，第106—122页；冯时：《天文授时与阴阳思辨——上古猪母题图像的文化义涵》，见蚌埠市博物馆：《蚌埠文博（第一辑）》，北京：文物出版社，2016年，第37—41页；叶舒宪：《亥日人君》，西安：陕西师范大学出版总社有限公司，2019年，第73—75页。

[59] 汤可敬译注：《说文解字》，北京：中华书局，2018年，第5页。

[60] 罗运兵：《中国古代猪类驯化、饲养与仪式性使用》，北京：科学出版社，2012年，第301—318页。

[61] 袁靖：《中国动物考古学》，北京：文物出版社，2015年，第188—240页。

[62] 中国社会科学院考古研究所、郑州市文物考古研究所：《河南新密市新砦城址中心区发现大型浅穴式建筑》，《考古》2006年第1期，第3—6页。中国社会科学院考古研究所河南新砦队、郑州市文物考古研究院：《河南新密市新砦遗址浅穴式大型建筑基址的发掘》，《考古》2009年第2期，第32—47+104—106+109页。

[63] 杜金鹏：《偃师二里头遗址祭祀遗存的发现与研究》，《中原文物》2019年第4期，第56—70页。

[64] 刘昶、赵志军、方燕明：《河南禹州瓦店遗址2007、2009年度植物遗存浮选结果分析》，《华夏考古》2018年第1期，第95—102+128页。

[65] 吕鹏：《禹州瓦店遗址动物遗骸的鉴定和研究》，见北京大学考古

文博学院、河南省文物考古研究所编著:《登封王城岗考古发现与研究
（2002~2005）》，郑州：大象出版社，2007年，第815—901页。

[66] 陈相龙、方燕明、胡耀武、侯彦峰、吕鹏、宋国定、袁靖、M. P.Richards:
《稳定同位素分析对史前生业经济复杂化的启示：以河南禹州瓦店遗址为
例》，《华夏考古》2017年第4期，第70—79+84页。

[67] 王胜昔、崔志坚:《河南禹州瓦店遗址发现夏代早期大型祭祀遗迹》，
《光明日报》，2022-06-28，第9版。

[68] 赵春燕、吕鹏、袁靖、方燕明:《河南禹州市瓦店遗址出土动物遗存的
元素和锶同位素比值分析》，《考古》2012年第11期，第89—96页。

[69] 罗运兵:《中国古代猪类驯化、饲养与仪式性使用》，北京：科学出
版社，2012年，第364—379页。

[70] 杜金鹏:《二里头遗址宫殿建筑基址初步研究》，见刘庆柱主编:《考
古学集刊（第16集）》，北京：科学出版社，2006年，第178—236页。

[71] 李志鹏:《二里头文化祭祀遗迹初探》，见中国社会科学院考古研究所
夏商周考古研究室编:《三代考古（二）》，北京：科学出版社，2006年，
第170—182页。

[72] 中国社会科学院考古研究所二里头工作队:《河南偃师市二里头遗址宫
殿区1号巨型坑的勘探与发掘》，《考古》2015年第12期，第18—35页。

[73] 李志鹏、赵海涛、许宏:《河南偃师市二里头遗址宫殿区1号巨型坑出
土猪牲的鉴定与初步分析》，《考古》2015年第12期，第35—37页。

[74] 陈相龙、李志鹏、赵海涛:《河南偃师二里头遗址1号巨型坑祭祀
遗迹出土动物的饲养方式》，《第四纪研究》2020年第40卷第2期，第
407—417页。

[75] 中国社会科学院考古研究所:《河南偃师商城商代早期王室祭祀遗址》，
《考古》2002年第7期，第6—8页。

[76] 罗运兵:《中国古代猪类驯化、饲养与仪式性使用》，北京：科学出
版社，2012年，第373页。

[77] 中国社会科学院考古研究所河南第二工作队:《河南偃师市偃师商城宫
城祭祀D区发掘简报》，《考古》2019年第11期，第14—29页。

[78] 胡佳佳:《偃师商城祭祀猪牲饲喂方式及来源探讨——来自C、N、O
稳定同位素的证据》，浙江大学硕士学位论文，2019年。

[79] 陈国梁:《从先秦时期的食官体系看偃师商城宫城1号和6号建筑基址

的性质》，《中原文物》2022 年第 4 期，第 87—95+101 页。

[80] 河南省文物考古研究所编著：《郑州商城：1953～1985 年考古发掘报告》，北京：文物出版社，2001 年。

[81] 河南省文物考古研究所编著：《郑州小双桥：1990～2000 年考古发掘报告》，北京：科学出版社，2012 年。

宋国定：《商代中期祭祀礼仪考——从郑州小双桥遗址的祭祀遗存谈起》，见王宇信、宋镇豪、孟宪武主编：《2004 年安阳殷商文明国际学术研讨会论文集》，北京：社会科学文献出版社，2004 年，第 416—422 页。

[82] 中国社会科学院考古研究所安阳工作队：《河南安阳洹北商城手工业作坊区墓葬 2015—2020 年的发掘》，《考古学报》2022 年第 3 期，第 353—376+427—434 页。

[83] 吕鹏：《洹北商城二号基址水井出土动物遗骸的鉴定与分析》，《考古》2010 年第 1 期，第 18—22 页。

[84] 吕鹏：《商人利用黄牛资源的动物考古学观察》，《考古》2015 年第 11 期，第 105—111 页。

[85] 王华、毛瑞林、周静：《甘肃临潭磨沟墓地仪式性随葬动物研究》，《考古与文物》2022 年第 6 期，第 118—125 页。

[86] 李志鹏：《殷墟动物考古 90 年》，《中原文物》2018 年第 5 期，第 90—100 页。

[87] 傅亚庶：《中国上古祭祀文化》，长春：东北师范大学出版社，1999 年，第 390—394 页。

[88] 韩文博、丁军伟、王森、钟舒婷：《甲骨文所见商代的农业生产与生态环境变迁研究》，成都：四川大学出版社，2020 年，第 126—137 页。

[89] [日] 菊地大树著，刘羽阳译，袁靖校：《中国古代家马再考》，《南方文物》2019 年第 1 期，第 136—150 页。

袁靖：《科技考古文集》，北京：文物出版社，2009 年，第 70—79 页。

[90] 李志鹏：《殷墟动物考古 90 年》，《中原文物》2018 年第 5 期，第 90—100 页。

[91] 岳占伟：《从殷墟墓葬看商代的社会构成和性质》，《南方文物》2021 年第 5 期，第 66—69 页。

[92] 袁靖、杨梦菲：《前掌大遗址出土动物骨骼研究报告》，见中国社会科学院考古研究所编著：《滕州前掌大墓地》，北京：文物出版社，2005 年，

第 728—810 页。

[93] 李志鹏：《殷墟动物考古 90 年》，《中原文物》2018 年第 5 期，第 90—100 页。

[94] 谢肃：《商代祭祀遗存研究》，北京：社会科学文献出版社，2019 年，第 205—208 页。

[95] 许进雄：《汉字与文物的故事：回到石器时代》，北京：化学工业出版社，2020 年，第 140—146 页。

[96] 锶同位素研究表明殷墟遗址马除本地饲养外，还存在源自外地的现象。参见：赵春燕、李志鹏、袁靖：《河南省安阳市殷墟遗址出土马与猪牙釉质的锶同位素比值分析》，《南方文物》2015 年第 3 期，第 77—80+112 页。

[97] 刘源：《商周祭祖礼研究》，北京：商务印书馆，2004 年，第 321—341 页。

[98] 李志鹏：《殷墟晚商墓随葬牲腿现象的相关问题再探讨》，《南方文物》2019 年第 5 期，第 152—156 页。

[99] 李志鹏：《殷墟动物遗存研究》，中国社会科学院博士学位论文，2009 年。

[100] 胡平生、张萌译注：《礼记》，北京：中华书局，2017 年，第 942 页。

[101] 曹建墩：《周代牲体礼考论》，《清华大学学报（哲学社会科学版）》2008 年第 3 期，第 126—132+160 页。

曹建敦：《略谈考古发现与商周时期的牲体礼》，《中国文物报》，2005-04-15，第 7 版。

[102] 袁靖：《科技考古文集》，北京：文物出版社，2009 年，第 175—181 页。

[103] 李志鹏：《殷墟晚商墓随葬牲腿现象的相关问题再探讨》，《南方文物》2019 年第 5 期，第 152—156 页。

[104] 谢肃：《商代祭祀遗存研究》，北京：社会科学文献出版社，2019 年。

[105] 秦岭：《甲骨卜辞所见商代祭祀用牲研究》，华东师范大学硕士学位论文，2007 年。

[106] 傅亚庶：《中国上古祭祀文化》，长春：东北师范大学出版社，1999 年，第 390—405 页。

许元哲：《商代祭祀的用牲方法》，《新乡学院学报（社会科学版）》2009

年第 3 期，第 72—74 页。

[107] ［日］冈村秀典：《商代的动物牺牲》，见刘庆柱主编：《考古学集刊（第 15 集）》，北京：文物出版社，2004 年，第 216—235 页。

李志鹏：《殷墟动物遗存研究》，中国社会科学院博士学位论文，2009 年。

吕鹏：《商人利用黄牛资源的动物考古学观察》，《考古》2015 年第 11 期，第 105—111 页。

袁靖、［美］傅罗文：《动物考古学研究所见商代祭祀用牲之变化》，见袁靖著：《科技考古文集》，北京：文物出版社，2009 年，第 164—174 页。

Yuan, J. and R. K. Flad (2005). "New zooarchaeological evidence for changes in Shang Dynasty animal sacrifice." *Journal of Anthropological Archaeology* 24(3): 252–270.

［美］江雨德：《国之大事：商代晚期中的礼制改良》，见中国社会科学院考古研究所编：《殷墟与商文化：殷墟科学发掘 80 周年纪念文集》，北京：科学出版社，2011 年，第 267—276 页。

[108] 方向东译注：《大戴礼记》，南京：江苏人民出版社，2019 年，第 174 页。

[109] ［英］胡司德著，蓝旭译：《古代中国的动物与灵异》，南京：江苏人民出版社，2016 年，第 72—77 页。

[110] 郑威：《两周之际高等级贵族墓青铜礼器组合新探》，《考古》2009 年第 3 期，第 57—63+113 页。

[111] 宝鸡市博物馆编辑：《宝鸡強国墓地》，北京：文物出版社，1988 年。

[112] 印群：《论周代列鼎制度的嬗变——质疑"春秋礼制崩坏说"》，《辽宁大学学报 (哲学社会科学版)》1999 年第 4 期，第 45—49 页。

刘颖惠、曹峻：《周代中原用鼎制度变迁及相关问题探讨》，《殷都学刊》2016 年第 3 期，第 26—37 页。

[113] 张闻捷：《周代用鼎制度疏证》，《考古学报》2012 年第 2 期，第 131—162 页。

王宁：《餐桌上的训诂》，北京：中华书局，2022 年，第 120—122 页。

[114] 胡平生、张萌译注：《礼记》，北京：中华书局，2017 年，第 473— 511 页。

[115] 王宁：《餐桌上的训诂》，北京：中华书局，2022 年，第 23、87 页。

[116] 朱明月：《商与西周时期的动物随葬研究》，陕西师范大学硕士学位

论文，2014 年。

[117] 马建梅：《周代中原地区祭祀遗址初步研究》，山东大学硕士学位论文，2009 年。

[118] 陕西凤翔马家庄秦国宗庙祭祀遗存为春秋中晚期的宗庙建筑，祭祀者为秦国王室。一号建筑遗址内发现牛、羊、空、人、车、牛羊、人羊等 7 类祭祀坑共 181 处，其中牛坑 86 个（全牛祭祀坑 42 个、无头祭祀坑 11 个、切碎祭祀坑 33 个）、羊坑 55 个（全羊祭祀坑 20 个、无头祭祀坑 3 个、切碎祭祀坑 32 个）、空坑 28 个、人坑 8 个、车坑 2 个、牛羊坑 1 个、人羊坑 1 个。未见猪坑。推测这些坑大多数是建筑使用时的遗迹。参见：陕西省雍城考古队：《凤翔马家庄一号建筑群遗址发掘简报》，《文物》1985 年第 2 期，第 1—29+98 页。

[119] 山西侯马牛村古城南晋国宗庙祭祀遗存为战国早期晋侯宗庙建筑。中心建筑基址以南、东西垣墙基址之间的空地上，发现 58 座祭祀坑，其中人坑 1 座、牛坑 1 座、马羊坑 1 座、羊坑 3 座、空坑 52 座。该祭祀基址内未发现猪坑。属于建筑基址使用时期的遗迹。参见：山西省考古研究所侯马工作站：《山西侯马牛村古城晋国祭祀建筑遗址》，《考古》1988 年第 10 期，第 894—909+965 页。

[120] 马建梅：《周代中原地区祭祀遗址初步研究》，山东大学硕士学位论文，2009 年。

[121] 吕鹏、宫希成：《祭牲礼制化的个案研究——何郢遗址动物考古学研究的新思考》，《南方文物》2016 年第 3 期，第 169—174 页。

[122] 张鹤泉：《周代祭祀研究》，台北：文津出版社，1993 年，第 191—206 页。

[123] 方勇译注：《墨子》，北京：中华书局，2011 年，第 260—261 页。

[124] 陈伟：《包山楚简初探》，武汉：武汉大学出版社，1996 年，第 174—180 页。

朱晓雪：《包山楚简综述》，福州：福建人民出版社，2013 年，第 816—817 页。

[125] 刘华才：《附录九 包山二号楚墓动物遗骸的鉴定》，见湖北省荆沙铁路考古队编：《包山楚墓》，北京：文物出版社，1991 年，第 445—447 页。

[126] 侯彦峰、王娟：《信阳城阳城址八号墓鼎实用牲研究》，《华夏考古》2020 年第 4 期，第 79—88 页。

[127] 成都文物考古研究所编著：《金沙——21 世纪中国考古新发现》，

北京：五洲传播出版社，2005 年，第 12—16 页。

施劲松：《金沙遗址祭祀区出土遗物研究》，《考古学报》2011 年第 2 期，第 183—212 页。

霍巍：《从三星堆到金沙：展现中国上古精神世界的知识图景》，见全国哲学社会科学工作办公室编：《从考古看中国》，北京：中华书局，2022 年，第 4—13 页。

[128]　何锟宇、郑漫丽：《金沙遗址祭祀区动物遗存所见祭祀活动》，《中华文化论坛》2022 年第 1 期，第 144—153+160 页。

[129]　Cui, M., M. Shang, Y. Hu, Y. Ding, Y. Li and S. Hu (2022). "Farmers or Nomads: Isotopic Evidence of Human−Animal Interactions (770BCE to 221BCE) in Northern Shaanxi, China." *Frontiers in Earth Science* 9.

李彦峰：《陕西宜川虫坪塬遗址初探》，《考古与文物》2018 年第 4 期，第 61—66 页。

[130]　胡平生、张萌译注：《礼记》，北京：中华书局，2017 年，第 488—491 页。

[131]　宫希成：《安徽滁州市何郢遗址发掘的主要收获》，《古代文明研究通讯》2002 年第 12 期，第 38—39 页。

袁靖、宫希成：《安徽滁州何郢遗址出土动物遗骸研究》，《文物》2008 年第 5 期，第 81—86 页。

吕鹏、宫希成：《祭牲礼制化的个案研究——何郢遗址动物考古学研究的新思考》，《南方文物》2016 年第 3 期，第 169—174 页。

[132]　高耀亭、叶宗耀、周福璋：《附录一七　曾侯乙墓出土动物骨骼的鉴定》，见湖北省博物馆编：《曾侯乙墓》，北京：文物出版社，1989 年，第 651—653 页。

湖北省博物馆编：《曾侯乙墓》，北京：文物出版社，1989 年，第 192—201 页。

[133]　蔡运章、梁晓景、张长森：《洛阳西工 131 号战国墓》，《文物》1994 年第 7 期，第 4—15+43 页。

[134]　陕西省考古研究院、中国国家博物馆、宝鸡市考古研究所、凤翔县博物馆、宝鸡先秦陵园博物馆：《陕西凤翔雍山血池秦汉祭祀遗址考古调查与发掘简报》，《考古与文物》2020 年第 6 期，第 3—24+134+25—49+2+129 页。

[135] 〔汉〕司马迁撰，韩兆琦译注：《史记》，北京：中华书局，2010 年，第 2209—2211 页。

[136] 史党社：《秦祭祀研究》，西安：西北大学出版社，2021 年。

[137] 湖南省文物考古研究所：《里耶发掘报告》，长沙：岳麓书社，2007 年。

[138] 曹旅宁：《里耶秦简〈祠律〉考述》，《史学月刊》2008 年第 8 期，第 37—42 页。

[139] 王子今：《略说里耶秦简"祠器""纂檽车"》，《简牍学研究》2020 年第 1 期，第 9—15 页。

[140] 胡平生、张萌译注：《礼记》，北京：中华书局，2017 年，第 261 页。

[141] 龙世行：《从〈说文解字〉"豕"部字看古代的祭祀用猪》，《辽东学院学报 (社会科学版)》2021 年第 2 期，第 61—66 页。

[142] 胡平生、张萌译注：《礼记》，北京：中华书局，2017 年，第 827 页。

[143] 龙世行：《从〈说文解字〉"豕"部字看古代的祭祀用猪》，《辽东学院学报 (社会科学版)》2021 年第 2 期，第 61—66 页。

[144] 张鹤泉：《周代祭祀研究》，台北：文津出版社，1993 年，第 81—128 页。

[145] 王美华：《礼制下移与唐宋社会变迁》，北京：中国社会科学出版社，2015 年，第 81 页。

[146] 〔宋〕欧阳修、〔宋〕宋祁撰，陈焕良、文华点校：《新唐书》，长沙：岳麓书社，1997 年，第 193—194 页。

[147] 李媛：《明代国家祭祀制度研究》，北京：中国社会科学出版社，2011 年，第 42—47、57—58、129—139 页。

[148] 李俊领：《中国近代国家祭祀的历史考察》，山东师范大学硕士学位论文，2005 年。

[149] 〔汉〕司马迁撰，韩兆琦译注：《史记》，北京：中华书局，2010 年，第 3839—3842 页。

[150] 孔喆：《孔子庙祀典研究》，青岛：青岛出版社，2019 年，第 69—92 页。

[151] 王美华：《礼制下移与唐宋社会变迁》，北京：中国社会科学出版社，2015 年，第 133—158 页。

[152] 李天纲：《金泽：江南民间祭祀探源》，北京：生活·读书·新知三

联书店，2017年。

[153] 李俊领：《中国近代国家祭祀的历史考察》，山东师范大学硕士学位论文，2005年。

[154] 张秉权：《祭祀卜辞中的牺牲》，《"中央研究院"历史语言研究所集刊》1967年第38本，第181—232页。

张秉权：《殷代的祭祀与巫术》，《"中央研究院"历史语言研究所集刊》1978年第49本第3分，第445—487页。

姚孝遂：《牢、宰考辨》，见中国古文字研究会、山西省文物局、中华书局编辑部编：《古文字研究（第9辑）》，北京：中华书局，1984年，第25—36页。

[155] 曹旅宁：《里耶秦简〈祠律〉考述》，《史学月刊》2008年第8期，第37—42页。

[156] 刘山永主编：《〈本草纲目〉新校注本》，北京：华夏出版社，2008年，第1805—1806页。

[157] 卫斯：《从甲骨文材料中看商代的养牛业》，见张仲葛、朱先煌主编：《中国畜牧史料集》，北京：科学出版社，1986年，第154—159页。

[158] 方向东译注：《大戴礼记》，南京：江苏人民出版社，2019年，第174—175页。

[159] 陈桐生译注：《国语》，北京：中华书局，2013年，第626页。

[160] 陈桐生译注：《国语》，北京：中华书局，2013年，第590—591页。

[161] 陈桐生译注：《盐铁论》，北京：中华书局，2015年，第308—309页。

[162] 〔清〕吴大澂辑：《说文古籀补》，北京：中华书局，1988年，第30页。

[163] 王仁湘：《新石器时代葬猪的宗教意义——原始宗教文化遗存探讨札记》，《文物》1981年第2期，第79—85页。

[164] 李天纲：《金泽：江南民间祭祀探源》，北京：生活·读书·新知三联书店，2017年，第458—470页。

[165] 杨天才、张善文译注：《周易》，北京：中华书局，2011年，第247页。

[166] 罗明：《陶寺中期大墓M22随葬公猪下颌意义浅析》，《中国文物报》，2004–06–04，第7版。

高江涛：《陶寺文明的"两大特征"和"三种精神"》，见山西省文物局、中国社会科学院考古研究所编著：《中国文明起源陶寺模式十人谈》，北京：

科学出版社，2022 年，第 102—126 页。

高江涛：《试论盛期陶寺文化的和合思想》，《南方文物》2018 年第 4 期，第 52—57 页。

[167] 杨凤江译注：《彝族氏族部落史》，昆明：云南人民出版社，1992 年，第 176 页。

[168] 杨凤江译注：《彝族氏族部落史》，昆明：云南人民出版社，1992 年，第 129 页。

[169] 谢端琚：《中国原始卜骨》，《文物天地》1993 年第 6 期，第 14—16 页。

韩建业：《老虎山文化的扩张与对外影响》，《中原文物》2007 年第 1 期，第 20—26+41 页。

[170] 李学勤：《比较考古学随笔》，桂林：广西师范大学出版社，1997 年，第 95—102 页。

李济：《序二》，见中央研究院历史语言研究所：《城子崖——山东历城县龙山镇之黑陶文化遗址（中国考古报告集之一）》，中国科学公司印制，1934 年，第 1 页。

李亨求：《渤海沿岸早期无字卜骨之研究——兼论古代东北亚诸民族之卜骨文化（上）》，《故宫季刊》1981 年第 16 卷第 1 期，第 23—26+41—56 页。

李亨求：《渤海沿岸早期无字卜骨之研究——兼论古代东北亚诸民族之卜骨文化（中）》，《故宫季刊》1982 年第 16 卷第 2 期，第 41—64 页。

李亨求：《渤海沿岸早期无字卜骨之研究——兼论古代东北亚诸民族之卜骨文化（下）》，《故宫季刊》1983 年第 16 卷第 3 期，第 55—82 页。

[171] 中国考古博物馆展出傅家门遗址出土的 2 件属于马家窑文化的卜骨分别由猪的左侧和右侧肩胛骨制成。

[172] 中国社会科学院考古研究所甘青工作队：《甘肃武山傅家门史前文化遗址发掘简报》，《考古》1995 年第 4 期，第 289—296+304+385 页。

中国社会科学院考古研究所甘青工作队：《武山傅家门遗址的发掘与研究》，见刘庆柱主编：《考古学集刊（第 16 集）》，北京：科学出版社，2006 年，第 380—454 页。

[173] 张忠培：《窥探凌家滩墓地》，《文物》2000 年第 9 期，第 55—63+1 页。

[174] 据统计，龙山文化和齐家文化可鉴定种属的 133 件卜骨中，羊肩胛骨占 55.6%，猪肩胛骨占 21.5%，牛肩胛骨占 15.7%，鹿肩胛骨占 7.2%。参见：谢端琚：《中国原始卜骨》，《文物天地》1993 年第 6 期，第 14—16 页。

[175]　内蒙古文物考古研究所编：《岱海考古（一）——老虎山文化遗址发掘报告集》，北京：科学出版社，2000 年，第 377 页。

[176]　甘肃省博物馆考古队：《甘肃灵台桥村齐家文化遗址试掘简报》，《考古与文物》1980 年第 3 期。

甘肃省文物考古研究所、北京大学考古文博学院：《甘肃灵台桥村遗址Ⅰ区发掘简报》，《考古与文物》2022 年第 2 期，第 14—25 页。

[177]　陕西省考古研究院、榆林市文物保护研究所、府谷县文管办：《陕西府谷寨山遗址庙墕地点居址发掘简报》，《文博》2021 年第 5 期，第 15—28 页。

[178]　陕西省考古研究所、榆林市文物保护研究所编著：《神木新华》，北京：科学出版社，2005 年，第 233—237 页。

[179]　解希恭：《光社遗址调查试掘简报》，《文物》1962 年第 Z1 期，第 28—32 页。

[180]　陕西省考古研究所康家考古队：《陕西临潼康家遗址发掘简报》，《考古与文物》1988 年第 5、6 期，第 214—228 页。

陕西省考古研究所康家考古队：《陕西省临潼县康家遗址 1987 年发掘简报》，《考古与文物》1992 年第 4 期，第 11—25 页。

[181]　中国社会科学院考古研究所安阳工作队：《1979 年安阳后冈遗址发掘报告》，《考古学报》1985 年第 1 期，第 33—88+134—145 页。

[182]　中国社会科学院考古研究所、山西省临汾市文物局编著：《襄汾陶寺：1978～1985 年考古发掘报告》，北京：文物出版社，2015 年，第 366—368 页。

[183]　忻州考古队：《山西忻州市游邀遗址发掘简报》，《考古》1989 年第 4 期，第 289—299 页。

[184]　中国社会科学院考古研究所安阳队：《安阳大寒村南岗遗址》，《考古学报》1990 年第 1 期，第 43—68+136—141 页。

[185]　河南省安阳地区文物管理委员会：《汤阴白营河南龙山文化村落遗址发掘报告》，见《考古》编辑部编辑：《考古学集刊（第 3 集）》，北京：中国社会科学出版社，1983 年，第 1—47 页。

[186]　河南省文物研究所、郾城县许慎纪念馆：《郾城郝家台遗址的发掘》，《华夏考古》1992 年第 3 期，第 62—91 页。

[187]　河南省文物研究所、长江流域规划办公室考古队河南分队：《淅川下王岗》，北京：文物出版社，1989 年，第 263 页。

[188]　李维明先生认为二里头文化时期存在用龟和鼋甲制作卜甲的现象。参见：李维明：《二里头文化动物资源的利用》，《中原文物》2004 年第 2 期，第 40—45+75 页。

[189]　忻州考古队：《山西忻州市游邀遗址发掘简报》，《考古》1989 年第 4 期，第 289—299 页。

[190]　中国社会科学院考古研究所编著：《二里头（1999—2006）》，北京：文物出版社，2014 年，第 146—149 页。

[191]　陈国梁、李志鹏：《二里头文化的占卜制度初探——以二里头遗址近年出土卜骨为例》，见中国社会科学院考古研究所夏商周考古研究室编：《三代考古（五）》，北京：科学出版社，2013 年，第 62—72 页。

中国社会科学院考古研究所编著：《二里头（1999—2006）》，北京：文物出版社，2014 年，第 146—149 页。

赵海涛、张飞：《二里头都邑的手工业考古》，《南方文物》2021 年第 2 期，第 126—131 页。

[192]　河南省文物研究所、中国历史博物馆考古部编：《登封王城岗与阳城》，北京：文物出版社，1992 年，第 143、149 页。

[193]　河南省文物研究所、长江流域规划办公室考古队河南分队：《淅川下王岗》，北京：文物出版社，1989 年，第 285、306 页。

[194]　河南省文化局文物工作队：《河南郑州上街商代遗址发掘报告》，《考古》1966 年第 1 期，第 1—7+3—4 页。

[195]　河南省文化局文物工作队：《河南偃师灰嘴遗址发掘简报》，《文物》1959 年第 12 期，第 41—42+79 页。

[196]　黄河水库考古工作队河南分队：《河南陕县七里铺商代遗址的发掘》，《考古学报》1960 年第 1 期，第 25—49+114—121 页。

[197]　河南省文化局文物工作队第一队：《郑州洛达庙商代遗址试掘简报》，《文物参考资料》1957 年第 10 期，第 48—51 页。

河南省文物研究所：《郑州洛达庙遗址发掘报告》，《华夏考古》1989 年第 4 期，第 48—77 页。

[198]　河南省文物研究所、渑池县文化馆：《渑池县郑窑遗址发掘报告》，《华夏考古》1987 年第 2 期，第 47—95+226—228 页。

[199]　北京大学历史系考古专业山西实习组、山西省文物工作委员会：《翼城曲沃考古勘察记》，见北京大学考古系编：《考古学研究（一）——纪念

向达先生诞辰九十周年夏鼐先生诞辰八十周年》，北京：文物出版社，1992 年，第 124—228 页。

[200]　中国社会科学院考古研究所、中国历史博物馆、山西省考古研究所：《夏县东下冯》，北京：文物出版社，1988 年。

[201]　张忠培：《窥探凌家滩墓地》，《文物》2000 年第 9 期，第 55—63+1 页。

[202]　徐昭峰：《夏家店下层文化卜骨的初步研究》，《文物春秋》2010 年第 4 期，第 14—18+27 页。

[203]　中国科学院考古研究所内蒙古工作队：《赤峰药王庙、夏家店遗址试掘报告》，《考古学报》1974 年第 1 期，第 111—144+194—207 页。

[204]　中国社会科学院考古研究所内蒙古工作队：《赤峰蜘蛛山遗址的发掘》，《考古学报》1979 年第 2 期，第 215—243+279—282 页。

[205]　辽宁省博物馆、朝阳市博物馆：《建平水泉遗址发掘简报》，《辽海文物学刊》1986 年第 2 期，第 13—21 页。

[206]　赵光国：《齐家文化骨卜行为分析》，见陈星灿、唐士乾主编：《2016 中国·广河齐家文化与华夏文明国际论坛论文集》，兰州：甘肃文化出版社，2017 年，第 121—128 页。

[207]　甘肃省博物馆：《甘肃武威皇娘娘台遗址发掘报告》，《考古学报》1960 年第 2 期，第 53—71+143—148 页。

甘肃省博物馆：《武威皇娘娘台遗址第四次发掘》，《考古学报》1978 年第 4 期，第 421—448 页。

[208]　甘肃省文物考古研究所、吉林大学北方考古研究室编著：《民乐东灰山考古：四坝文化墓地的揭示与研究》，北京：科学出版社，1998 年，第 25 页。

[209]　郭荣臻：《岳石文化卜骨刍议》，《长江文明》2020 年第 4 期，第 1—8 页。

[210]　中国社会科学院考古研究所山东队、烟台市文物管理委员会：《山东牟平照格庄遗址》，《考古学报》1986 年第 4 期，第 447—478+527—534 页。

[211]　北京大学考古实习队、烟台市博物馆：《烟台芝水遗址发掘报告》，见北京大学考古学系、烟台市博物馆编著：《胶东考古》，北京：文物出版社，1999 年，第 96—150 页。

[212]　郑州大学历史学院考古系：《豫东商丘地区考古调查简报》，《华夏考古》2005 年第 2 期，第 13—27 页。

[213] 朱彦民：《论商族骨卜习俗的来源与发展》，《中国社会历史评论》2008 年第 9 卷，第 233—244 页。

许永杰：《农耕星火》，北京：故宫出版社，2020 年，第 266—269 页。

[214] 河南省文化局文物工作队：《河南新乡潞王坟商代遗址发掘报告》，《考古学报》1960 年第 1 期，第 51—61+122—129 页。

[215] 侯彦峰、李素婷、马萧林、孙蕾：《安阳鄩邓遗址动物资源的获取与利用》，《中原文物》2009 年第 5 期，第 38—47 页。

[216] 中国社会科学院考古研究所编著：《辉县发掘报告》，北京：科学出版社，2016 年，第 13—15、122 页。

[217] 邯郸地区文物保管所、永年县文物保管所：《河北省永年县何庄遗址发掘报告》，《华夏考古》1992 年第 4 期，第 9—36 页。

[218] 河北省文物研究所、邯郸市文物管理处、峰峰矿区文物管理所：《河北邯郸市峰峰矿区北羊台遗址发掘简报》，《考古》2001 年第 2 期，第 28—44 页。

[219] 河南省博物馆：《郑州南关外商代遗址的发掘》，《考古学报》1973 年第 1 期，第 65—92+179—192 页。

[220] 中国社会科学院考古研究所编著：《殷墟的发现与研究》，北京：科学出版社，1994 年，第 163—165 页。

[221] 中国社会科学院考古研究所编著：《偃师商城（第一卷）》，北京：科学出版社，2013 年，第 701—705 页。

李志鹏、袁靖、杨梦菲：《偃师商城遗址宫城外出土动物遗存》，见中国社会科学院考古研究所编著：《偃师商城（第一卷）》，北京：科学出版社，2013 年，第 742—759 页。

[222] 河南省文物考古研究所编著：《郑州商城——1953～1985 年考古发掘报告》，北京：文物出版社，2001 年，第 174、681、834—836 页。

[223] 高广仁、邵望平：《中国史前时代的龟灵与犬牲》，见高广仁著：《海岱区先秦考古论集》，北京：科学出版社，2000 年，第 291—303 页。

[224] 范方芳、张居中：《中国史前龟文化研究综论》，《华夏考古》2008 年第 2 期，第 69—75+120 页。

[225] 中国社会科学院考古研究所河南一队、商丘地区文物管理委员会：《河南柘城孟庄商代遗址》，《考古学报》1982 年第 1 期，第 49—70+141—142 页。

[226] 中国社会科学院考古研究所、中国历史博物馆、山西省考古研究所：

《夏县东下冯》，北京：文物出版社，1988 年，第 185、207 页。

[227]　中国历史博物馆考古部、山西省考古研究所、垣曲县博物馆编著：《垣曲商城（一）：1985—1986 年度勘察报告》，北京：科学出版社，1996 年，第 241—243 页。

[228]　河南省文物考古研究所编著：《郑州小双桥：1990 ～ 2000 年考古发掘报告》，北京：科学出版社，2012 年。

[229]　中国社会科学院考古研究所安阳工作队：《河南安阳市洹北商城宫殿区二号基址发掘简报》，《考古》2010 年第 1 期，第 9—22+97—100+113 页。中国社会科学院考古研究所安阳工作队：《河南安阳市洹北商城的勘察与试掘》，《考古》2003 年第 5 期，第 3—16 页。

[230]　河北省文物管理委员会：《邢台曹演庄遗址发掘报告》，《考古学报》1958 年第 4 期，第 43—50+126—135 页。

[231]　河北省文物研究所编：《藁城台西商代遗址》，北京：文物出版社，1985 年，第 87 页。

[232]　中国社会科学院考古研究所编著：《殷墟的发现与研究》，北京：科学出版社，1994 年，第 163—165 页。

[233]　徐义华：《商代契刻卜辞于甲骨的动因》，《河南社会科学》2022 年第 30 卷第 1 期，第 14—22 页。

[234]　陈翔：《殷墟甲骨及骨角牙蚌器概述》，见何毓灵、李志鹏主编：《殷墟出土骨角牙蚌器》，北京：社会科学文献出版社，2018 年，第 29—61 页。

[235]　李雪山：《无字甲骨：不该被忽略的学术富矿》，《光明日报》，2022–07–10，第 12 版。

[236]　胡洪琼：《殷墟时期牛的相关问题探讨》，《华夏考古》2012 年第 3 期，第 47—54+149 页。李济：《安阳最近发掘报告及六次工作之总估计》，《安阳发掘报告（第四册）》，中央研究院历史语言研究所，1933 年，第 559—578 页。

[237]　河南省文化局文物工作队第一队：《一九五五年秋安阳小屯殷墟的发掘》，《考古学报》1958 年第 3 期，第 63—72+151—154 页。

[238]　河南省文化局文物工作队第一队：《郑州旭旮王村遗址发掘报告》，《考古学报》1958 年第 3 期，第 41—62+143—150 页。

[239]　〔东汉〕王充撰，刘盼遂集解，黄晖校释：《论衡校释》，北京：中华书局，2018 年，第 871 页。

[240]　王仁湘：《龟甲占卜的来由》，《光明日报》，2016-01-01，第 5 版。

高广仁、邵望平：《中国史前时代的龟灵与犬牲》，见高广仁著：《海岱区先秦考古论集》，北京：科学出版社，2000 年，第 291—303 页。

郭孔秀：《中国古代龟文化试探》，《农业考古》1997 年第 3 期，第 163—170 页。

[241]　李学勤：《西周甲骨的几点研究》，《文物》1981 年第 9 期，第 7—12 页。

[242]　徐义华：《商代契刻卜辞于甲骨的动因》，《河南社会科学》2022 年第 30 卷第 1 期，第 14—22 页。

[243]　中国社会科学院考古研究所编著：《中国考古学·夏商卷》，北京：中国社会科学出版社，2003 年，第 351 页。

[244]　陕西周原考古队：《陕西岐山凤雏村发现周初甲骨文》，《文物》1979 年第 10 期，第 38—43+100—103 页。

[245]　陕西省文物管理委员会：《长安张家坡村西周遗址的重要发现》，《文物参考资料》1956 年第 3 期，第 58+40 页。

[246]　畅文齐、顾铁符：《山西洪赵县坊堆村出土的卜骨》，《文物参考资料》1956 年第 7 期，第 27+20 页。

李学勤：《再谈洪洞坊堆村有字卜骨》，《文物季刊》1990 年第 1 期，第 1—3 页。

[247]　熊建平：《刘台子西周墓地出土卜骨初探》，《文物》1990 年第 5 期，第 54—55 页。

[248]　张渭莲、段宏振：《河北邢台南小汪遗址西周刻辞卜骨浅识》，《文物》2008 年第 5 期，第 59—66+1 页。

[249]　黄道华：《枝江赫家洼遗址出土西周卜骨》，《江汉考古》1992 年第 3 期，第 92—93 页。

[250]　李学勤：《西周甲骨的几点研究》，《文物》1981 年第 9 期，第 7—12 页。

[251]　辽宁省文物考古研究所：《辽宁凌源安杖子古城址发掘报告》，《考古学报》1996 年第 2 期，第 199—236+287—291 页。

[252]　靳枫毅：《夏家店上层文化及其族属问题》，《考古学报》1987 年第 2 期，第 177—208+275—276 页。

[253]　黑龙江省文物考古研究所、吉林大学考古学系：《黑龙江海林市东兴

遗址发掘简报》，《考古》1996 年第 10 期，第 15—22 页。

[254] 内蒙古文物考古研究所、阿拉善盟文物工作站：《内蒙古黑城考古发掘纪要》，《文物》1987 年第 7 期，第 1—23+99—103 页。

[255] 史金波：《西夏社会》，上海：上海人民出版社，2007 年，第 816 页。

[256] 孙寿岭、于光建：《武威石城山出土西夏卜骨考证》，《西夏学》2010 年第 1 期，第 223—225 页。

[257] 蒋超年、赵雪野：《武威亥母寺遗址出土卜骨及相关问题探讨》，《西夏学》2021 年第 2 期，第 331—337 页。

[258] 林声：《记彝、羌、纳西族的"羊骨卜"》，《考古》1963 年第 3 期，第 162—164+166 页。
汪宁生：《彝族和纳西族的羊卜骨——再论古代甲骨占卜习俗》，见文物出版社编辑部：《文物与考古论集：文物出版社成立三十周年纪念》，北京：文物出版社，1986 年，第 137—157 页。
杨凤江译注：《彝族氏族部落史》，昆明：云南人民出版社，1992 年，第 176 页。

[259] 凌纯声：《松花江下游的赫哲族》，北京：民族出版社，2011 年，第 144—158 页。

[260] 龙的形象最早是以单一动物为原型，包括鱼龙、蛇龙、猪龙、鳄龙等，龙的吻部特征、头部细节刻画等借由猪头的形象演变而成。参见：孙守道、郭大顺：《论辽河流域的原始文明与龙的起源》，《文物》1984 年第 6 期，第 11—17+20+99 页；郭大顺：《龙凤呈祥——从红山文化龙凤玉雕看辽河流域在中国文化起源史上的地位》，《文化学刊》2006 年第 1 期，第 15—24 页；袁广阔：《龙图腾：考古学视野下中华龙的起源、认同与传承》，见全国哲学社会科学工作办公室编：《从考古看中国》，北京：中华书局，2022 年，第 133—144 页。

[261] 中国社会科学院考古研究所内蒙古第一工作队：《内蒙古赤峰市兴隆沟聚落遗址 2002～2003 年的发掘》，《考古》2004 年第 7 期，第 3—8+97—98+2 页。

[262] Liu, X., M. K. Jones, Z. Zhao, G. Liu and T. C. O'Connell (2012). "The earliest evidence of millet as a staple crop: New light on Neolithic foodways in North China." *American Journal of Physical Anthropology* 149(2): 283–290.

[263] 中国社会科学院考古研究所内蒙古第一工作队：《内蒙古赤峰市兴隆

沟聚落遗址 2002～2003 年的发掘》，《考古》2004 年第 7 期，第 3—8+97—98+2 页。

[264] 辽宁省文物考古研究所编著：《查海：新石器时代聚落遗址发掘报告》，北京：文物出版社，2012 年，第 539 页。

严文明：《中国史前艺术》，北京：文物出版社，2022 年，第 13 页。

[265] 宋艳波、辛岩：《查海遗址动物遗存分析》，见辽宁省文物考古研究所编著：《查海：新石器时代聚落遗址发掘报告》，北京：文物出版社，2012 年，第 625—630 页。

[266] 辽宁省文物考古研究所编著：《查海：新石器时代聚落遗址发掘报告》，北京：文物出版社，2012 年，第 666—673 页。

[267] 中国社会科学院考古研究所内蒙古工作队：《内蒙古敖汉旗小山遗址》，《考古》1987 年第 6 期，第 481—506+577—580 页。

[268] 冯雪玉：《填补红山文化早期龙形象空白："玉龙"故乡发现更早的"龙"》，《内蒙古日报》，2023-08-21，第 1、3 版。

[269] 辽宁省文物考古研究所编著：《牛河梁——红山文化遗址发掘报告（1983～2003 年度）》，北京：文物出版社，2012 年，第 79—82 页。

[270] 刘国祥：《红山文化研究》，北京：科学出版社，2015 年，第 538—542 页。

[271] 赵志军：《从兴隆沟遗址浮选结果谈中国北方旱作农业起源问题》，见南京师范大学文博系编：《东亚古物（A 卷）》，北京：文物出版社，2004 年，第 188—199 页。

刘歆益、赵志军、刘国祥：《兴隆沟：早期旱地农业的生产与消费》，见红山文化研究基地、赤峰学院红山文化研究院编：《红山文化研究（第六辑）科技考古专号》，北京：文物出版社，2019 年，第 42—54 页。

孙永刚：《辽西地区新石器时代植物考古研究》，上海：上海古籍出版社，2021 年。

张雪莲、刘国祥、王明辉、吕鹏：《兴隆沟遗址出土人骨的碳氮稳定同位素分析》，《南方文物》2017 年第 4 期，第 185—195 页。

[272] 江伊莉：《红山文化猪龙形玉器分析》，见赤峰学院红山文化国际研究中心编：《红山文化研究：2004 年红山文化国际学术研讨会论文集》，北京：文物出版社，2006 年，第 290—298 页。

张国强、赵爱民：《红山文化猪龙形玉器形制及源流分析》，见赤峰学院红山文化国际研究中心编：《红山文化研究：2004 年红山文化国际学术研讨会论文集》，北京：文物出版社，2006 年，第 308—314 页。

[273] 刘国祥：《红山文化与西辽河流域文明起源探索》，见赤峰学院红山文化国际研究中心编：《红山文化研究：2004 年红山文化国际学术研讨会论文集》，北京：文物出版社，2006 年，第 62—104 页。

[274] 刘国祥：《红山文化研究》，北京：科学出版社，2015 年，第 767—771 页。

[275] 西安半坡博物馆、陕西省考古研究所、临潼县博物馆：《姜寨——新石器时代遗址发掘报告》，北京：文物出版社，1988 年，第 255 页。

[276] 袁广阔：《龙图腾：考古学视野下中华龙的起源、认同与传承》，见全国哲学社会科学工作办公室编：《从考古看中国》，北京：中华书局，2022 年，第 133—144 页。

[277] 郭怡、胡耀武、高强、王昌燧、M. P.Richards：《姜寨遗址先民食谱分析》，《人类学学报》2011 年第 30 卷第 2 期，第 149—157 页。

[278] 刘莉、王佳静、刘慧芳：《半坡和姜寨出土仰韶文化早期尖底瓶的酿酒功能》，《考古与文物》2021 年第 2 期，第 110—122+128 页。

[279] 祁国琴：《姜寨新石器时代遗址动物群的分析》，见西安半坡博物馆、陕西省考古研究所、临潼县博物馆：《姜寨——新石器时代遗址发掘报告》，北京：文物出版社，1988 年，第 504—538 页。

[280] 袁靖：《中国动物考古学》，北京：文物出版社，2015 年，第 129—130 页。

[281] 安徽省文物考古研究所编著：《凌家滩——田野考古发掘报告之一》，北京：文物出版社，2006 年，第 196—197 页。

[282] 吕鹏、戴玲玲、吴卫红：《由动物遗存探讨凌家滩文化的史前生业》，《南方文物》2020 年第 3 期，第 172—178 页。

吕鹏、吴卫红：《长江下游和淮河中下游地区史前生业格局下的凌家滩文化》，《南方文物》2020 年第 2 期，第 119—125 页。

赵春燕、吕鹏、朔知：《安徽含山凌家滩与韦岗遗址出土部分动物遗骸的锶同位素比值分析》，《南方文物》2019 年第 2 期，第 184—190 页。

赵春燕、吕鹏、吴卫红：《凌家滩与韦岗遗址出土猪牙结石的碳稳定同位素分析》，《南方文物》2020 年第 3 期，第 170—171 页。

孙青丽、朔知、吴妍、杨益民：《安徽含山凌家滩遗址出土刻槽盆的淀粉粒分析》，《人类学学报》2019 年第 38 卷第 1 期，第 132—147 页。

[283] 袁广阔：《龙图腾：考古学视野下中华龙的起源、认同与传承》，见全国哲学社会科学工作办公室编：《从考古看中国》，北京：中华书局，2022 年，第 133—144 页。

[284] 王秀梅译注：《诗经》，北京：中华书局，2015 年，第 387 页。

[285] 睡虎地秦墓竹简整理小组编：《睡虎地秦墓竹简》，北京：文物出版社，1990 年，第 219—222 页。

[286] 甘肃省文物考古研究所编：《天水放马滩秦简》，北京：中华书局，2009 年，第 97—99 页。

[287] 湖北省文物考古研究所、随州市考古队编：《随州孔家坡汉墓简牍》，北京：文物出版社，2006 年，第 175—176 页。

[288] 〔东汉〕王充著，张宗祥校注：《论衡校注》，上海：上海古籍出版社，2010 年，第 70—73、455—459 页。

[289] 山东省文物考古研究所：《临淄北朝崔氏墓》，《考古学报》1984 年第 2 期，第 221—244+282—289 页。

[290] 张丽华：《十二生肖的起源及墓葬中的十二生肖俑》，《四川文物》2003 年第 5 期，第 63—65 页。

陈安利：《古文物中的十二生肖》，《文博》1988 年第 2 期，第 41—50 页。

谢璇：《"十二生肖"人身兽首俑的雕塑形式研究》，中国美术学院硕士学位论文，2015 年。

黄展岳：《考古纪原——万物的来历》，成都：四川教育出版社，1998 年，第 239—242 页。

[291] 张双棣、张万彬、殷国光、陈涛译注：《吕氏春秋》，北京：中华书局，2016 年，第 241—243 页。

[292] 王秀梅译注：《诗经》，北京：中华书局，2015 年，第 572 页。

[293] 刘山永主编：《〈本草纲目〉新校注本》，北京：华夏出版社，2008 年，第 1769 页。

[294] 〔汉〕班固等撰：《古今逸史精编》，重庆：重庆出版社，2000 年，第 81 页。

[295] 湖南省博物馆、湖南省文物考古研究所编著：《长沙马王堆二、三号汉墓 第一卷：田野考古发掘报告》，北京：文物出版社，2004 年，第 237—240 页。

[296] 季旭昇:《说文新证》,台北:艺文印书馆,2014 年,第 589—590 页。

[297] 高式武:《我国猪的起源和驯化》,见张仲葛、朱先煌主编:《中国畜牧史料集》,北京:科学出版社,1986 年,第 174—179 页。

[298] 冯时:《天文授时与阴阳思辨——上古猪母题图像的文化义涵》,见蚌埠市博物馆:《蚌埠文博(第一辑)》,北京:文物出版社,2016 年,第 37—41 页。

[299] 高华平、王齐洲、张三夕译注:《韩非子》,北京:中华书局,2010 年,第 430 页。

[300] 叶舒宪:《亥日人君》,西安:陕西师范大学出版总社有限公司,2019 年,第 76—95 页。

[301] 叶舒宪:《亥日人君》,西安:陕西师范大学出版总社有限公司,2019 年,第 87—92 页。

[302] 汤可敬译注:《说文解字》,北京:中华书局,2018 年,第 1933 页。

[303] 单育辰:《甲骨文所见动物研究》,上海:上海古籍出版社,2020 年,第 76—105 页。

李零:《十二生肖中国年》,北京:生活·读书·新知三联书店,2020 年,第 191—205 页。

[304] 龙世行:《从〈说文解字〉“豕”部字看古代的祭祀用猪》,《辽东学院学报(社会科学版)》2021 年第 2 期,第 61—66 页。

[305] 单育辰:《甲骨文所见动物研究》,上海:上海古籍出版社,2020 年,第 99—105 页。

[306] 睡虎地秦墓竹简整理小组编:《睡虎地秦墓竹简·法律答问》,北京:文物出版社,1990 年,第 194 页。

[307] 睡虎地秦墓竹简整理小组编:《睡虎地秦墓竹简·法律答问》,北京:文物出版社,1990 年,第 105 页。

[308] 例如:郭梦:《中国史前动物陶塑》,见文化遗产研究与保护技术教育部重点实验室、西北大学文化遗产与考古学研究中心编:《西部考古(第三辑)》,西安:三秦出版社,2008 年,第 51—64 页。

徐华铛、张立人编绘:《动物器皿》,北京:中国林业出版社,2016 年。

鞠荣坤:《模仿与化形:史前玉器与动物崇拜探索》,《中原文物》2022 年第 4 期,第 67—77+86 页。

王子今:《“貘尊”及其生态史料意义》,《西北大学学报(哲学社会科学版）》2022 年第 3 期，第 5—13 页。

李君君：《黄河流域先秦时期拟形器研究》，郑州轻工业大学硕士学位论文，2021 年。

[日] 林巳奈夫著，常耀华、王平、刘晓燕、李环译：《神与兽的纹样学——中国古代诸神》，北京：生活·读书·新知三联书店，2009 年。

张可辉：《中国古代动物陶瓷雕塑的造型研究》，景德镇陶瓷学院硕士学位论文，2011 年。

伍秋鹏：《黄河流域史前动物雕塑研究》，四川大学硕士学位论文，2005 年。

杨泓：《中国古文物中的马》，《人民日报》，2014-01-26，第 12 版。

刘敦愿：《中国古代动物画艺术的细节表现》，《美术》1984 年第 9 期，第 53—56 页。

陈方圆：《中国古代动物形香炉的设计研究》，江南大学硕士学位论文，2016 年。

李锦山：《史前动物雕塑与图腾崇拜》，《文史杂志》1986 年第 3 期，第 25—27+36 页。

于筱筝：《商周写实类动物造型青铜容器相关问题研究》，见山东大学《东方考古》编辑部编：《东方考古（第 19 集）》，北京：科学出版社，2022 年，第 63—107 页。

钟雪：《中国新石器时代动物造型玉器初步研究》，黑龙江大学硕士学位论文，2017 年。

田薇：《东北亚早期游牧文化中的双身连体动物造型解析》，内蒙古大学硕士学位论文，2016 年。

严灵灵：《浅析中国古代建筑的动物造型》，《科技信息》2012 年第 32 期，第 434 页。

周俊玲：《秦汉陶仓上的动物造型及其审美意蕴》，《四川文物》2010 年第 5 期，第 35—40 页。

熊传新：《商周青铜器的动物造型和纹样与古代图腾崇拜》，《南方民族考古》1991 年，第 63—68 页。

何毓灵：《牛牲、牛尊与"牛人"》，《群言》2017 年第 4 期，第 40—43 页。

王爱民：《淮河中下游地区史前遗址出土动物陶塑研究》，《文物春秋》2022 年第 2 期，第 16—24+34 页。

王仁湘：《与仰韶人同行的动物圣灵》，《南方文物》2022 年第 2 期，第

242—249 页。

刘一诺：《商周时期中原地区所见的北方式动物纹研究》，吉林大学硕士学位论文，2022 年。

[309]　Brumm, A., A. A. Oktaviana, B. Burhan, B. Hakim, R. Lebe, J.-x. Zhao, P. H. Sulistyarto, M. Ririmasse, S. Adhityatama, I. Sumantri and M. Aubert (2021). "Oldest cave art found in Sulawesi. *Science Advances* 7(3): eabd4648.

杨劢：《野猪岩画或为最古老的动物主题艺术品》，《世界科学》2021 年第 4 期，第 20—21 页。

[310]　安徽省文物考古研究所、蚌埠市博物馆编著：《蚌埠双墩：新石器时代遗址发掘报告》，北京：科学出版社，2008 年，第 128—129 页。

徐大立：《蚌埠双墩遗址刻画符号简述》，《中原文物》2008 年第 3 期，第 75—79 页。

[311]　戴玲玲、张东：《安徽省蚌埠双墩遗址 2014 年~ 2015 年度发掘出土猪骨的相关研究》，《南方文物》2020 年第 2 期，第 112—118 页。

韩立刚、郑龙亭：《蚌埠双墩新石器时代遗址动物遗存鉴定简报》，见安徽省文物考古研究所、蚌埠市博物馆编著：《蚌埠双墩：新石器时代遗址发掘报告》，北京：科学出版社，2008 年，第 585—607 页。

[312]　浙江省文物考古研究所：《河姆渡——新石器时代遗址考古发掘报告》，北京：文物出版社，2003 年，第 66—67 页。

[313]　浙江省文物考古研究所：《河姆渡——新石器时代遗址考古发掘报告》，北京：文物出版社，2003 年，第 54—55 页。

[314]　浙江省文物考古研究所：《河姆渡——新石器时代遗址考古发掘报告》，北京：文物出版社，2003 年，第 52—53 页。

[315]　袁靖、杨梦菲：《第六章　第三节　（跨湖桥遗址）动物研究》，见浙江省文物考古研究所、萧山博物馆编：《跨湖桥》，北京：文物出版社，2004 年，第 241—270 页。

[316]　魏丰：《（河姆渡遗址）动物遗骸》，见浙江省文物考古研究所：《河姆渡——新石器时代遗址考古发掘报告》，北京：文物出版社，2003 年，第 154—216 页。

魏丰、吴维棠、张明华、韩德芬：《浙江余姚河姆渡新石器时代遗址动物群》，北京：海洋出版社，1989 年。

[317]　王娟、张居中：《圣水牛的家养 / 野生属性初步研究》，《南方文物》

2011 年第 3 期，第 134—139 页。

陈星灿：《圣水牛是家养水牛吗？——考古学与图像学的考察》，见李永迪主编：《纪念殷墟发掘八十周年学术研讨会论文集》，台北："中央研究院"历史语言研究所，2015 年，第 189—210 页。

[318] 张颖、袁靖、黄蕴平、[日]松井章、孙国平：《田螺山遗址 2004 年出土哺乳动物遗存的初步分析》，见北京大学中国考古学研究中心、浙江省文物考古研究所编：《田螺山遗址自然遗存综合研究》，北京：文物出版社，2011 年，第 172—205 页。

张颖：《河姆渡文化的渔猎策略：生物分类生境指数在动物考古学中的应用》，《第四纪研究》2021 年第 41 卷第 1 期，第 292—303 页。

[319] [英]傅稻镰等著，黄超译，王玉琪审校：《水稻驯化进程与驯化率：长江下游田螺山遗址出土小穗轴基盘研究》，《农业考古》2009 年第 4 期，第 27—30+39 页。

[320] 郑晓蕖、孙国平、赵志军：《田螺山遗址出土菱角及相关问题》，《江汉考古》2017 年第 5 期，第 103—107+88 页。

[321] 周杉杉：《浙江省余姚田螺山遗址水牛驯化可能性的初步研究——基于 C、N 稳定同位素食谱分析》，浙江大学硕士学位论文，2017 年。

[322] 游修龄：《对河姆渡遗址第四文化层出土稻谷和骨耜的几点看法》，《文物》1976 年第 8 期，第 20—23 页。

[323] 秦岭、[英]傅稻镰、[英]E.Harvey：《河姆渡遗址的生计模式——兼谈稻作农业研究中的若干问题》，见山东大学东方考古研究中心编：《东方考古（第 3 集）》，北京：科学出版社，2006 年，第 307—350 页。

[324] 魏丰：《（河姆渡遗址）动物遗骸》，见浙江省文物考古研究所：《河姆渡——新石器时代遗址考古发掘报告》，北京：文物出版社，2003 年，第 154—216 页。

[325] 严文明：《中国史前艺术》，北京：文物出版社，2022 年，第 28 页。

[326] 郑铎：《圩墩遗址出土史前动物陶塑及其社会功能考辨》，《南方文物》2022 年第 1 期，第 258—265 页。

[327] 张明华：《罗家角遗址的动物群》，见浙江省文物考古研究所编：《浙江省文物考古研究所学刊》，北京：文物出版社，1981 年，第 43—53 页。

[328] 金幸生：《附录五 南河浜遗址动物骨骸鉴定报告》，见浙江省文物考古研究所著：《南河浜——崧泽文化遗址发掘报告》，北京：文物出版社，

2005 年，第 377—379 页。

[329]　黄象洪：《常州圩墩新石器时代遗址的地层、动物遗骸与古环境》，见周昆叔主编，巩启明副主编：《环境考古研究（第一辑）》，北京：科学出版社，1991 年，第 148—152 页。

黄象洪：《圩墩遗址出土动物遗骸鉴定》，《考古学报》2001 年第 1 期，第 108 页。

[330]　刘羽阳、袁靖：《绰墩遗址出土动物遗存研究报告》，见苏州市考古研究所编著：《昆山绰墩遗址》，北京：文物出版社，2011 年，第 372—380 页。

[331]　黄象洪、曹克清：《崧泽遗址中的人类和动物遗骸》，见上海市文物保管委员会：《崧泽——新石器时代遗址发掘报告》，北京：文物出版社，1987 年，第 108—114 页。

[332]　黄象洪：《福泉山遗址出土兽骨的初步研究》，《考古学报》1990 年第 3 期，第 335—336 页。

黄象洪：《青浦福泉山遗址出土的兽骨》，见上海市文物管理委员会编著：《福泉山——新石器时代遗址发掘报告》，北京：文物出版社，2000 年，第 168—169 页。

[333]　北京市文物研究所、北京市平谷县文物管理所上宅考古队：《北京平谷上宅新石器时代遗址发掘简报》，《文物》1989 年第 8 期，第 1—8+16+98—99 页。

[334]　吕楠宁、王涛、郁金城、饶慧芸、韩宾、杨益民：《北京上宅遗址出土陶片的脂质分析与先民生计策略》，《中国科学：地球科学》2023 年第 53 卷第 8 期，第 1808—1816 页。

[335]　袁靖、李君：《河北徐水南庄头遗址出土动物遗存研究报告》，《考古学报》2010 年第 3 期，第 385—391 页。

[336]　侯亮亮、李君、邓惠、郭怡：《河北徐水南庄头遗址动物骨骼的稳定同位素分析》，《考古》2021 年第 5 期，第 107—114 页。

[337]　周本雄：《河北武安磁山遗址的动物骨骸》，《考古学报》1981 年第 3 期，第 339—347+415—416 页。

[338]　冯宝、魏坚：《石虎山类型生业模式初探》，《农业考古》2018 年第 6 期，第 22—29 页。

[339]　黄蕴平：《石虎山 I 遗址动物骨骼鉴定与研究》，见内蒙古文物考古研究所、日本京都中国考古学研究会编著：《岱海考古（二）——中日岱海

地区考察研究报告集》，北京：科学出版社，2001年，第489—513页。

[日]西本丰弘著、袁靖译：《石虎山Ⅰ遗址猪骨鉴定》，见内蒙古文物考古研究所、日本京都中国考古学研究会编著：《岱海考古（二）——中日岱海地区考察研究报告集》，北京：科学出版社，2001年，第514—526页。

[340]　有学者认为还存在第四种动物——牛，参见：佐川正敏：《第四种动物的探索——中国内蒙古地区赵宝沟文化尊形器动物纹饰再考》，见赤峰学院红山文化国际研究中心编：《红山文化研究：2004年红山文化国际学术研讨会论文集》，北京：文物出版社，2006年，第526—535页。

[341]　中国社会科学院考古研究所内蒙古工作队：《内蒙古敖汉旗小山遗址》，《考古》1987年第6期，第481—506+577—580页。

杨泓：《逝去的风韵——杨泓谈文物》，北京：中华书局，2007年，第260—263页。

[342]　苏秉琦：《中华文明的新曙光》，《东南文化》1988年第5期，第1—7页。

[343]　陆思贤：《赵宝沟文化动物纹图案的神话学考察》，见内蒙古自治区文物考古研究所编：《内蒙古文物考古文集（第三辑）：配合国家基本建设专集》，北京：科学出版社，2004年，第434—446页。

[344]　袁靖主编：《中国新石器时代至青铜时代生业研究》，上海：复旦大学出版社，2019年，第26—42页。

易华：《红山文化定居农业生活方式——兼论游牧生活方式的起源》，见赤峰学院红山文化国际研究中心编：《红山文化研究：2004年红山文化国际学术研讨会论文集》，北京：文物出版社，2006年，第205—215页。

[345]　罗运兵：《大甸子遗址中猪的饲养与仪式使用》，见教育部人文社会科学重点研究基地、吉林大学边疆考古研究中心编：《边疆考古研究（第8辑）》，北京：科学出版社，2009年，第288—300页。

江伊莉：《红山文化猪龙形玉器分析》，见赤峰学院红山文化国际研究中心编：《红山文化研究：2004年红山文化国际学术研讨会论文集》，北京：文物出版社，2006年，第290—298页。

张国强、赵爱民：《红山文化猪龙形玉器形制及源流分析》，见赤峰学院红山文化国际研究中心编：《红山文化研究：2004年红山文化国际学术研讨会论文集》，北京：文物出版社，2006年，第308—314页。

[346]　江苏省文物工作队：《江苏邳县刘林新石器时代遗址第一次发掘》，

《考古学报》1962 年第 1 期，第 81—102+121—129 页。

南京博物院：《江苏邳县刘林新石器时代遗址第二次发掘》，《考古学报》1965 年第 2 期，第 9—47+152—165+180—183 页。

[347]　甘肃省博物馆大地湾发掘小组：《甘肃秦安王家阴洼仰韶文化遗址的发掘》，《考古与文物》1984 年第 2 期。

甘肃省博物馆编：《甘肃省博物馆文物精品图集》，西安：三秦出版社，2006 年，第 30 页。

[348]　吕鹏、袁靖：《交流与转化——黄河上游地区先秦时期生业方式初探（上篇）》，《南方文物》2018 年第 2 期，第 170—179 页。

吕鹏、袁靖：《交流与转化——黄河上游地区先秦时期生业方式初探（下篇）》，《南方文物》2019 年第 1 期，第 113—121 页。

[349]　甘肃省博物馆大地湾发掘小组：《甘肃秦安王家阴洼仰韶文化遗址的发掘》，《考古与文物》1984 年第 2 期，第 1—17+58 页。

[350]　河南省文物考古研究所、中国社会科学院考古研究所河南一队、三门峡市文物考古研究所、灵宝市文物保护管理所、荆山黄帝陵管理所：《河南灵宝市西坡遗址 2001 年春发掘简报》，《华夏考古》2002 年第 2 期，第 31—52+92+ 彩版页。

[351]　马萧林：《灵宝西坡遗址家猪的年龄结构及相关问题》，《华夏考古》2007 年第 1 期，第 55—74 页。

马萧林：《河南灵宝西坡遗址动物群及相关问题》，《中原文物》2007 年第 4 期，第 48—61 页。

马萧林：《灵宝西坡遗址的肉食消费模式——骨骼部位发现率、表面痕迹及破碎度》，《华夏考古》2008 年第 4 期，第 73—87+106 页。

马萧林、魏兴涛：《灵宝西坡遗址动物骨骼的收集与整理》，《华夏考古》2004 年第 3 期，第 35—43+88 页。

[352]　中国社会科学院考古研究所编著：《胶县三里河》，北京：文物出版社，1988 年，第 55—56 页。

[353]　张仲葛：《出土文物所见我国家猪品种的形成和发展》，《文物》1979 年第 1 期，第 82—86+52+87—91 页。

[354]　中国社会科学院考古研究所编著：《胶县三里河》，北京：文物出版社，1988 年。

[355]　山东省文物管理处、济南市博物馆编：《大汶口：新石器时代墓葬发

掘报告》，北京：文物出版社，1974 年，第 92 页。

[356] 李有恒：《附录一　大汶口墓群的兽骨及其他动物骨骼》，见山东省文物管理处、济南市博物馆编：《大汶口：新石器时代墓葬发掘报告》，北京：文物出版社，1974 年，第 156—158 页。

[357] 南京博物院编著：《花厅：新石器时代墓地发掘报告》，北京：文物出版社，2003 年，第 132 页。

[358] 南京博物院编著：《花厅：新石器时代墓地发掘报告》，北京：文物出版社，2003 年，第 191—201 页。

[359] 辽宁省博物馆、旅顺博物馆、长海县文化馆：《长海县广鹿岛大长山岛贝丘遗址》，《考古学报》1981 年第 1 期，第 63—110+153—160 页。

[360] 中国社会科学院考古研究所、辽宁省文物考古研究所、大连市文物考古研究所：《辽宁长海县小珠山新石器时代遗址发掘简报》，《考古》2009 年第 5 期，第 16—25+97—98+113 页。

张翠敏：《小珠山下层文化探源——兼论与周边文化关系（以陶器为例）》，见山东大学文化遗产研究院编：《东方考古（第 11 集）》，北京：科学出版社，2014 年，第 43—60 页。

段天璟、高云逸：《小珠山中层文化刻划纹的传播及其结果——兼谈公元前第四千纪东北地区南部的文化变迁》，见教育部人文社会科学重点研究基地、吉林大学边疆考古研究中心、边疆考古与中国文化认同协同创新中心编：《边疆考古研究（第 26 辑）》，北京：科学出版社，2019 年，第 109—121 页。

[361] 中国社会科学院考古研究所、辽宁省文物考古研究所、大连市文物考古研究所：《辽宁长海县小珠山新石器时代遗址发掘简报》，《考古》2009 年第 5 期，第 16—25+97—98+113 页。

[362] 吕鹏、贾笑冰、金英熙：《人类行为还是环境变迁？——小珠山贝丘遗址动物考古学研究新思考》，《南方文物》2017 年第 1 期，第 136—141+130 页。

吕鹏、A. Tresset、袁靖：《广鹿岛和洪子东岛贝丘遗址调查和试掘出土动物遗骸的鉴定和研究》，见中国社会科学院考古研究所、辽宁省文物考古研究所、大连市文物考古研究所编著：《大连广鹿岛区域考古调查报告》，北京：文物出版社，2018 年，第 133—151 页。

陈相龙、吕鹏、金英熙、贾笑冰、赵欣、袁靖：《从渔猎采集到食物生产：大连广鹿岛小珠山遗址动物驯养的稳定同位素记录》，《南方文物》2017 年第 1 期，第 142—149 页。

赵春燕、吕鹏、袁靖、金英熙、贾笑冰：《大连市广鹿岛小珠山遗址出土动物遗骸的锶同位素比值分析》，《考古》2021 年第 7 期，第 96—105 页。

[363] 湖北省文物考古研究所、北京大学考古学系、湖北省荆州博物馆编著：《邓家湾：天门石家河考古报告之二》，北京：文物出版社，2003 年，第 194—195 页。

武仙竹：《邓家湾遗址陶塑动物的动物考古学研究》，《江汉考古》2001 年第 4 期，第 65—72+83 页。

[364] 武仙竹：《邓家湾遗址陶塑动物的动物考古学研究》，《江汉考古》2001 年第 4 期，第 65—72+83 页。

[365] 湖北省文物考古研究所、北京大学考古学系、湖北省荆州博物馆编著：《邓家湾：天门石家河考古报告之二》，北京：文物出版社，2003 年，第 194—195 页。

[366] 严文明：《邓家湾考古的收获（代序）》，见湖北省文物考古研究所、北京大学考古学系、湖北省荆州博物馆编著：《邓家湾：天门石家河考古报告之二》，北京：文物出版社，2003 年。

[367] 何驽：《邓家湾遗址陶塑牺牲沉埋祭祀遗存含义分析》，见荆州博物馆编：《荆楚文物（第 5 辑）》，北京：科学出版社，2021 年，第 33—49 页。

[368] 安徽省文物考古研究所编：《凌家滩玉器》，北京：文物出版社，2000 年，第 111、132 页。

[369] 安徽省文物考古研究所：《安徽含山县凌家滩遗址第五次发掘的新发现》，《考古》2008 年第 3 期，第 7—17+97—103+2 页。

[370] 吕鹏、戴玲玲、吴卫红：《由动物遗存探讨凌家滩文化的史前生业》，《南方文物》2020 年第 3 期，第 172—178 页。

吕鹏、吴卫红：《长江下游和淮河中下游地区史前生业格局下的凌家滩文化》，《南方文物》2020 年第 2 期，第 119—125 页。

[371] 山东大学历史系考古专业教研室编：《泗水尹家城》，北京：文物出版社，1990 年，第 77—78 页。

[372] 卢浩泉、周才武：《山东泗水县尹家城遗址出土动、植物标本鉴定报告》，见山东大学历史系考古专业教研室编：《泗水尹家城》，北京：文物出版社，1990 年，第 350—352 页。

[373]　山东大学历史系考古专业教研室编：《泗水尹家城》，北京：文物出版社，1990 年，第 316—322 页。

[374]　北京大学震旦古代文明研究中心、郑州市文物考古研究院编著：《新密新砦——1999～2000 年考古发掘报告》，北京：文物出版社，2008 年，第311—312 页。

[375]　北京大学震旦古代文明研究中心、郑州市文物考古研究院编著：《新密新砦——1999～2000 年考古发掘报告》，北京：文物出版社，2008 年，第513—521 页。

[376]　黄蕴平：《第六章　（新砦遗址）动物遗骸研究》，见北京大学震旦古代文明研究中心、郑州市文物考古研究院编著：《新密新砦——1999～2000 年考古发掘报告》，北京：文物出版社，2008 年，第 466—483 页。李倩：《新砦遗址 2014 年出土动物遗存研究》，河北师范大学硕士学位论文，2020 年。

[377]　黑龙江省文物考古工作队：《黑龙江宁安县莺歌岭遗址》，《考古》1981 年第 6 期，第 481—491+577—578 页。

[378]　张仲葛：《出土文物所见我国家猪品种的形成和发展》，《文物》1979 年第 1 期，第 82—86+52+87—91 页。

[379]　Wang, Y., Y. Sun, T. C. A. Royle, X. Zhang, Y. Zheng, Z. Tang, L. T. Clark, X. Zhao, D. Cai and D. Y. Yang (2022). "Ancient DNA investigation of the domestication history of pigs in Northeast China." *Journal of Archaeological Science* 141: 105590.
蔡大伟、孙洋、汤卓炜、王列斌、周慧：《吉林通化万发拨子遗址出土家猪线粒体 DNA 分析》，见教育部人文社会科学重点研究基地、吉林大学边疆考古研究中心编：《边疆考古研究（第 10 辑）》，北京：科学出版社，2011 年，第 380—386 页。

[380]　袁靖主编：《中国新石器时代至青铜时代生业研究》，上海：复旦大学出版社，2019 年，第 26—42 页。

[381]　湖北省清江隔河岩考古队、湖北省文物考古研究所编：《清江考古掠影及出土文物图录》，北京：科学出版社，2004 年，第 30 页。
谭白明：《话说青铜猪磬》，《乐器》1996 年第 1 期，第 21—23+50 页。

[382]　陈全家、王善才、张典维：《清江流域古动物遗存研究》，北京：科学出版社，2004 年。

王善才：《从考古看古人类清江文化》，见湖北省清江隔河岩考古队、湖北省文物考古研究所编：《清江考古掠影及出土文物图录》，北京：科学出版社，2004 年，第 222—226 页。

[383] 郑隆：《水涧沟门墓》，见田广金、郭素新编著：《鄂尔多斯式青铜器》，北京：文物出版社，1986 年，第 220—221 页。

[384] 田广金、郭素新编著：《鄂尔多斯式青铜器》，北京：文物出版社，1986 年，第 133 页。

鄂尔多斯博物馆编：《鄂尔多斯青铜器》，北京：文物出版社，2006 年，第 256 页。

[385] 〔汉〕司马迁撰，韩兆琦译注：《史记》，北京：中华书局，2010 年，第 6529—6531 页。

[386] 如：内蒙古伊金霍洛旗朱开沟遗址动物考古研究所示，参见：黄蕴平：《内蒙古朱开沟遗址兽骨的鉴定与研究》，《考古学报》1996 年第 4 期，第 515—536+552—557 页。

[387] 王明珂：《鄂尔多斯及其邻近地区专化游牧业的起源》，《"中央研究院"历史语言研究所集刊》1994 年第 65 本第 2 分，第 375—434 页。

[388] 云南省文物考古研究所、昆明市博物馆、官渡区博物馆编著：《昆明羊甫头墓地》，北京：科学出版社，2005 年，第 43—44、181、186 页。

[389] 云南省文物考古研究所、昆明市博物馆、官渡区博物馆编著：《昆明羊甫头墓地》，北京：科学出版社，2005 年，第 26—27 页。

[390] 云南省文物考古研究所、昆明市博物馆：《云南昆明市西山区天子庙遗址发掘报告》，《华夏考古》2020 年第 1 期，第 14—24+54 页。

[391] 陈全家、蒋志龙、陈君、王春雪：《云南西山天子庙遗址出土的动物骨骼遗存研究》，《华夏考古》2018 年第 2 期，第 54—65+85 页。

[392] 吕鹏：《云南贝丘遗址生业方式的研究——以获取和利用动物资源方式为中心》，《南方文物》2023 年第 2 期，第 121—127 页。

[393] 外藏坑 K13 东侧 A 区内出土有大量动物陶塑，总数达 1382 件，陶塑动物分上、下两层摆放，中有隔板，动物种类有陶乳猪（54 件）、陶猪（455 件）、陶绵羊（156 件）、陶山羊（235 件）、陶狗（458 件）等，除陶狗外，其他动物有雌雄及长幼的区分，其中陶乳猪均位于上层西段南部，头向朝北（上层其他动物头向朝西），分前后两排（前排 32、后排 22），陶猪位于下层东段，34 排为单独排列，也有与陶绵羊夹杂排列的情况，每排 12—14 件不等，

K13 西侧 B 区内出土有陶仓、茧形器、陶缶、木炭、木马车以及动植物遗存，其中动物遗存有放置于陶仓内、陶器上部及周边等情况；外藏坑 K14 内也出土有陶塑公鸡 1、母鸡 2、狗 2、猪 1 及牛羊残块；外藏坑 K19 西段出土有陶塑牛、鸡、猪、狗等；外藏坑 K20 出土有陶猪 2、陶牛蹄 2 以及陶鸡和陶狗；外藏坑 K21 东部出土有陶猪 3、陶狗 3、陶鸡 2、陶牛 2。参见：陕西省考古研究院：《汉阳陵帝陵东侧 11 ~ 21 号外藏坑发掘简报》，《考古与文物》2008 年第 3 期，第 3—32 页。

[394]　焦南峰、马永嬴：《汉阳陵帝陵 DK11 ~ 21 号外藏坑性质推定》，见中国社会科学院考古研究所、陕西省考古研究院、西安市文物保护考古所编：《汉长安城考古与汉文化：汉长安城与汉文化——纪念汉长安城考古五十周年国际学术研讨会论文集》，北京：科学出版社，2008 年，第299—306 页。

[395]　刘欢：《陕西地区出土汉代陶猪的初步研究》，《南方文物》2014 年第 1 期，第 78—81+64 页。

[396]　刘欢、焦南峰：《汉阳陵帝陵陵园第 14 号外藏坑动物遗存研究》，《考古与文物》2019 年第 5 期，第 120—128 页。

[397]　胡松梅、杨武站：《汉阳陵帝陵陵园外藏坑出土的动物骨骼及其意义》，《考古与文物》2010 年第 5 期，第 104—110+123+119—121 页。

[398]　刘欢、焦南峰：《汉阳陵帝陵陵园第 14 号外藏坑动物遗存研究》，《考古与文物》2019 年第 5 期，第 120—128 页。

[399]　徐旺生：《特约专稿：中国养猪史连载之四　秦汉时期的养猪业》，《猪业科学》2010 年第 8 期，第 112—114 页。

[400]　佐佐木正治：《汉代四川农业考古》，四川大学博士学位论文，2004 年。

[401]　王宁邦：《"汉八刀"之管见》，《大众考古》2013 年第 5 期，第83—86 页。

[402]　河北省文化局文物工作队：《河北定县北庄汉墓发掘报告》，《考古学报》1964 年第 2 期，第 127—194+243—254 页。

[403]　王煜、李帅：《礼俗之变：汉唐时期猪形玉石手握研究》，《南方文物》2021 年第 4 期，第 86—101 页。

尚如春、滕铭予：《汉墓出土玉石猪蠡探》，见中国社会科学院考古研究所、徐州博物馆编：《汉代陵墓考古与汉文化》，北京：科学出版社，2016 年，第 380—406 页。

[404] 四川省文物管理委员会：《四川忠县涂井蜀汉崖墓》，《文物》1985年第 7 期，第 49—95+97+99—106 页。

钟治、韦正：《忠县涂井崖墓的时代与相关问题》，《东南文化》2008 年第 3 期，第 13—20 页。

[405] 赵静芳、袁东山：《玉溪遗址动物骨骼初步研究》，《江汉考古》2012 年第 3 期，第 103—112 页。

[406] 楠木园遗址存在家猪的认识存在争议，基于该遗址出土猪骨遗存数量很少，研究者依据三峡地区其他新石器时代遗址发现有家猪，因此，暂时认为楠木园遗址出土猪为家猪，参见：袁靖、杨梦菲、罗运兵、陶洋：《（楠木园遗址）动物研究》，见国务院三峡工程建设委员会办公室、国家文物局编著：《巴东楠木园》，北京：科学出版社，2006 年，第 139—166、414—485 页。事实上，对楠木园遗址出土动物遗存进行过鉴定和研究的学者之一在稍后发文认为该遗址不见家猪，参见：罗运兵：《中国古代猪类驯化、饲养与仪式性使用》，北京：科学出版社，2012 年，第 178 页。

[407] 武仙竹：《湖北秭归柳林溪遗址动物群研究报告》，见国务院三峡工程建设委员会办公室、国家文物局编著：《秭归柳林溪》，北京：科学出版社，2003 年，第 268—292 页。

[408] 武仙竹：《（何光嘴遗址）动物群》，见国务院三峡工程建设委员会办公室、国家文物局编著：《秭归何光嘴》，北京：科学出版社，2003 年，第 118—131、157—158 页。

[409] 武仙竹、杨定爱：《巴东罗坪遗址动物遗骸研究报告》，见国务院三峡工程建设委员会办公室、国家文物局编著：《巴东罗坪》，北京：科学出版社，2006 年，第 409—418 页。

武仙竹、杨定爱：《湖北巴东罗坪遗址群动物遗骸研究报告》，《四川文物》2006 年第 5 期，第 36—43 页。

[410] 武仙竹、孟华平：《东门头遗址动物遗骸研究报告》，见国务院三峡工程建设委员会办公室、国家文物局编著：《秭归东门头》，北京：科学出版社，2010 年，第 415—453 页。

[411] 武仙竹、周国平：《湖北官庄坪遗址动物遗骸研究报告》，见国务院三峡工程建设委员会办公室、国家文物局编著：《秭归官庄坪》，北京：科学出版社，2005 年，第 603—618 页。

武仙竹、周国平：《湖北官庄坪遗址动物遗骸研究报告》，《人类学学报》2005 年第 24 卷第 3 期，第 232—248 页。

[412]　武仙竹：《长江三峡动物考古学研究》，重庆：重庆出版社，2007 年。

[413]　陕西省考古研究院、乾陵博物馆编著：《唐懿德太子墓发掘报告》，北京：科学出版社，2016 年，第 349 页。

[414]　徐旺生：《特约专稿：中国养猪史连载之六　隋唐时期的养猪业》，《猪业科学》2010 年第 10 期，第 114—116 页。

[415]　邓惠：《汉唐时期动物考古的特点及研究思路》，中国科学院大学博士学位论文，2014 年。

结　语

家猪研究的现代启思录

家猪研究是个庞大的题目，医学、动物学、分子生物学、食品工程学、畜牧兽医学、文学、哲学、经济学、历史学、民俗学、民族学、宗教学等学科均可开展相关研究。家猪是动物考古研究的主角之一，本书尝试以考古为主要研究视角，并涉猎相关学科的最新研究成果，重点阐释国人驯化猪的起源、家猪的饲养技术、家猪的用途、家猪的仪式和文化内涵，以期勾勒出国人与猪相伴相行的历史。

　　本书引言部分重点论述动物考古视野中的猪，从猪的动物属性入手，对动物考古研究方法进行系统阐述。

　　"猪"是泛称，属于哺乳纲、偶蹄目，就动物演化而言，猪科动物形成于距今5000万年前，猪属动物形成于距今300万年前，本书探讨的家猪和野猪属于猪属动物。如果没有人类的驯化，野猪将会是浪迹天涯的"游侠"，它奔腾呼啸于山川丛林、乡野城镇，以适者生存的胜利姿态不断繁衍和演化。故事的转折发生在近1万年以前，野猪开始踏足人类的领地，人类驯而控之，使之完成了向家猪的质变。家猪与野猪本是同根同源，二者有着大量共通的生态习性，即使在人类社会当中，家猪体内依然留存着"荒野"基因，二者并不存在生殖隔离，基因流可以在彼此间双向流动，家猪脱离人类的掌控之后重归荒野，其体型和习性马上与野猪无异。家猪与人类互利共生，家猪与其野生同类拱手告别后，经过近万年的驯化和饲养，它已经完全融入人类社会当中，成为驯化最为成功的动物之一，也成为中国乃至世界上最为重要和主要的家养动物。如何通过猪骨遗存解读猪与人类相伴相行的历史？动物考古以动物遗存为主要的研究对象，通过对动物遗存进行田野考古采集和实验室鉴定及测试以获得科学数据和信息，动物遗存上富含人类渔猎和驯化以及利用动物资源的证据。笔者在充分考量家猪和野猪生存环境以及人类驯化动物进程的基础上，认真区分二者在骨骼形态及相关测试数据上的差异，并就差异产生的深层原因进行探讨，通过总结前人研究成果，提出一套较为完善的用以区分家猪和野猪遗存的判断标准，具体包括骨骼形态的观察和测量、数量统计和分析、死亡年龄结构和性别比例的分析、病变痕迹、文化现象的推测、动物的引入和传播、碳氮稳定同位素测试、锶同位素分析、古 DNA 研究、有机残留物分析和其他相关研究等 11 个方面。

本书第一章重点论述中国家猪的起源和早期发展，时代大体为新石器时代早期至中期（距今 10000—7000 年）。

中国动物驯化史已历万年，逐步形成了以"六畜"（即马、牛、羊、猪、狗和鸡）为中心的家养动物体系和传统，它们的起源模式不尽相同，可分为原生型（以猪和狗为代表）和引入型（以马、普通牛、瘤牛、水牛、绵羊和山羊为代表）两类。中国本土驯化成功的动物奠定了古代畜牧业的基础，为中华文明的起源和发展提供了源源不断的根本动力，也为世界文明做出了原创性贡献；中国先民兼收并蓄，吸纳了外来的家养动物，并对其进行了创新性的应用和发展，将其有机融入中华文明基因。距今 10000 年前，河北保定南庄头史前先民开启了国人驯化动物的大幕，狗的驯化使得最早的农人获得了有力的助手，这也为家猪及其他动物的驯化积累了经验。中国是家猪驯化和饲养的古国和大国，距今 9000—8500 年前，河南舞阳贾湖史前先民最先驯化了猪，此后，家猪驯化的潮流迅速波及大江南北，辽河、黄河、淮河和长江流域的考古遗址中纷纷出现了家猪的身影，中国家猪起源的道路可概括为"本土多中心起源"。家猪的驯化和饲养与农业的起源和发展协同进步，北方旱作农业、中部混作农业和南方稻作农业为家猪饲养提供了物质保障，笔者以河北武安磁山遗址和浙江余姚河姆渡遗址为例，探讨了中国南北方地区农业和家猪饲养业之间的关系。就世界范围看，家猪的驯化动因包括肉食说、祭祀和宴飨说、清道夫说、宠物说、自然驯化说和综合动因说等多个说法，具体到中国考古的实际情况，各个地区驯化猪的动因不尽相同，北方地区看重猪的肉食之用，南方地区着重宴飨之需，西辽河流域偏重于仪式使用。距今 2000 年以后，中国家猪随着人群迁移和区域贸易而逐步扩散到整个东亚以及东北亚和东南亚地区，带动了欧亚大陆东部区域畜牧业的发展。

本书第二章重点论述中国家猪的饲养技术，时代自新石器时代晚期直至当代（距今 7000 年至今）。

家猪饲养业的发展离不开饲养技术的进步，中国先民创造和发明的放养与圈养相结合的管理方式、阉割与选育相结合的品种改良方式、因地制宜供给饲料的喂饲方式等为家猪饲养业及畜牧业的发展提供了强有力的技术支持。中国家猪饲养技术的第一次变革发生在仰韶文化时期，有证据显示，距今 6800—6300 年前猪圈已经出现，距今 6800—5600 年前人为控制家猪性别的方式（可能是阉割）已经产生，各地发展出以农作物副产品为主、野生植物为辅因地制宜喂饲猪的方式。此后，各项饲养技术日渐进步：圈养方式在商周时期更为普遍，秦汉时期形成的较为成熟的圈养与放养相结合的方式对中国历史影响深远；家猪的饲料供给与农业发展以及人类对家猪的管理方式密切相关，古代喂猪饲料以青粗饲料为主，适当搭配精饲料；阉割技术在商周时期已经较为普遍和成熟。中国先民精通选择性繁育之道，促进了家猪品种的形成和改良，距今 7000 年前仰韶文化时期的家猪品种已产生南北分化，商代晚期出现"殷墟肿面猪"，商周至隋唐时期出现华北型和华南型良种猪，自汉代开始中国家猪品种走出国门，对世界猪种改良做出重要贡献。依托于本土复杂多样的地形和地貌、人口的迁徙和融合、发达的选育技术等环境、人文和技术条件，中国形成了丰富的家猪地方品种遗传资源。当前，外来猪种的大量引入重创了中国传统养猪业和本土家猪地方品种，如何保护和发展本土优良家猪品种，这是关系国人肉食消费及国计民生的重大议题。

本书第三章重点论述中国家猪的实用功能，时代自新石器时代中期直至当代（距今 9000 年至今）。

猪对人类的贡献居功甚伟，作为一种资源，它的用途极广，本章重点围绕肉食、肥料、猪皮利用、猪鬃利用、医药价值和骨料来源等 6 个方面的实用功能展开论述。肉食是家猪的主要用途，家猪的肉食之用历经变化：史前至商周时期家猪逐步成为最为重要和主要的肉食消费对象，各区域养猪业发展水平参差不齐，形成中原、西北、西藏、太湖和华南 5 种发展模式，以史前河南地区为例，饲养技术进步推动了家畜饲养业的发展，农业与畜牧业相互促进，为人口增长和社会复杂化提供了物质基础；东周至秦汉时期家猪依然是肉食主源，"肉食者"成为当权者的代名词；魏晋至宋元时期羊肉取代猪肉成为社会上层的肉食首选，养猪业成为副业，猪肉食品在民间流行，发展出东坡肉等美食；元明清以来猪肉消费重回巅峰，猪成为"天下畜之"的重要家畜。为更好地享用和贮藏畜肉及肉食，我国先民创造出冷冻法、干肉法、腌制法和酱制法等制作和保存食物的方法。因人群和宗教的差异，人们对猪肉的消费存在禁忌，其深层次的原因隐藏在生业和环境之中。中国传统农业社会中，国人更为看重家猪"积肥以壅田"的用途，猪粪可以肥田，田地肥沃则粮食增收，而粮食生产直接关乎人口规模，笔者系统回顾了猪粪入肥的历史：中国是世界上最早使用肥料肥田的国家，距今 5500 年前仰韶先民可能已经用猪粪肥田，农田施肥在商周时期得到了进一步发展和推广，汉代厕、圈分离优化了取粪入肥的方式，直至 20 世纪 70 年代，猪粪肥都是解决农田用肥的首选。猪皮固有的短板导致其作为皮革制造原材料的用途比较有限，古代东北地区对家猪资源进行了多样性的开发和利用，我国猪皮剥皮量非常可观，20 世纪 80 年代猪皮制革产业曾一度繁荣，随着皮革处理技术的进步和应用方式的转化，该产业有望复兴。猪鬃具有良好的物理性能，猪鬃刷在民用、工业和军用方面用途甚广，二战期间，猪鬃刷在军事上的用途使中国猪鬃产业声名鹊起，现今猪鬃产业却一蹶不振。猪的某些部位具有重要的药用价值，猪又因其在生理和结构等诸多方面与人相似而在现代医学领域具有广泛的研究和应用价值。骨器制作是中国古代社会重要的手工业门类，猪骨远没有鹿和牛骨的物理性能好，故而并非制作骨器的主要来源，但雄猪犬齿是制作牙器的优质原料，笔者系统回顾了新石器时代、青铜时代和铁器时代制骨手工业中对猪骨的应用。

本书第四章重点论述猪的仪式使用和文化内涵，时代自新石器时代直至当代（距今 10000 年至今）。

祭祀礼仪是中国古代国家制度的重要组成部分，祭牲和卜骨是猪的仪式内涵的物化体现。家猪饲养业的发展保证了猪牲的使用，史前至商代早期猪在随葬和埋葬活动中使用频率最高、数量最多、规格较高，特别是距今 6000 年前仰韶文化时期开始对于猪牲的使用出现了社会分化；商代中期至晚期猪牲的优位地位被牛优位的多元祭祀体系所取代；春秋时期祭牲礼制化确立，以五牲（即牛、羊、猪、狗和鸡）的先后贵贱构建人群地位和维护社会秩序；猪牲在国家祭祀活动中规格不高，在民间祭祀活动中却是绝对的主角。距今 5800 年前，猪肩胛骨是最早用以制作卜骨的原料之一，其地位仅次于羊；随着牛肩胛骨在商代卜骨体系中占据垄断地位，猪骨逐渐淡出卜骨制作原料的行列；周代以后卜骨淡出历史舞台，仅在东北、西北、北方和云贵等边远地区还有孑遗。中国以龙为图腾和象征，猪是龙的原型动物之一和重要源头，兴隆洼文化出现中国最早的猪首龙形象并在辽西地区得到延续，对黄河和长江流域产生了深远的影响。中国的“家”字体现了家庭富足与养猪业之间的关系，考生食用熟猪蹄有朱笔题名之意。猪是十二生肖之一，东周时期已有亥猪的记载，亥与豕相配可能与字形和方位有关。彘和豨等成为古人的名字，体现了国人期盼后代聪明健康的意愿。猪八戒是著名的文学形象，《西游记》中所记猪八戒可能是返野的家猪。甲骨文中已有表示猪的“豕”等字形，湖北云梦睡虎地秦简中始用的“猪”字字形沿用至今。国人以诚为本，曾子杀彘教子堪称典范。猪形遗存在考古遗址中屡见不鲜，笔者从动物考古角度对 23 组属于不同时期、代表了不同地域和文化的猪形遗存进行了解读，力图了解古人的制作工艺、生业方式和精神信仰，这是动物考古与美术考古跨界研究的有益尝试。

综上，猪，由浪迹天涯到拘于圈舍，由陶煮白肉到珍馐美食，由口中食到祭上牲，由实用功能到文化符号。它，聪明却以蠢笨示人。它，可爱却无人欣赏。它，尊贵却被斥为"猪狗不如"。人类须臾离不开猪，因为猪已渗入人类社会和生活的方方面面，人类用尽心力开发并利用这种源源不竭的动物资源。猪并非离开人类而不可活，它确能潇洒地离开人类的掌控，继续草莽江湖之间。人类不能凌驾于动物之上，无论是人类还是动物，我们都只是地球这颗蓝色星球的匆匆过客，人类与家猪已相伴相行近万年之久，如何在未来继续和谐相处，人类或许会有远见卓识的选择。

后　记

公元 1989 年，豫北农村一处院落。堂屋三间瓦房，东屋三间瓦房。

院子西侧一棵精瘦的枣树，院子南侧一棵粗壮的槐树，院子正中一棵细矮的梨树。

正值秋天，红枣、脆梨挂满枝头，屋檐下挂上一垛垛编好的玉米穗。

南边是大门，门内东侧是厨房，门外东侧是石头围起来的猪圈。

八岁的男孩从村小学放学回家，远远地看到爹和娘在家门口用铡刀铡玉米秆——这是垫猪圈用的，也可以攒猪粪肥田。娘半蹲着，往铡刀里续玉米秆，爹是小学教师，刚回家便负责按压铡刀，一个续，一个按，配合得很是流畅。爷爷闲不住，从厨房里提出泔水桶来喂猪。猪圈里养着两头黑猪，一看见有人喂食，便哼哼唧唧争抢着挤到石槽前。男孩的姐姐放学早，已趴在门前的条石上开始写作业，看见弟弟回来，就唤他快来写作业。男孩尚未有对未来的迷茫，但已有了眼前的烦心。他把草绿色的帆布书包放在条石上，掏出本子和笔，却只顾托着腮帮子想事情。姐姐问他怎么了，他说：老师布置了一篇写小动物的作文，他刚开始学写作，不知道该如何下笔。爹听到了姐弟俩的对话，说：可以写写咱家养的猪啊。猪有什么好写的？男孩十分不解。爹一边把铡好的玉米秆段用铁叉叉到猪圈里，一边说：猪粪可以肥田，猪肉可以吃，猪皮可以做鞋，年下可以卖猪换钱……猪的用途可大着哩！男孩听着爹说话，若有所思，拿起笔写起作文来。当时，他写了怎样的一篇作文？ 30 多年后的他大多都忘却了，只记得其中有一句是：小猪嗷嗷地叫着，好像在说，小主人，我饿了！

有豕方有家。老家房子拆了重建，猪圈也拆了，家里只剩下爹守着院落。机缘巧合，男孩走上了考古之路，远离了家乡，少年变成了中年。在无数次回首往事时，中年男人总会记忆起当年肥猪满圈的情形。年少时的豪言壮语演化成眼前的鸡零狗碎，晨星闪耀天空，他抬头仰望，死灰般的奋斗之念瞬时野火燎原，火焰升腾出无数猪形文物，狂风般席卷日益平庸的躯体。

那是一万年前黄河岸边的一只野猪吗？

长吻突獠，豕突山林，狩之猎之。

那是九千年前淮河岸边的一只家猪吗？

骨笛悠扬，稻花飘香，猪欢狗叫。

那是六千年前居于圈舍的一只猪仔吗？

圈生粟养，雌多雄少，积肥壅田。

那是三千年前陈于鼎豆的一只猪牲吗？

五牲有别，祭天祭祖，品种有分。

那是二千年前漂洋过海的一只种猪吗？

番禺花猪，先传罗马，后传欧美。

那是一千年前飘香留世的一碗猪肉吗？

苏轼爱民，红烧猪肉，曰东坡肉。

那是六百年前西游天竺的一位猪神吗？

八戒留名，好吃懒做，率性可爱。

那是六十年前响应号召的一只土猪吗？

六畜之中，以猪为首，振兴猪业。

那是近些年来大行其道的一只洋猪吗？

洋猪为用，种猪芯片，振兴土猪。

平庸的躯体似已消失，只剩下一身自由的灵魂，幻化成一只猪，自由而孤独，潇洒而落魄。他骄傲地抬起头，分明是最后执拗的倔强。圈槽安乐，终不免引颈一刀；山野多险，却有别样风光。他远离故土，跋山涉水，风雨兼程，只向远方。当他行至无名无姓的一座山头时，偶会驻足回首凝望，山水缥缈，不见故土。

他需狂歌以明志，几句歌从嗓子里吼了出来：走嘞，走嘞，走远嘞，越走越远嘞！他眼含热泪，步履不停，心知：山河故里，不再回去，其实，是，再难回去……

感谢袁靖先生，他授我学业、解我人生之惑，在这近二十年的时间里，他无微不至地关爱我的学业、事业和家庭，他是我人生的一盏明灯，指明我前行之路。在本书的写作过程中，多得先生指点。文稿完成后，最先请先生审阅和斧正，当时他事情繁多，但他依然挤出时间来，极为认真地对文稿进行了指正，现出版文稿的字里行间流淌着先生对弟子的殷切期望！

感谢我求学路上和工作之中的各位老师，我的耳畔时常会回响起小学恩师李红玉老师对我的勉励：要往珠穆朗玛峰的顶峰上冲，不能只在山腰腰上徘徊。

感谢我的家人，你们不求回报、只对我好，这是我的根，这是我不断前行的动力！

感谢所有为本书稿的写作提供帮助的老师们。感谢湖北省文物考古研究院罗运兵老师，河南省文物考古研究院侯彦峰老师，中国社会科学院考古研究所李淼、张亚斌、何毓灵老师，清华大学出土文献研究与保护中心严志斌老师，中国科学技术大学科技史与科技考古系吴卫红老师，澳门科技大学李梓杰老师，陕西省汉景帝阳陵博物院李岗和李库老师，郑州市文物考古研究院吴倩老师，北京大学赛克勒考古与艺术博物馆王伟华老师，郑州大学历史学院李凡老师，国家文物局考古研究中心左豪瑞老师，美国康涅狄格大学应用数学系王雪懿同学等为本书的文字和图版做出的贡献。

特别感谢大象出版社能够出版此书！感谢大象出版社责编王军敏老师的专业、认真、耐心和细致，感谢大象出版社副总编张前进老师、历史与考古编辑部主任李建平老师、大众文化编辑部主任管昕老师等为本书的出版费心费力，他们的慧眼如炬和悉心修正，为本书平添了许多光彩！

于北京王府井椿柏小院

2023 年 2 月 9 日